中国气象局成都高原气象研究所基本科研业务费专项资助
项目名称：高原天气系统年鉴2023
项目编号：BROP202408

青藏高原低涡切变线年鉴 2023

中国气象局成都高原气象研究所
中国气象学会高原气象学委员会 编著

主　编：陈忠明

副主编：蒋兴文　董元昌

编　委：彭　骏　肖递祥　黄楚惠　徐会明　北虹娇　刘思佳

科 学 出 版 社
北 京

内 容 简 介

青藏高原低涡、切变线是影响我国灾害性天气的重要天气系统。本书根据对2023年高原低涡、切变线的系统分析，得出该年高原低涡、切变线的编号，名称，日期对照表，概况，影响简表，影响地区分布表，中心位置资料表及活动路径图，高原低涡、切变线移出高原的影响系统；计算得出该年影响降水的各次高原低涡、切变线过程的总降水量图、总降水日数图。

本书可供气象、水文、水利、农业、林业、环保、航空、军事、地质、国土、民政、高原山地等方面的科技人员参考，也可作为相关专业教师、研究生、本科生的基本资料。

审图号：GS京(2025)0454号

图书在版编目(CIP)数据

青藏高原低涡切变线年鉴. 2023 / 中国气象局成都高原气象研究所, 中国气象学会高原气象学委员会编著. 北京：科学出版社, 2025. 3. -- ISBN 978-7-03-081664-1

Ⅰ. P44-54

中国国家版本馆CIP数据核字第2025EP0382号

责任编辑：罗　吉　周　丹　沈　旭 / 责任校对：杨聪敏
责任印制：张　伟 / 封面设计：许　瑞

科学出版社 出版
北京东黄城根北街16号
邮政编码：100717
http://www.sciencep.com

北京中科印刷有限公司印刷

科学出版社发行　各地新华书店经销

*

2025年3月第　一　版　开本：A4 (880×1230)
2025年3月第一次印刷　印张：17 1/4
字数：585 000

定价：598.00元

（如有印装质量问题，我社负责调换）

前　言

高原低涡、切变线是青藏高原上生成的特有的天气系统，其发生、发展和移动的过程中，常常伴随有暴雨、洪涝等气象灾害。我国夏季多发暴雨洪涝、泥石流滑坡灾害，在很大程度上与高原低涡、切变线东移出青藏高原密切相关。高原低涡、切变线的活动不仅影响青藏高原地区，而且还东移影响我国青藏高原以东广大地区。高原低涡、切变线是影响我国的主要灾害性天气系统之一。

中华人民共和国成立以来，随着青藏高原观测站网的建立、卫星资料的应用，以及我国第一、第二、第三次青藏高原大气科学试验的开展，关于高原低涡、切变线的科研工作也取得了一定的成绩，使我国高原低涡、切变线的科学研究、业务预报水平不断提高，为防灾减灾、公共安全做出了很大的贡献。

为了进一步适应农业、工业、国防和科学技术现代化的需要，满足广大气象台（站）及科研、教学、国防、经济建设等部门的要求，更好地掌握高原低涡、切变线的活动规律，系统地认识高原低涡、切变线发生、发展的基本特征，提高科学研究水平和预报技术能力，做好主要气象灾害的防御工作，在科技部的支持下，由中国气象局成都高原气象研究所负责，四川省气象台参加，组织人员，开展了青藏高原低涡、切变线年鉴的研编工作。

经过项目组的共同努力，以及有关省、自治区、直辖市气象局的大力协助，高原低涡、切变线年鉴顺利完成。并且，它的整编出版，将为我国青藏高原低涡、切变线研究和应用提供基础性保障，推动我国灾害性天气研究与业务的深入发展，发挥对国家经济繁荣、社会进步、公共安全的气象支撑作用。

本年鉴由中国气象局成都高原气象研究所、中国气象学会高原气象学委员会完成。

本册《青藏高原低涡、切变线年鉴（2023）》的内容主要包括高原低涡、切变线概况、路径、东移出青藏高原的影响系统以及高原低涡、切变线引起的降水等资料图表。

Foreword

The Tibetan Plateau Vortex (TPV) and Shear Line (SL) are unique weather systems generated over the Qinghai-Xizang Plateau. The rain storms, floods and other meteorological disasters usually occur during the generation, development and movement of the TPV. In China, the regular happening mud-rock flow and land-slip disaster in summer has close relationship with the TPV which moved out of the Plateau. The movements of the TPV and SL not only influence the Qinghai-Xizang Plateau region, but also influence the east vast region of the Plateau. The TPV and SL are two of the most disastrous weather systems that influence China.

After the foundation of P. R. China, the researches on TPV and SL and the operational prediction works have gotten obvious achievements along with the establishment of the observatory station net, the applying of the satellite data, and the development of the First, the Second and the Third Qinghai-Xizang Plateau Experiment of Atmospheric Sciences. All these have great contributions to preventing and reducing the happening of the weather disaster and the public safety.

In order to satisfy the modernization demands of the agriculture, industry, national defence and scientific technology, and to meet the requirements of the vast meteorological stations, colleges, national defence administrations and economic bureaus, the Institute of Plateau Meteorology, CMA, Chengdu did the researches on the yearbook of vortex and shear over Qinghai-Xizang Plateau under the support from the Ministry of Science and Technology of P. R. China.Also, this task is achieved with the helps from the researchers in Sichuan Provincial Meteorology Station. This task improves the understanding of the characteristics of the moving TPV and SL, get thorough recognition of the generation and development of TPV and SL, and improve abilities of the research works and operational predictions to prevent the meteorological disasters.

With the research group's efforts and the great support from related meteorological bureaus of provinces, autonomous regions and cities, the *TPV and SL yearbook* completed successfully. The yearbook offers a basic summary to TPV and SL research works, improves the catastrophic weather research and operational prediction. Also, it is useful to the economy glory, advance of society and public safety.

The *TPV and SL Yearbook 2023* is accomplished by Institute of Plateau Meteorology, CMA, Chengdu and Plateau Meteorology Committee of Chinese Meteorological Society.

The *TPV and SL Yearbook 2023* is mainly composed of figures and charts of survey, tracks, weather systems that move out of the plateau vortex and influenced rainfall of TPV and SL.

说　明

本年鉴主要整编青藏高原上生成的低涡、切变线的位置、路径及青藏高原低涡、切变线引起的降水量、降水日数等基本资料。分为两大部分，即高原低涡和高原切变线。

高原低涡指500hPa等压面上反映的生成于青藏高原，有闭合等高线的低压或有三个站风向呈气旋式环流的低涡，水平尺度约为400～500km。

对高原西部半边涡认定为高原低涡的原则是：半边涡伴有明显云涡，或下一时刻低涡环流明显。对高原切变线上低涡认定为高原低涡的原则是：低涡在切变线上移动。

高原切变线指500hPa等压面上反映在青藏高原上，温度梯度小、三站风向对吹的辐合线或二站风向对吹的辐合线长度大于5个经（纬）距。

对吹风的认定原则是与纬线夹角大于30°的一对辐合风，或一对夹角大于60°的辐合风。对高原切变线上低涡认定为高原切变线过程的原则是：切变线移动时低涡在切变线上的相对位置不变。

冬半年指1～4月和11～12月，夏半年指5~10月。

本年鉴所用时间一律为北京时间。

高原低涡

● 高原低涡概况

高原低涡移出高原是指低涡中心移出海拔≥3000m的青藏高原区域。

高原低涡编号是以字母“C”开头，按年份的后两位数与当年低涡顺序两位数组成。

高原低涡移出几率指某月移出高原的高原低涡个数与该年高原低涡个数之比。

高原低涡月移出率指某月移出高原的高原低涡个数与该年移出高原的高原低涡个数之比。

高原东（西）部低涡移出几率指某月移出高原的高原东（西）部低涡个数与该年高原东（西）部低涡个数之比。

高原东（西）部低涡月移出率指某月移出高原的高原东（西）部低涡个数与该年移出高原的高原东（西）部低涡个数之比。

高原东、西部低涡指低涡中心位置分别在≥92.5°E、<92.5°E。

高原低涡中心位势高度最小值频率分布指按各时次低涡500hPa等压面上位势高度（单位为位势什米）最小值统计的频率分布。

● 高原低涡编号、名称、日期对照表

高原低涡出现日期以“月.日”表示。

● 高原低涡路径图

高原低涡出现日期以“月.日”表示。

● 高原低涡中心位置资料表

“中心强度”指在500hPa等压面上低涡中心位势高度，单位为位势什米。

● 高原低涡纪要表

“生成点”指高原低涡活动路径的起始点，由于资料所限，故此点不一定是真正的源地。

高原低涡活动的生成点、移出高原的地点，一般精确到县、市、区。

“东向”指路径总的趋向由偏东方向移动转为偏西方向移动。

“内折向”指高原低涡在青藏高原区域内转为相反方向；“外折向”指高原低涡在青藏高原区域以外转为相反方向。

●高原低涡降水

高原低涡和其他天气系统共同造成的降水，仍列入整编。

“总降水量图”指一次高原低涡活动过程中在我国引起的降水总量分布图。一般按0.1mm、10mm、25mm、50mm、100mm等级，以色标示出，绘出降水区外廓线，一般标注其最大的总降水量数值。“总降水量图”中高原低涡出现日期以“月.日”表示。

“总降水日数图”指一次高原低涡活动过程中在我国引起的降水总量≥0.1mm的降水日数区域分布图。

高原切变线

●高原切变线概况

高原切变线移出高原是指切变线中点移出海拔≥3000m的青藏高原区域。

高原切变线编号是以字母“S”开头，按年份的后两位数与当年切变线顺序两位数组成。

高原切变线移出几率指某月移出高原的高原切变线个数与该年高原切变线个数之比。

高原切变线月移出率指某月移出高原的高原切变线个数与该年移出高原的高原切变线个数之比。

高原东（西）部切变线移出几率指某月移出高原的高原东（西）部切变线个数与该年高原东（西）部切变线个数之比。

高原东（西）部切变线月移出率指某月移出高原的高原东（西）部切变线个数与该年移出高原的高原东（西）部切变线个数之比。

高原东、西部切变线指切变线中点位置分别在≥92.5°E、＜92.5°E。

高原切变线两侧最大风速频率分布指按各时次分别在切变线附近的南、北侧最大风速统计的频率分布。

●高原切变线编号、名称、日期对照表

高原切变线出现日期以“月.日”表示。

●高原切变线路径图

高原切变线出现日期以“月.日”表示。

●高原切变线位置资料表

高原切变线位置一般以起点、中点、终点的经/纬度位置表示。

“拐点”指高原切变线上东、西或北、南二段的切线的夹角≥30°的切变线上弯曲点。

●高原切变线纪要表

“生成位置”指高原切变线活动路径的起始位置，由于资料所限，故此位置不一定是真正的源地。

高原切变线活动的生成位置、移出高原的位置，一般精确到县、市、区。

“移向”指高原切变线中点连线的趋向。“多次折向”指路径出现两次以上由偏东方向移动转为偏西方向移动。

“内向反”指高原切变线在青藏高原区域内由偏东方向移动转为偏西方向移动。

“外向反”指高原切变线在青藏高原区域以东由偏东方向移动转为偏西方向移动。

●高原切变线降水

高原切变线和其他天气系统共同造成的降水，仍列入整编。

“总降水量图”指一次高原切变线过程中在我国引起的降水总量分布图。一般按0.1mm、10mm、25mm、50mm、100mm等级，以色标示出，绘出降水区外廓线，一般标注其最大的总降水量数值。“总降水量图”中高原切变线出现日期以“月.日时”表示。

“总降水日数图”指一次高原切变线过程中在我国引起的降水总量≥0.1mm的降水日数区域分布图。

目 录
Contents

目 录 Contents

目 录
Contents

目 录
Contents

第二部分 高原切变线

目 录 Contents

第一部分

高原低涡

2023 年 高原低涡概况

2023年发生在青藏高原上的低涡共有52个，其中在青藏高原东部生成的低涡共有38个，在青藏高原西部生成的低涡共有14个（表1~表3）。

2023年第一个高原低涡出现在2月中旬，最后一个高原低涡生成在10月下旬（表1）。从月际分布看，各月生成的高原低涡个数差异较大，其中5月生成的高原低涡最多，约占25%（表1）。移出高原的高原低涡在4～7月和9～10月均有出现，其中5月和6月移出的高原低涡最多，均占5.77%（表4）。

2023年青藏高原低涡源地大多数在青藏高原东部。移出高原的青藏高原低涡共有11个，其中9个高原低涡生成于青藏高原东部（表4～表6）。移出高原的地点主要集中在甘肃、四川，分别为5个、4个，其余陕西、内蒙古各1个（表7）。

本年度高原低涡中心位势高度最小值以572～587位势什米的频率最多，约占94%（表8）。夏半年，高原低涡中心位势高度最小值以572～587位势什米的频率最多，约占96%（表9）。冬半年，高原低涡中心位势高度最小值在572～579位势什米的频率最多，约占73%（表10）。

全年除影响青藏高原外，对我国其余地区有影响的高原低涡共有16个。其中8个高原低涡造成过程降水量在50mm以上，造成过程降水量在100mm以上的高原低涡有2个，它们是C2333和C2336，分别在四川北川和四川安岳，造成过程降水量分别为265.2mm和306.1mm，降水日数均为3天。

2023年对我国降水影响较大的高原低涡有C2333和C2336低涡，其中C2336高原低涡引起的降水是影响我国省份最多、范围最广、大暴雨量级降水最大的一次过程。C2336高原低涡于7月23日20时在高原中部安多生成，中心位势高度为587位势什米，低涡形成后原地活动。24日08时低涡中心强度为584位势什米，之后低涡向东南行；20时，低涡中心位势高度维持在584位势什米，之后转东北行。25日08时，低涡移入青海，中心位势高度增强为585位势什米，之后又转东行；20时，低涡移入四川，中心位势高度继续增强为586位势什米，之后再转西北行。26日08时，低涡移回青海，中心位势高度为585位势什米，之后低涡转东行；20时，低涡位于青海南部，中心位势高度为586位势什米，之后低涡转东北行。27日08时，低涡又移入四川，中心位势高度为585位势什米，之后低涡转东南行移出高原；20时，低涡位于四川北部，中心位势高度维持在585位势什米，之后低涡再次转东北行。28日08时，低涡移入甘肃，中心位势高度减弱为583位势什米，之后低涡继续东北行。20时，低涡位于甘肃东部，中心位势高度为584位势什米，之后低涡继续东北行。29日08时，低涡移至陕西，中心位势高度为585位势什米，之后减弱消失。受其影响，西藏、青海、四川、重庆、贵州、甘肃、宁夏、陕西、山西、河北、河南和湖北等部分地区出现大到暴雨，局部地区出现暴雨到大暴雨天气，降水日数为1～4天。内蒙古部分地区出现小到中雨，降水日数为1～2天。C2333高原低涡于7月11日20时生成在高原东部班玛，是2023年对四川盆地降水影响最大的高原低涡。低涡形成初期中心位势高度为585位势什米，高原低涡形成后向东北移。12日08时，低涡中心位势高度维持在585位势什米，之后低涡转西南移；20时，低涡中心强度为584位势什米，之后低涡东南移。13日08时，低涡中心位势高度继续增强至585位势什米，之后减弱消失。受其影响，四川盆地西部地区出现暴雨到大暴雨天气，降水日数为1～3天。西藏、青海、甘肃和云南部分地区出现小到中雨，局部大雨，降水日数为1～3天。

2023年在青藏高原主体造成最强降水过程的高原低涡是C2325低涡，该低涡于6月12日20时在高原北部沱沱河生成，中心位势高度为580位势什米，低涡形成后东南移。13日08时，低涡中心位势高度为578位势什米，之后低涡继续东南移；20时，低涡移入西藏，中心强度为579位势什米，之后低涡转西南移。14日08时，低涡中心位势高度维持在579位势什米，之后低涡转东南移；20时，低涡中心强度为578位势什米，之后减弱消失。受其影响，西藏中、东部，青海南部与四川西北部普降小到中雨，降水日数为1～3天。其中，西藏部分地区出现大到暴雨，降水日数为1～2天。

表1　高原低涡出现次数

月 年	1	2	3	4	5	6	7	8	9	10	11	12	合计
2023	0	3	2	4	13	7	9	6	3	5	0	0	52
几率 / %	0.00	5.77	3.85	7.69	25.00	13.46	17.31	11.54	5.77	9.61	0.00	0.00	100

表2　高原东部低涡出现次数

月 年	1	2	3	4	5	6	7	8	9	10	11	12	合计
2023	0	3	1	3	10	5	8	3	1	4	0	0	38
几率 / %	0.00	7.89	2.63	7.89	26.32	13.16	21.05	7.89	2.63	10.53	0.00	0.00	100

表3　高原西部低涡出现次数

月 年	1	2	3	4	5	6	7	8	9	10	11	12	合计
2023	0	0	1	1	3	2	1	3	2	1	0	0	14
几率 / %	0.00	0.00	7.14	7.14	21.43	14.29	7.14	21.43	14.29	7.14	0.00	0.00	100

表4　高原低涡移出高原次数

年＼月	1	2	3	4	5	6	7	8	9	10	11	12	合计
2023	0	0	0	1	3	3	1	0	2	1	0	0	11
移出几率 / %	0.00	0.00	0.00	1.92	5.77	5.77	1.92	0.00	3.85	1.92	0.00	0.00	21.15
月移出率 / %	0.00	0.00	0.00	9.09	27.27	27.27	9.09	0.00	18.19	9.09	0.00	0.00	100.00

表5　高原东部低涡移出高原次数

年＼月	1	2	3	4	5	6	7	8	9	10	11	12	合计
2023	0	0	0	1	3	3	0	0	[illegible]	1	0	0	9
移出几率 / %	0.00	0.00	0.00	2.63	7.89	7.89	0.00	0.00	2.63	2.63	0.00	0	23.68
月移出率 / %	0.00	0.00	0.00	11.11	33.33	33.33	0.00	0.00	11.11	11.11	0.00	0	100

表6　高原西部低涡移出高原次数

年＼月	1	2	3	4	5	6	7	8	9	10	11	12	合计
2023	0	0	0	0	0	0	1	0	1	0	0	0	2
移出几率 / %	0.00	0.00	0.00	0.00	0.00	0.00	7.14	0.00	7.14	0.00	0.00	0.00	14.29
月移出率 / %	0.00	0.00	0.00	0.00	0.00	0.00	50.00	0.00	50.00	0.00	0.00	0.00	100

表7 高原低涡移出高原的地区分布

地区 年	青海	甘肃	贵州	四川	重庆	陕西	内蒙古	合计
2023		5		4		1	1	11
出高原率 / %		45.46		36.36		9.09	9.09	100

表8 高原低涡中心位势高度最小值频率分布

中心位势高度 / 位势什米	587 | 584	583 | 580	579 | 576	575 | 572	571 | 568	567 | 564	563 | 560	559 | 556	555 | 552	551 | 548	合计
2023年 / %	33.04	24.35	16.52	20.00	3.48	2.61	0.00	0.00	0.00	0.00	100.00

表9 夏半年高原低涡中心位势高度最小值频率分布

中心位势高度 / 位势什米	587 | 584	583 | 580	579 | 576	575 | 572	571 | 568	567 | 564	563 | 560	559 | 556	555 | 552	551 | 548	合计
2023年 / %	36.54	26.92	15.39	17.31	2.88	0.96	0.00	0.00	0.00	0.00	100.00

表10 冬半年高原低涡中心位势高度最小值频率分布

中心位势高度 / 位势什米	587 | 584	583 | 580	579 | 576	575 | 572	571 | 568	567 | 564	563 | 560	559 | 556	555 | 552	551 | 548	合计
2023年 / %	0.00	0.00	27.27	45.46	9.09	18.18	0.00	0.00	0.00	0.00	100.00

高原低涡纪要表

序号	编号	名称	起止日期（月.日）	中心最小位势高度/位势什米	发现点经纬度	移出高原的地点	移出高原的时间	移出高原中心位势高度/位势什米	路径趋向	影响低涡移出高原的天气系统
1	C2301	米林，Milin	2.15	574	93.1°E,29.0°N				原地生消	
2	C2302	治多，Zhiduo	2.26	572	94.8°E,34.0°N				原地生消	
3	C2303	格尔木，Ge'ermu	2.28	566	95.5°E,35.8°N				原地生消	
4	C2304	沱沱河，Tuotuohe	3.9	570	91.7°E,33.8°N				原地生消	
5	C2305	河南，Henan	3.15	566	101.9°E,34.5°N				原地生消	
6	C2306	金川，Jinchuan	4.17～4.18	575	101.6°E,31.8°N	邻水	4.13^{08}	575	东南行移出高原	低槽
7	C2307	墨竹工卡，Mozhugongka	4.24	579	92.1°E,29.8°N				原地生消	
8	C2308	比如，Biru	4.25	576	93.6°E,31.8°N				原地生消	
9	C2309	索县，Suoxian	4.28	574	93.8°E,32.4°N				东南行	
10	C2310	贵南，Guinan	5.2～5.3	571	100.8°E,35.7°N	通渭	5.3^{08}	572	东南行移出高原后转东北行	低槽

高原低涡纪要表（续-1）

序号	编号	名称	起止日期(月.日)	中心最小位势高度/位势什米	发现点经纬度	移出高原的地点	移出高原的时间	移出高原中心位势高度/位势什米	路径趋向	影响低涡移出高原的天气系统
11	C2311	曲麻莱，Qumalai	5.4～5.5	567	94.4°E,35.1°N	阿拉善右旗	5.5^{20}	567	东北行移出高原	低槽
12	C2312	玛曲，Maqu	5.9	573	101.5°E,34.1°N				原地生消	
13	C2313	安多，Anduo	5.10～5.11	572	91.0°E,33.0°N				东南行转东北行	
14	C2314	林芝，Linzhi	5.11	578	93.5°E,30.2°N				原地生消	
15	C2315	炉霍，Luhuo	5.15～5.17	573	100.6°E,31.6°N	达川	5.16^{08}	573	东南行移出高原后转东北行转东行再转东北行	低槽
16	C2316	治多，Zhiduo	5.16～5.17	575	94.5°E,34.0°N				东北行	
17	C2317	墨竹工卡，Mozhugongka	5.18	582	92.2°E,29.6°N				原地生消	
18	C2318	白玉，Baiyu	5.18～5.19	580	99.1°E,31.6°N				东南行	
19	C2319	小灶火，Xiaozaohuo	5.20	572	93.0°E,37.0°N				东北行	
20	C2320	杂多，Zaduo	5.21～5.22	578	94.0°E,33.0°N				东北行	
21	C2321	小灶火，Xiaozaohuo	5.25	573	91.4°E,36.1°N				东南行	

高原低涡纪要表（续-2）

序号	编号	名称	起止日期(月.日)	中心最小位势高度/位势什米	发现点经纬度	移出高原的地点	移出高原的时间	移出高原中心位势高度/位势什米	路径趋向	影响低涡移出高原的天气系统
22	C2322	小灶火，Xiaozaohuo	5.27	574	93.0°E,36.3°N				原地生消	
23	C2323	石渠，Shiqu	6.6	581	98.3°E,32.9°N				原地生消	
24	C2324	德格，Dege	6.10～6.11	580	98.9°E,32.2°N	安岳	6.11	580	东南行移出高原后继续东南行	切变线
25	C2325	沱沱河，Tuotuohe	6.12～6.14	578	90.7°E,33.8°N				东南行转西南行再转东南行	
26	C2326	金川，Jinchuan	6.14	579	101.5°E,31.8°N				原地生消	
27	C2327	五道梁，Wudaoliang	6.16～6.17	575	90.7°E,35.8°N				东南行转东行	
28	C2328	杂多，Zaduo	6.18～6.19	582	94.8°E,32.9°N	汉阴	6.19	583	东南行转东北行移出高原	切变流场
29	C2329	治多，Zhiduo	6.19～6.21	580	93.8°E,34.2°N	礼县	6.20	581	东北行转东南行移出高原后在原地活动	切变流场
30	C2330	小灶火，Xiaozaohuo	7.1	580	93.4°E,36.5°N				原地生消	
31	C2331	曲麻莱，Qumalai	7.5	581	94.8°E,35.2°N				原地生消	

高原低涡纪要表（续-3）

序号	编号	名称	起止日期(月.日)	中心最小位势高度/位势什米	发现点经纬度	移出高原的地点	移出高原的时间	移出高原中心位势高度/位势什米	路径趋向	影响低涡移出高原的天气系统
32	C2332	阿坝，Aba	7.7	585	101.2°E,32.6°N				原地生消	
33	C2333	班玛，Banma	7.11～7.13	584	100.5°E,33.0°N				东北行转西南行又转东南行	
34	C2334	比如，Biru	7.13～7.14	586	93.6°E,31.6°N				东北行	
35	C2335	索县，Suoxian	7.16～7.17	586	94.7°E,31.5°N				南行	
36	C2336	安多，Anduo	7.23～7.29	583	90.8°E,32.7°N	剑阁	7.27^{20}	585	原地活动后东南行转东北行再转东行转西北行再转东行转东北行再转东南行移出高原后转东北行	切变线
37	C2337	嘉黎，Jiali	7.27～7.28	584	93.1°E,30.6°N				东北行	
38	C2338	杂多，Zaduo	7.31～8.1	585	94.9°E,33.5°N				西南行	
39	C2339	沱沱河，Tuotuohe	8.4～8.6	583	91.6°E,33.6°N				东行转东南行	
40	C2340	沱沱河，Tuotuohe	8.15	585	91.2°E,33.5°N				东北行	
41	C2341	那曲，Naqu	8.23	584	93.3°E,32.2°N				原地生消	

高原低涡纪要表（续-4）

序号	编号	名称	起止日期（月.日）	中心最小位势高度/位势什米	发现点经纬度	移出高原的地点	移出高原的时间	移出高原中心位势高度/位势什米	路径趋向	影响低涡移出高原的天气系统
42	C2342	沱沱河，Tuotuohe	8.25～8.26	576	91.2°E,33.9°N				东南行转东行	
43	C2343	达日，Dari	8.29	584	98.8°E,34.0°N				东南行	
44	C2344	都兰，Dulan	8.30	587	99.0°E,35.6°N				原地生消	
45	C2345	若羌，Ruoqiang	9.4～9.5	582	90.6°E,37.5°N	永昌	9.5^{20}	586	东北行转东行移出高原	切变流场
46	C2346	安多，Anduo	9.9～9.10	583	90.9°E,33.0°N				东北行	
47	C2347	曲麻莱，Qumalai	9.19～9.20	582	94.3°E,34.8°N	永靖	9.20^{08}	582	东北行移出高原	低槽
48	C2348	格尔木，Ge'ermu	10.4	583	95.3°E,35.8°N				原地生消	
49	C2349	青海湖，Qinghaihu	10.11	579	100.5°E,36.6°N	永登	10.11^{20}	579	东南行移出高原	低槽
50	C2350	囊谦，Nangqian	10.18	579	96.0°E,32.5°N				原地生消	
51	C2351	杂多，Zaduo	10.19	578	93.3°E,33.2°N				原地生消	
52	C2352	那曲，Naqu	10.30	582	91.9°E,30.8°N				东南行	

高原低涡对我国影响简表

序号	编号	简述活动的情况	高原低涡对我国的影响			
			项目	时间（月.日）	概况	极值
1	C2301	高原南部原地生消	无	2.15	无	无
2	C2302	高原东部原地生消	降水	2.26	西藏东北部、青海南部个别地区降水量为0.3～1mm，降水日数为1天	西藏索县0.6mm（1天）
3	C2303	高原东北部原地生消	降水	2.28	青海南、东部和四川西北部个别地区降水量为0.1～5mm，降水日数为1天	青海甘德4.9mm（1天）
4	C2304	高原中部原地生消	降水	3.9	西藏中、北、东北部，青海南部和四川西北部个别地区降水量为0.2～5mm，降水日数为1天	青海杂多4.8mm（1天）
5	C2305	高原东部原地生消	降水	3.15	青海南部、甘肃西南部和四川西北部个别地区降水量为0.1～5mm，降水日数为1天	青海玛沁4.9mm（1天）
6	C2306	高原东南部东南行移出高原	降水	4.17～4.18	四川西、中、东部，重庆西、南、中部，贵州西、北部和云南北部地区降水量为0.1～100mm，降水日数为1～2天	重庆渝北99.3mm（1天）
7	C2307	高原南部原地生消	降水	4.24	西藏东部地区降水量为0.3～9mm，降水日数为1天	西藏林芝8.6mm（1天）
8	C2308	高原南部原地生消	降水	4.25	西藏南、中、北、东北部地区降水量为0.2～4mm，降水日数为1天	西藏那曲3.2mm（1天）
9	C2309	高原南部东南行	降水	4.28	西藏中、东部，青海南部和四川西北部地区降水量为0.1～24mm，降水日数为1天	西藏嘉黎23.1mm（1天）
10	C2310	高原东北部东南行移出高原后转东北行	降水	5.2～5.3	青海、甘肃、陕西南部，山西中、南部，四川北部，重庆中、北部和湖北、河南西部地区降水量为0.1～40mm，降水日数为1～2天	河南南召39.2mm（1天）

高原低涡对我国影响简表（续-1）

序号	编号	简述活动的情况	高原低涡对我国的影响			
			项目	时间（月.日）	概况	极值
11	C2311	高原北部东北行移出高原	降水	5.4～5.5	西藏中、东部，青海西、南、东部，甘肃、宁夏南部和四川北部地区降水量为0.1～22mm，降水日数为1～2天	青海茶卡 22.0mm（1天）
12	C2312	高原东部原地生消	降水	5.9	青海南、东部，甘肃南部和四川北部地区降水量为0.1～18mm，降水日数为1天	青海久治 17.2mm（1天）
13	C2313	高原中部东南行转东北行	降水	5.10～5.11	西藏中、东部，青海西、南部和四川西北部地区降水量为0.2～33mm，降水日数为1～2天	四川马尔康 32.4mm（1天）
14	C2314	高原南部原地生消	降水	5.11	西藏中、东部，青海南部和四川西北部个别地区降水量为0.1～11mm，降水日数为1天	西藏嘉黎 10.[illegible]mm（1天）
15	C2315	高原东南部东南行移出高原后转东北行转东行再转东北行	降水	5.15～5.17	西藏东南部，四川西、东、南部，云南西北部，重庆、湖北、浙江、上海大部，贵州、湖南、江西、福建北部，河南东南部，安徽、江苏中、南部和陕西南部个别地区降水量为0.1～85mm，降水日数为1～2天。其中安徽、浙江、江西、湖北有成片降水量大于50mm的降水区，降水日数为1～2天	安徽祁门 34.8mm（2天）
16	C2316	高原中部东北行	降水	5.16～5.17	西藏北部，青海西、南、东部，甘肃中、南部和四川北部地区降水量为0.1～24mm，降水日数为1～2天	青海泽库 24.[illegible]mm（1天）
17	C2317	高原南部原地生消	降水	5.18	西藏中、南、北部地区降水量为0.1～9mm，降水日数为1天	西藏拉萨 8.6mm（1天）
18	C2318	高原东南部东南行	降水	5.18～5.19	西藏东部，青海南部，四川西、中、南、北部和云南东北部个别地区降水量为0.1～39mm，降水日数为1～2天	四川康定 38.4mm（2天）
19	C2319	高原北部东北行	降水	5.20	青海西、南、东部，甘肃西南部和四川北部地区降水量为0.1～18mm，降水日数为1天	四川黑水 17.4mm（1天）

高原低涡对我国影响简表（续-2）

序号	编号	简述活动的情况	高原低涡对我国的影响			
			项目	时间（月.日）	概况	极值
20	C2320	高原中部东北行	降水	5.21～5.22	西藏中、东部，青海南、东部和四川西北部地区降水量为0.1～20mm，降水日数为1天	四川金川 19.5mm（1天）
21	C2321	高原北部东南行	降水	5.25	青海西、中、东部，甘肃西南部和四川北部个别地区降水量为0.1～6mm，降水日数为1天	青海共和 5.7mm（1天）
22	C2322	高原北部原地生消	降水	5.27	青海西、中、东部地区降水量为0.1～22mm，降水日数为1天	青海兴海 21.2mm（1天）
23	C2323	高原东部原地生消	降水	6.6	青海南部、四川西北部和甘肃西南部个别地区降水量为0.2～12mm，降水日数为1天	青海玛沁 11.7mm（1天）
24	C2324	高原东南部东南行移出高原后继续东南行	降水	6.10～6.11	西藏东部，青海南部，四川西、东南部和云南东北部地区降水量为0.1～24mm，降水日数为1天	四川稻城 23.5mm（1天）
25	C2325	高原北部东南行转西南行再转东南行	降水	6.12～6.14	西藏中、东部，青海南部和四川西北部地区降水量为0.1～58mm，降水日数为1～3天	西藏类乌齐 58.0mm（2天）
26	C2326	高原东南部原地生消	降水	6.14	四川西北、中部和青海东南部个别地区降水量为0.1～22mm，降水日数为1天	四川道孚 21.4mm（1天）
27	C2327	高原北部东南行转东行	降水	6.16～6.17	西藏北、东北部，青海西、南、中、东部，甘肃西南部和四川北部地区降水量为0.2～31mm，降水日数为1～2天	青海都兰 31.0mm（1天）
28	C2328	高原中部东南行转东北行移出高原	降水	6.18～6.19	西藏中、东北部，青海南部，四川西、北、中、南部，云南东北部和甘肃南部个别地区降水量为0.1～30mm，降水日数为1天	四川理县 29.2mm（1天）

高原低涡对我国影响简表（续-3）

序号	编号	简述活动的情况	高原低涡对我国的影响			
			项目	时间（月.日）	概况	极值
29	C2329	高原中部东北行转东南行移出高原后在原地活动	降水	6.19～6.21	西藏北、东北部，青海西、南、东部，四川西、中、北部和甘肃西南部地区降水量为0.1～57mm，降水日数为1～2天	四川雅江 56.5mm（2天）
30	C2330	高原北部原地生消	降水	7.1	西藏中、东北部，青海西、南部和四川西北部个别地区降水量为0.1～11mm，降水日数为1天	青海清水河 10.6mm（1天）
31	C2331	高原北部原地生消	降水	7.5	西藏中、东北部和青海西、南部地区降水量为0.6～24mm，降水日数为1天	西藏当雄 23.1mm（1天）
32	C2332	高原东部原地生消	降水	7.7	西藏东北部、青海南部和四川西北部地区降水量为0.1～19mm 降水日数为1天	四川壤塘 18.2mm（1天）
33	C2333	高原东部东北行转西南行又转东南行	降水	7.11～7.13	西藏东部，青海南、东部，甘肃南部，四川西、北、中、南部和云南北部地区降水量为0.1～266mm，降水日数为1～3天。其中四川东部有成片降水量大于50mm的降水区，降水日数为2～3天	四川北川 265.2mm（3天）
34	C2334	高原南部东北行	降水	7.13～7.14	西藏南、中、东部，青海西、南部和四川西北部地区降水量为0.1～44mm，降水日数为1～2天	西藏嘉黎 43.5mm（2天）
35	C2335	高原南部南行	降水	7.16～7.17	西藏南、中、北、东部，青海南部，四川西部和云南西北部个别地区降水量为0.1～40mm，降水日数为1～2天	西藏察隅 40.0mm（2天）
36	C2336	高原中部原地活动后东南行转东北行再转东行转西北行再转东行转东北行再转东南行移出高原后转东北行	降水	7.23～7.29	西藏中、南、东部，青海西、南、东部，内蒙古、甘肃南部，宁夏南、东部，四川、陕西、山西大部，贵州北部，云南东北部，重庆西南、中、北部，湖北西北部和河南、河北西部地区降水量为0.1～307mm，降水日数为1～4天。其中四川、重庆、甘肃和陕西有成片降水量大于50mm的降水区，降水日数为1～3天	四川安岳 306.1mm（3天）

高原低涡对我国影响简表（续-4）

序号	编号	简述活动的情况	高原低涡对我国的影响			
			项目	时间（月.日）	概况	极值
37	C2337	高原南部东北行	降水	7.27～7.28	西藏中、南、东部，青海西、南部和四川西部地区降水量为0.3～51mm，降水日数为1～2天	西藏米林 50.4mm（2天）
38	C2338	高原中部西南行	降水	7.31～8.1	西藏中、东北部，青海西、南部和四川西北部地区降水量为0.3～32mm，降水日数为1～2天	西藏丁青 31.2mm（1天）
39	C2339	高原中部东行转东南行	降水	8.4～8.6	西藏东部，青海西、南、中、东部，甘肃西南部，四川西部和云南西北部地区降水量为0.1～58mm，降水日数为1～3天	青海玛多 57.4mm（2天）
40	C2340	高原中部东北行	降水	8.15	西藏东北部，青海西、南、东部，甘肃西南部和四川西北部地区降水量为0.1～23mm，降水日数为1天	四川阿坝 22.1mm（1天）
41	C2341	高原南部原地生消	降水	8.23	西藏北、东北部和青海南部地区降水量为0.1～13mm，降水日数为1天	西藏林芝 12.2mm（1天）
42	C2342	高原中部东南行转东行	降水	8.25～8.26	西藏中、南、东部，青海西、南、东部，甘肃西南部和四川西北地区降水量为0.1～33mm，降水日数为1～2天	西藏泽当 32.3mm（1天）
43	C2343	高原东部东南行	降水	8.29	西藏东部，青海西、南部，四川西、北、中、东部，云南东北部和甘肃西南部个别地区降水量为0.1～28mm，降水日数为1天	四川大邑 27.5mm（1天）
44	C2344	高原东北部原地生消	降水	8.30	西藏北、东北部，青海西、南部和四川西北部地区降水量为0.1～18mm，降水日数为1天	西藏嘉黎 17.9mm（1天）
45	C2345	高原北部东北行转东行移出高原	降水	9.4～9.5	青海西、东北部和甘肃中部地区降水量为0.1～12mm，降水日数为1天	青海野牛沟 12.0mm（1天）

高原低涡对我国影响简表（续-5）

序号	编号	简述活动的情况	高原低涡对我国的影响			
			项目	时间（月.日）	概况	极值
46	C2346	高原中部东北行	降水	9.9～9.10	西藏中、北、东北部，青海西、南、东部，甘肃西南部和四川北部地区降水量为0.1～38mm，降水日数为1天	四川理县 37.3mm（1天）
47	C2347	高原北中部东北行移出高原	降水	9.19～9.20	西藏北、东北部，青海西、南、东部，甘肃中、南部，宁夏南部，陕西西部和四川北部地区降水量为0.1～33mm，降水日数为1～2天	青海贵南 32.3mm（1天）
48	C2348	高原东北部原地生消	降水	10.4	青海西、南、中部和四川西北部个别地区降水量为0.5～13mm，降水日数为1天	青海沱沱河 12.7mm（1天）
49	C2349	高原东北部东南行移出高原	降水	10.11	西藏东北部，青海南、中、东部，甘肃中、南部，四川北部，宁夏西、南部和陕西、内蒙古西南部地区降水量为0.1～20mm，降水日数为1天	青海甘德 19.6mm（1天）
50	C2350	高原东南部原地生消	降水	10.18	西藏北部，青海西、南部和四川西北部个别地区降水量为0.6～14mm，降水日数为1天	青海清水河 13.8mm（1天）
51	C2351	高原中部原地生消	降水	10.19	西藏北、东北部，青海南部和四川西北部个别地区降水量为0.3～9mm，降水日数为1天	西藏安多 8.2mm（1天）
52	C2352	高原南部东南行	降水	10.30	西藏中、东北部地区降水量为0.5～9mm，降水日数为1天	西藏当雄 8.4mm（1天）

2023年高原低涡编号、名称、日期对照表

未移出高原的高原东部涡	未移出高原的高原西部涡	移出高原的高原低涡
① C2301 米林，Milin	④ C2304 沱沱河，Tuotuohe	⑥ C2306 金川，Jinchuan
2.15	3.9	4.17～4.18
② C2302 治多，Zhiduo	⑦ C2307 墨竹工卡，Mozhugongka	⑩ C2310 贵南，Guinan
2.26	4.24	5.2～5.3
③ C2303 格尔木，Ge’ermu	⑬ C2313 安多，Anduo	⑪ C2311 曲麻莱，Qumalai
2.28	5.10~5.11	5.4～5.5
⑤ C2305 河南，Henan	⑰ C2317 墨竹工卡，Mozhugongka	⑮ C2315 炉霍，Luhuo
3.15	5.18	5.15～5.17
⑧ C2308 比如，Biru	㉑ C2321 小灶火，Xiaozaohuo	㉔ C2324 德格，Dege
4.25	5.25	6.10~6.11
⑨ C2309 索县，Suoxian	㉕ C2325 沱沱河，Tuotuohe	㉘ C2328 杂多，Zaduo
4.28	6.12～6.14	6.18~6.19
⑫ C2312 玛曲，Maqu	㉗ C2327 五道梁，Wudaoliang	㉙ C2329 治多，Zhiduo
5.9	6.16~6.17	6.19～6.21
⑭ C2314 林芝，Linzhi	㊴ C2339 沱沱河，Tuotuohe	㊱ C2336 安多，Anduo
5.11	8.4~8.6	7.23～7.29

2023年高原低涡编号、名称、日期对照表（续-1）

未移出高原的高原东部涡	未移出高原的高原西部涡	移出高原的高原低涡
⑯ C2316 治多，Zhiduo	㊵ C2340 沱沱河，Tuotuohe	㊺ C2345 若羌，Ruoqiang
5.16~5.17	8.15	9.4~9.5
⑱ C2318 白玉，Baiyu	㊷ C2342 沱沱河，Tuotuohe	㊼ C2347 曲麻莱，Qumalai
5.18~5.19	8.25~8.26	9.19~9.20
⑲ C2319 小灶火，Xiaozaohuo	㊻ C2346 安多，Anduo	㊾ C2349 青海湖，Qinghaihu
5.20	9.9 ~ 9.10	10.11
⑳ C2320 杂多，Zaduo	(52) C2352 那曲，Naqu	
5.21~5.22	10.30	
㉒ C2322 小灶火，Xiaozaohuo		
5.27		
㉓ C2323 石渠，Shiqu		
6.6		
㉖ C2326 金川，Jinchuan		
6.14		
㉚ C2330 小灶火，Xiaozaohuo		
7.1		

2023年高原低涡编号、名称、日期对照表（续-2）

未移出高原的高原东部涡	
㉛ C2331 曲麻莱，Qumalai	㊸ C2343 达日，Dari
7.5	8.29
㉜ C2332 阿坝，Aba	㊹ C2344 都兰，Dulan
7.7	8.30
㉝ C2333 班玛，Banma	㊽ C2348 格尔木，Ge'ermu
7.11~7.13	10.4
㉞ C2334 比如，Biru	㊿ C2350 囊谦，Nangqian
7.13~7.14	10.18
㉟ C2335 索县，Suoxian	(51) C2351 杂多，Zaduo
7.16~7.17	10.19
㊲ C2337 嘉黎，Jiali	
7.27~7.28	
㊳ C2338 杂多，Zaduo	
7.31~8.1	
㊶ C2341 那曲，Naqu	
8.23	

高原低涡路径图
2023年2月

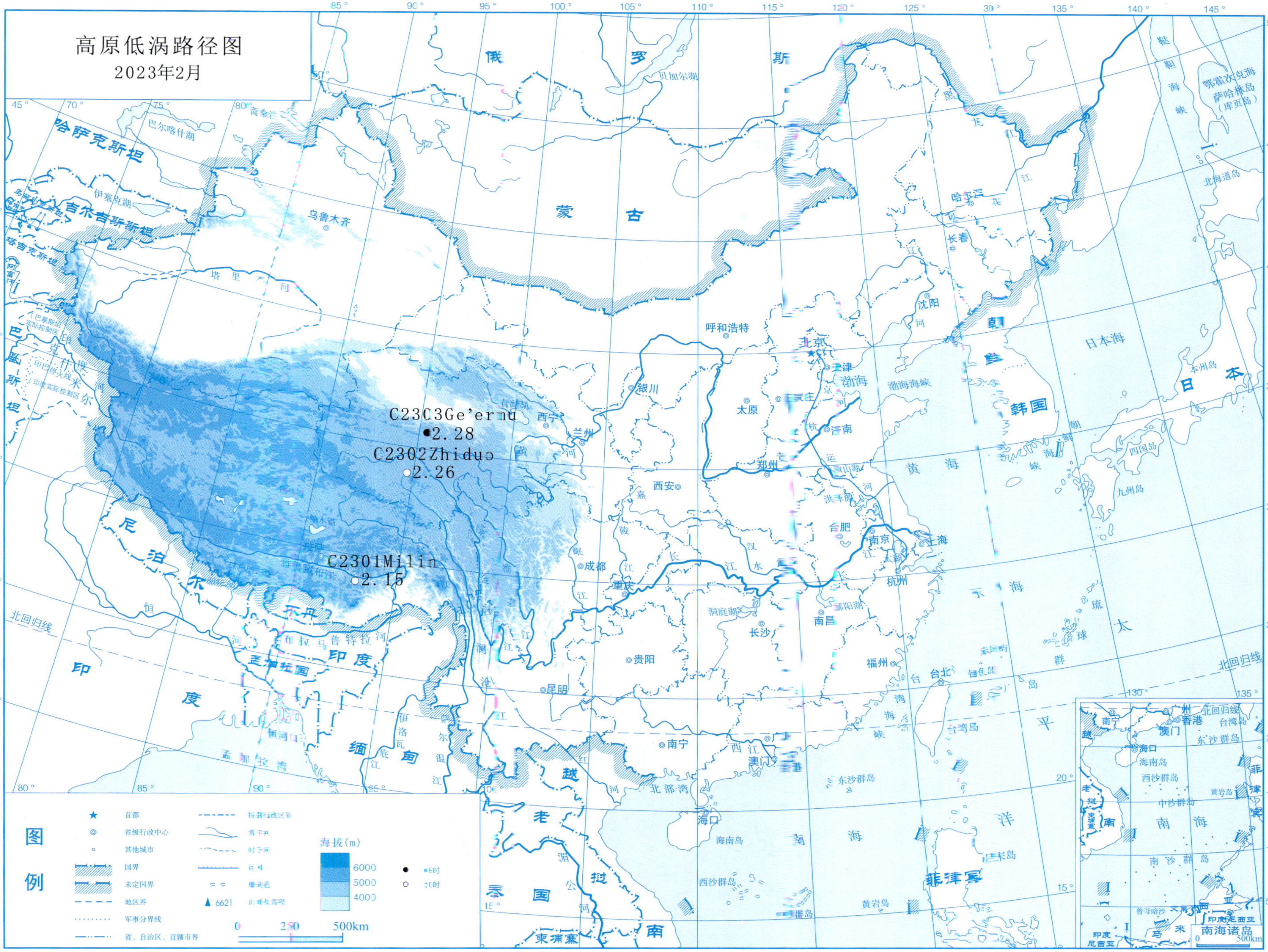

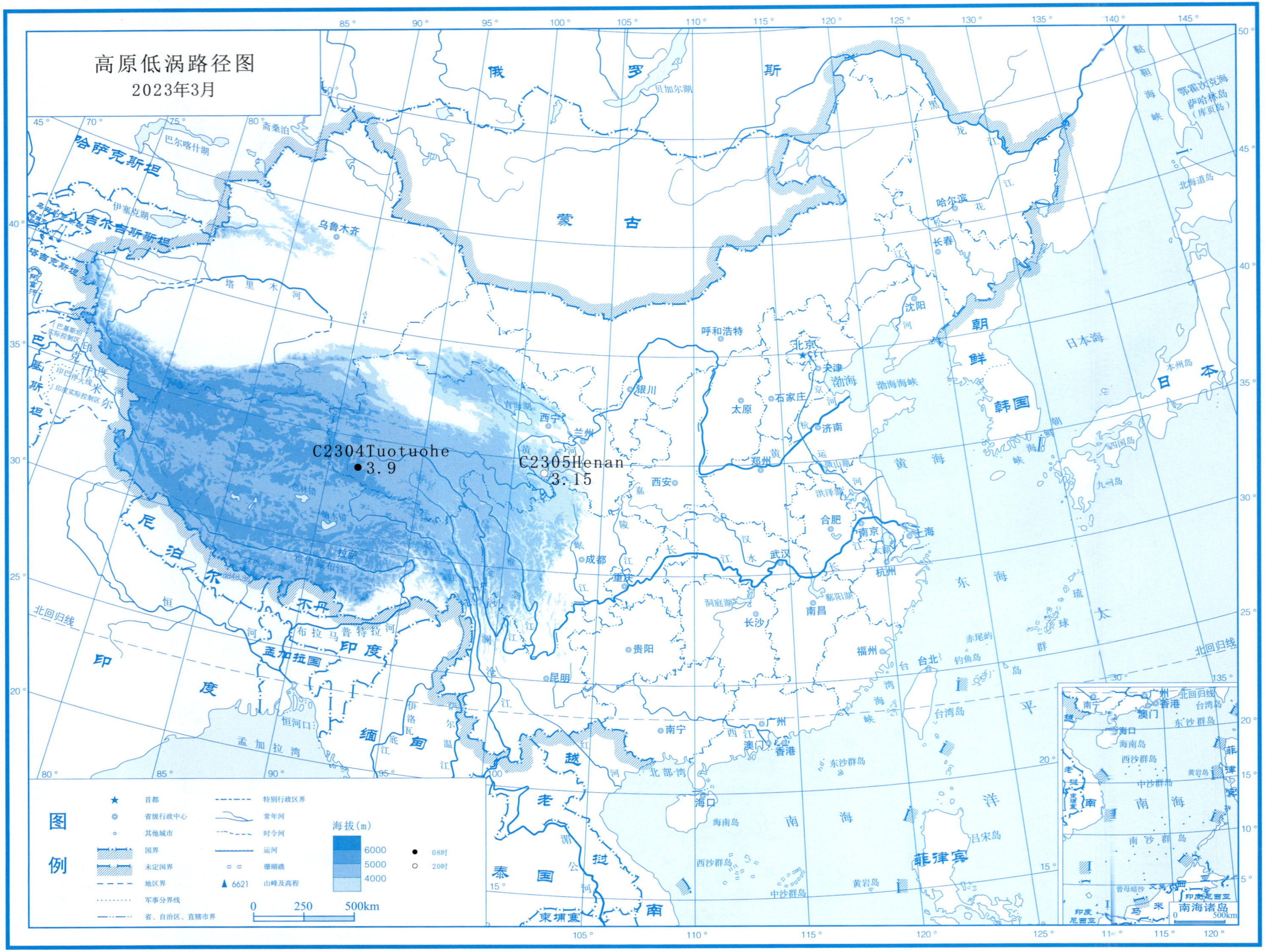
高原低涡路径图
2023年3月
C2304Tuotuohe
3.9
C2305Henan
3.15
图例
首都
省级行政中心
其他城市
国界
未定国界
地区界
军事分界线
省、自治区、直辖市界
特别行政区界
常年河
时令河
运河
珊瑚礁
山峰及高程
海拔(m)
6000
5000
4000
08时
20时
0 250 500km
南海诸岛

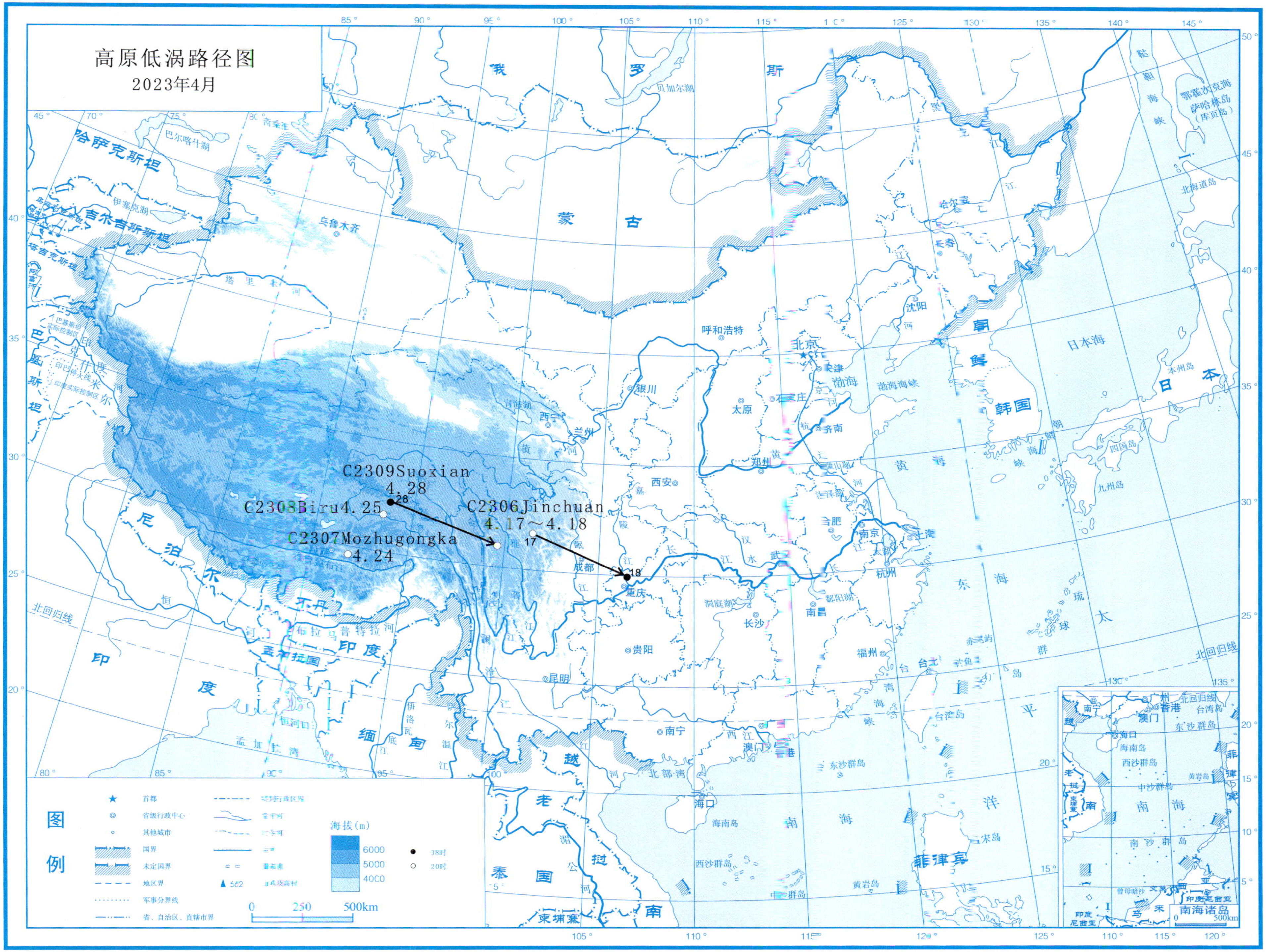
高原低涡路径图
2023年4月
C2309Suoxian
4.28
C2308Biru4.25
C2307Mozhugongka
4.24
C2306Jinchuan
4.17～4.18
28
17
18
图例
首都
省级行政中心
其他城市
国界
未定国界
地区界
军事分界线
省、自治区、直辖市界
海拔(m)
6000
5000
4000
08时
20时
0 250 500km

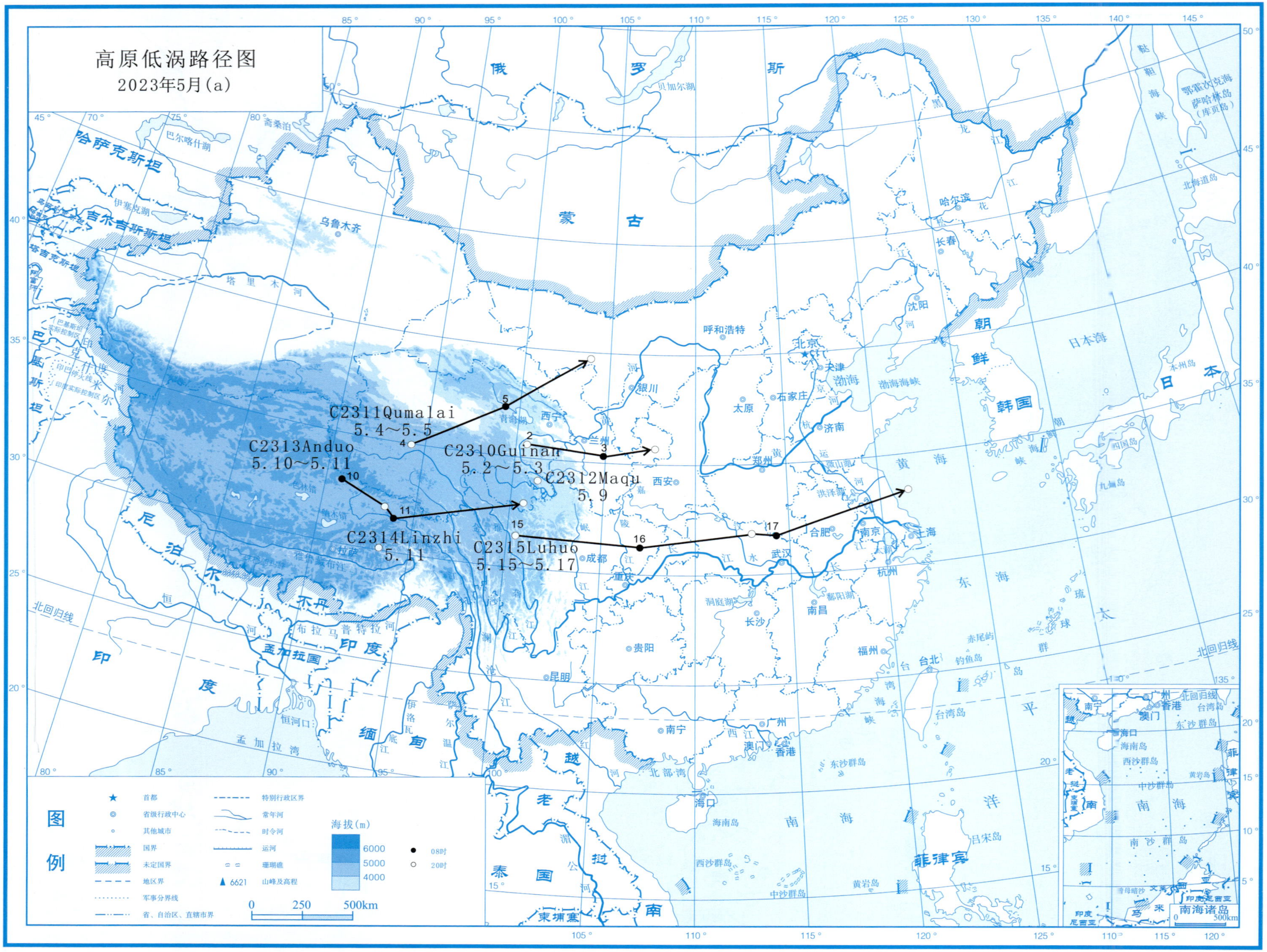
高原低涡路径图
2023年5月(a)
C2311Qumalai
5.4～5.5
C2310Guinan
5.2～5.3
C2312Maqu
5.9
C2313Anduo
5.10～5.11
C2314Linzhi
5.11
C2315Luhuo
5.15～5.17
图例
首都
省级行政中心
其他城市
国界
未定国界
地区界
军事分界线
省、自治区、直辖市界
特别行政区界
常年河
时令河
运河
珊瑚礁
山峰及高程
海拔(m)
6000
5000
4000
08时
20时
0 250 500km
南海诸岛

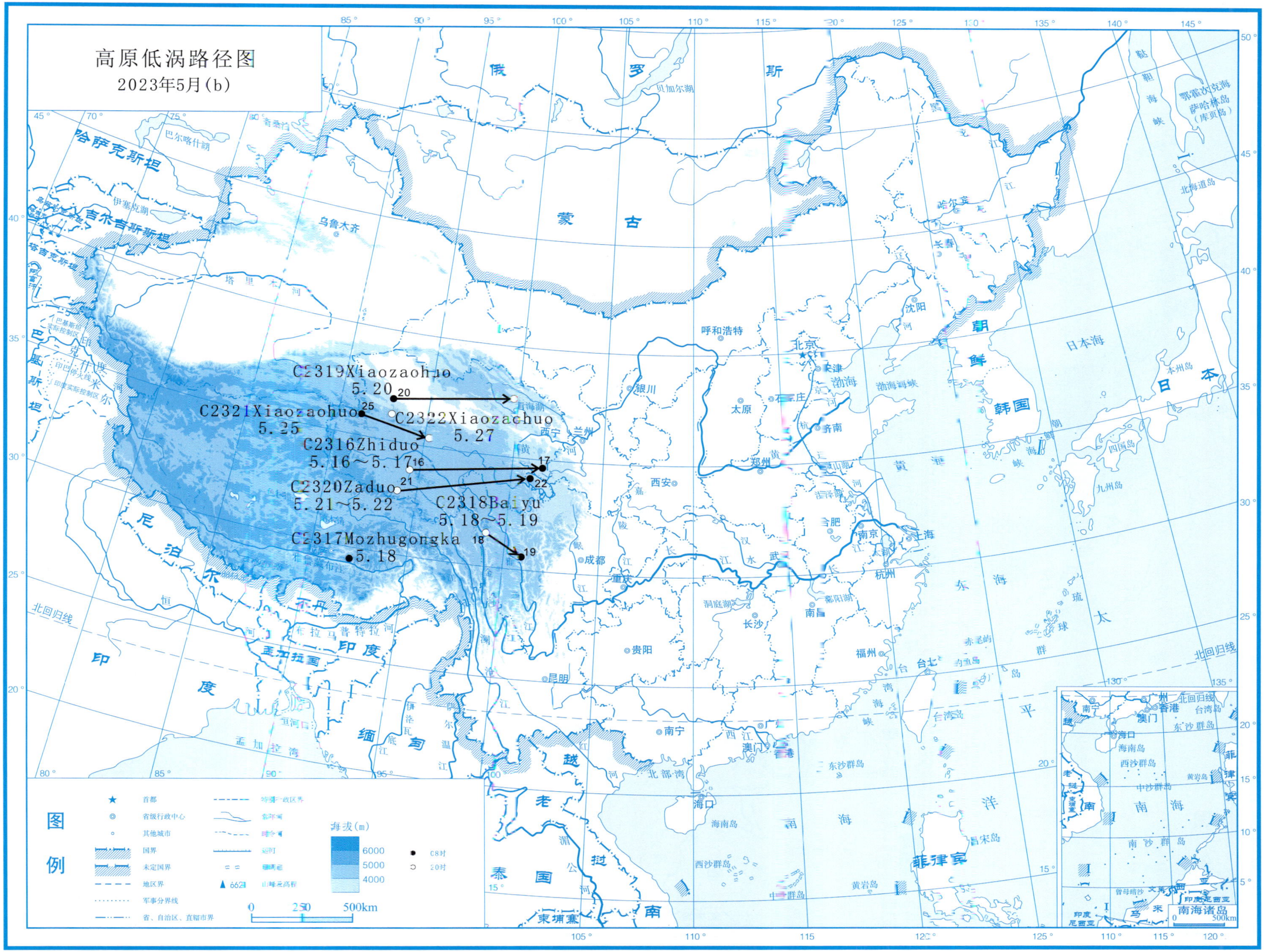
高原低涡路径图
2023年5月(b)
C2319Xiaozaohuo
5.20
C2321Xiaozaohuo
5.25
C2322Xiaozachuo
5.27
C2316Zhiduo
5.16～5.17
C2320Zaduo
5.21～5.22
C2318Baiyu
5.18～5.19
C2317Mozhugongka
5.18
图例
海拔(m)
6000
5000
4000
0 250 500km
南海诸岛

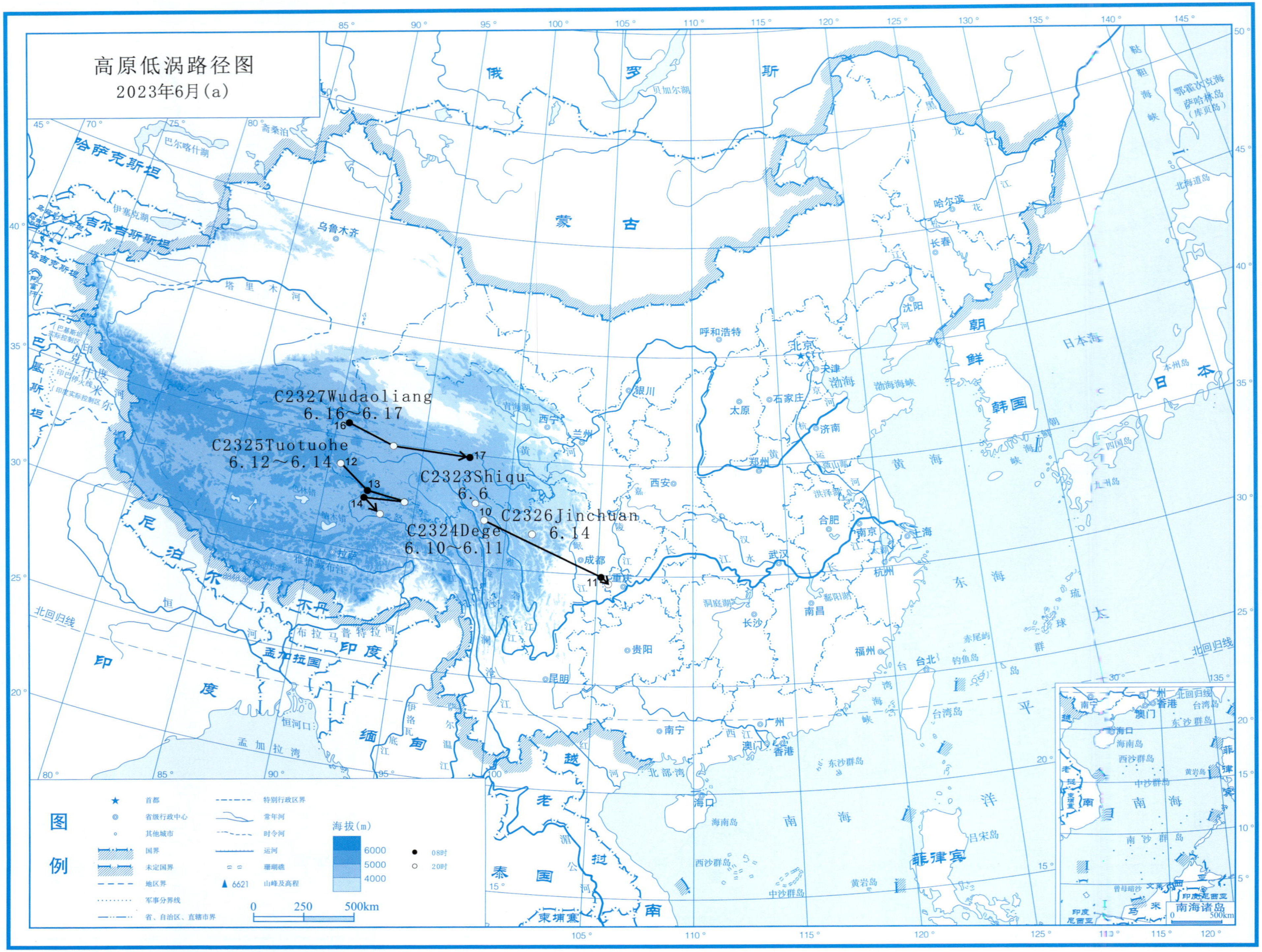
高原低涡路径图
2023年6月(a)
C2327Wudaoliang
6.16～6.17
C2325Tuotuohe
6.12～6.14
C2323Shiqu
6.6
C2326Jinchuan
6.14
C2324Dege
6.10～6.11
图例
首都
省级行政中心
其他城市
国界
未定国界
地区界
军事分界线
省、自治区、直辖市界
特别行政区界
常年河
时令河
运河
珊瑚礁
山峰及高程
海拔(m)
6000
5000
4000
08时
20时
0 250 500km
南海诸岛

高原低涡路径图

2023年6月(b)

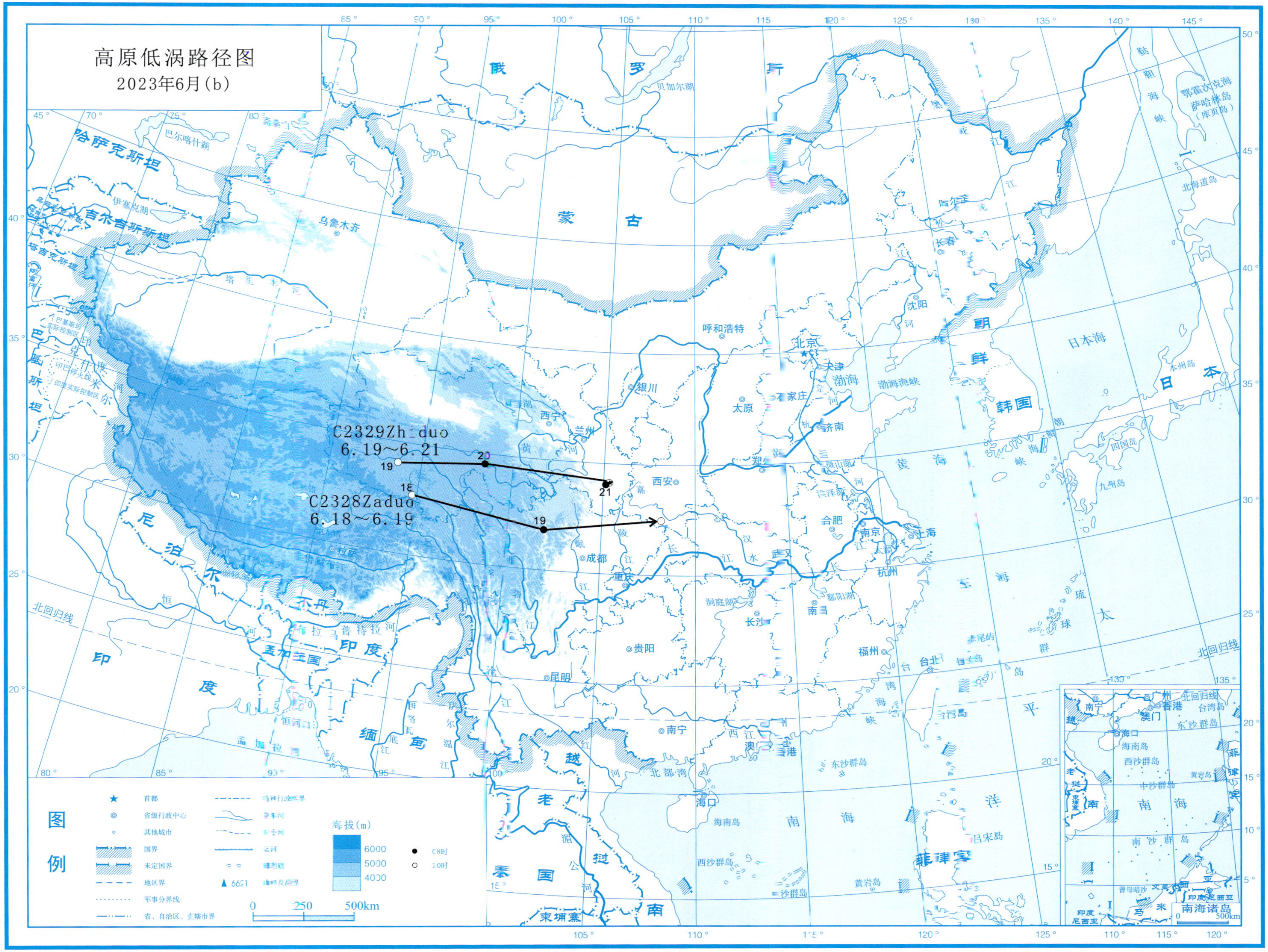

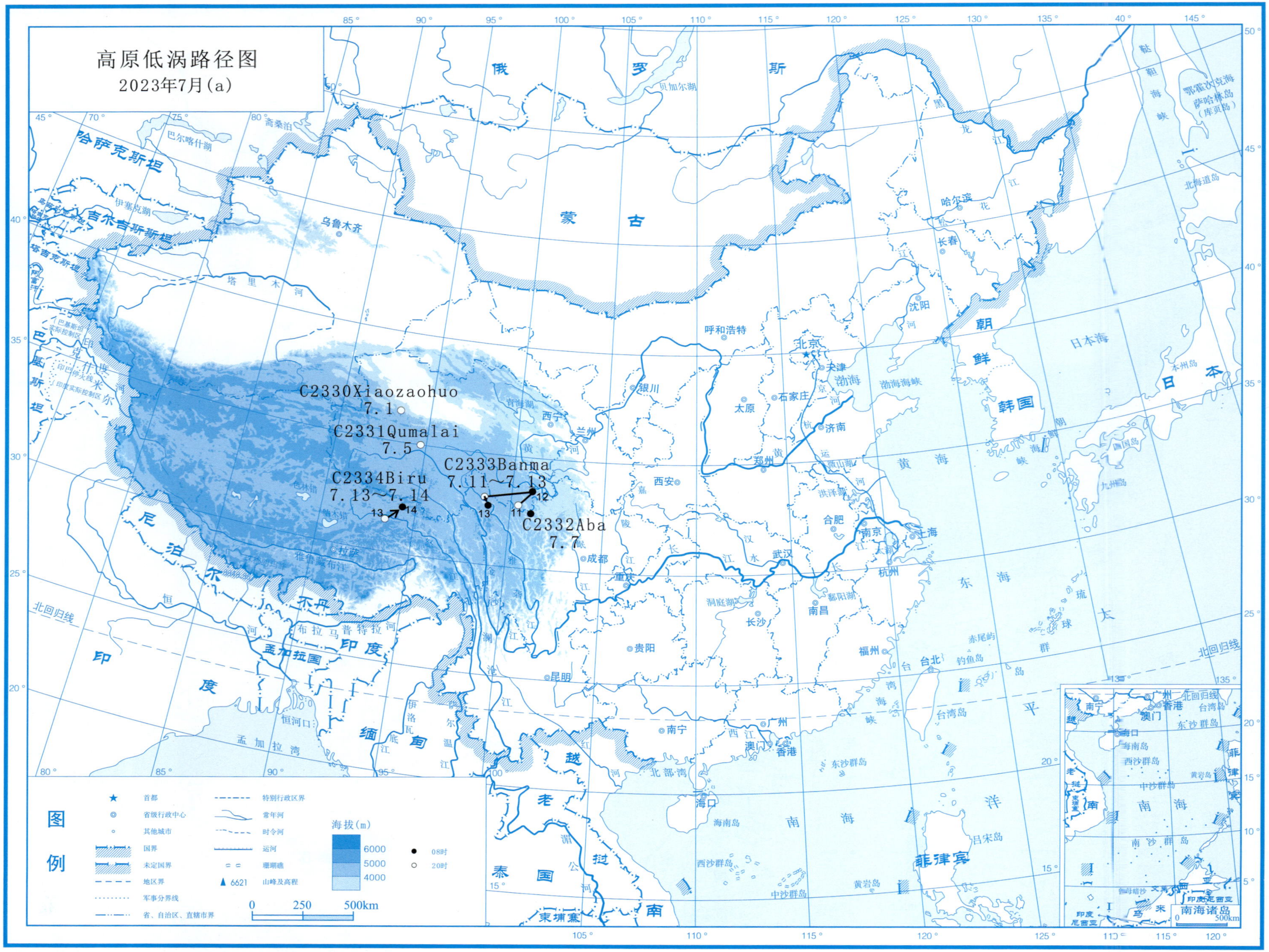
高原低涡路径图
2023年7月(a)
C2330Xiaozaohuo
7.1
C2331Qumalai
7.5
C2333Banma
7.11～7.13
C2334Biru
7.13～7.14
C2332Aba
7.7
图例
首都
省级行政中心
其他城市
国界
未定国界
地区界
军事分界线
省、自治区、直辖市界
特别行政区界
常年河
时令河
运河
珊瑚礁
山峰及高程
海拔(m)
6000
5000
4000
08时
20时
0 250 500km
南海诸岛

高原低涡路径图

2023年7月(b)

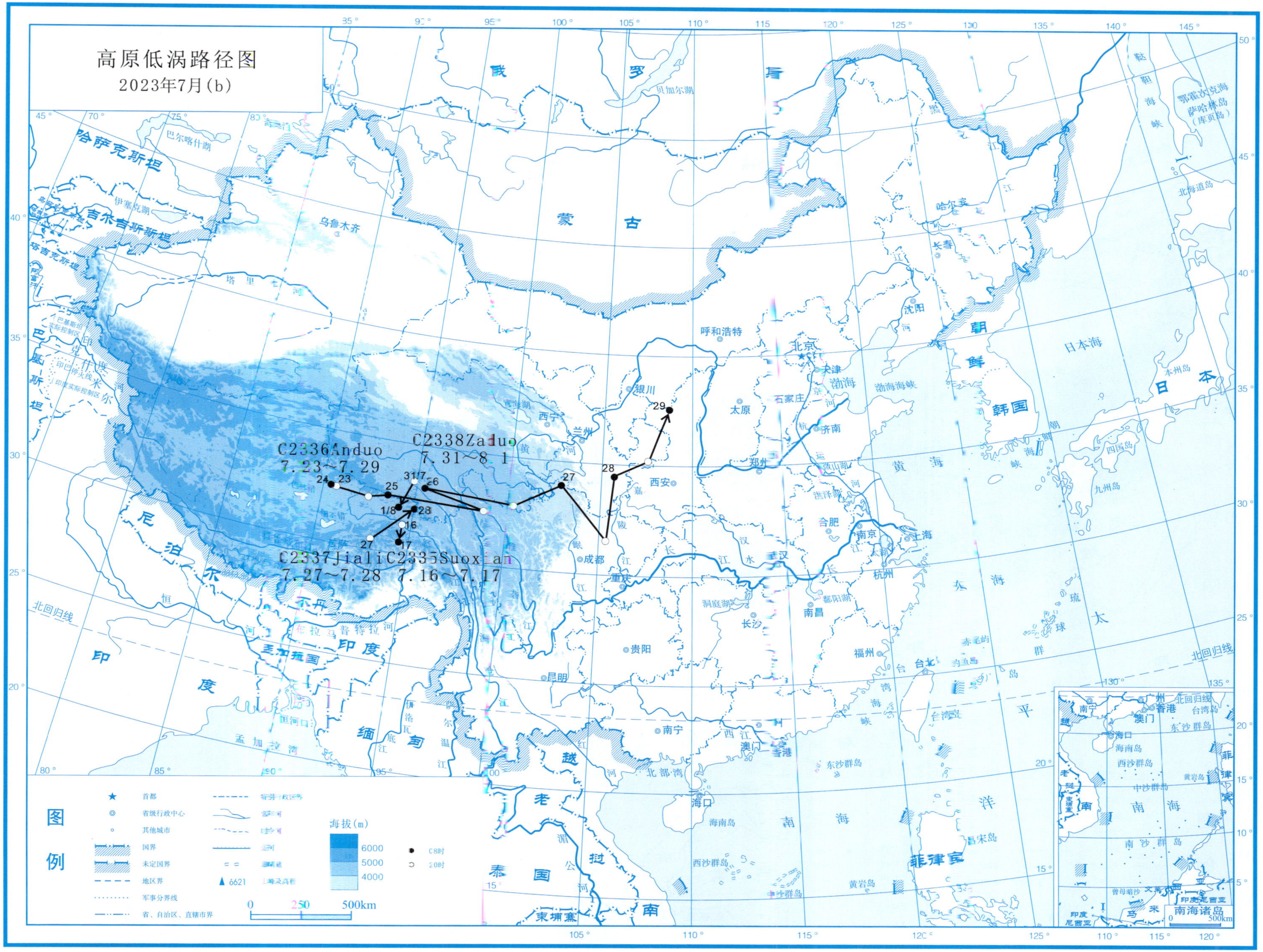

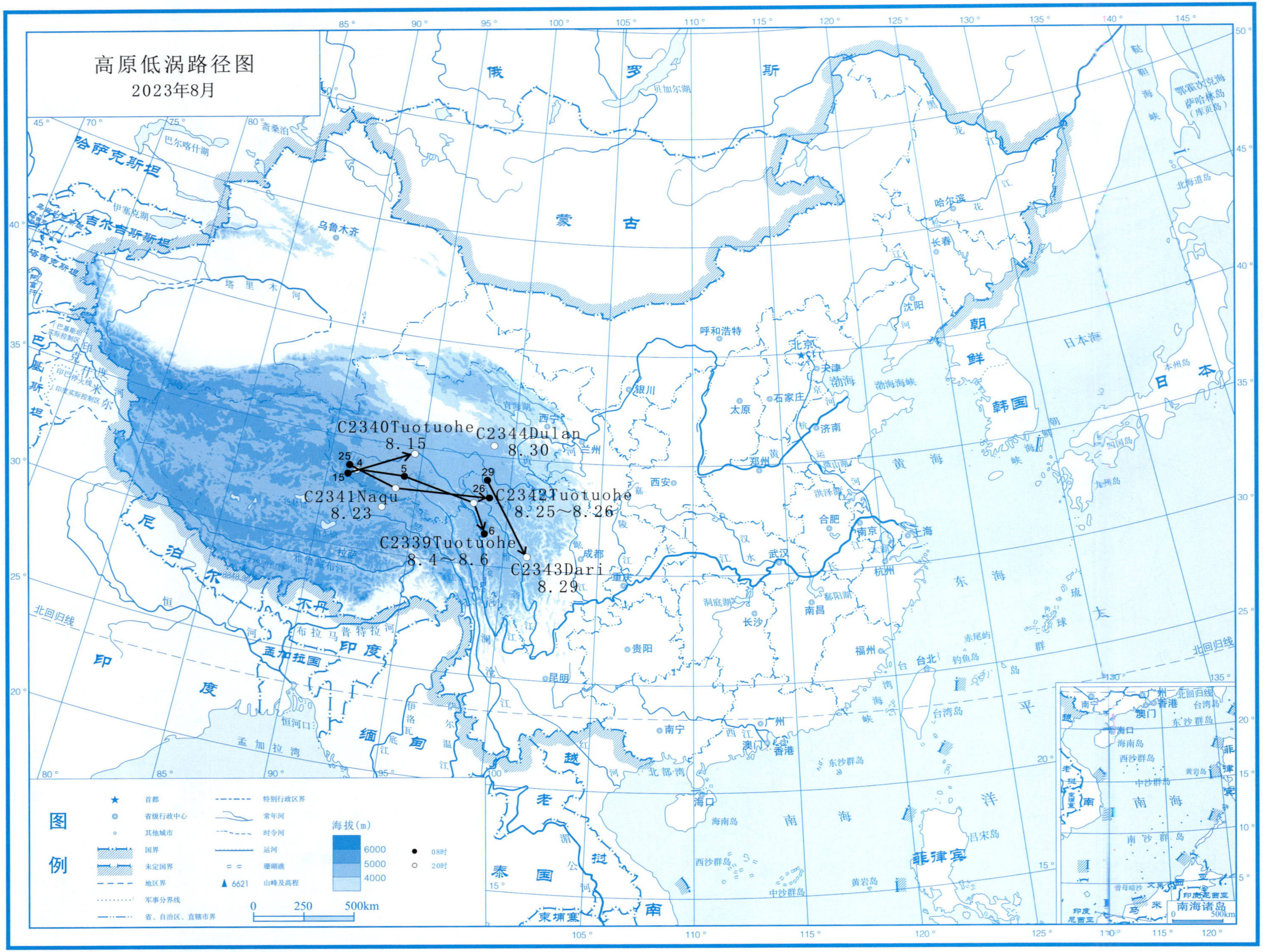
高原低涡路径图
2023年8月
C2340Tuotuohe
8.15
C2344Dulan
8.30
C2341Naqu
8.23
C2342Tuotuohe
8.25～8.26
C2339Tuotuohe
8.4～8.6
C2343Dari
8.29
25
4
15
5
26
29
6
图例
首都
省级行政中心
其他城市
国界
未定国界
地区界
军事分界线
省、自治区、直辖市界
特别行政区界
常年河
时令河
运河
珊瑚礁
6621 山峰及高程
海拔(m)
6000
5000
4000
08时
20时
0 250 500km
南海诸岛

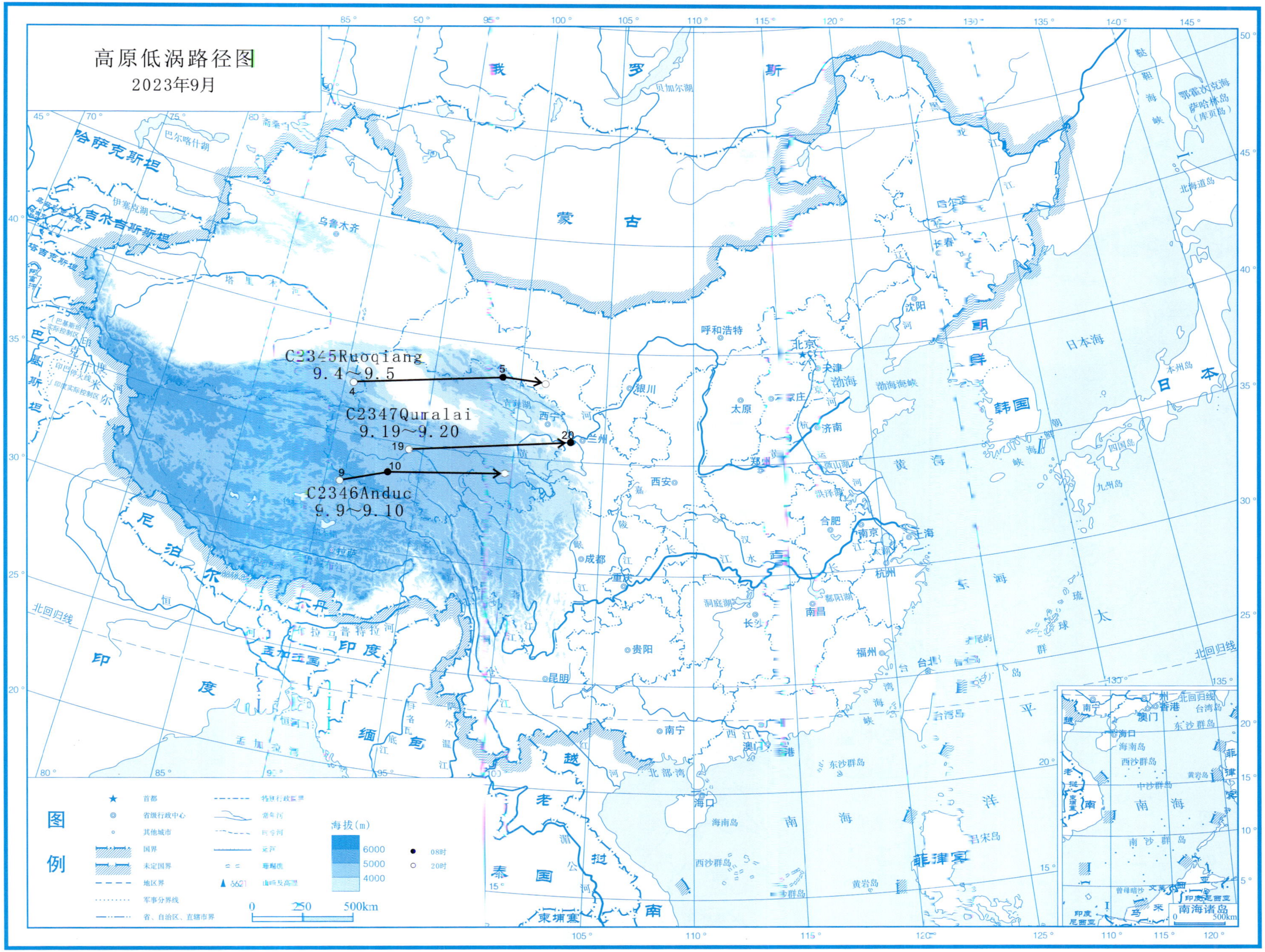
高原低涡路径图
2023年9月
C2345Ruoqiang
9.4～9.5
C2347Qumalai
9.19～9.20
C2346Anduo
9.9～9.10
图例
首都
省级行政中心
其他城市
国界
未定国界
地区界
军事分界线
省、自治区、直辖市界
海拔(m)
6000
5000
4000
08时
20时
南海诸岛

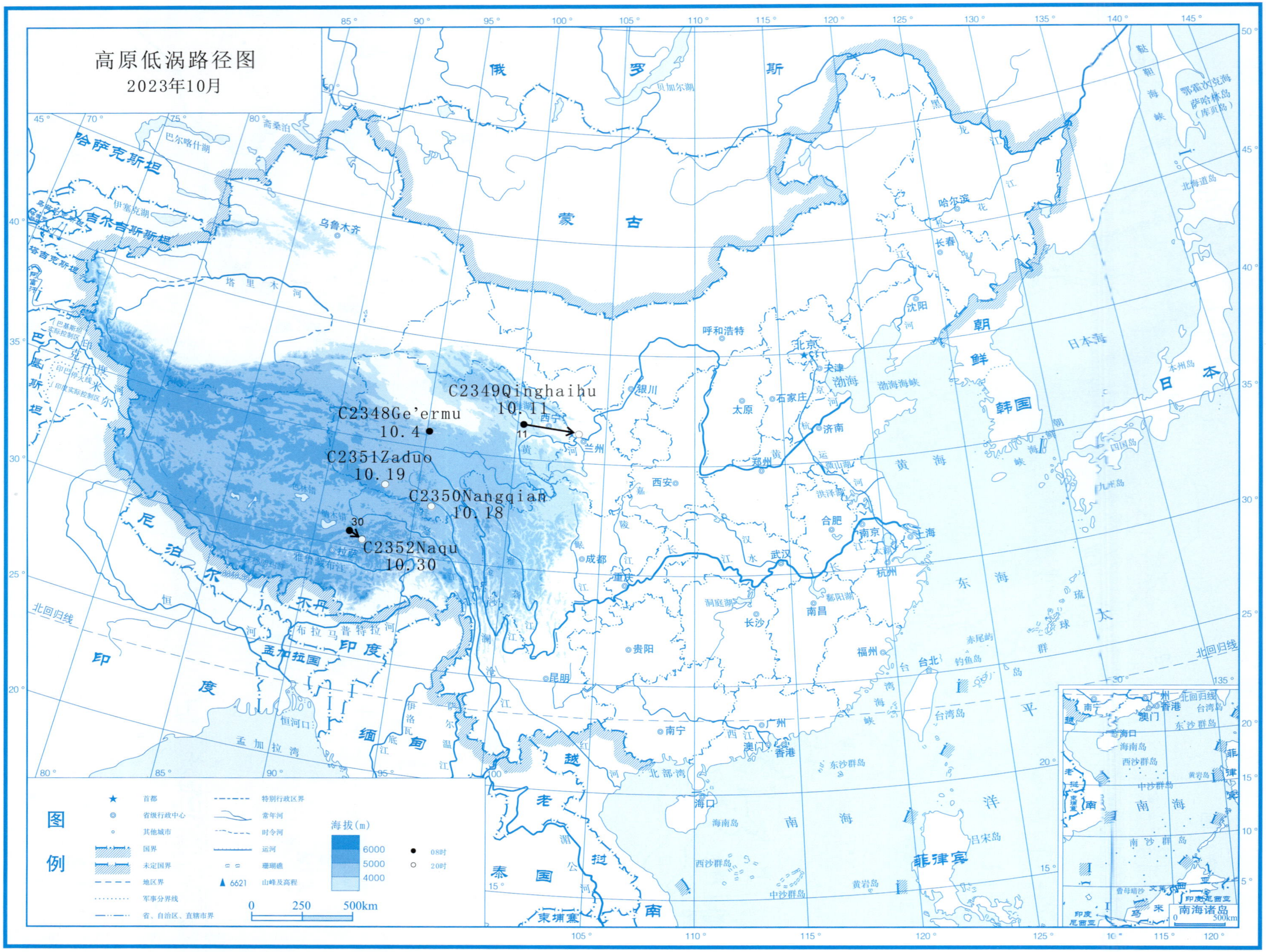
高原低涡路径图
2023年10月
C2348Ge'ermu
10.4
C2349Qinghaihu
10.11
C2351Zaduo
10.19
C2350Nangqian
10.18
C2352Naqu
10.30
图例
海拔(m)
6000
5000
4000
08时
20时
0 250 500km

青 藏 高 原 低 涡 降 水 资 料

总降水量图
2月15日

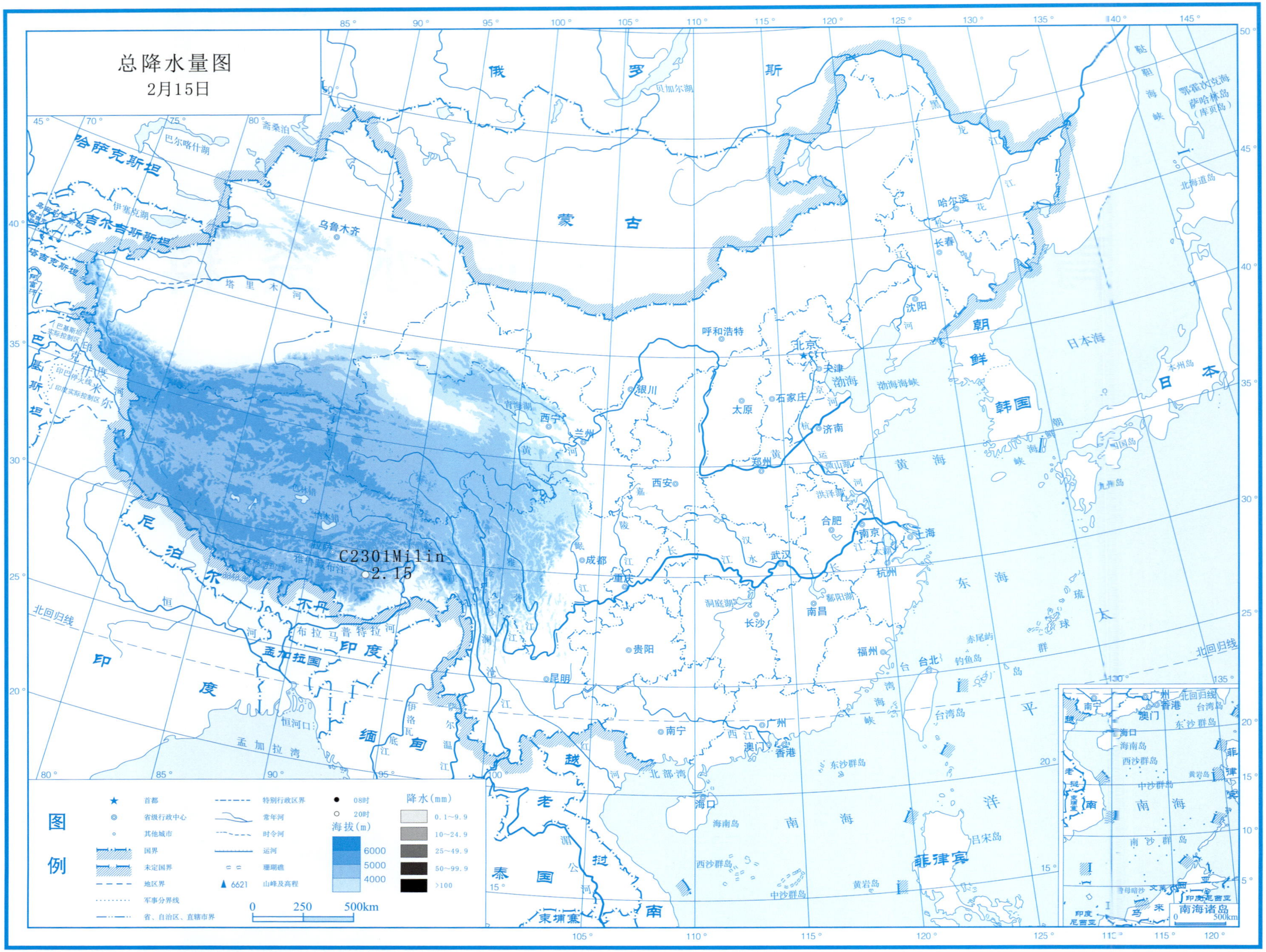
C2301Milin
2.15
图例
首都
省级行政中心
其他城市
国界
未定国界
地区界
军事分界线
省、自治区、直辖市界
特别行政区界
常年河
时令河
运河
珊瑚礁
6621 山峰及高程
08时
20时
海拔(m)
6000
5000
4000
降水(mm)
0.1~9.9
10~24.9
25~49.9
50~99.9
>100
0 250 500km
南海诸岛

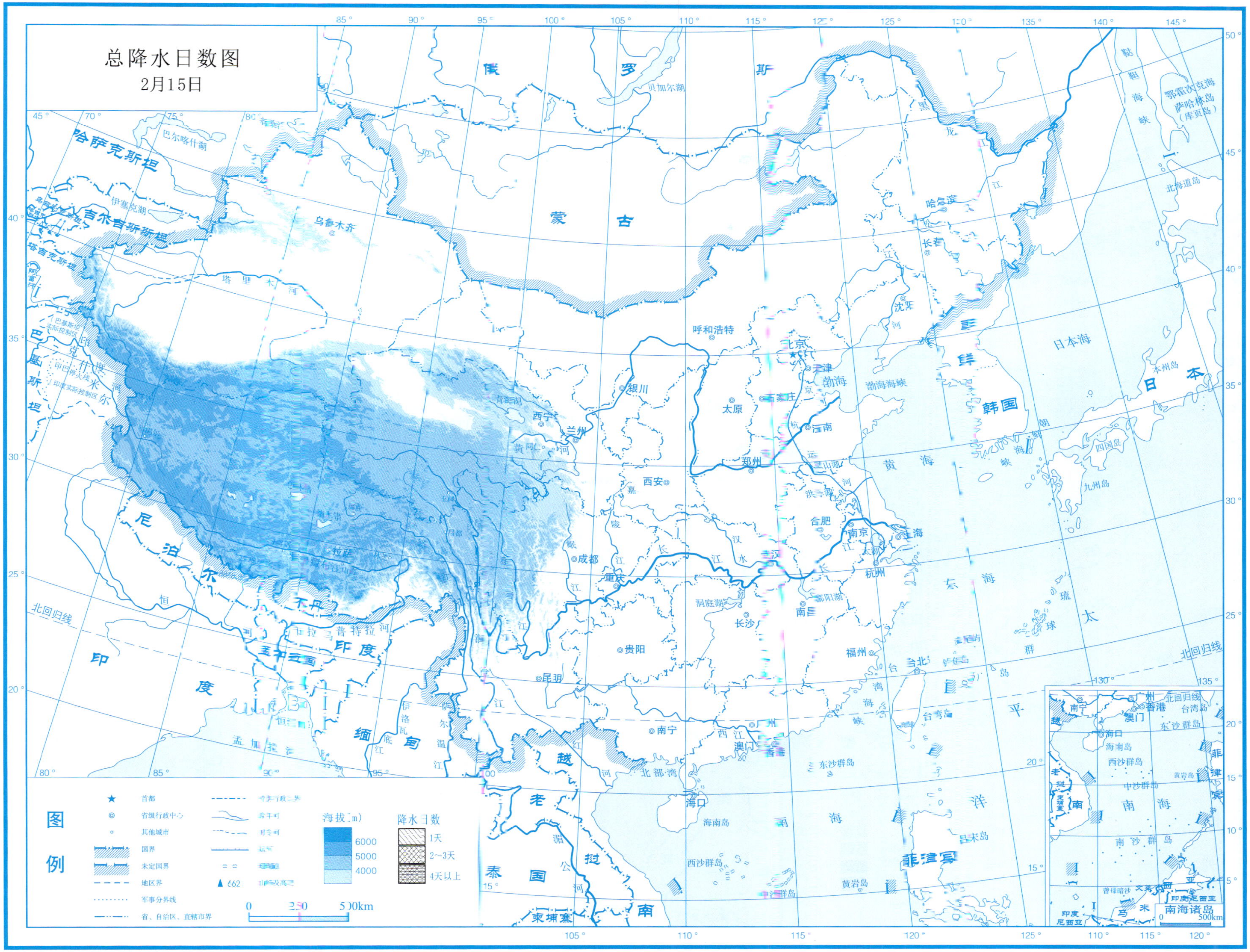

总降水日数图
2月15日

总降水量图
2月26日

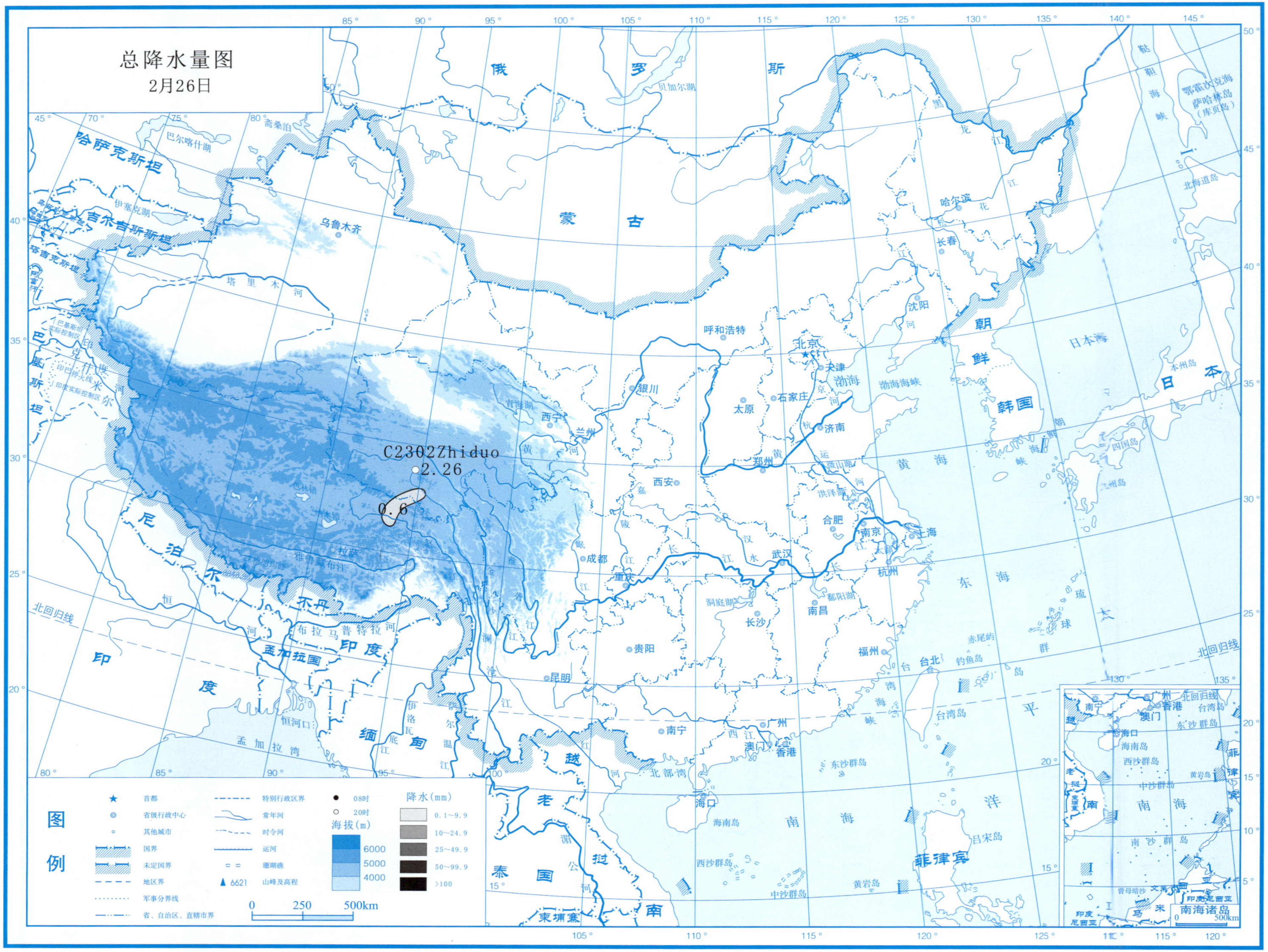
C2302Zhiduo
2.26
0.6
图例
首都
省级行政中心
其他城市
国界
未定国界
地区界
军事分界线
省、自治区、直辖市界
特别行政区界
常年河
时令河
运河
珊瑚礁
6621 山峰及高程
08时
20时
海拔(m)
6000
5000
4000
降水(mm)
0.1~9.9
10~24.9
25~49.9
50~99.9
>100
0 250 500km
南海诸岛

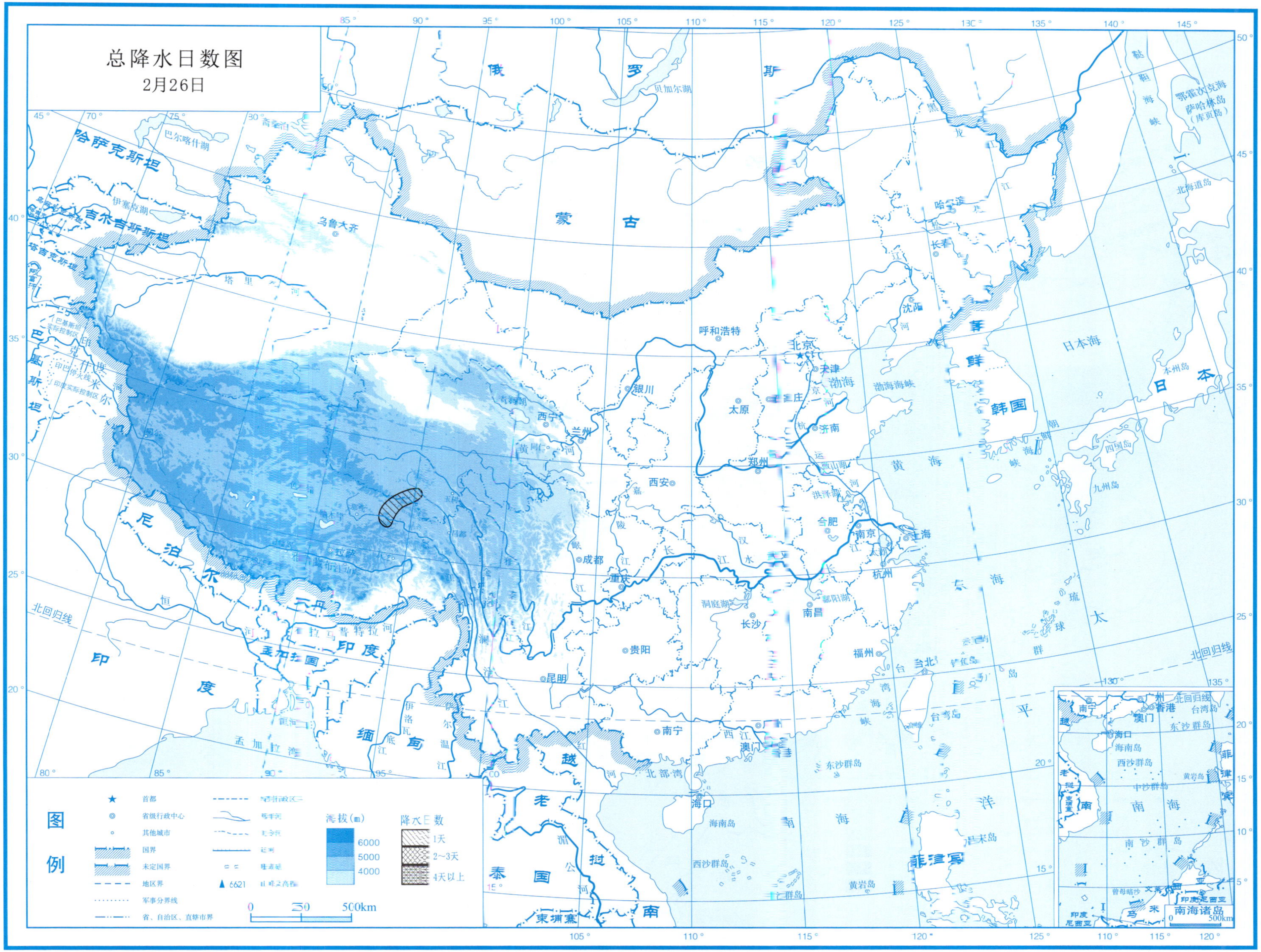

Page...37

高原低涡 第1部分

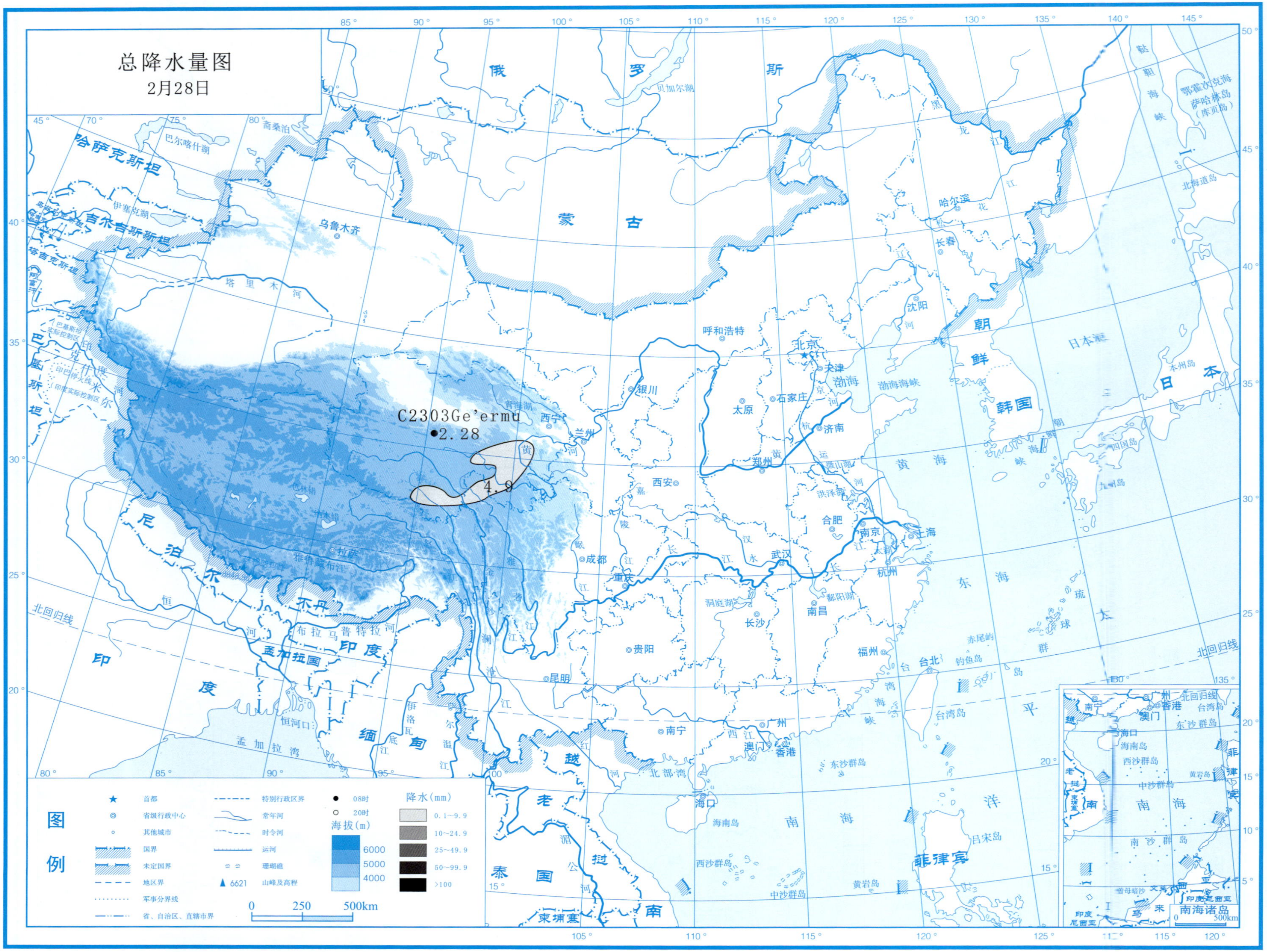
总降水量图
2月28日
C2303Ge'ermu
●2.28
4.9
图例
首都
省级行政中心
其他城市
国界
未定国界
地区界
军事分界线
省、自治区、直辖市界
特别行政区界
常年河
时令河
运河
珊瑚礁
6621 山峰及高程
● 08时
○ 20时
海拔(m)
6000
5000
4000
降水(mm)
0.1~9.9
10~24.9
25~49.9
50~99.9
>100
0 250 500km
南海诸岛

总降水日数图

2月28日

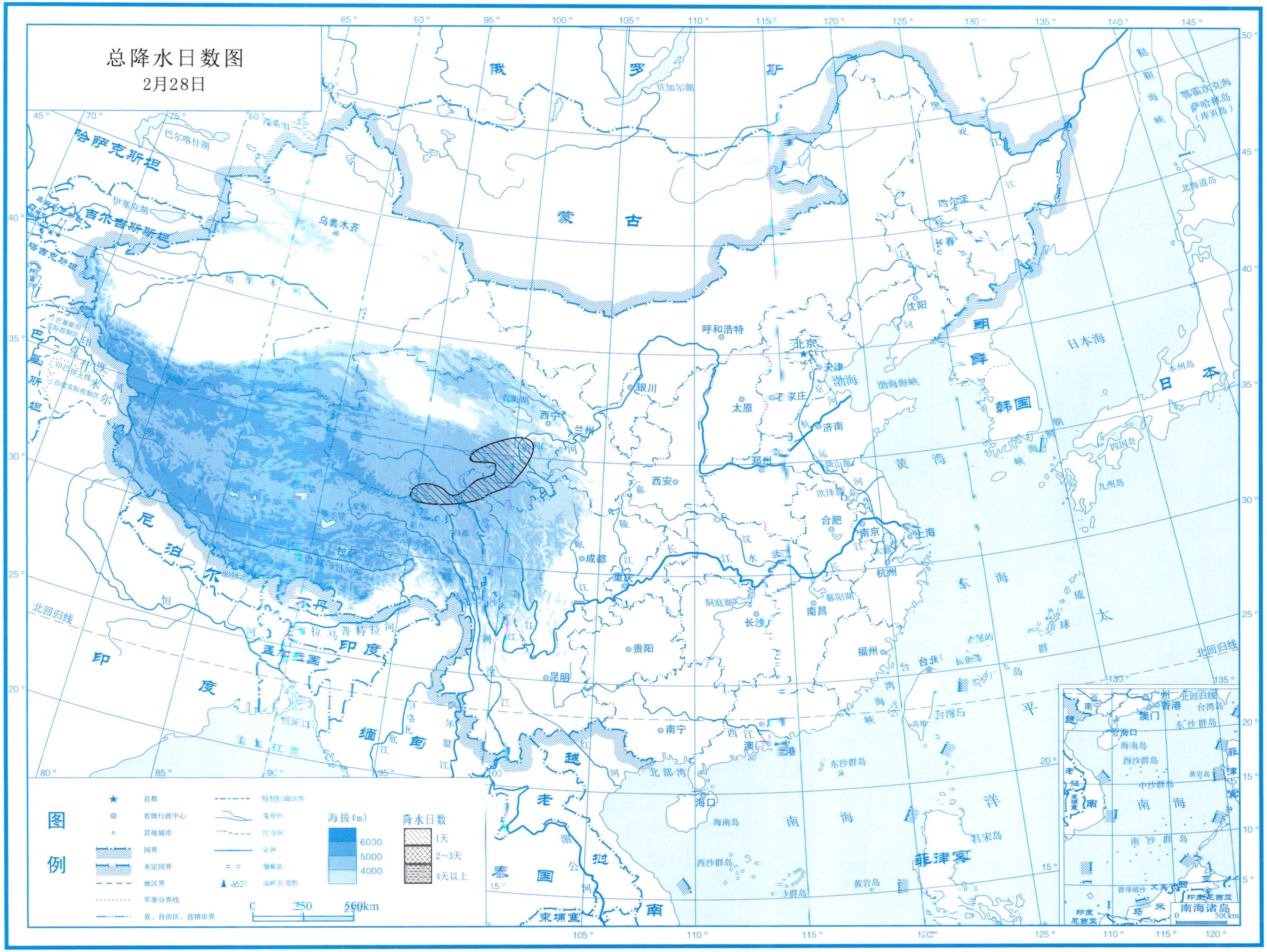

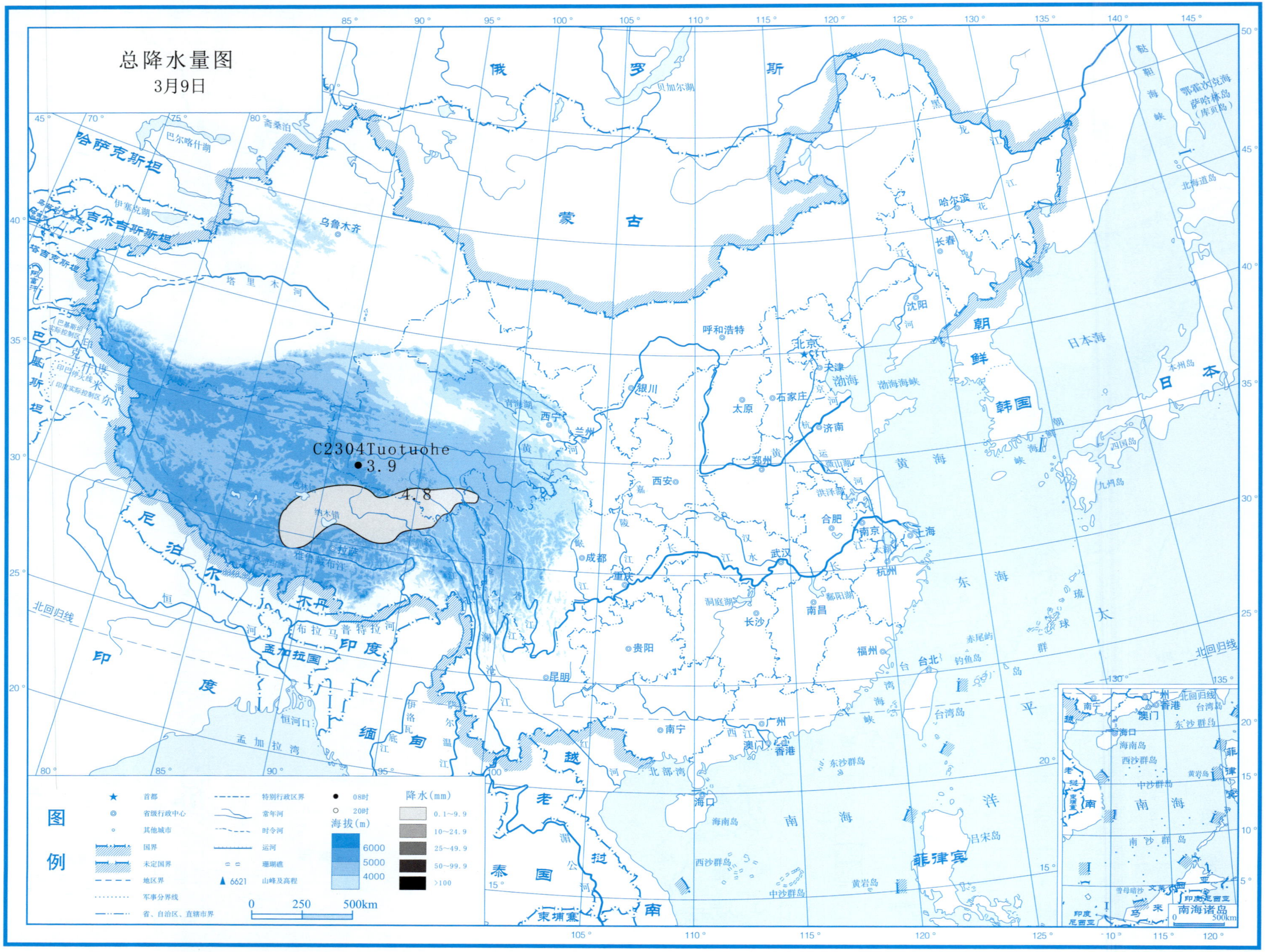
总降水量图
3月9日
C2304Tuotuohe
3.9
4.8
图例
首都
省级行政中心
其他城市
国界
未定国界
地区界
军事分界线
省、自治区、直辖市界
特别行政区界
常年河
时令河
运河
珊瑚礁
6621 山峰及高程
08时
20时
海拔(m)
6000
5000
4000
降水(mm)
0.1~9.9
10~24.9
25~49.9
50~99.9
>100
0 250 500km
南海诸岛

总降水日数图

3月9日

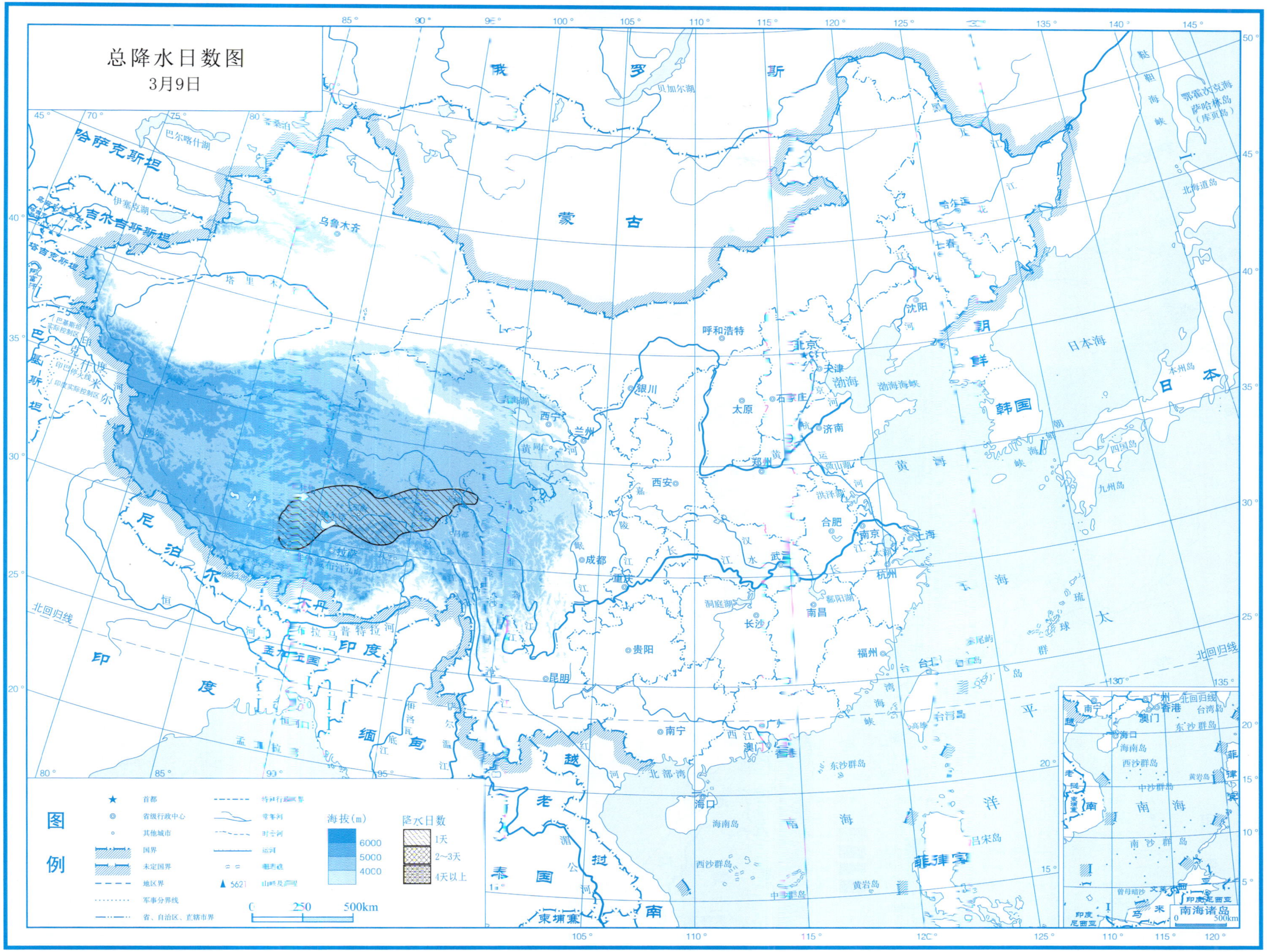
图例
首都
省级行政中心
其他城市
国界
未定国界
地区界
军事分界线
省、自治区、直辖市界
运河
海拔(m)
6000
5000
4000
降水日数
1天
2~3天
4天以上
0 250 500km
南海诸岛

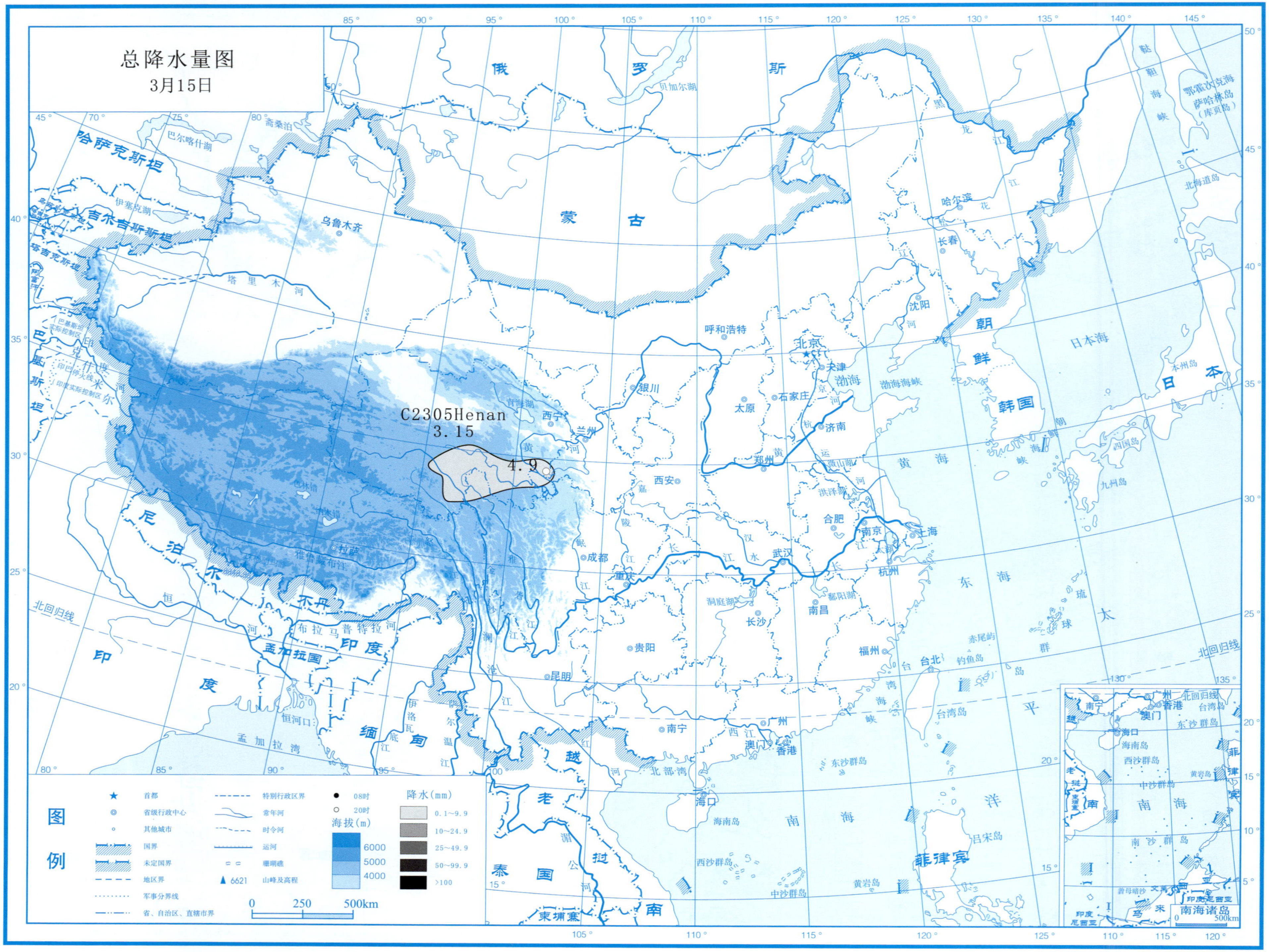
总降水量图
3月15日
C2305Henan
3.15
4.9
图例
首都
省级行政中心
其他城市
国界
未定国界
地区界
军事分界线
省、自治区、直辖市界
特别行政区界
常年河
时令河
运河
珊瑚礁
6621 山峰及高程
08时
20时
海拔(m)
6000
5000
4000
降水(mm)
0.1~9.9
10~24.9
25~49.9
50~99.9
>100
0 250 500km
南海诸岛

总降水日数图

3月15日

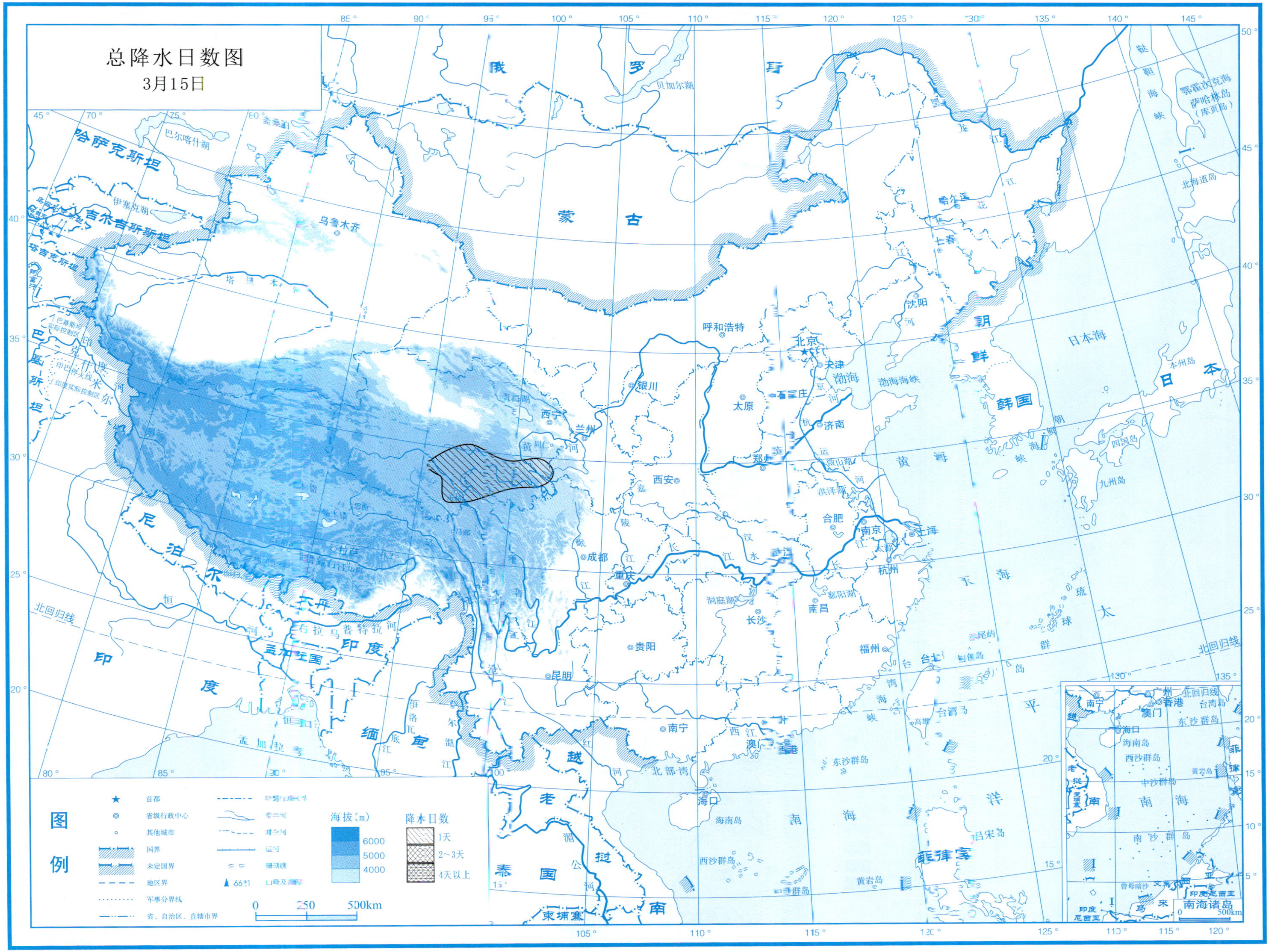

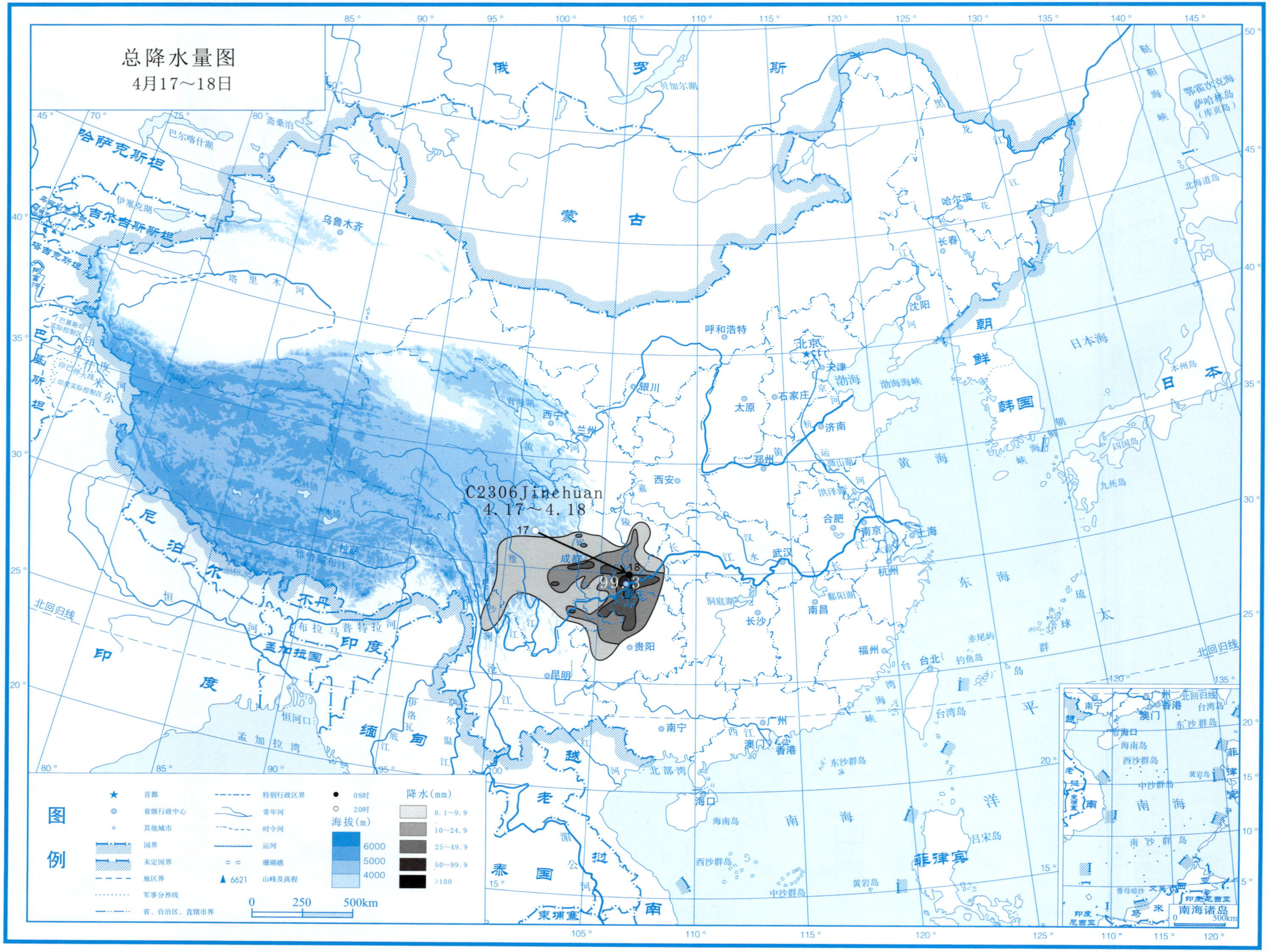

总降水量图
4月17～18日
C2306Jinchuan
4.17～4.18
99.3
图例
首都
省级行政中心
其他城市
国界
未定国界
地区界
军事分界线
省、自治区、直辖市界
特别行政区界
常年河
时令河
运河
珊瑚礁
6621 山峰及高程
08时
20时
海拔(m)
6000
5000
4000
降水(mm)
0.1～9.9
10～24.9
25～49.9
50～99.9
>100
0 250 500km
南海诸岛

总降水日数图
4月17～18日

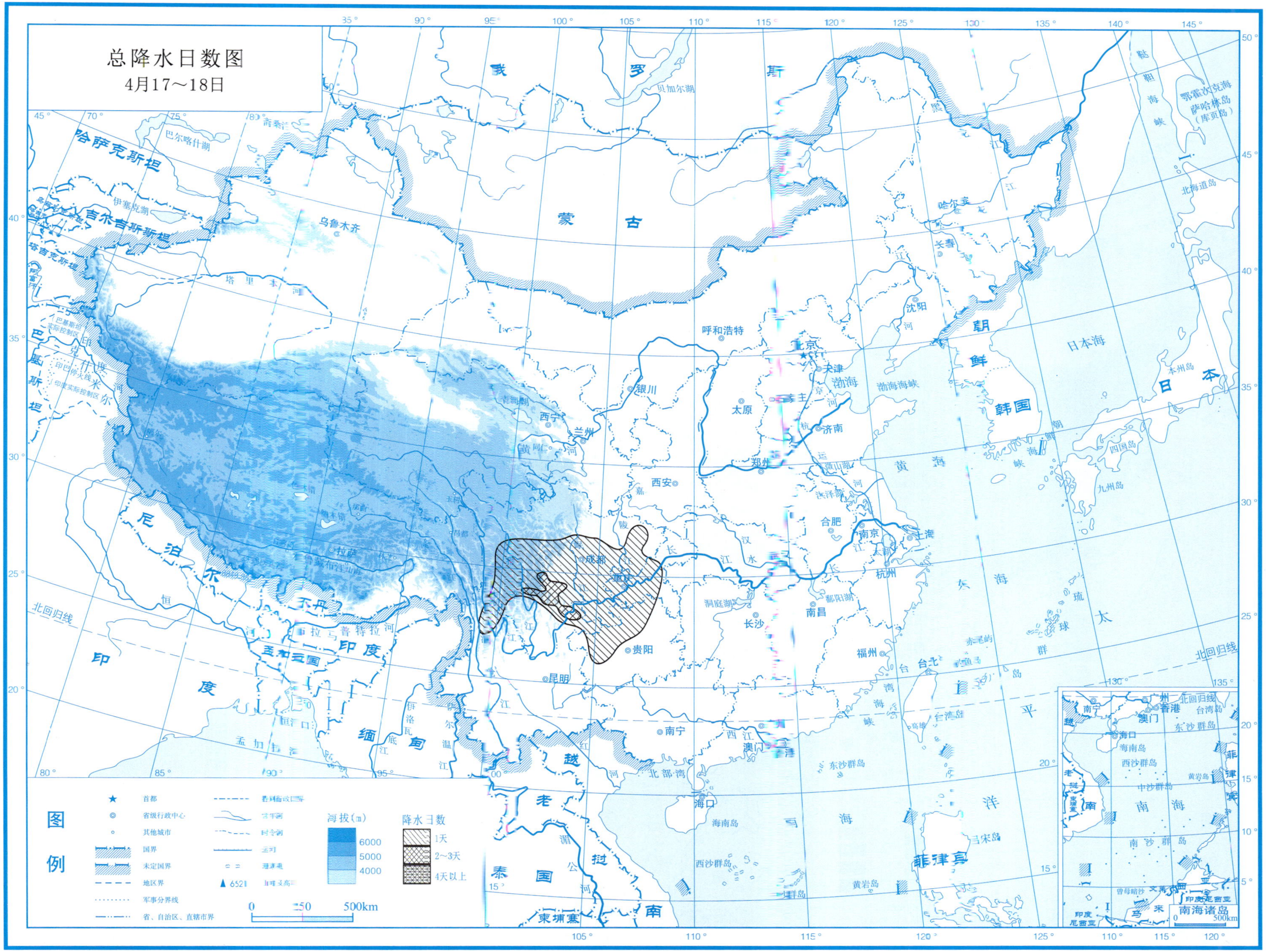

Page...45

高原低涡 第1部分

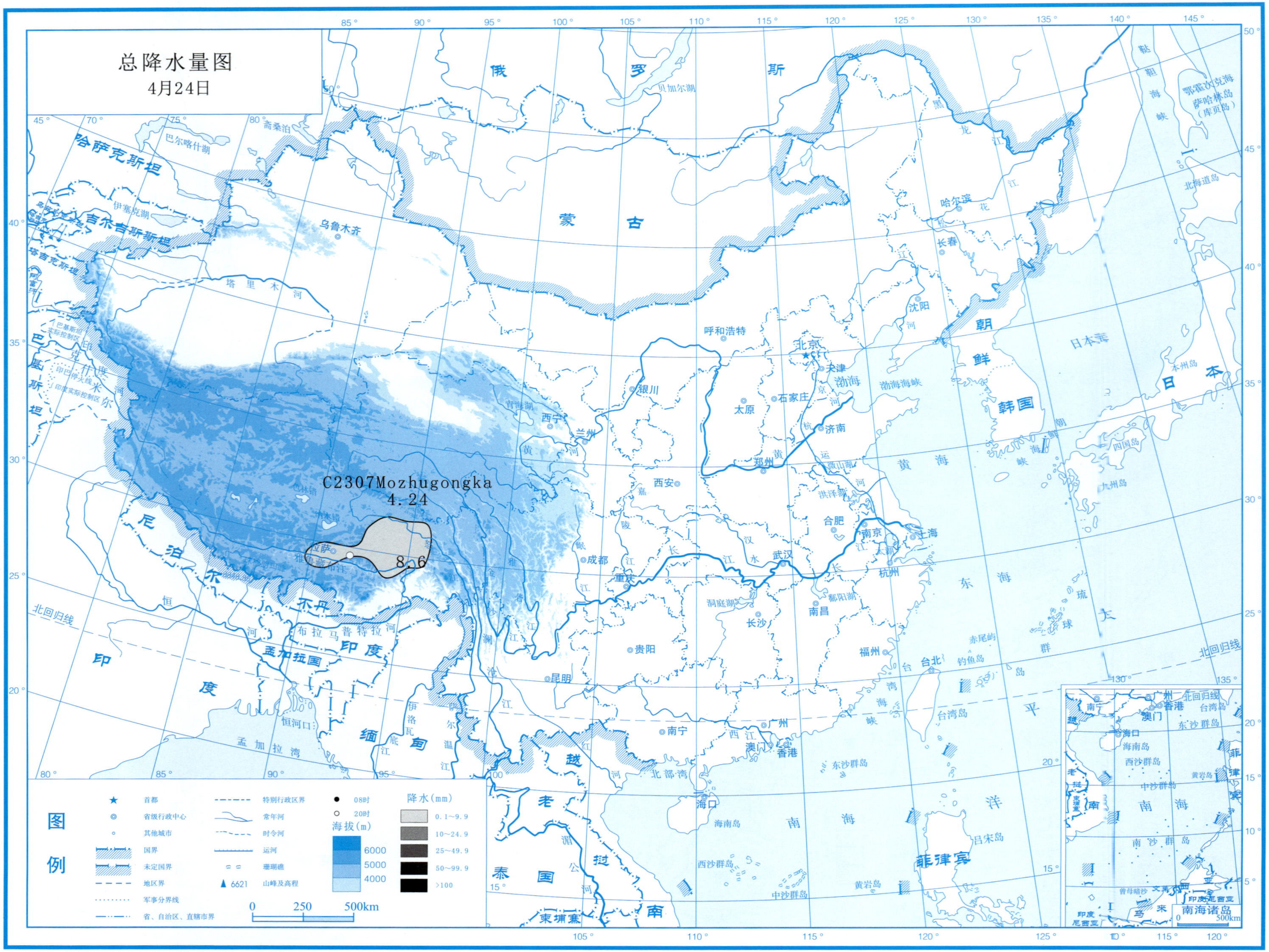
总降水量图
4月24日
C2307Mozhugongka
4.24
8.6
拉萨
图例
首都
省级行政中心
其他城市
国界
未定国界
地区界
军事分界线
省、自治区、直辖市界
特别行政区界
常年河
时令河
运河
珊瑚礁
6621 山峰及高程
08时
20时
海拔(m)
6000
5000
4000
降水(mm)
0.1～9.9
10～24.9
25～49.9
50～99.9
>100
0 250 500km
南海诸岛

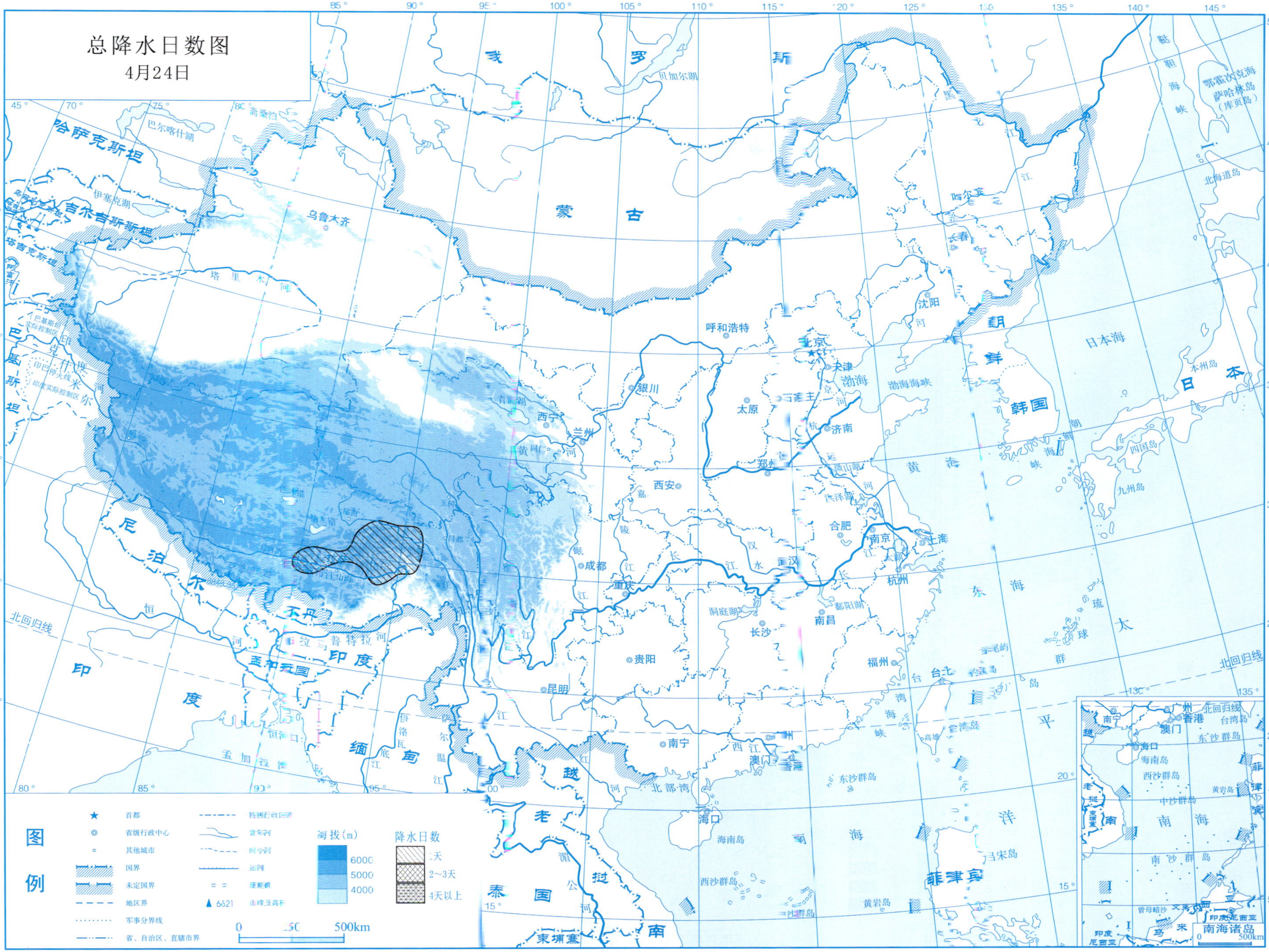

总降水日数图
4月24日
图例
首都
省级行政中心
其他城市
国界
未定国界
地区界
军事分界线
省、自治区、直辖市界
海拔(m)
6000
5000
4000
降水日数
1天
2~3天
4天以上
0
500km

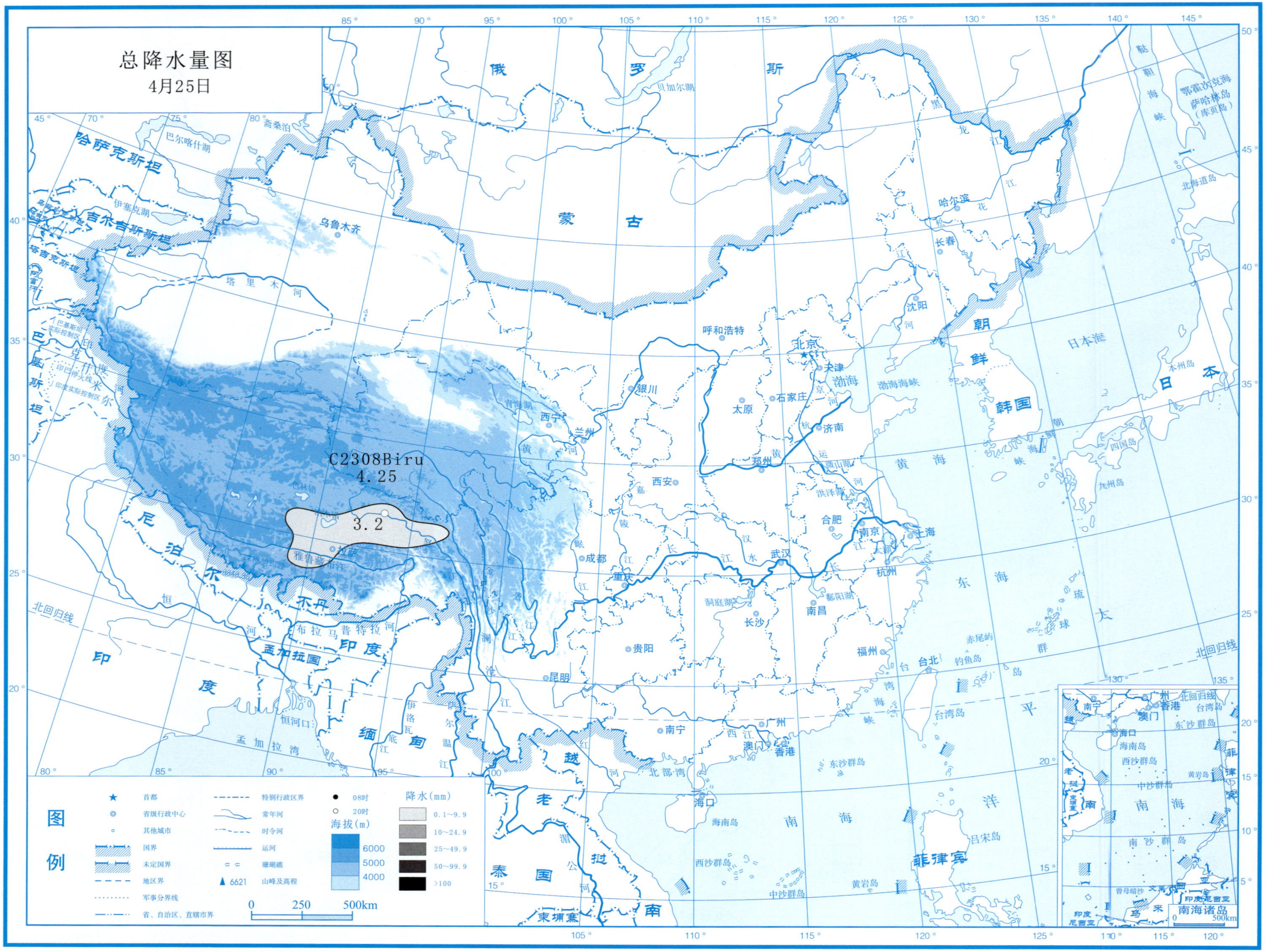
总降水量图
4月25日
C2308Biru
4.25
3.2
图例
首都
省级行政中心
其他城市
国界
未定国界
地区界
军事分界线
省、自治区、直辖市界
特别行政区界
常年河
时令河
运河
珊瑚礁
6621 山峰及高程
08时
20时
海拔(m)
6000
5000
4000
降水(mm)
0.1~9.9
10~24.9
25~49.9
50~99.9
>100
0 250 500km
南海诸岛

总降水日数图

4月25日

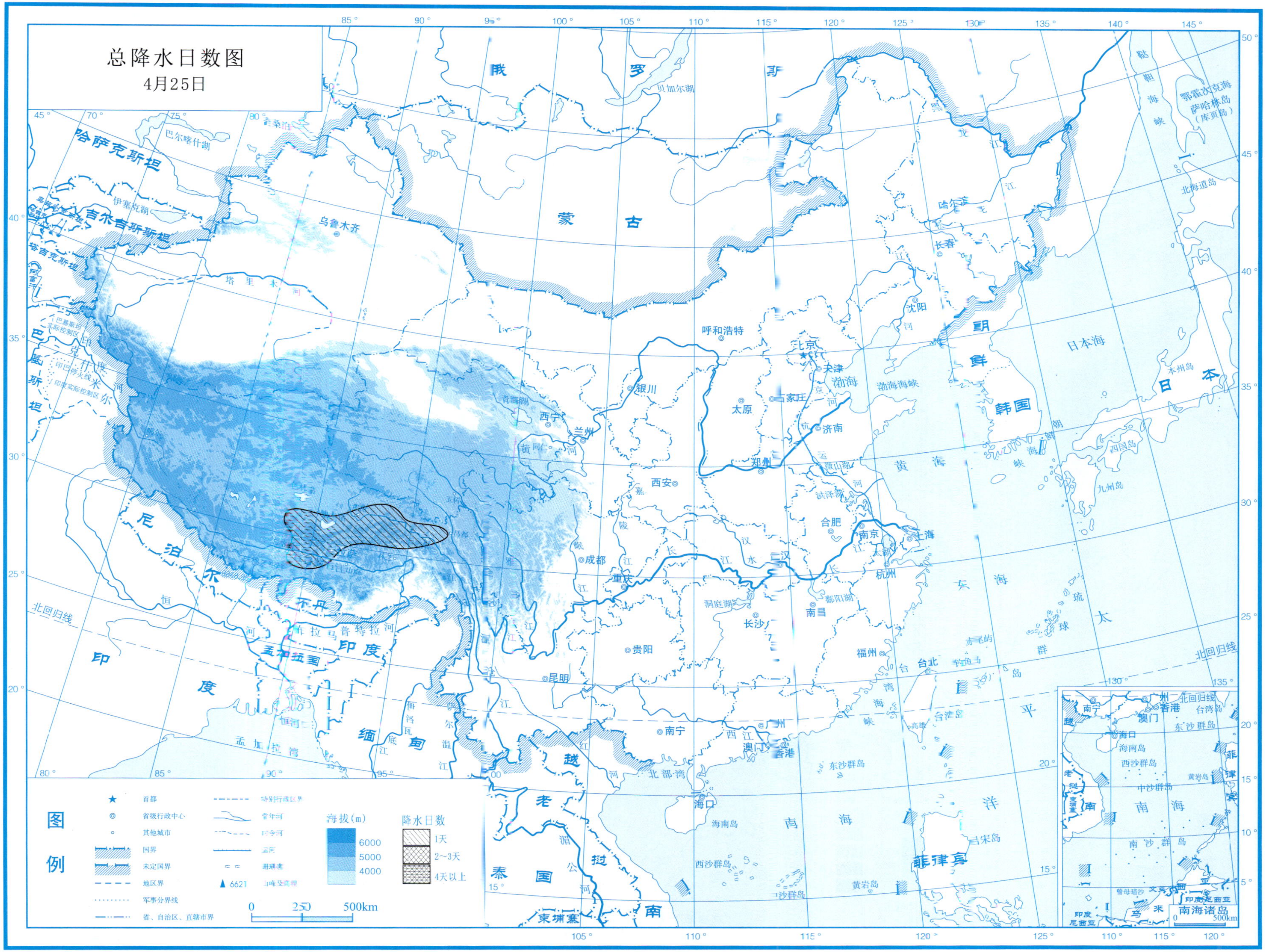

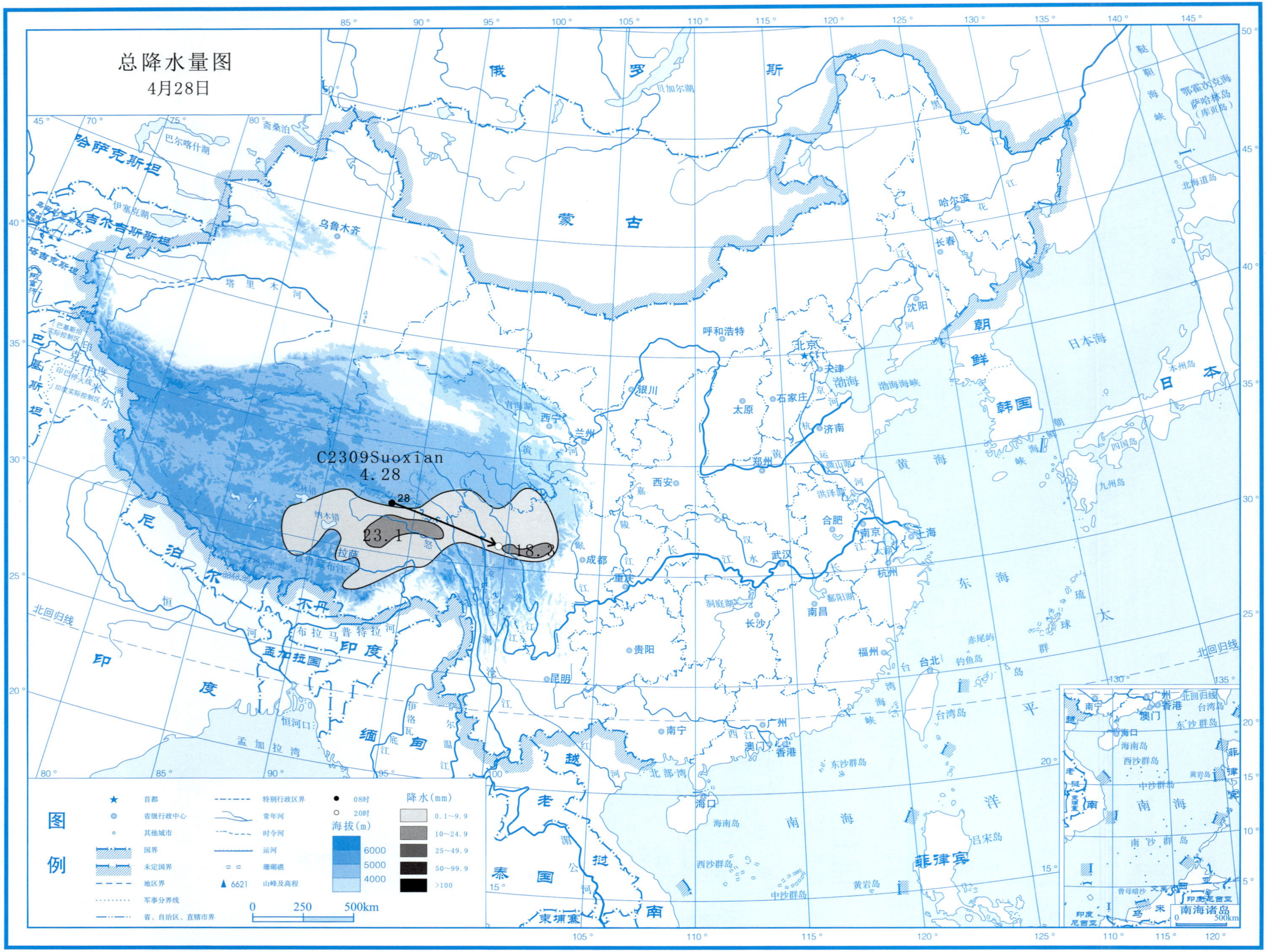
总降水量图
4月28日
C2309Suoxian
4.28
28
23.1
18.3
图例
首都
省级行政中心
其他城市
国界
未定国界
地区界
军事分界线
省、自治区、直辖市界
特别行政区界
常年河
时令河
运河
珊瑚礁
6621 山峰及高程
08时
20时
海拔(m)
6000
5000
4000
降水(mm)
0.1～9.9
10～24.9
25～49.9
50～99.9
>100
0 250 500km
南海诸岛

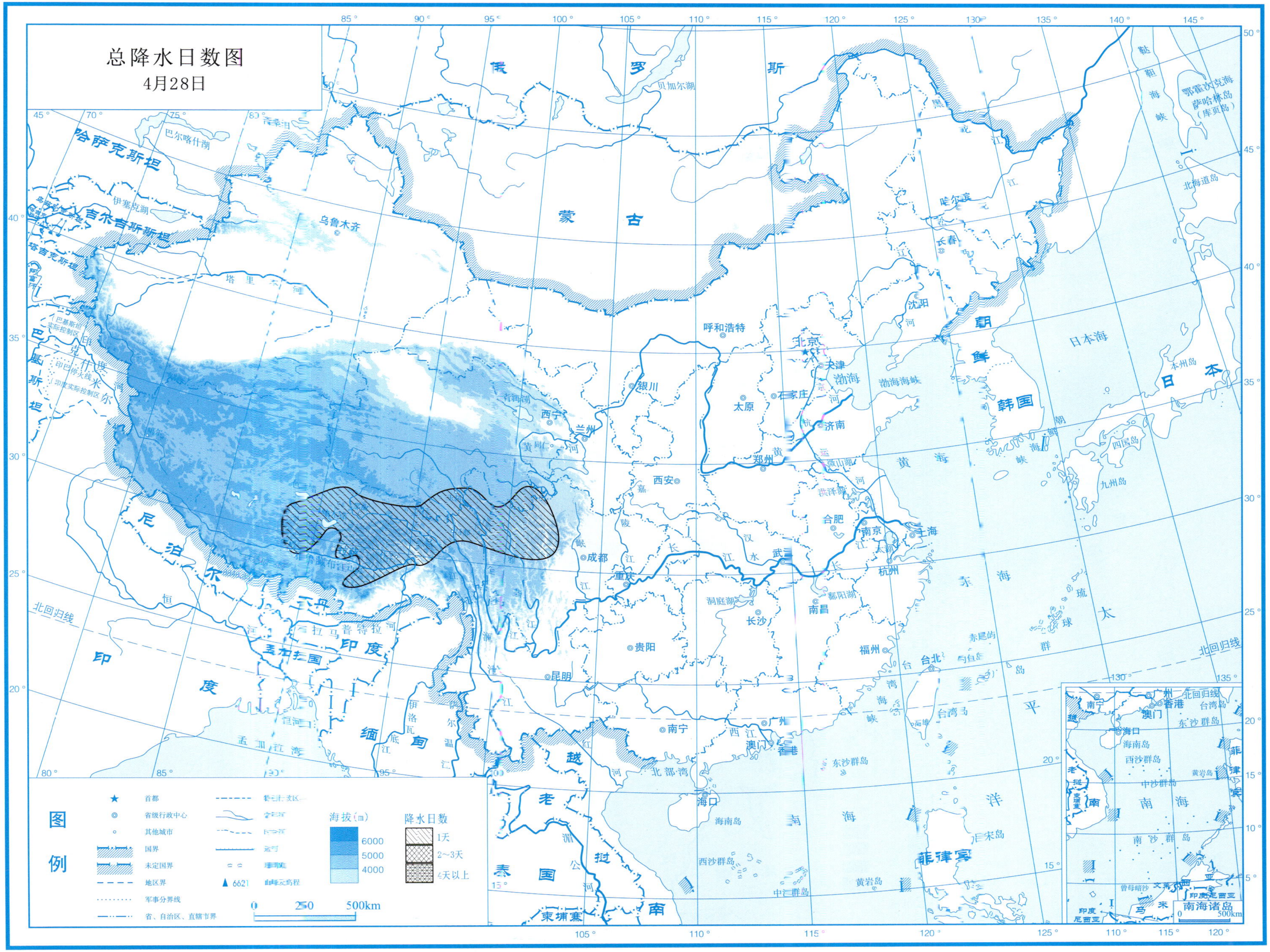
总降水日数图
4月28日
图例
首都
省级行政中心
其他城市
国界
未定国界
地区界
军事分界线
省、自治区、直辖市界
海拔(m)
6000
5000
4000
降水日数
1天
2~3天
4天以上
0 250 500km
俄罗斯
蒙古
哈萨克斯坦
吉尔吉斯斯坦
塔吉克斯坦
巴基斯坦
尼泊尔
不丹
孟加拉国
印度
缅甸
老挝
泰国
柬埔寨
越南
朝鲜
韩国
日本
菲律宾
乌鲁木齐
呼和浩特
北京
天津
石家庄
太原
银川
西宁
兰州
济南
郑州
西安
合肥
南京
上海
杭州
成都
重庆
武汉
长沙
南昌
福州
台北
贵阳
昆明
南宁
广州
澳门
香港
海口
沈阳
长春
哈尔滨
渤海
黄海
东海
日本海
南海
太平洋
台湾岛
海南岛
东沙群岛
西沙群岛
中沙群岛
南沙群岛
黄岩岛
北回归线
南海诸岛

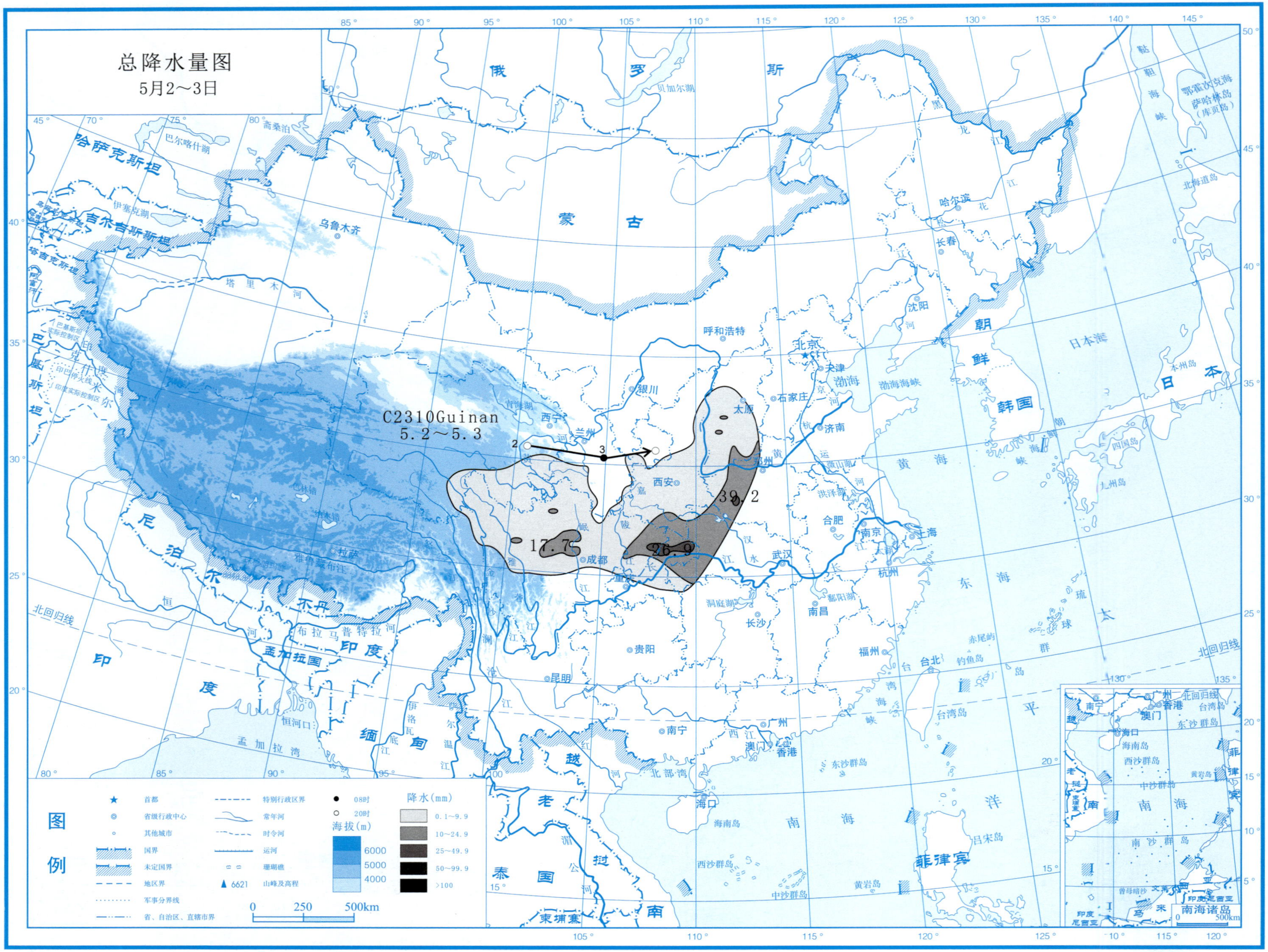
总降水量图
5月2～3日
C2310Guinan
5.2～5.3
17.7
26.9
39.2
图例
首都
省级行政中心
其他城市
国界
未定国界
地区界
军事分界线
省、自治区、直辖市界
特别行政区界
常年河
时令河
运河
珊瑚礁
6621 山峰及高程
08时
20时
海拔(m)
6000
5000
4000
降水(mm)
0.1～9.9
10～24.9
25～49.9
50～99.9
>100
0 250 500km
南海诸岛

总降水日数图

5月2～3日

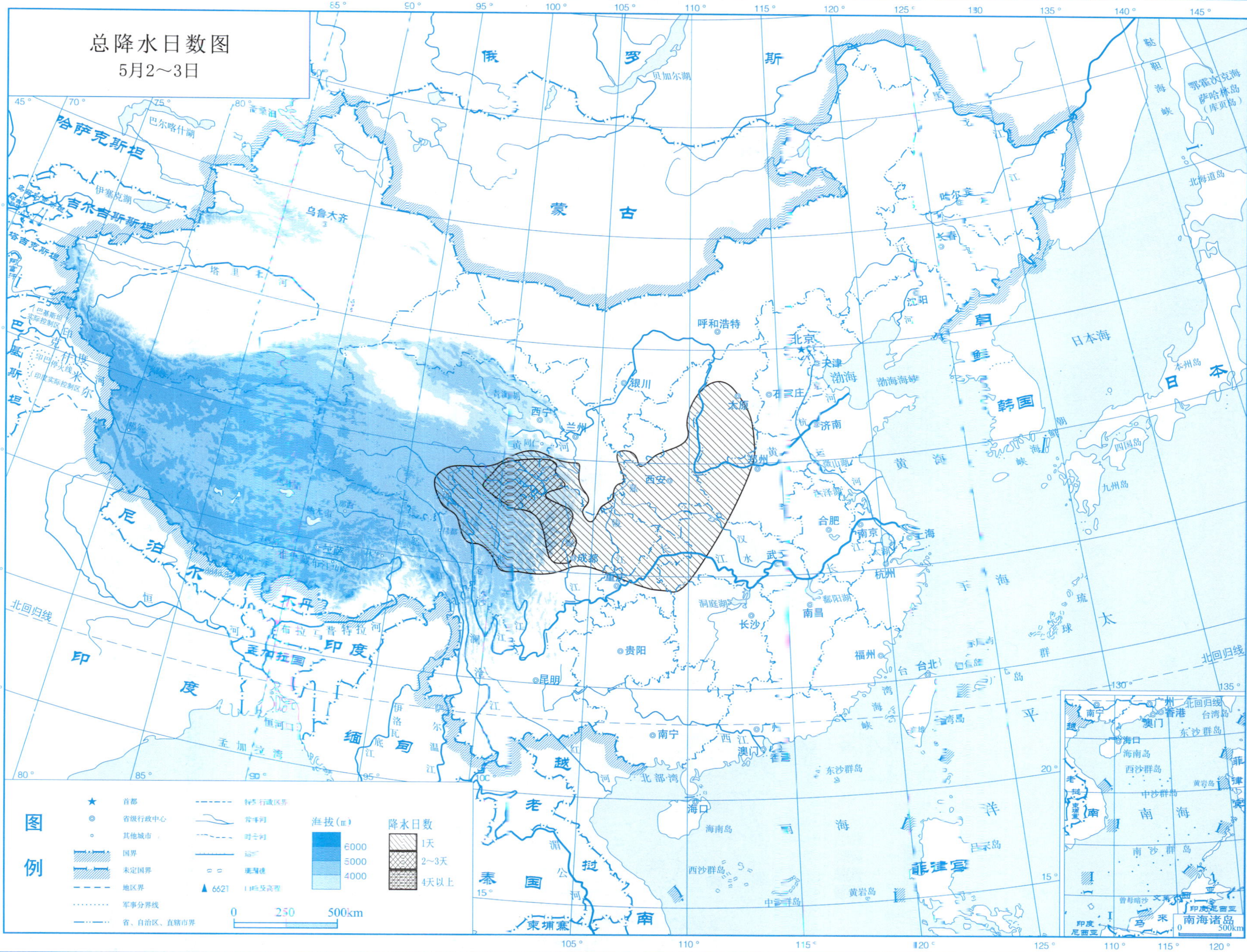

Page...58

高原低涡 第1部分

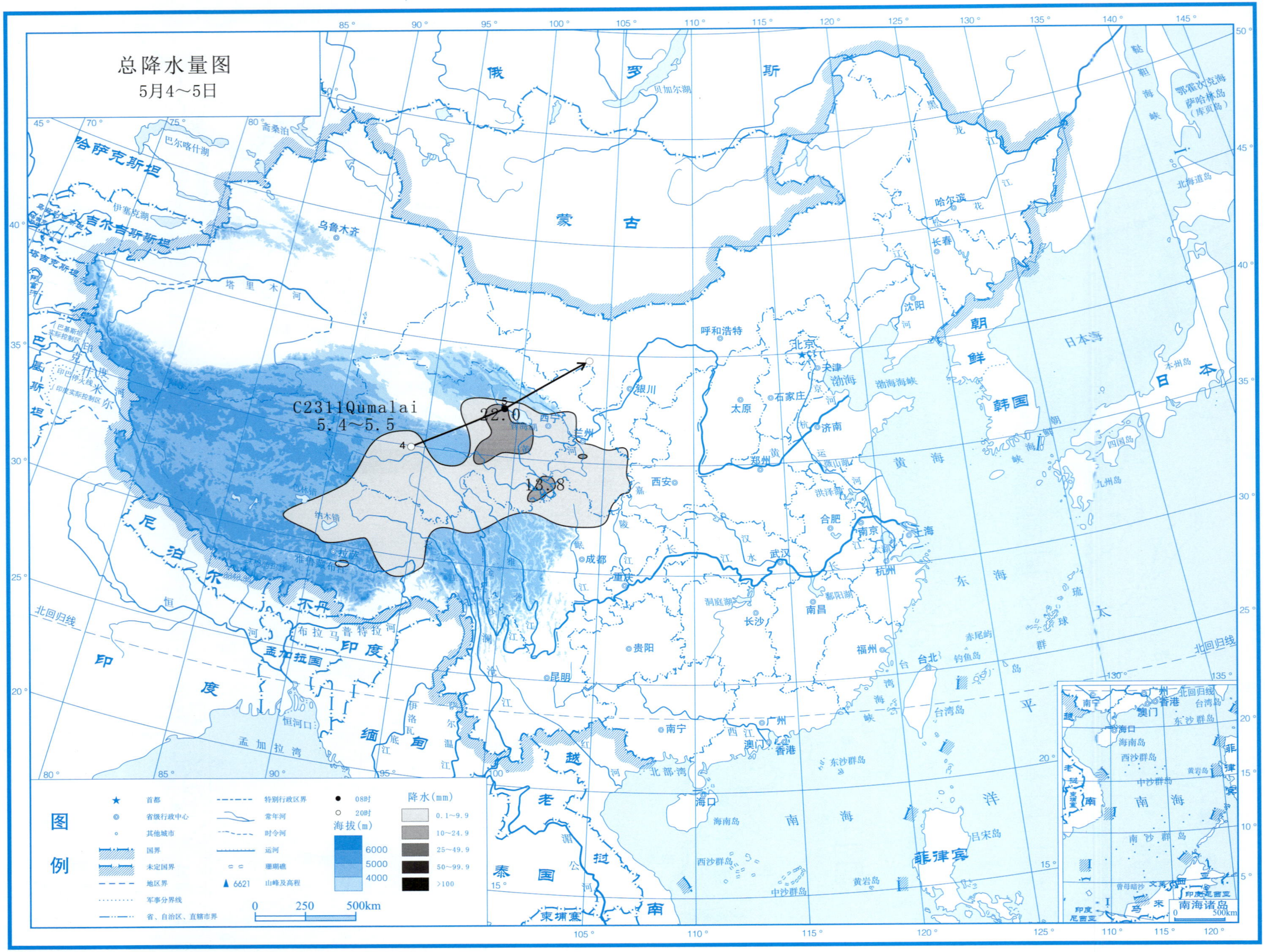
总降水量图
5月4～5日
C2311Qumalai
5.4～5.5
22.0
13.8
图例
首都
省级行政中心
其他城市
国界
未定国界
地区界
军事分界线
省、自治区、直辖市界
特别行政区界
常年河
时令河
运河
珊瑚礁
6621 山峰及高程
08时
20时
海拔(m)
6000
5000
4000
降水(mm)
0.1～9.9
10～24.9
25～49.9
50～99.9
>100
0 250 500km
南海诸岛

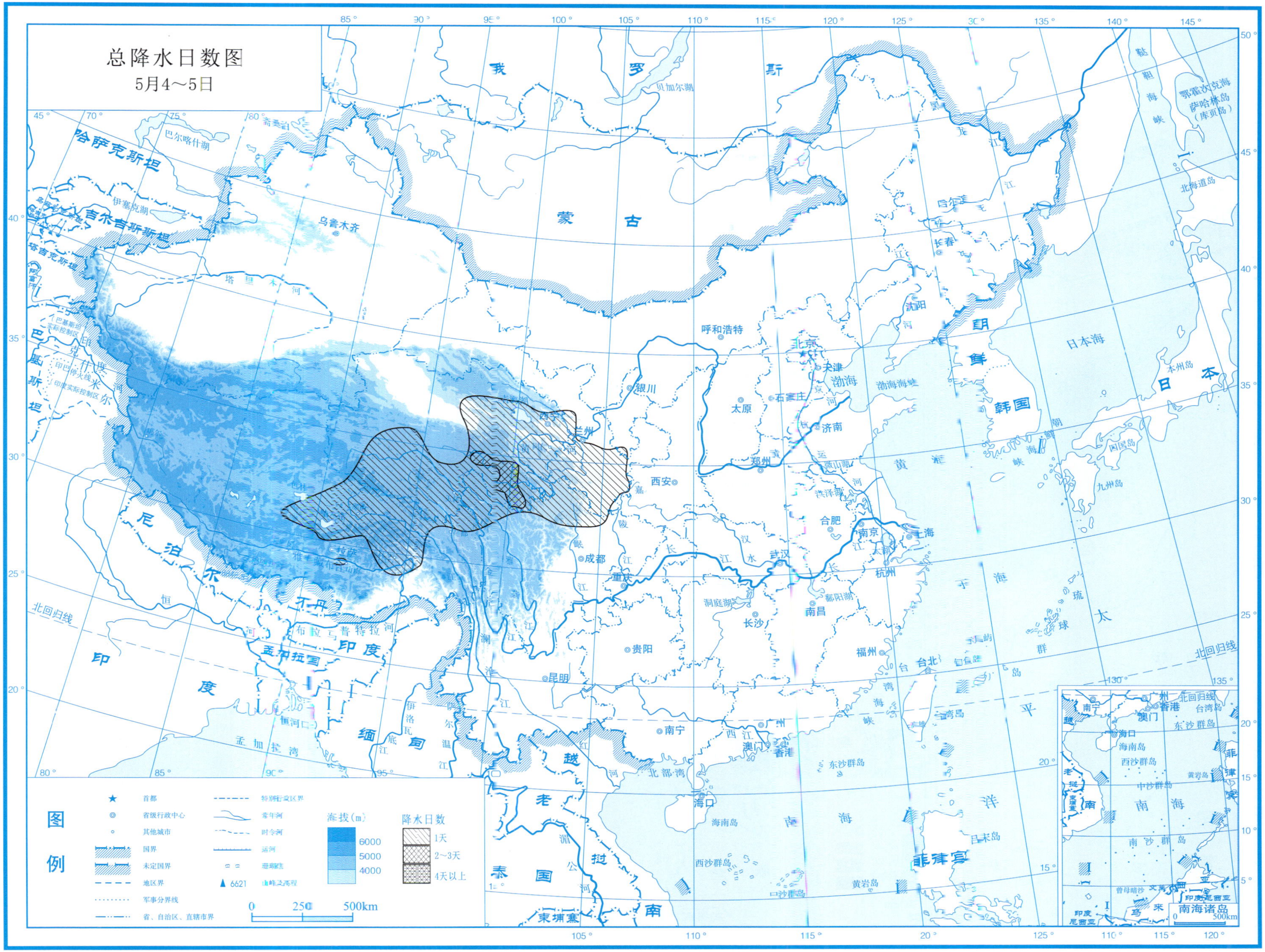
总降水日数图
5月4～5日
图例
首都
省级行政中心
其他城市
国界
未定国界
地区界
军事分界线
省、自治区、直辖市界
常年河
时令河
运河
6621 山峰及高程
海拔(m)
6000
5000
4000
降水日数
1天
2～3天
4天以上
0 250 500km
南海诸岛

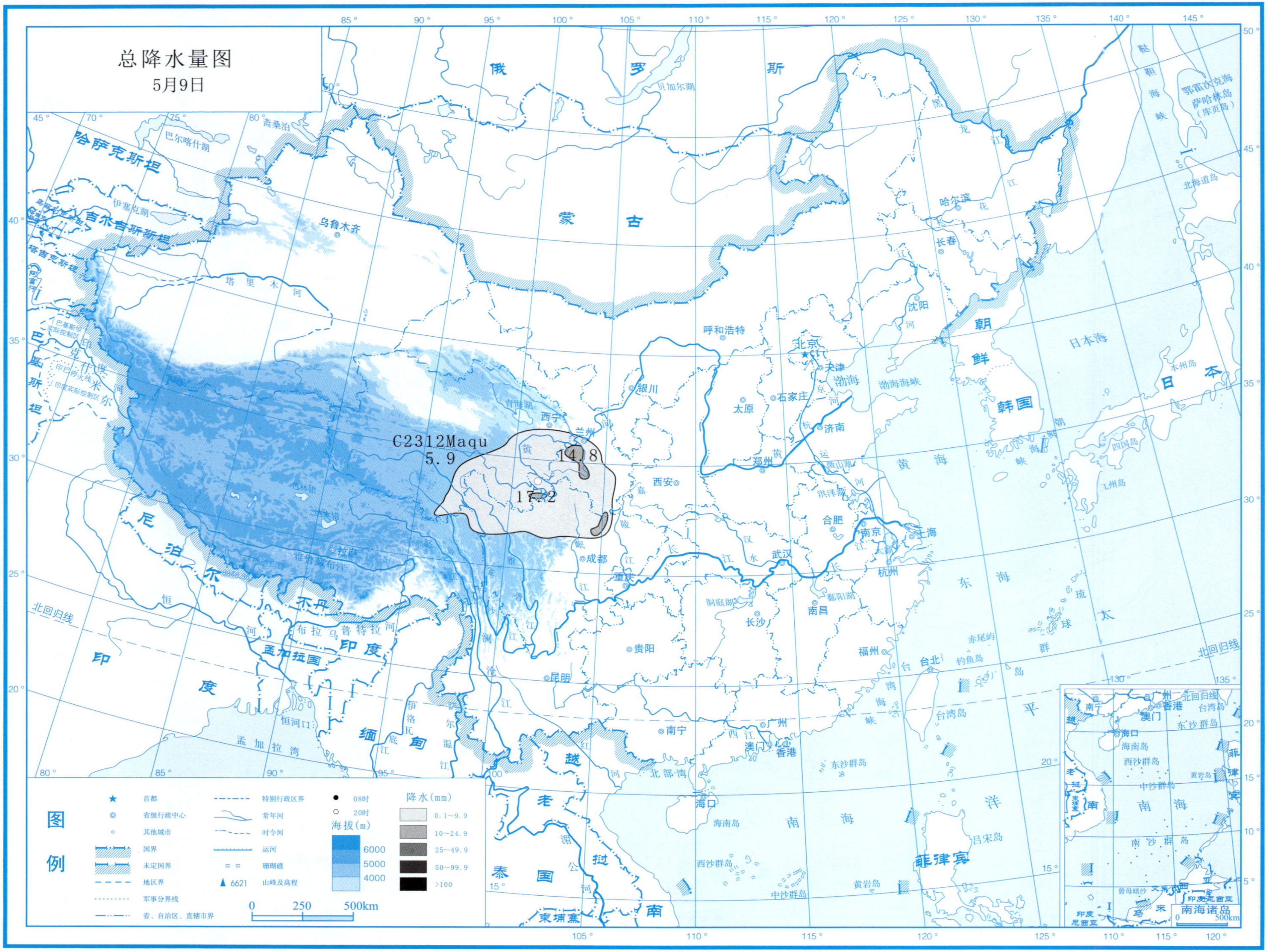
总降水量图
5月9日
C2312Maqu
5.9
14.8
17.2
图例
首都
省级行政中心
其他城市
国界
未定国界
地区界
军事分界线
省、自治区、直辖市界
特别行政区界
常年河
时令河
运河
珊瑚礁
6621 山峰及高程
08时
20时
海拔(m)
6000
5000
4000
降水(mm)
0.1~9.9
10~24.9
25~49.9
50~99.9
>100
0 250 500km
南海诸岛

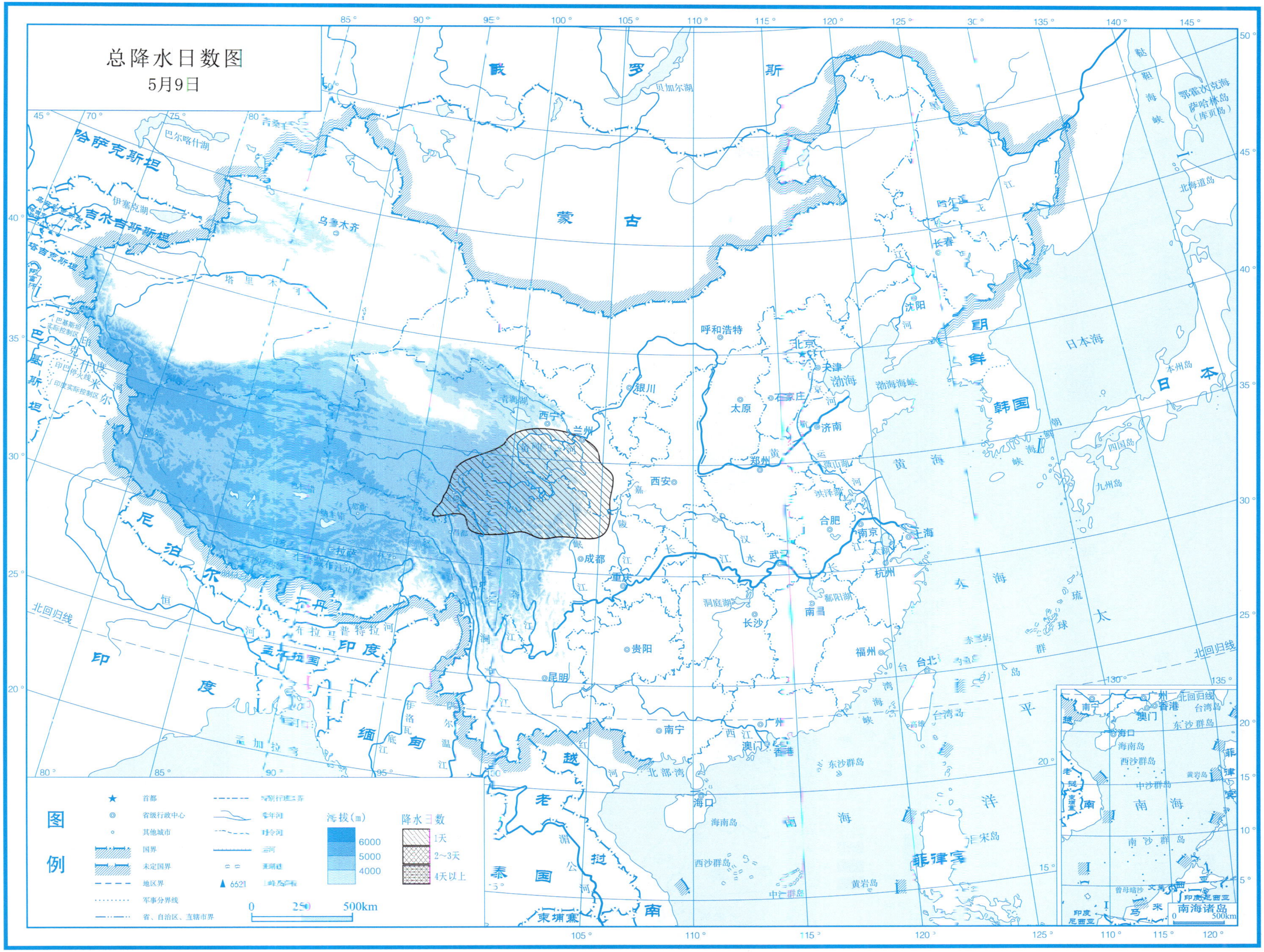

总降水日数图
5月9日
图例
首都
省级行政中心
其他城市
国界
未定国界
地区界
军事分界线
省、自治区、直辖市界
常年河
时令河
运河
海拔(m)
6000
5000
4000
降水日数
1天
2~3天
4天以上
0 250 500km
南海诸岛

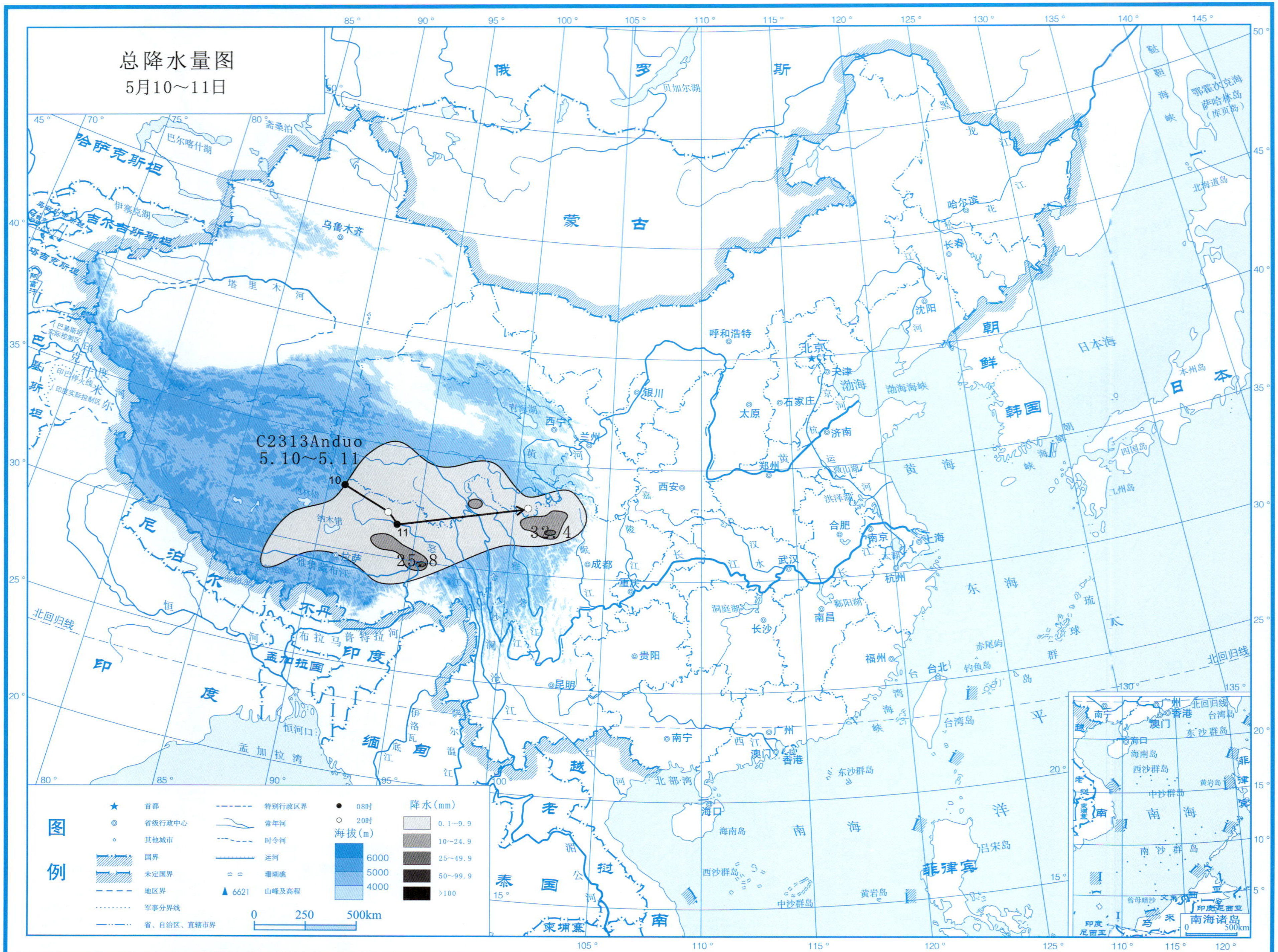
总降水量图
5月10～11日
C2313Anduo
5.10～5.11
10
11
25.8
33.4
图例
首都
省级行政中心
其他城市
国界
未定国界
地区界
军事分界线
省、自治区、直辖市界
特别行政区界
常年河
时令河
运河
珊瑚礁
6621 山峰及高程
08时
20时
海拔(m)
6000
5000
4000
降水(mm)
0.1~9.9
10~24.9
25~49.9
50~99.9
>100
0 250 500km
南海诸岛

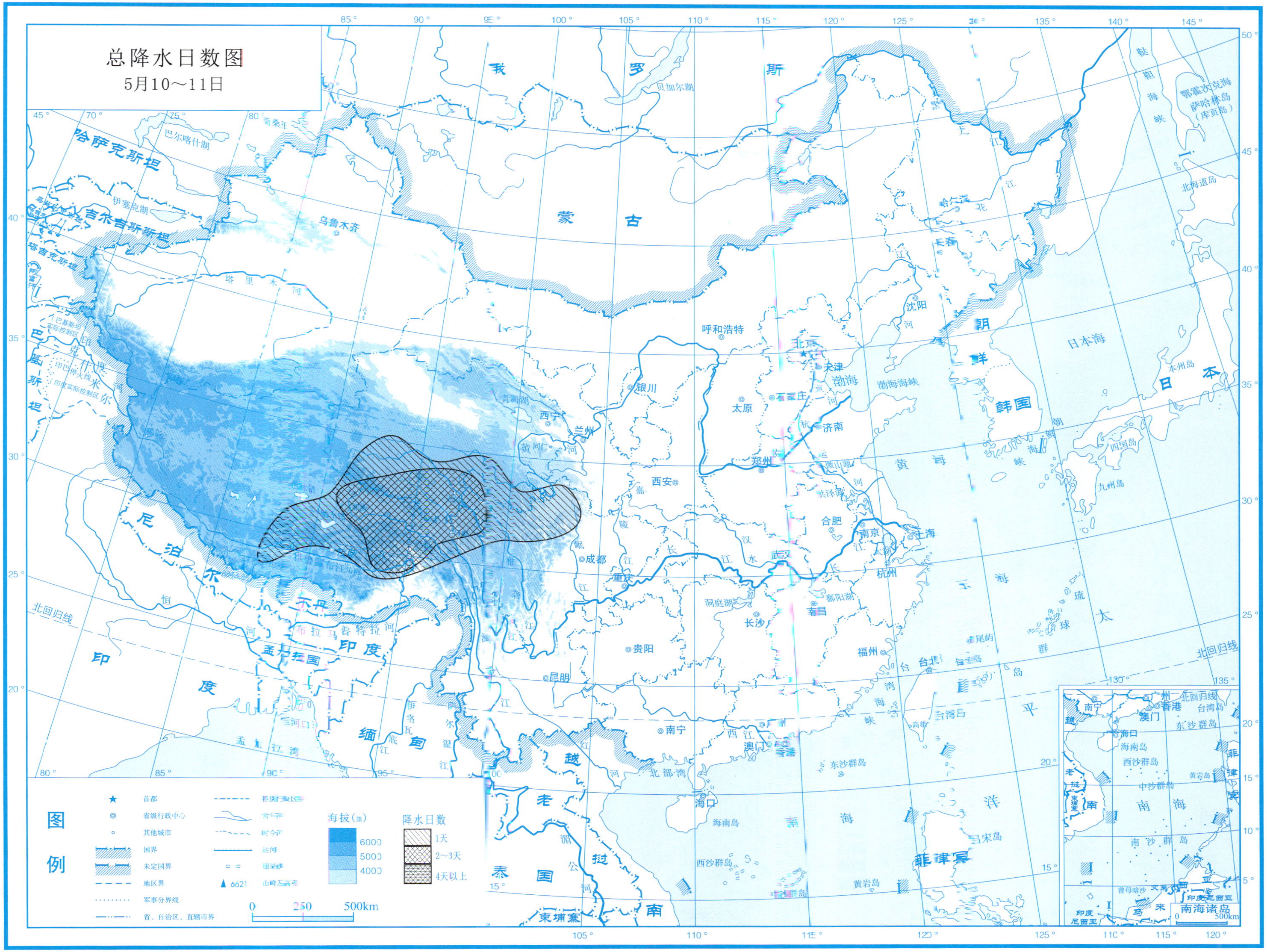

总降水日数图
5月10～11日

总降水量图

5月11日

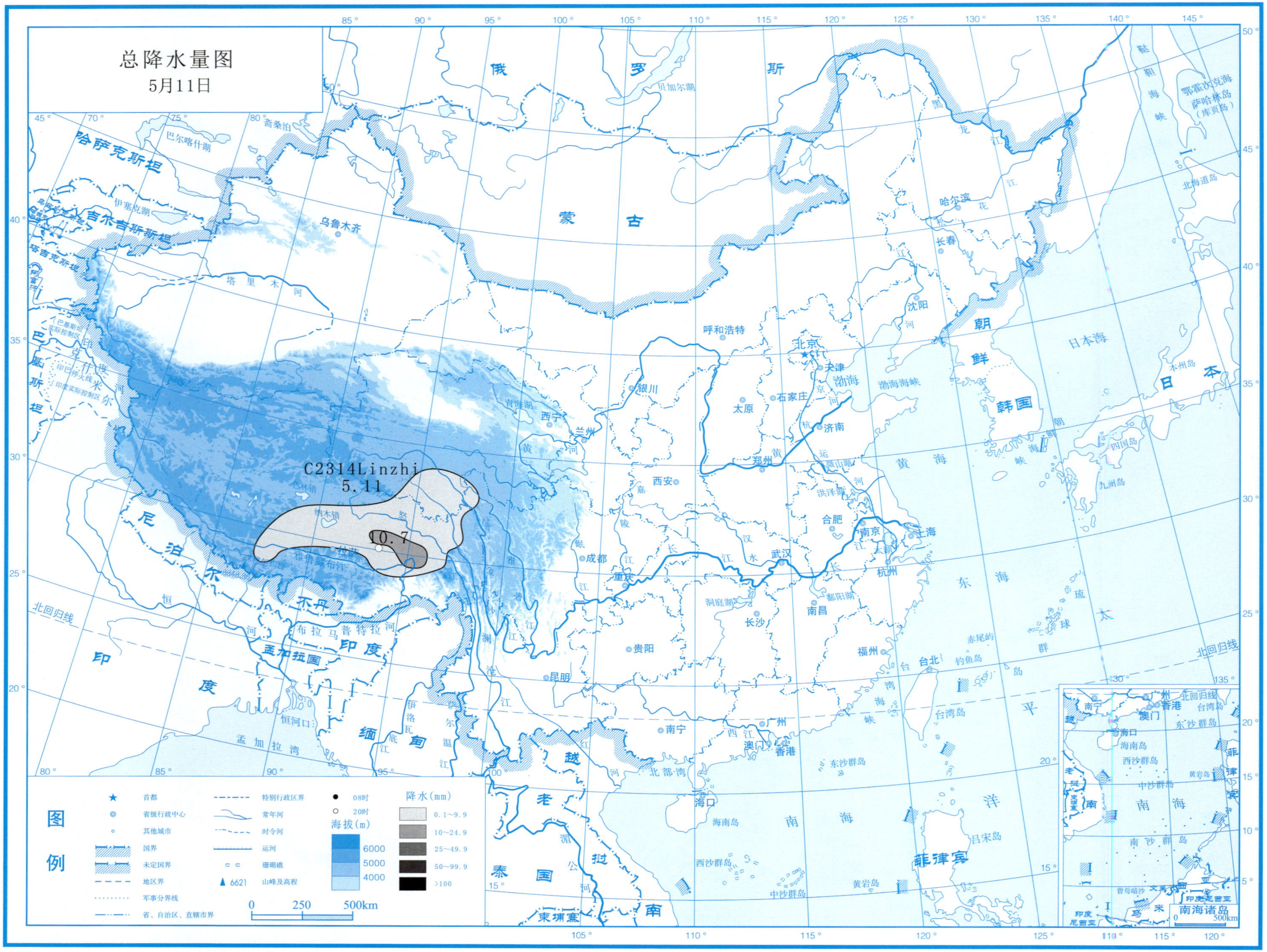
C2314Linzhi
5.11
10.7
图例
首都
省级行政中心
其他城市
国界
未定国界
地区界
军事分界线
特别行政区界
常年河
时令河
运河
珊瑚礁
6621 山峰及高程
省、自治区、直辖市界
08时
20时
海拔(m)
6000
5000
4000
降水(mm)
0.1~9.9
10~24.9
25~49.9
50~99.9
>100
0 250 500km
南海诸岛

总降水日数图

5月11日

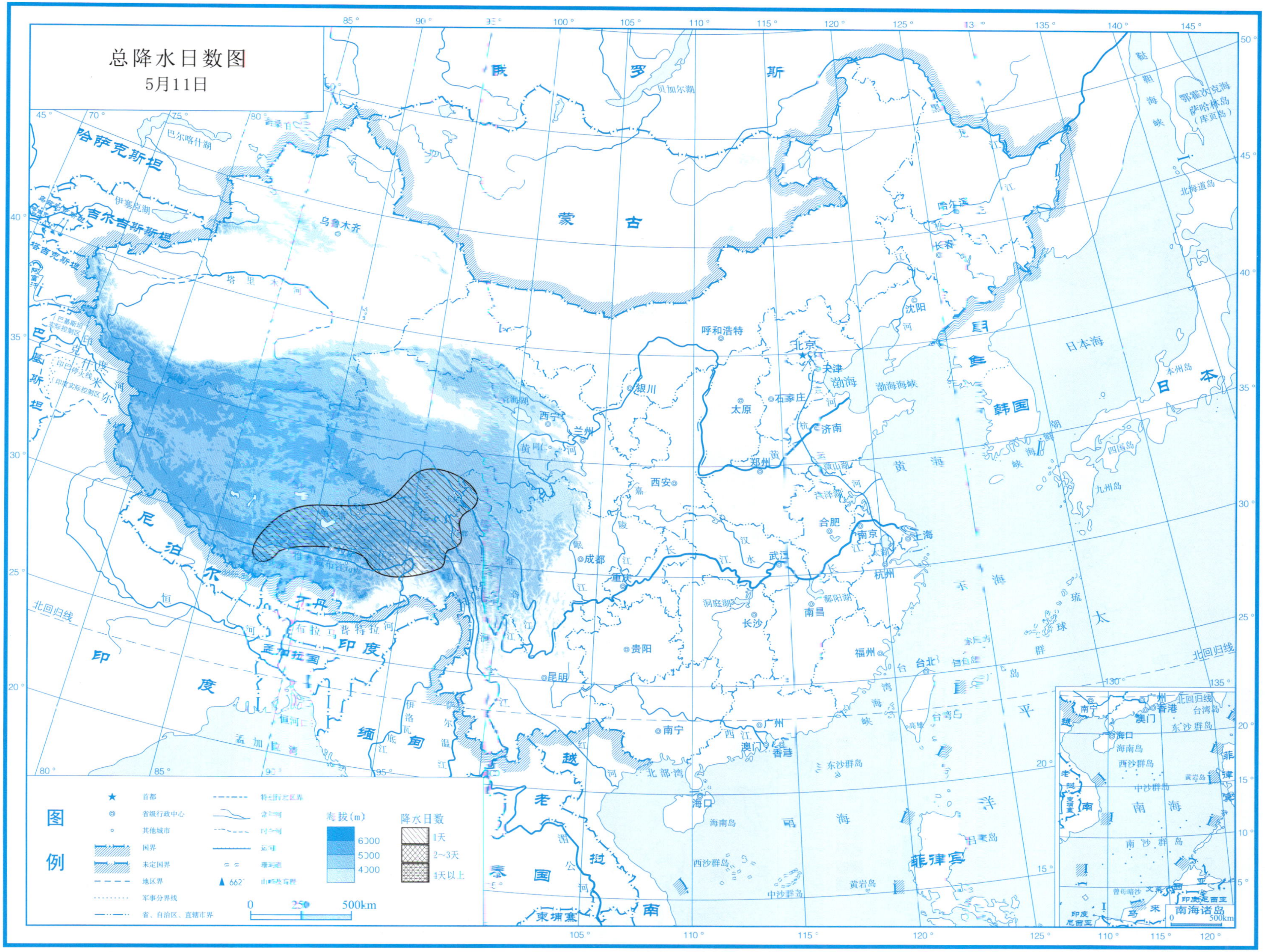

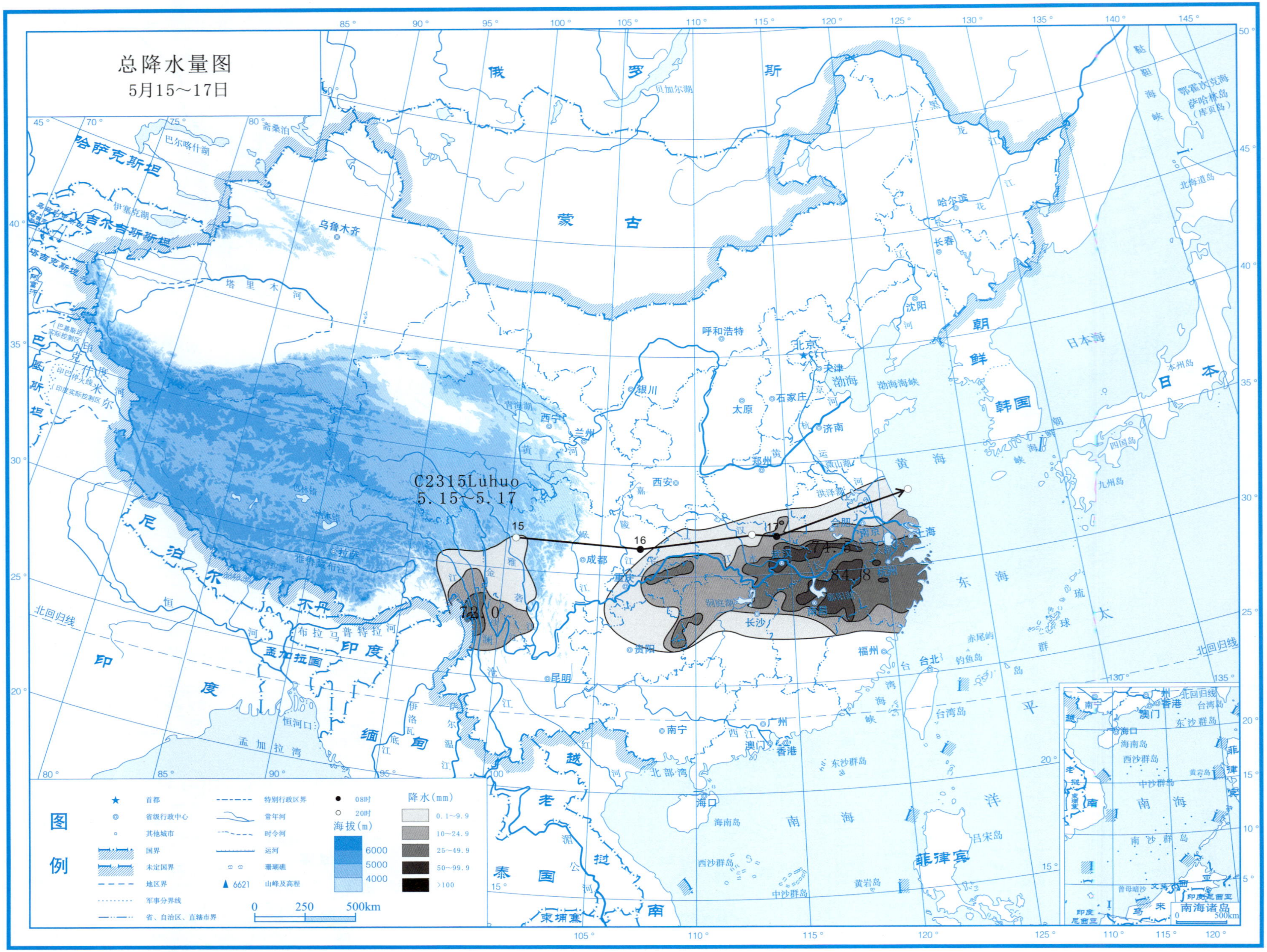
总降水量图
5月15～17日
C2315Luhuo
5.15~5.17
15
16
17
73.0
71.6
84.8
图例
首都
省级行政中心
其他城市
国界
未定国界
地区界
军事分界线
省、自治区、直辖市界
特别行政区界
常年河
时令河
运河
珊瑚礁
6621 山峰及高程
08时
20时
海拔(m)
6000
5000
4000
降水(mm)
0.1~9.9
10~24.9
25~49.9
50~99.9
>100
0 250 500km
南海诸岛

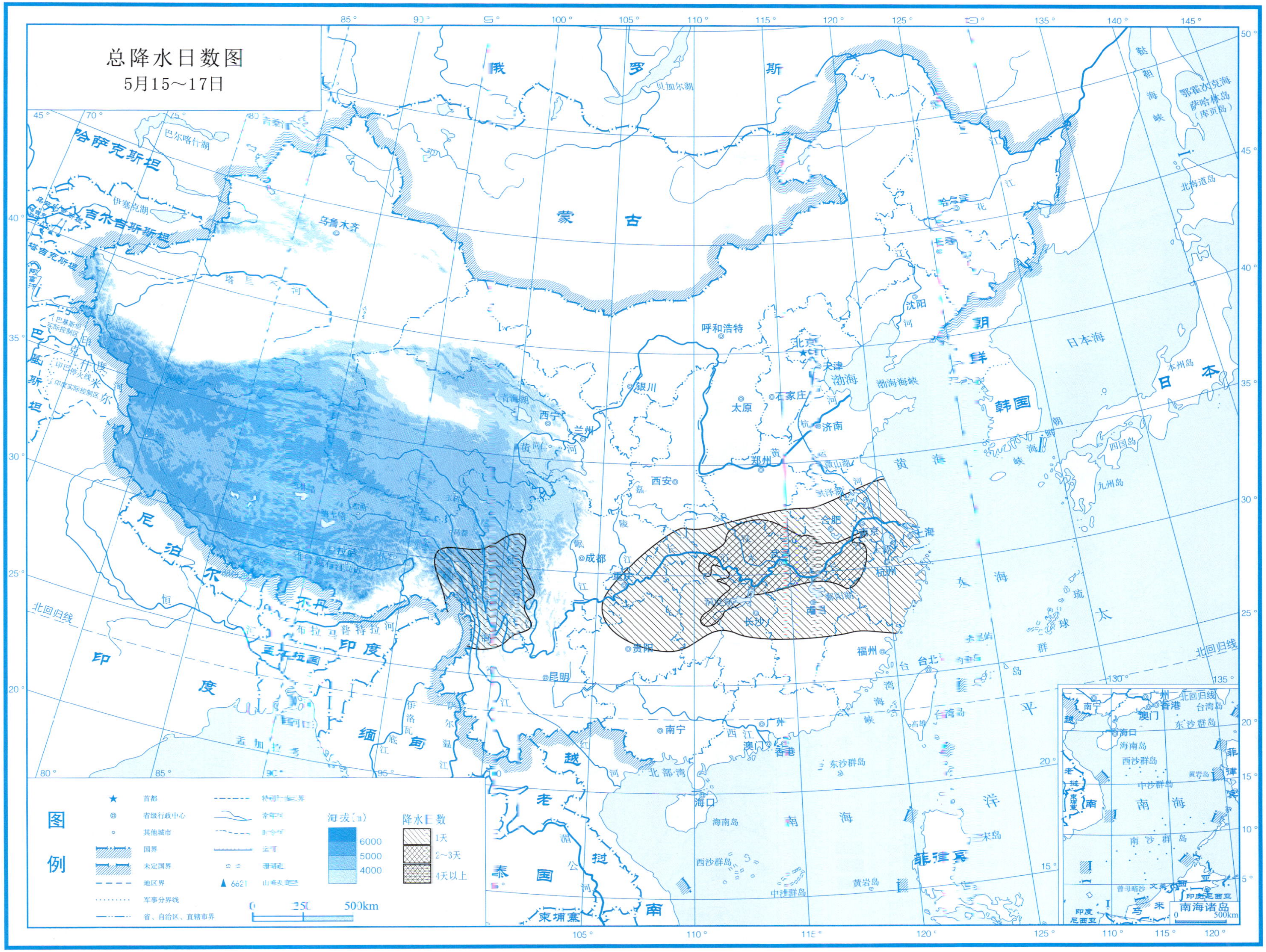
总降水日数图
5月15～17日
图例
首都
省级行政中心
其他城市
国界
未定国界
地区界
军事分界线
省、自治区、直辖市界
海拔(m)
6000
5000
4000
降水日数
1天
2~3天
4天以上
0 250 500km
南海诸岛
北京
天津
石家庄
太原
济南
郑州
西安
银川
兰州
西宁
成都
重庆
贵阳
昆明
长沙
南昌
合肥
南京
上海
杭州
福州
台北
南宁
广州
澳门
香港
海口
沈阳
呼和浩特
乌鲁木齐
拉萨
蒙古
俄罗斯
哈萨克斯坦
日本
韩国
朝鲜
印度
尼泊尔
不丹
孟加拉国
缅甸
老挝
越南
泰国
柬埔寨
菲律宾
日本海
渤海
黄海
东海
南海
太平洋
北回归线

总降水量图
5月16～17日

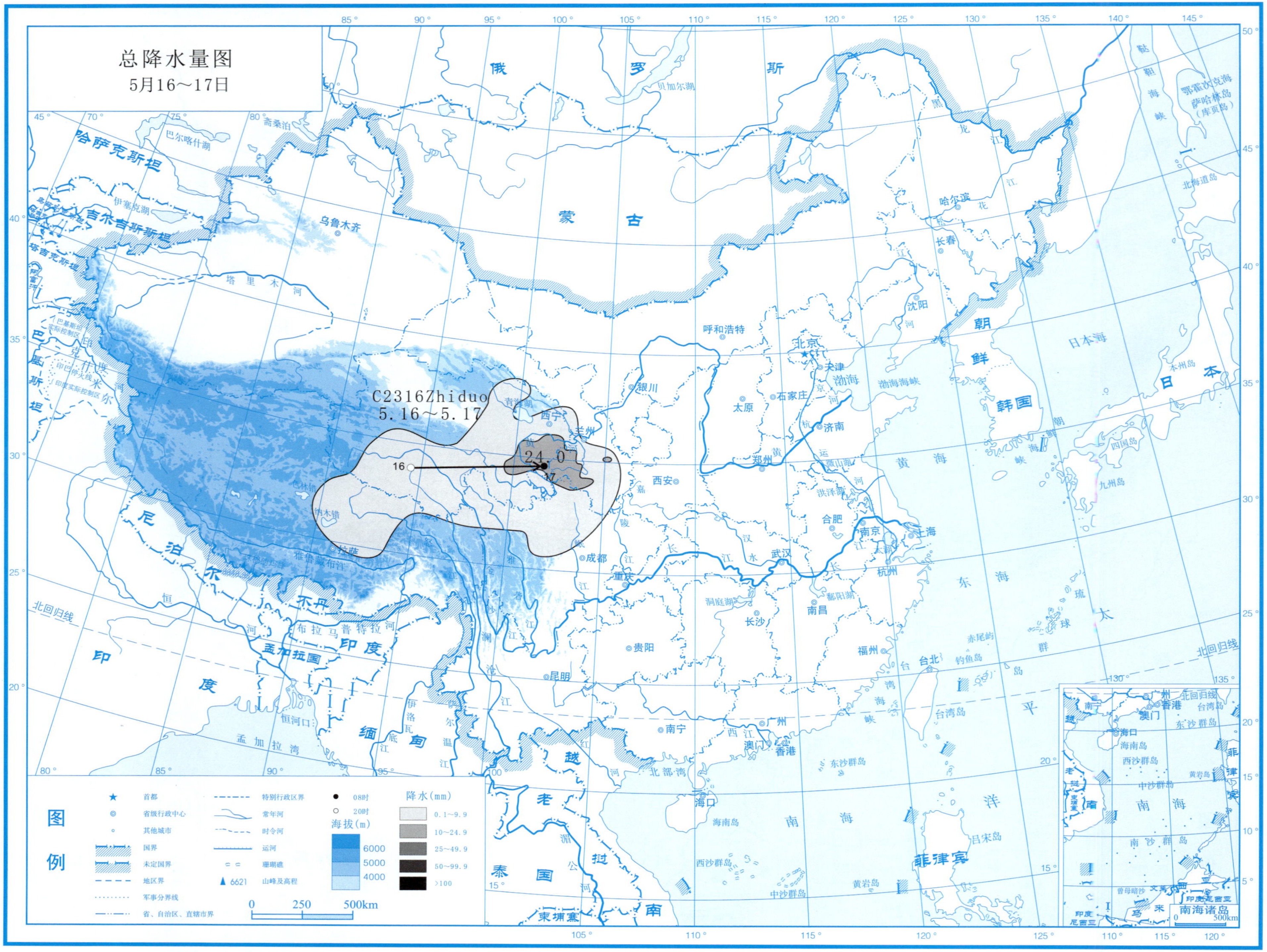

总降水日数图

5月16～17日

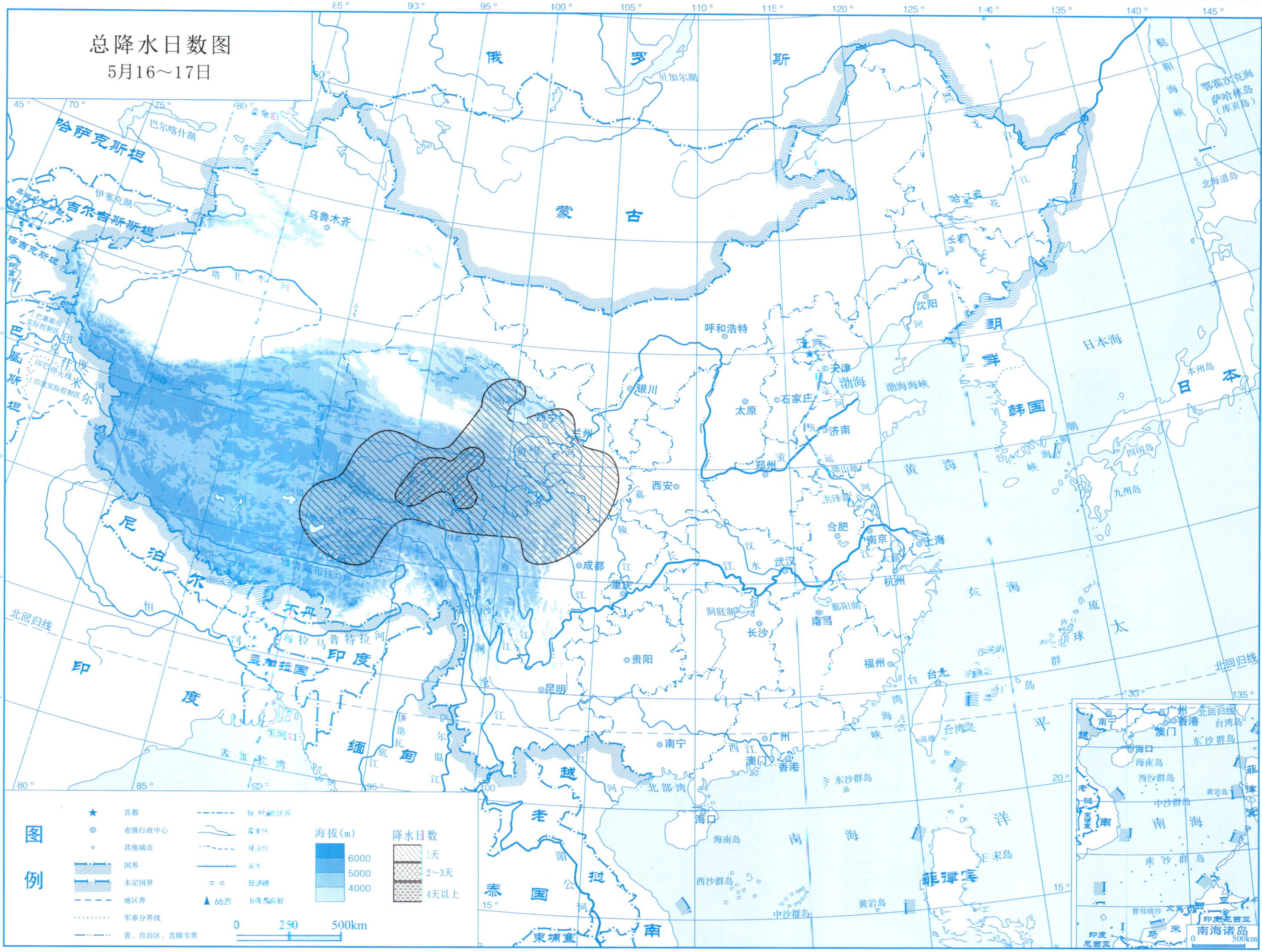

总降水量图

5月18日

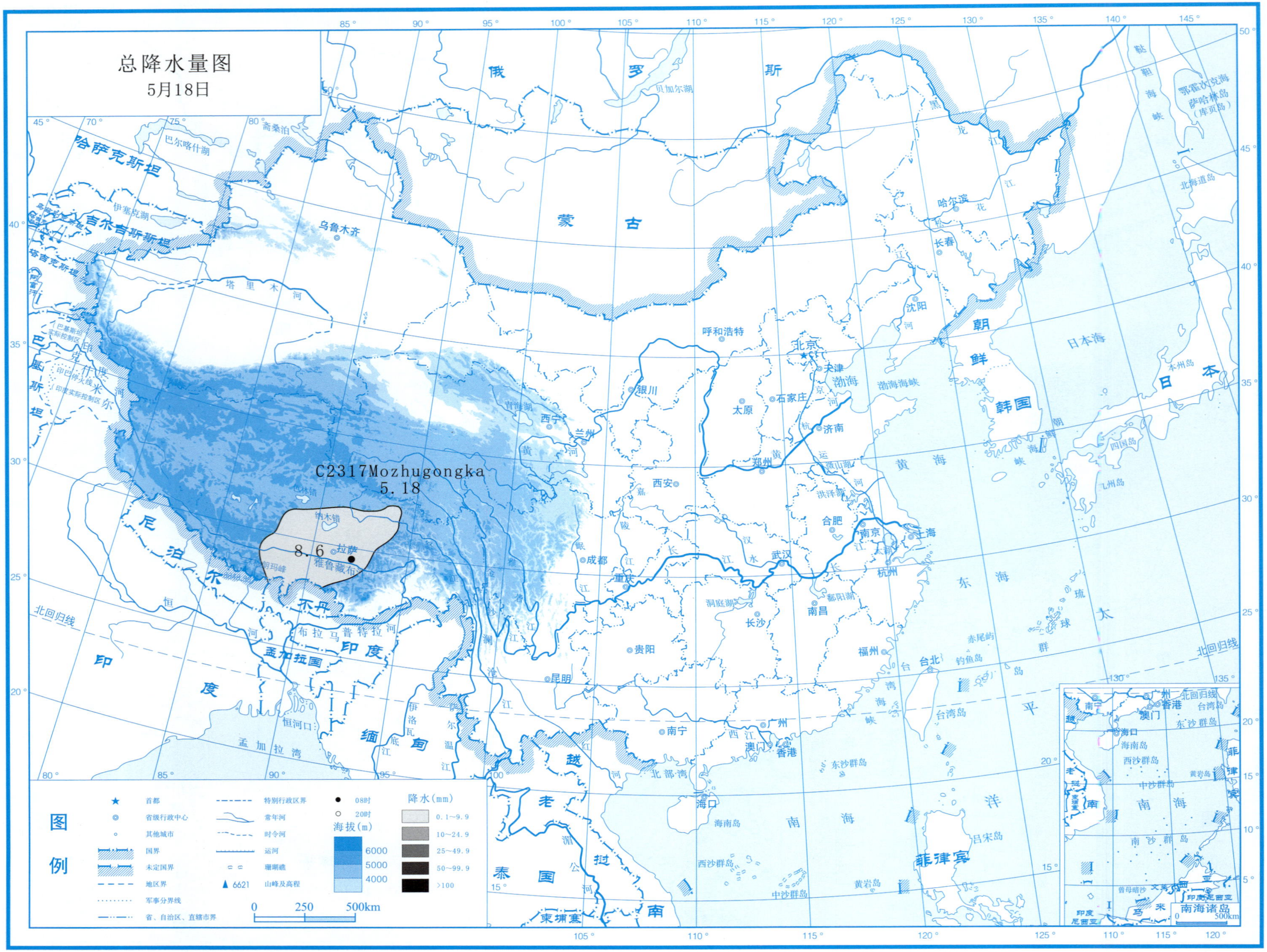
C2317Mozhugongka
5.18
8.6
拉萨
纳木错
雅鲁藏布
俄
罗
斯
蒙
古
哈萨克斯坦
吉尔吉斯斯坦
塔吉克斯坦
巴基斯坦
尼
泊
尔
不丹
印度
孟加拉国
缅
甸
老
挝
泰
国
越
南
柬埔寨
朝
鲜
韩国
日
本
菲律宾
乌鲁木齐
塔
里
木
河
呼和浩特
哈尔滨
长春
沈阳
北京
天津
石家庄
太原
银川
西宁
兰州
济南
郑州
西安
合肥
南京
上海
武汉
成都
重庆
杭州
南昌
长沙
贵阳
福州
台北
昆明
南宁
广州
澳门
香港
海口
青海湖
洞庭湖
鄱阳湖
洪泽湖
渤海
黄
海
东
海
南
海
日本海
北回归线
南海诸岛
图
例
首都
省级行政中心
其他城市
国界
未定国界
地区界
军事分界线
省、自治区、直辖市界
特别行政区界
常年河
时令河
运河
珊瑚礁
6621 山峰及高程
08时
20时
海拔(m)
6000
5000
4000
降水(mm)
0.1~9.9
10~24.9
25~49.9
50~99.9
>100
0
250
500km

总降水日数图

5月18日

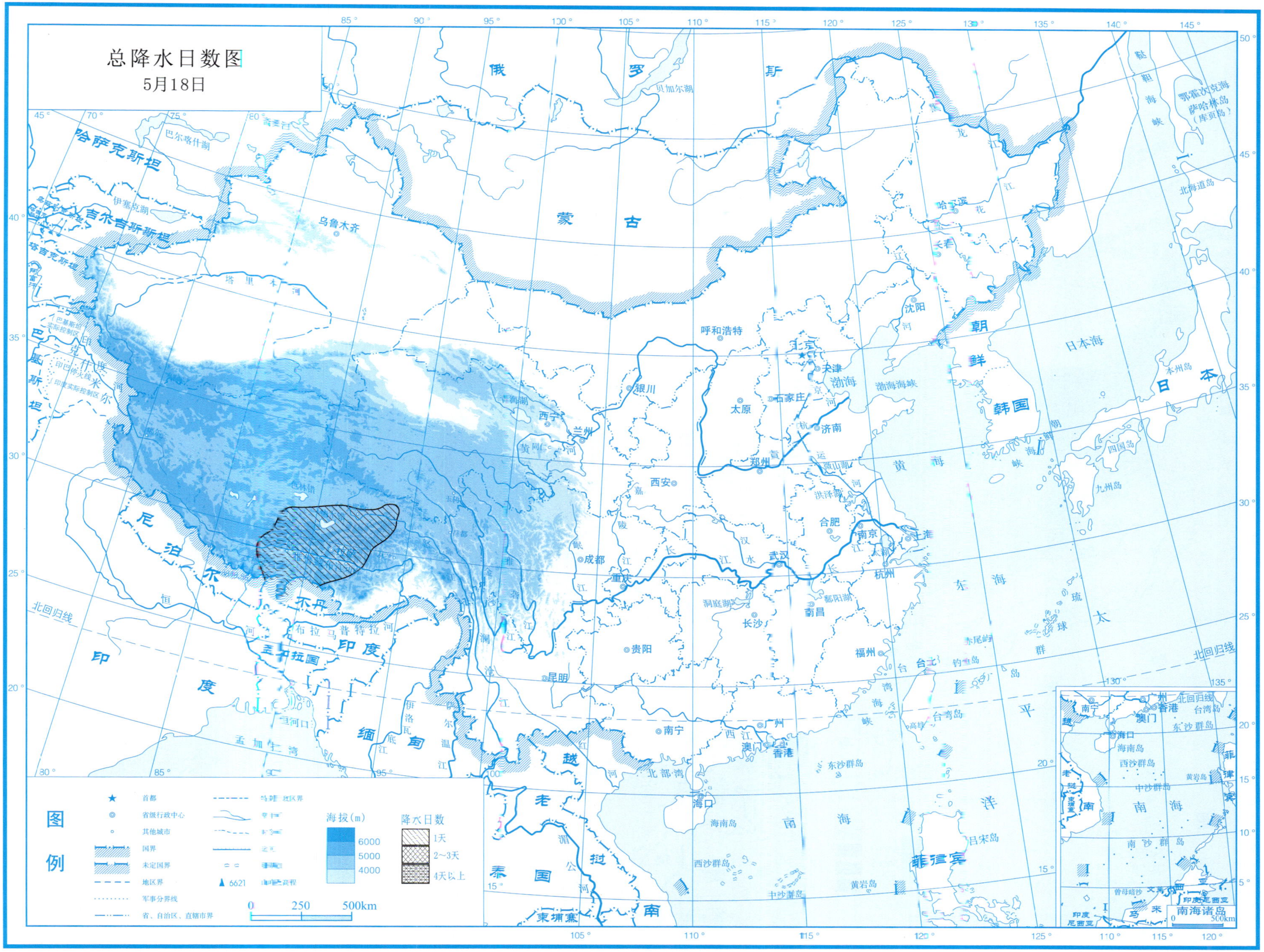

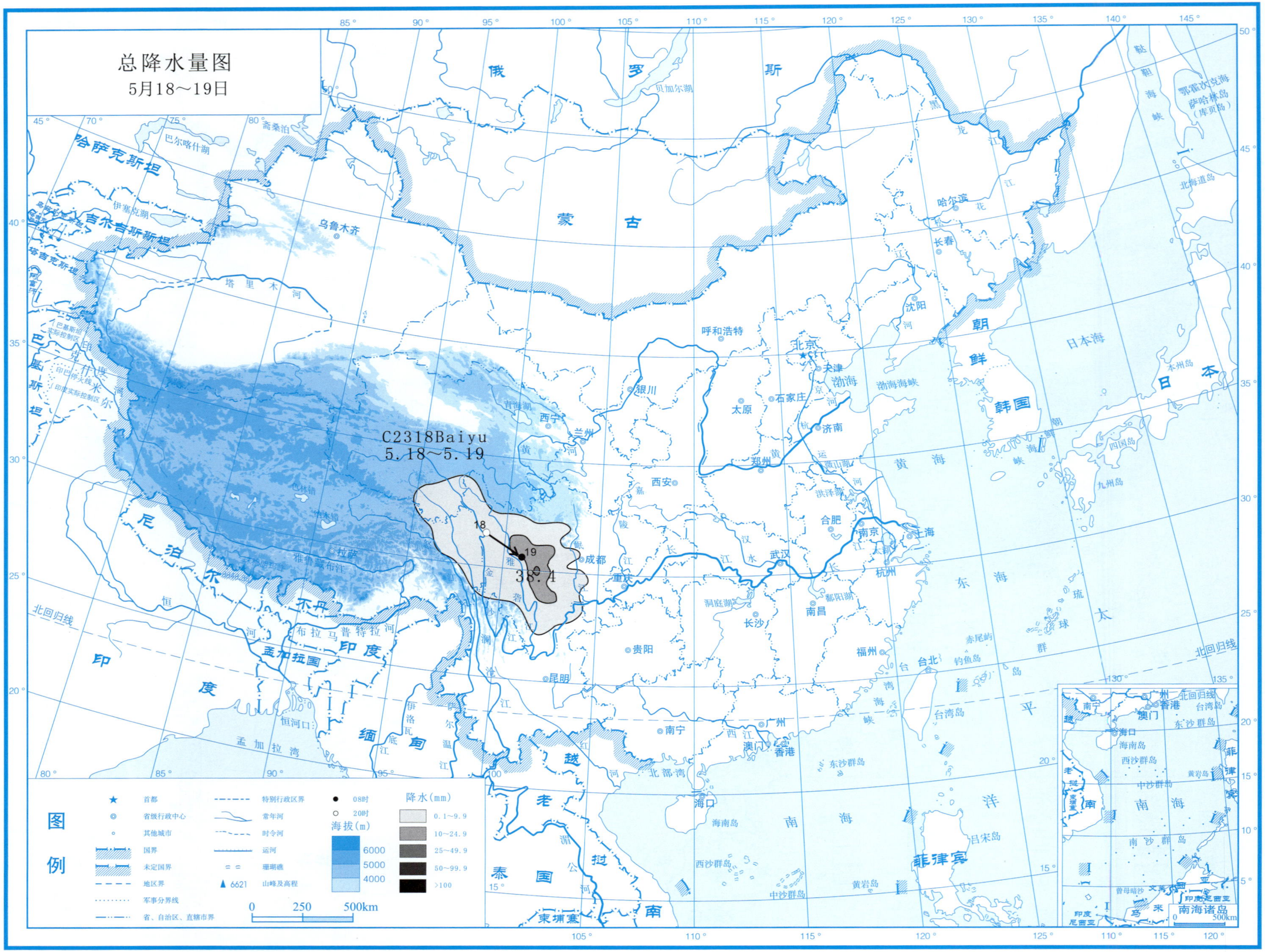
总降水量图
5月18～19日
C2318Baiyu
5.18～5.19
18
19
38.4
图例
首都
省级行政中心
其他城市
国界
未定国界
地区界
军事分界线
特别行政区界
常年河
时令河
运河
珊瑚礁
山峰及高程
省、自治区、直辖市界
08时
20时
海拔(m)
6000
5000
4000
降水(mm)
0.1～9.9
10～24.9
25～49.9
50～99.9
>100
0
250
500km
南海诸岛

总降水日数图

5月18～19日

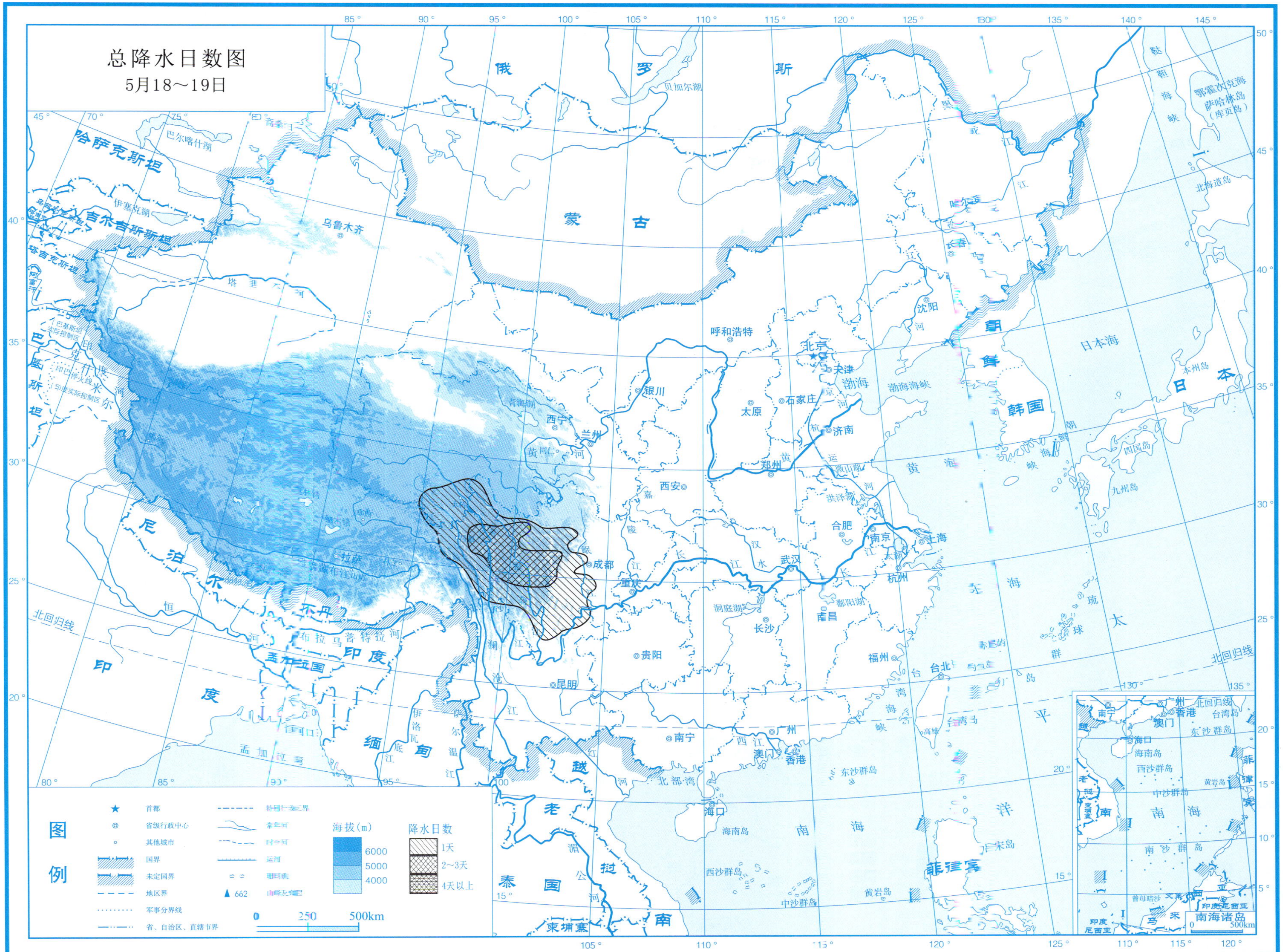

总降水量图

5月20日

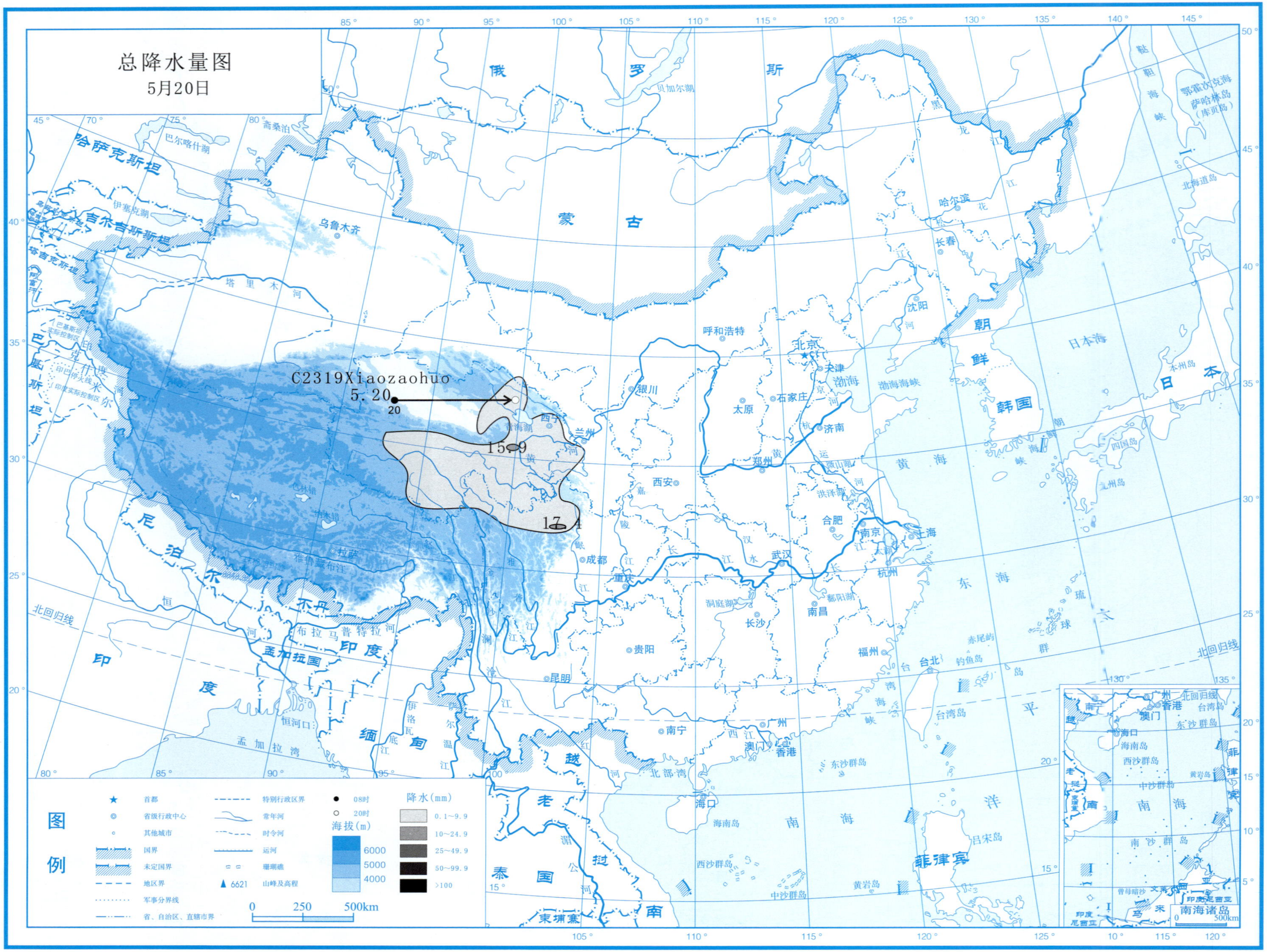
C2319Xiaozaohuo
5.20
20
15.9
17.4
图例
首都
省级行政中心
其他城市
国界
未定国界
地区界
军事分界线
特别行政区界
常年河
时令河
运河
珊瑚礁
省、自治区、直辖市界
6621 山峰及高程
08时
20时
降水(mm)
0.1~9.9
10~24.9
25~49.9
50~99.9
>100
海拔(m)
6000
5000
4000
0 250 500km
南海诸岛

总降水日数图

5月20日

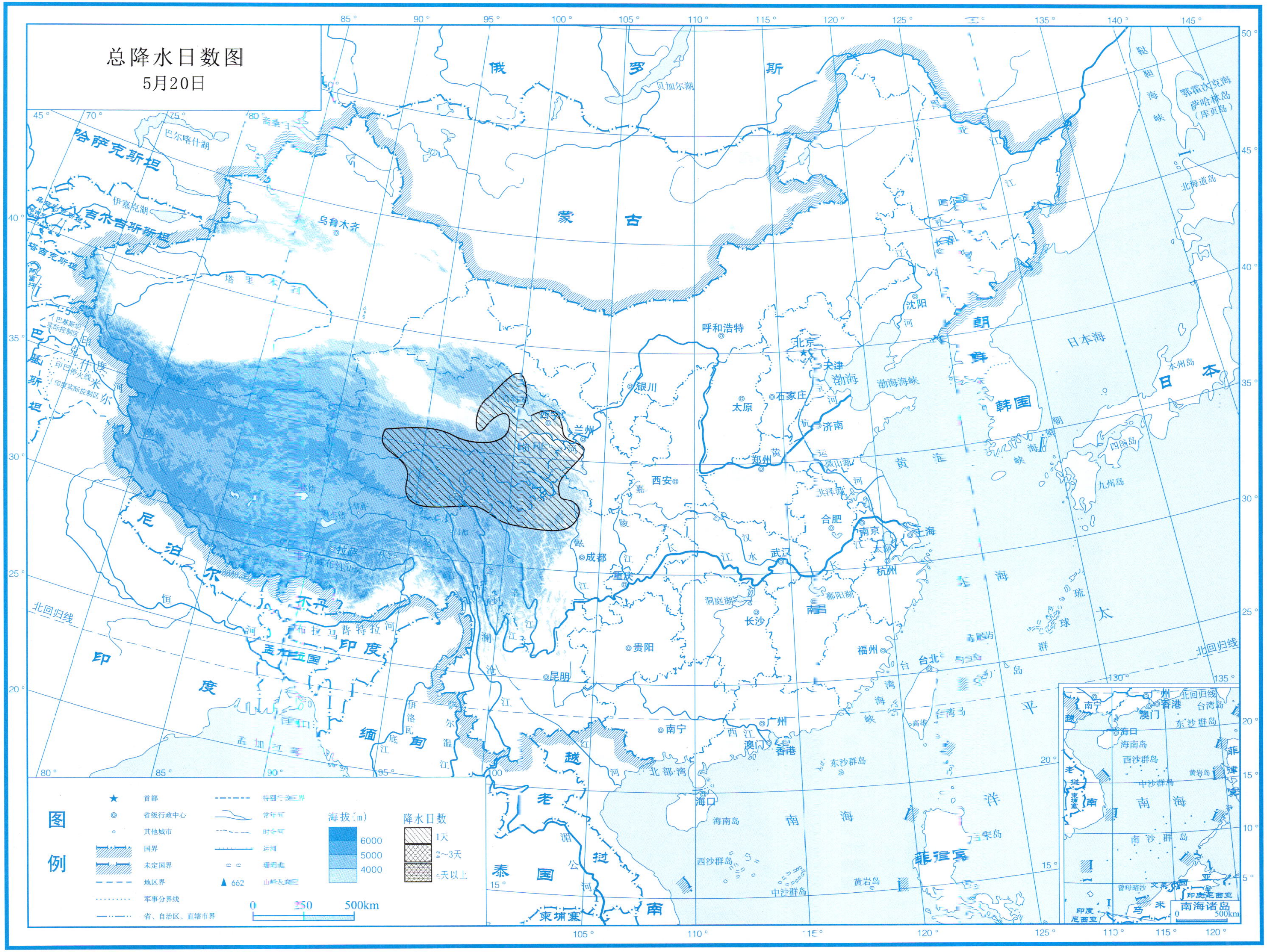

Page…71

高原低涡 第1部分

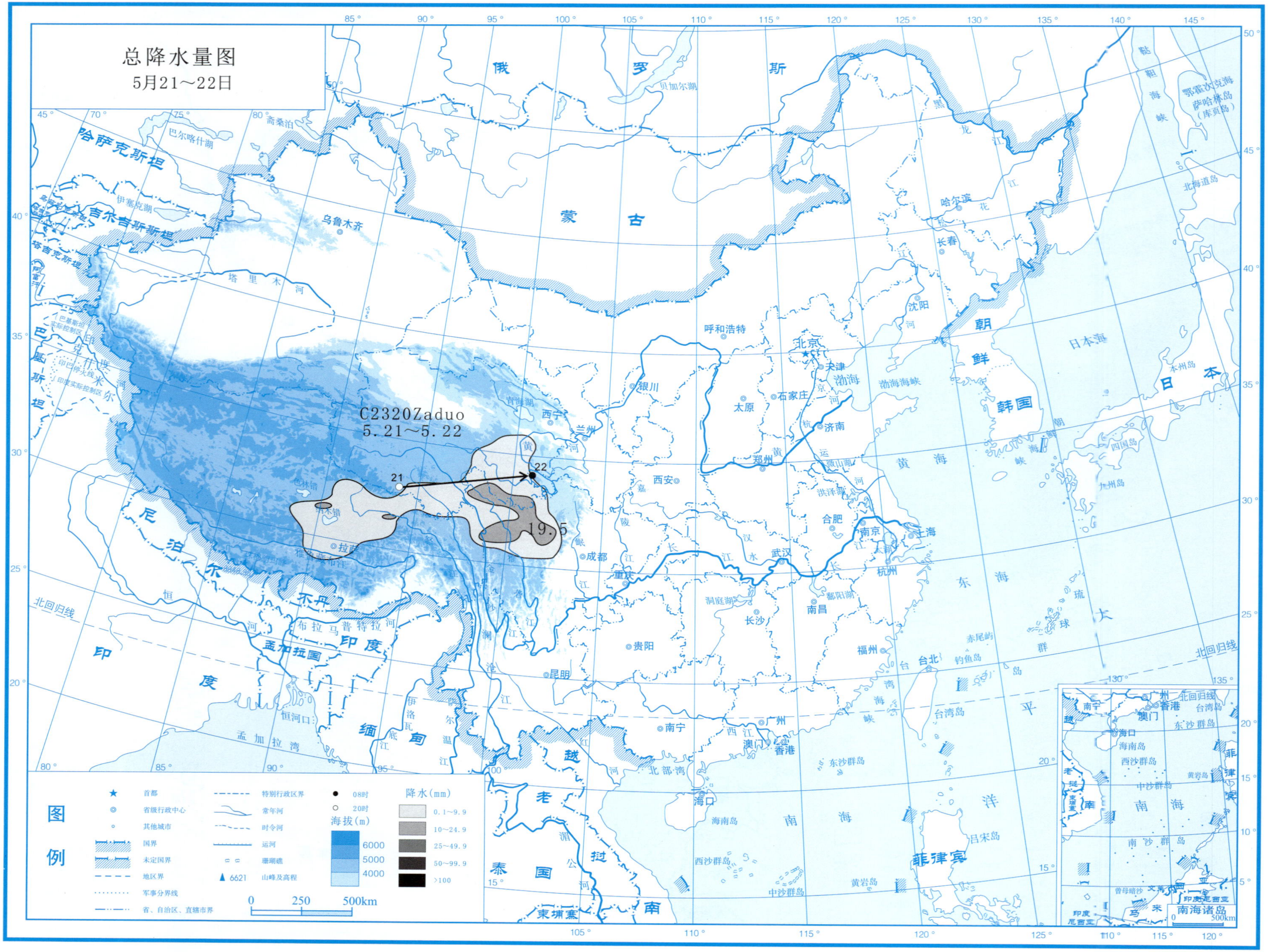
总降水量图
5月21～22日
C2320Zaduo
5.21～5.22
21
22
19.5
图例
首都
省级行政中心
其他城市
国界
未定国界
地区界
军事分界线
省、自治区、直辖市界
特别行政区界
常年河
时令河
运河
珊瑚礁
山峰及高程
08时
20时
海拔(m)
6000
5000
4000
降水(mm)
0.1～9.9
10～24.9
25～49.9
50～99.9
>100
0 250 500km
南海诸岛

总降水日数图
5月21～22日

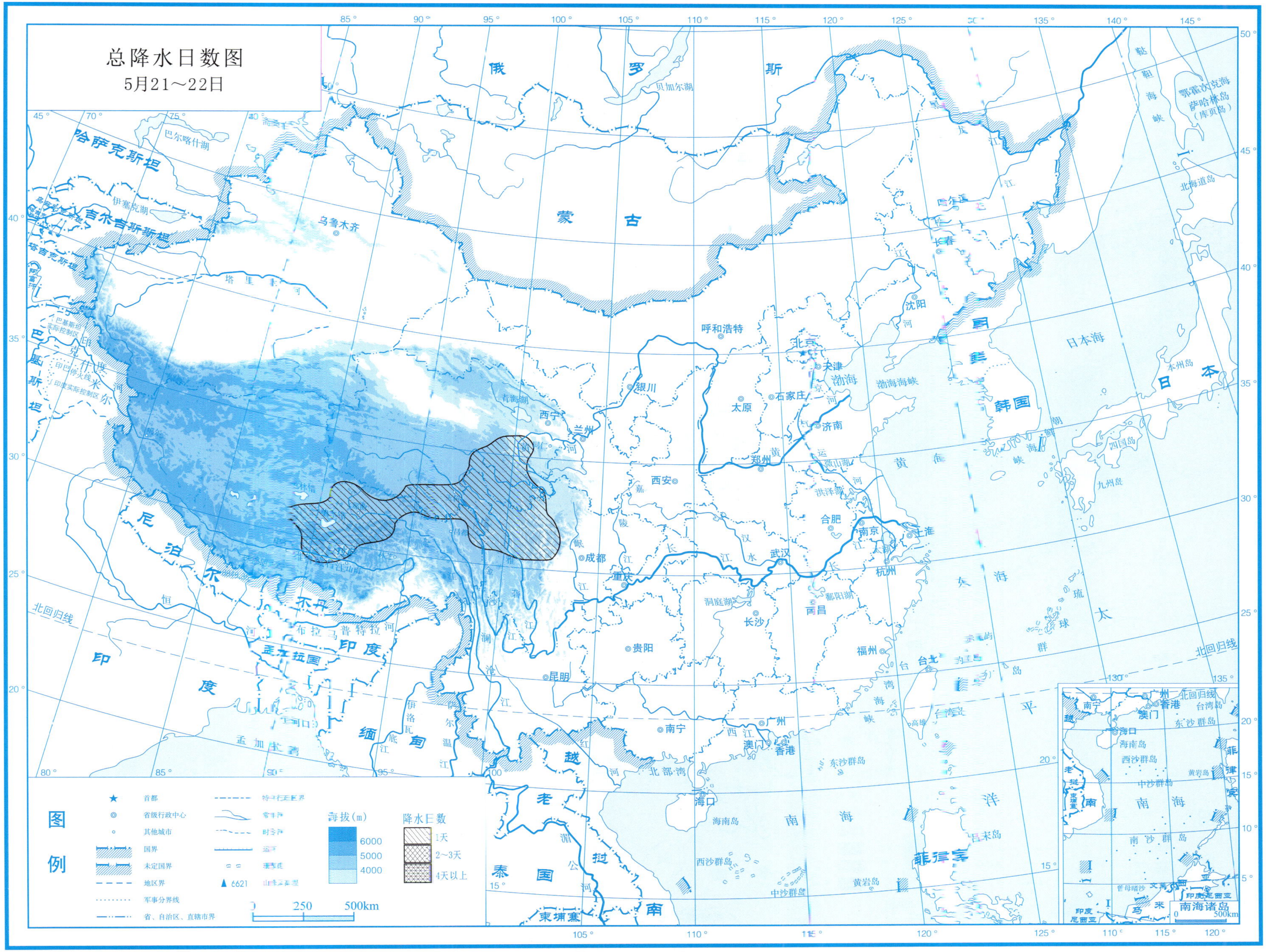

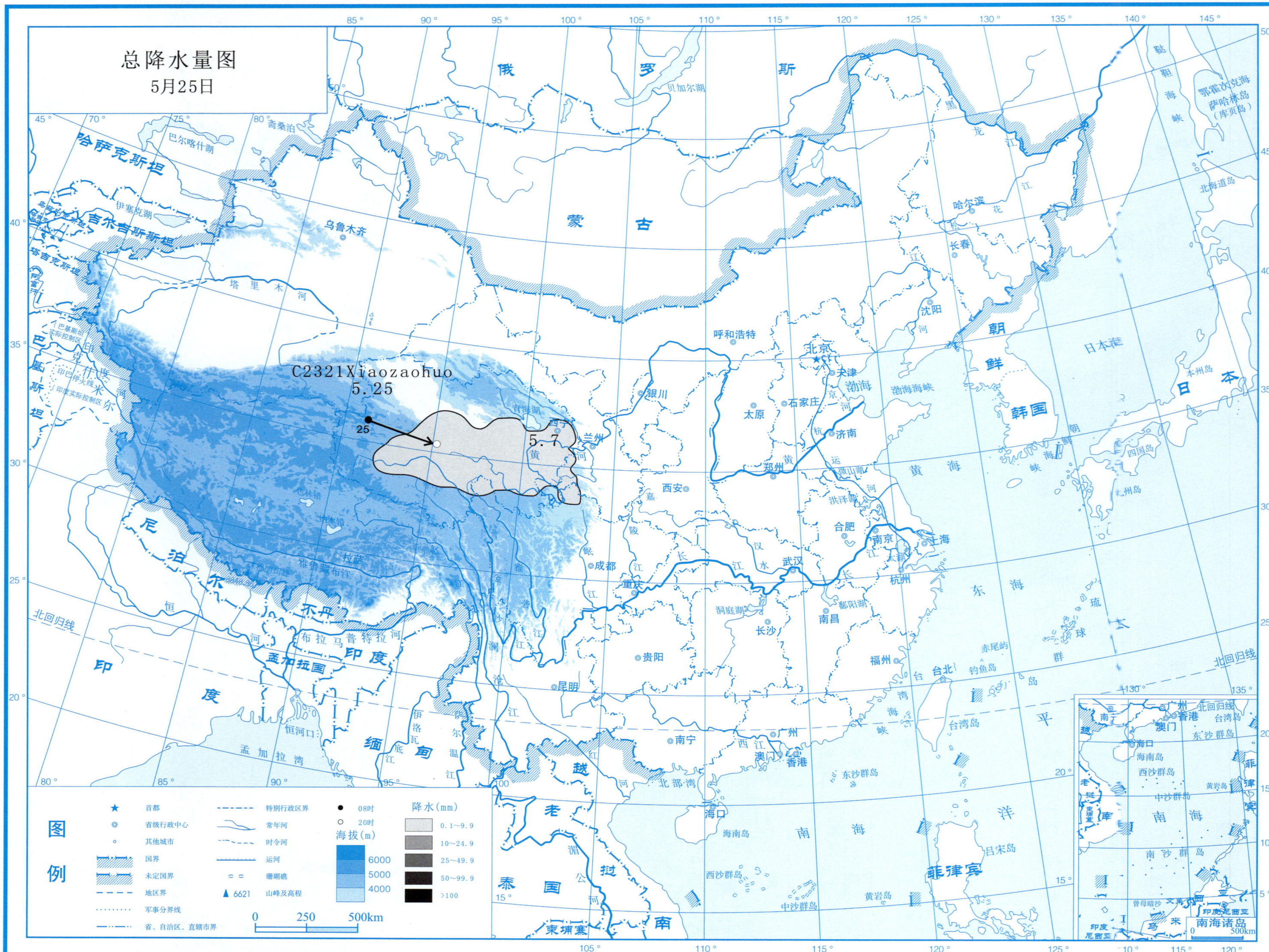
总降水量图
5月25日
C2321Xiaozaohuo
5.25
25
5.7
图例
首都
省级行政中心
其他城市
国界
未定国界
地区界
军事分界线
省、自治区、直辖市界
特别行政区界
常年河
时令河
运河
珊瑚礁
6621 山峰及高程
08时
20时
海拔(m)
6000
5000
4000
降水(mm)
0.1~9.9
10~24.9
25~49.9
50~99.9
>100
0 250 500km
南海诸岛

总降水日数图

5月25日

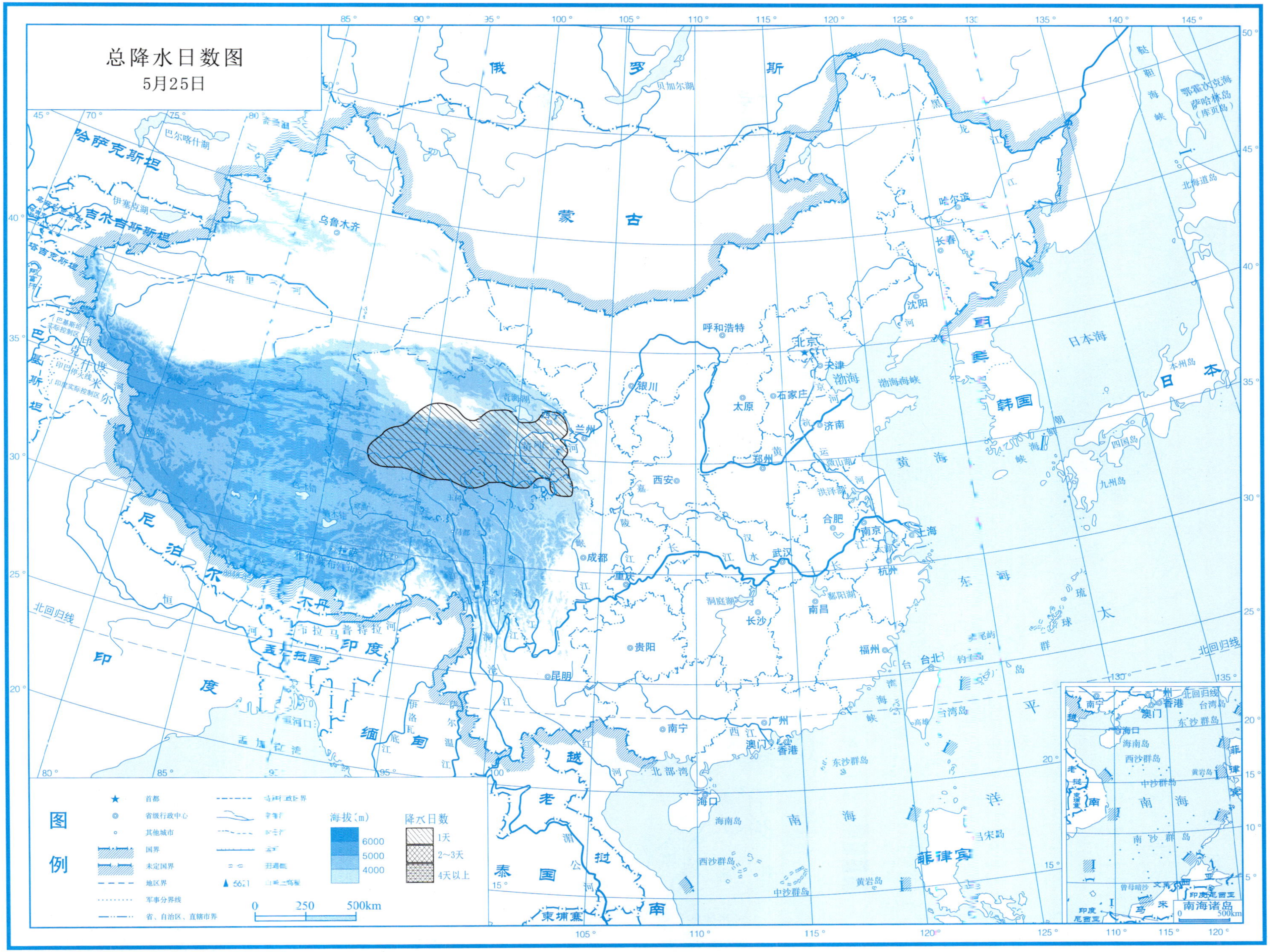

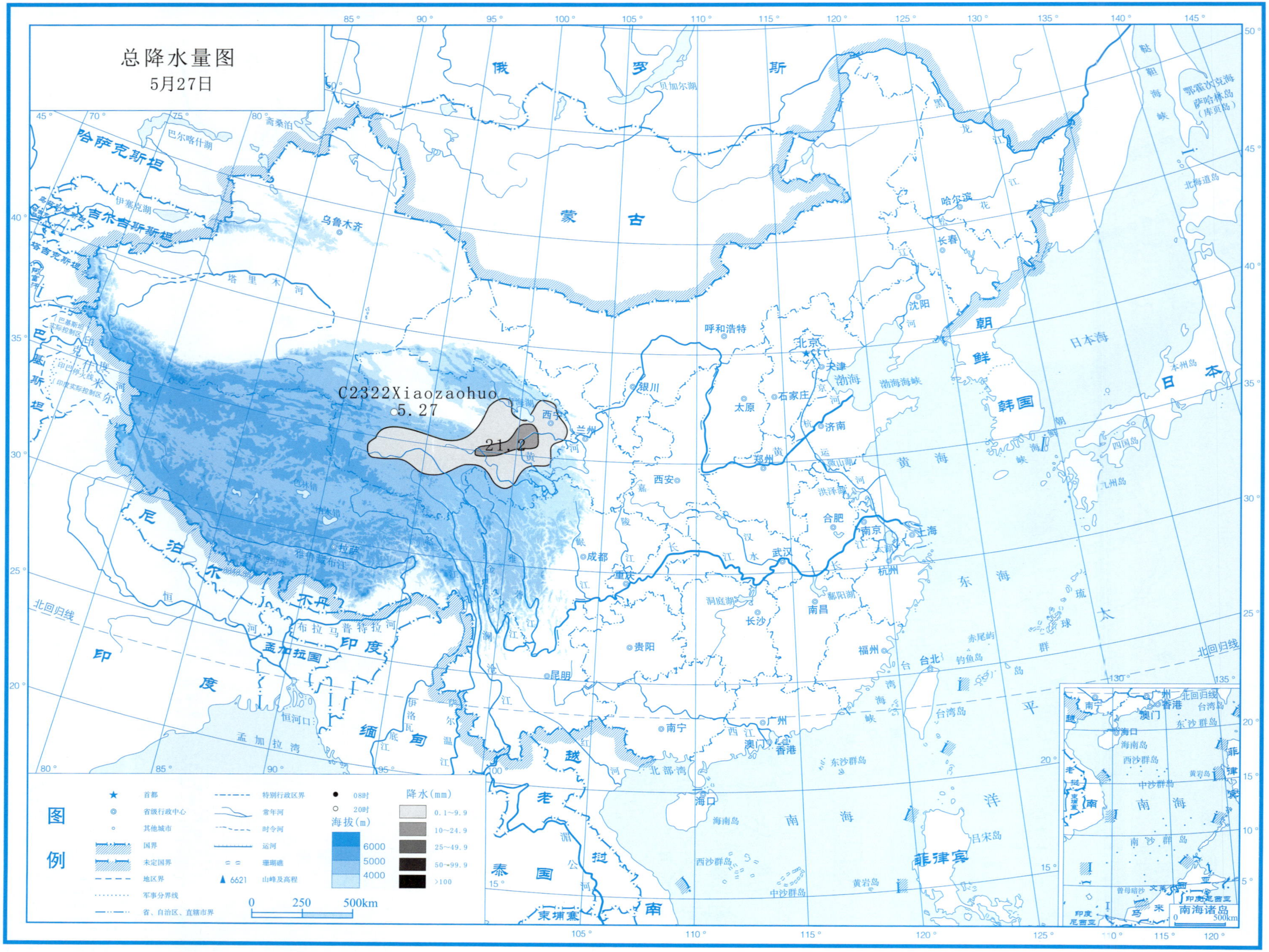
总降水量图
5月27日
C2322Xiaozaohuo
5.27
21.2
图例
首都
省级行政中心
其他城市
国界
未定国界
地区界
军事分界线
省、自治区、直辖市界
特别行政区界
常年河
时令河
运河
珊瑚礁
6621 山峰及高程
08时
20时
海拔(m)
6000
5000
4000
降水(mm)
0.1~9.9
10~24.9
25~49.9
50~99.9
>100
0 250 500km
南海诸岛

总降水日数图

5月27日

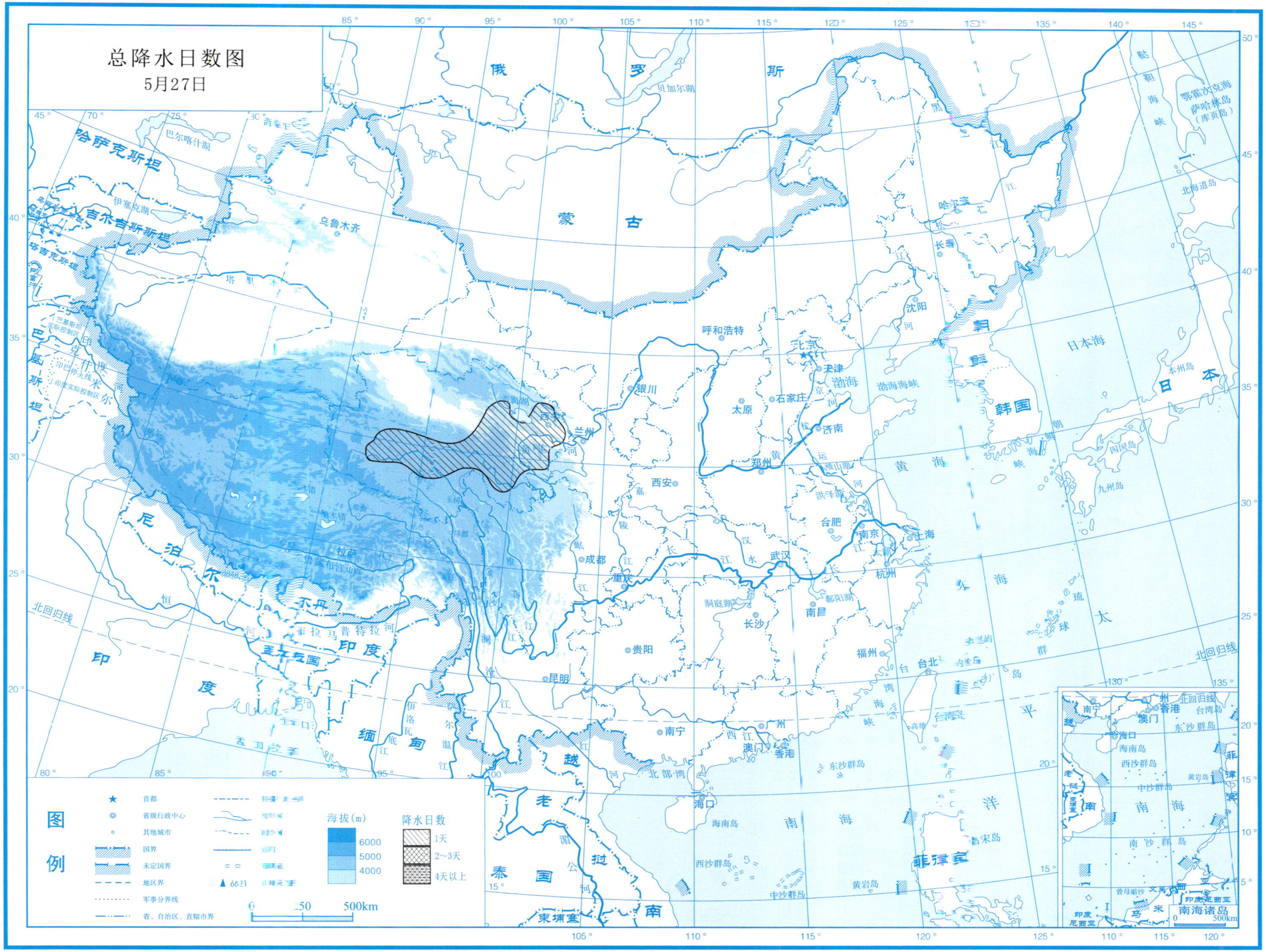

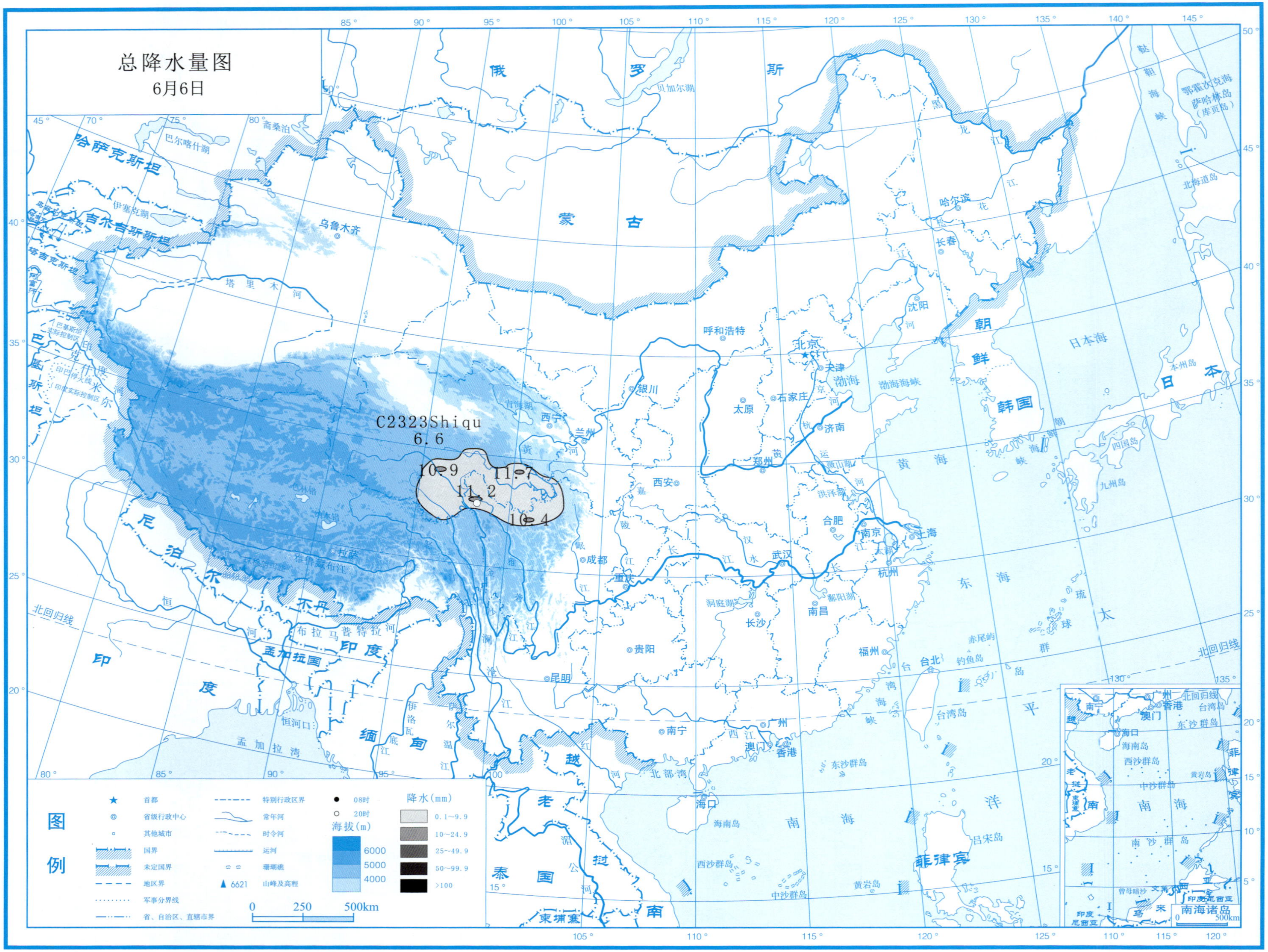
总降水量图
6月6日
C2323Shiqu
6.6
10.9
11.7
11.2
10.4
图例
首都
省级行政中心
其他城市
国界
未定国界
地区界
军事分界线
省、自治区、直辖市界
特别行政区界
常年河
时令河
运河
珊瑚礁
6621 山峰及高程
08时
20时
海拔(m)
6000
5000
4000
降水(mm)
0.1~9.9
10~24.9
25~49.9
50~99.9
>100
0 250 500km
南海诸岛

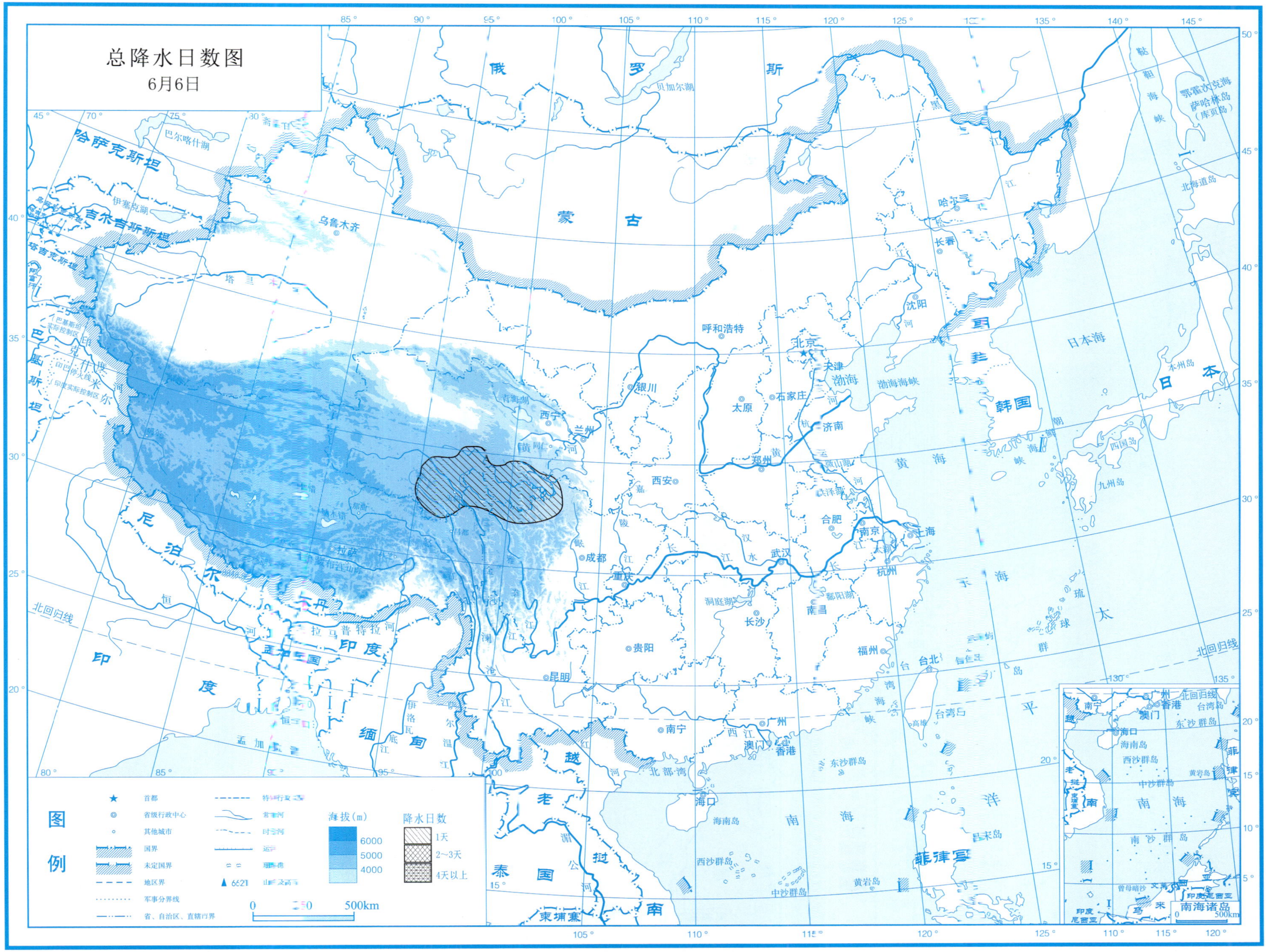
总降水日数图
6月6日
图例
首都
省级行政中心
其他城市
国界
未定国界
地区界
军事分界线
省、自治区、直辖市界
海拔（m）
6000
5000
4000
降水日数
1天
2～3天
4天以上
500km
南海诸岛

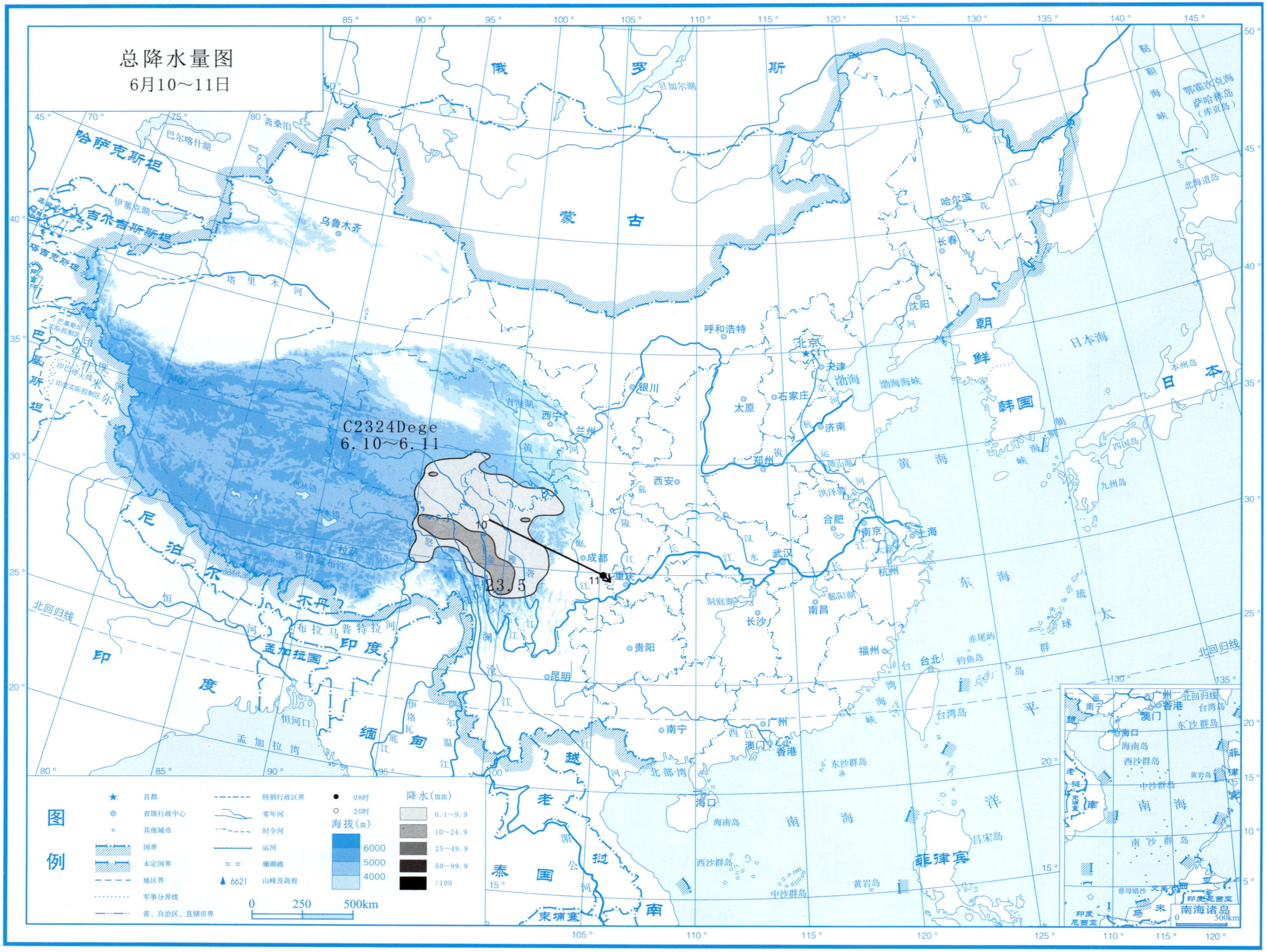
总降水量图
6月10～11日
C2324Dege
6.10～6.11
23.5
图例
首都
省级行政中心
其他城市
国界
未定国界
地区界
军事分界线
省、自治区、直辖市界
特别行政区界
常年河
时令河
运河
珊瑚礁
山峰及高程
08时
20时
海拔(m)
6000
5000
4000
降水(mm)
0.1～9.9
10～24.9
25～49.9
50～99.9
>100
0 250 500km

总降水日数图

6月10～11日

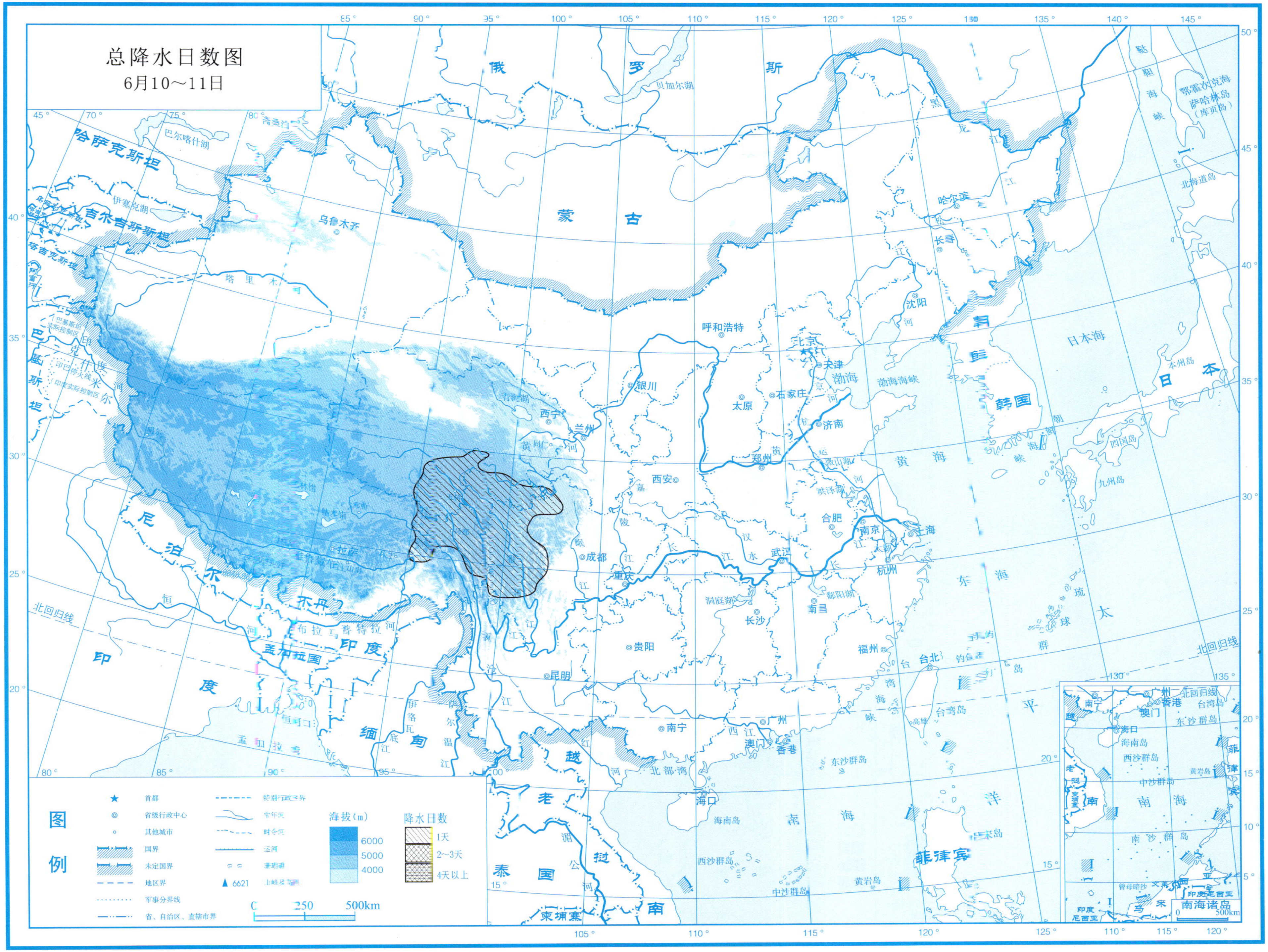

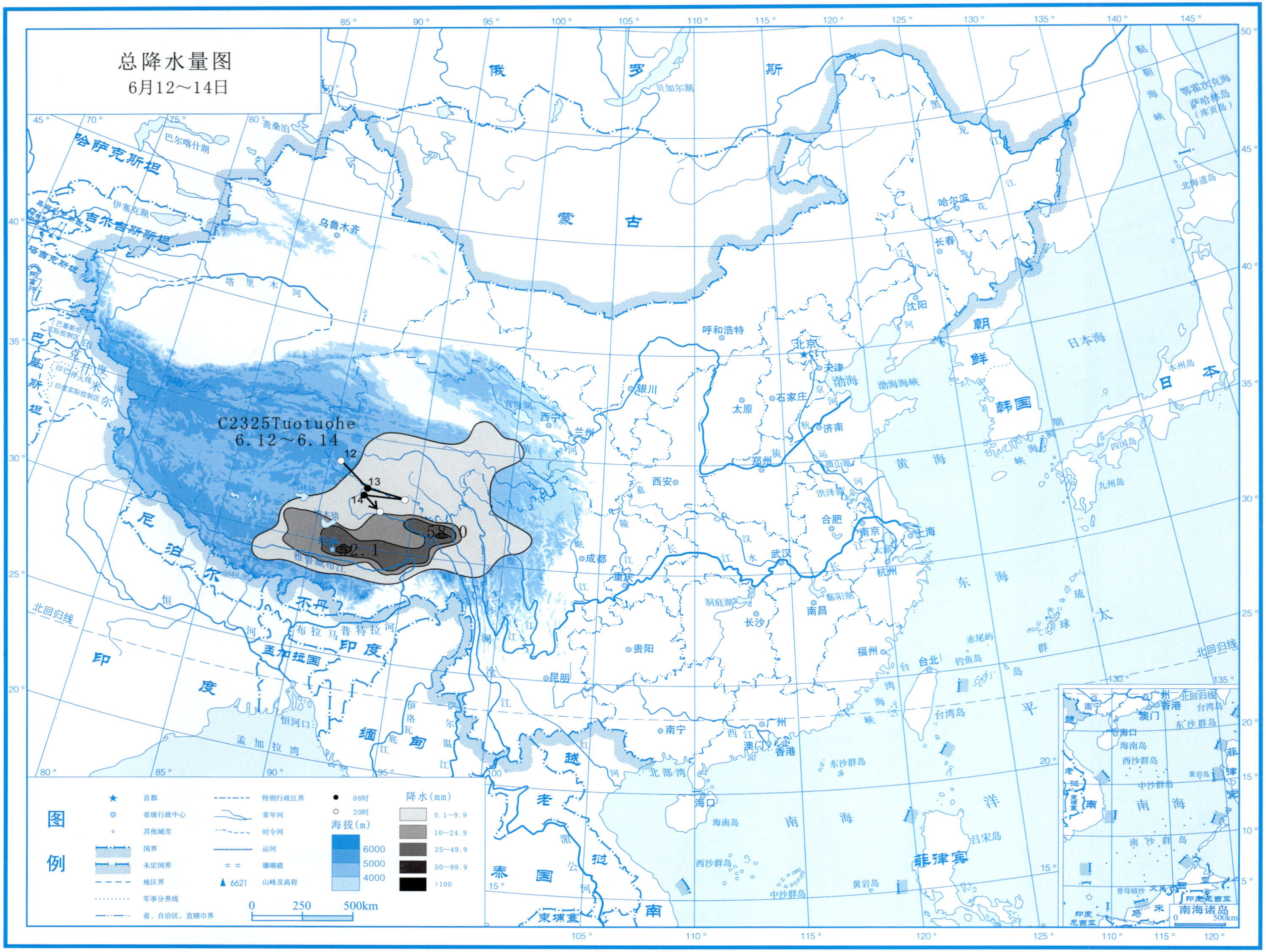
总降水量图
6月12～14日
C2325Tuotuohe
6.12～6.14
12
13
14
58.0
52.1
图例
首都
省级行政中心
其他城市
国界
未定国界
地区界
军事分界线
省、自治区、直辖市界
特别行政区界
常年河
时令河
运河
珊瑚礁
6621 山峰及高程
08时
20时
海拔(m)
6000
5000
4000
降水(mm)
0.1～9.9
10～24.9
25～49.9
50～99.9
>100
0 250 500km
南海诸岛

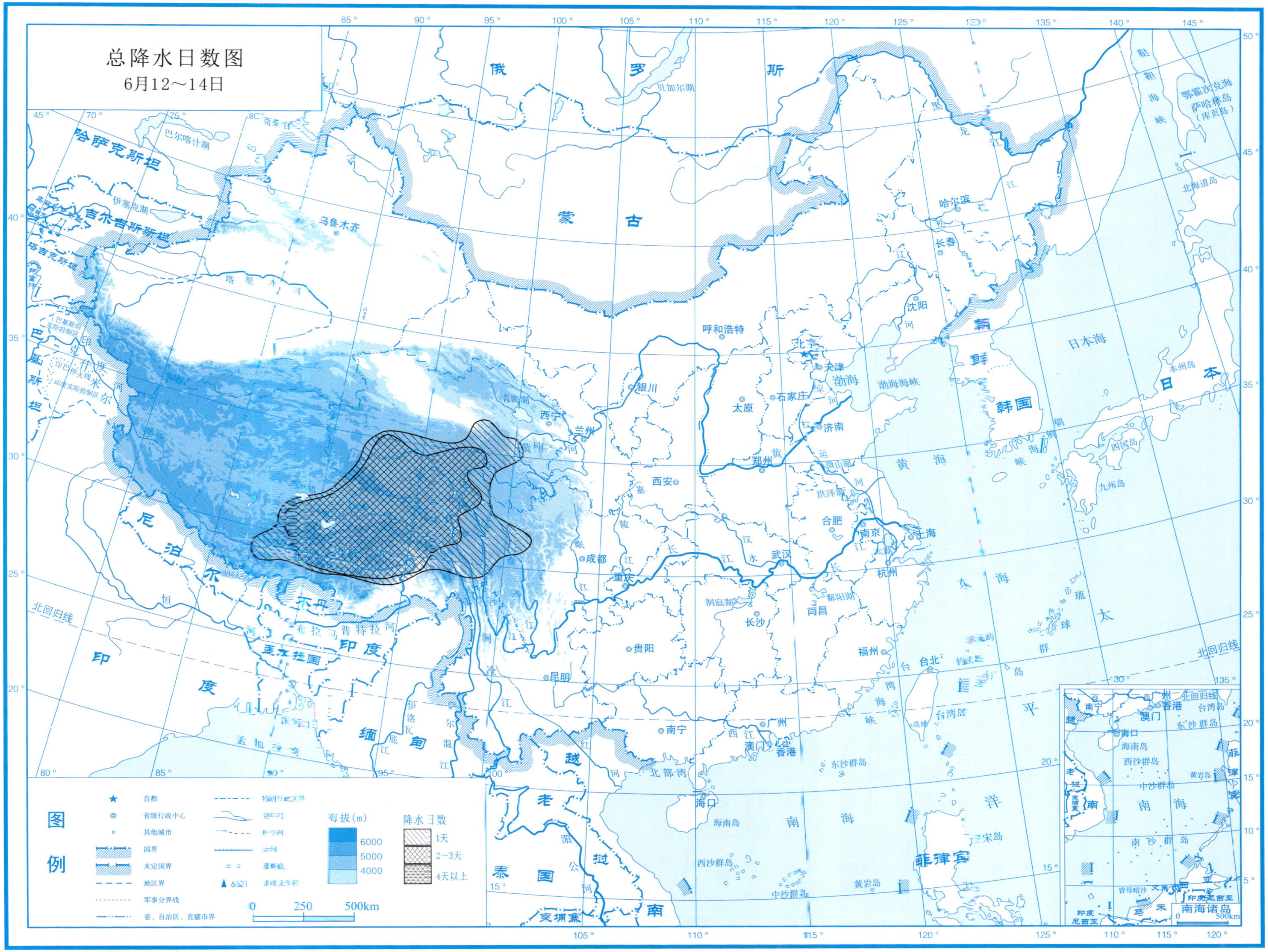
总降水日数图
6月12～14日
图例
首都
省级行政中心
其他城市
国界
未定国界
地区界
军事分界线
省、自治区、直辖市界
海拔(m)
6000
5000
4000
降水日数
1天
2～3天
4天以上
0 250 500km
南海诸岛

总降水量图
6月14日

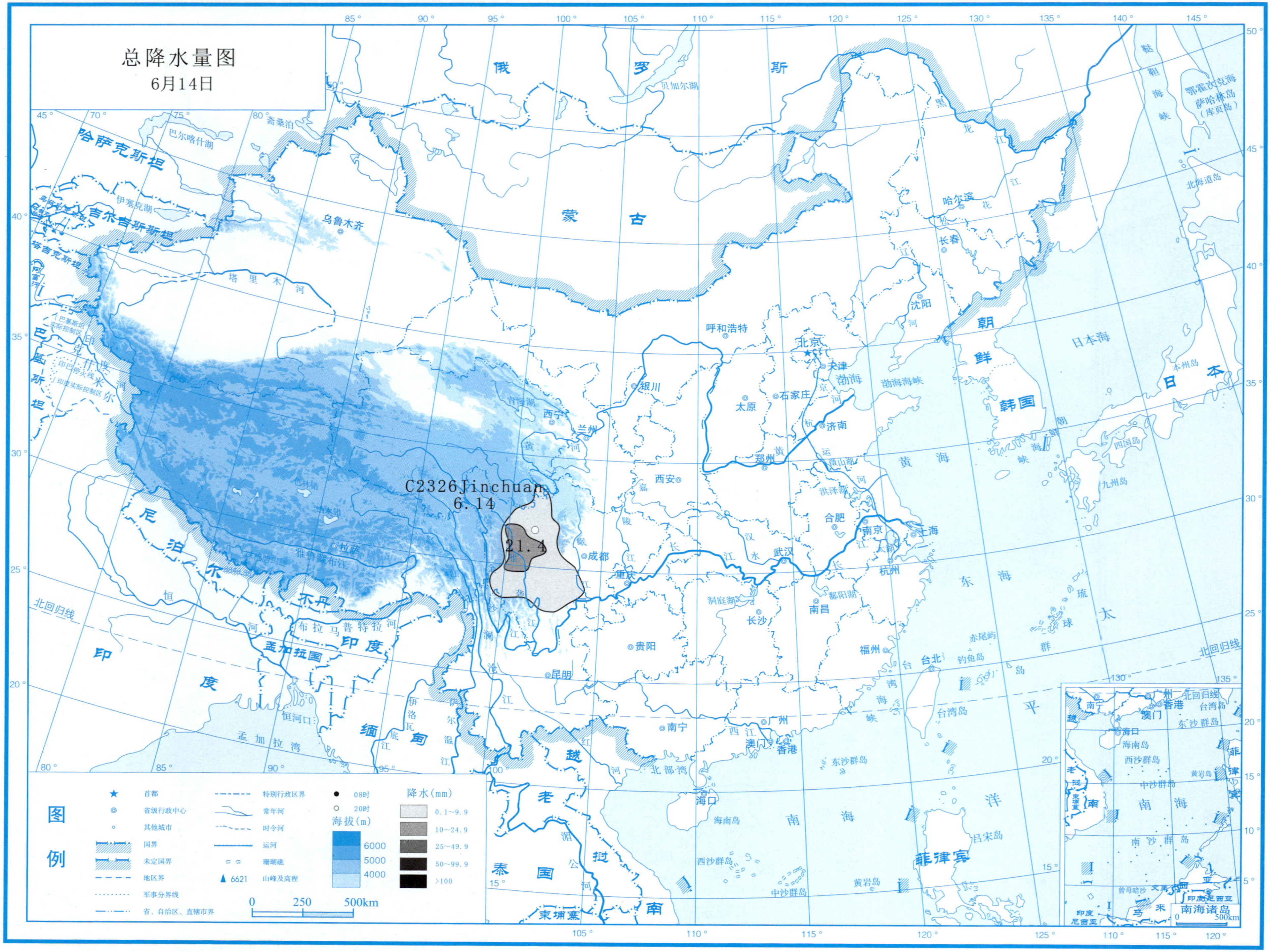
C2326Jinchuan
6.14
21.4
图例
首都
省级行政中心
其他城市
国界
未定国界
地区界
军事分界线
省、自治区、直辖市界
特别行政区界
常年河
时令河
运河
珊瑚礁
山峰及高程
08时
20时
海拔(m)
6000
5000
4000
降水(mm)
0.1~9.9
10~24.9
25~49.9
50~99.9
>100
0 250 500km
南海诸岛

总降水日数图

6月14日

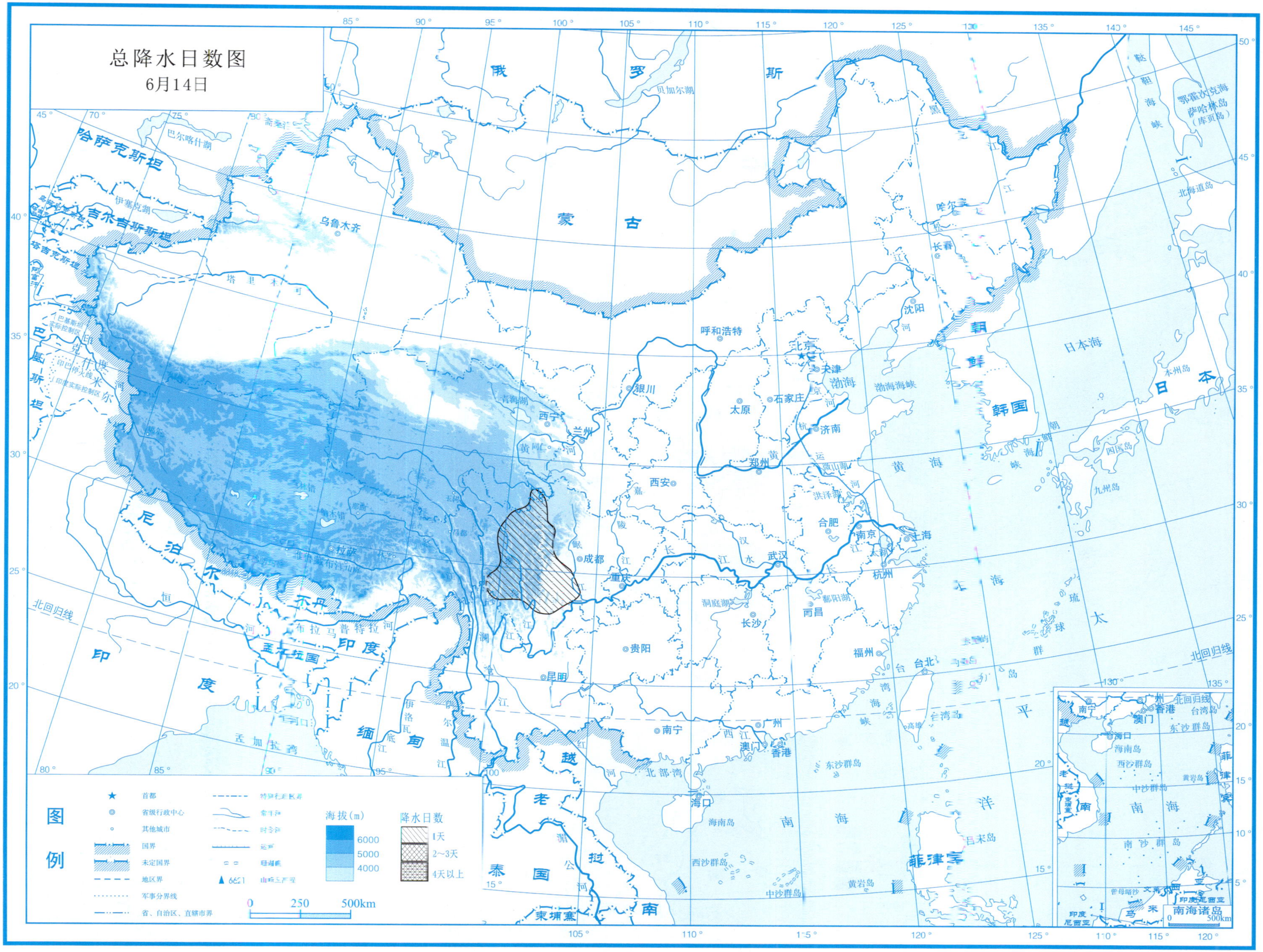

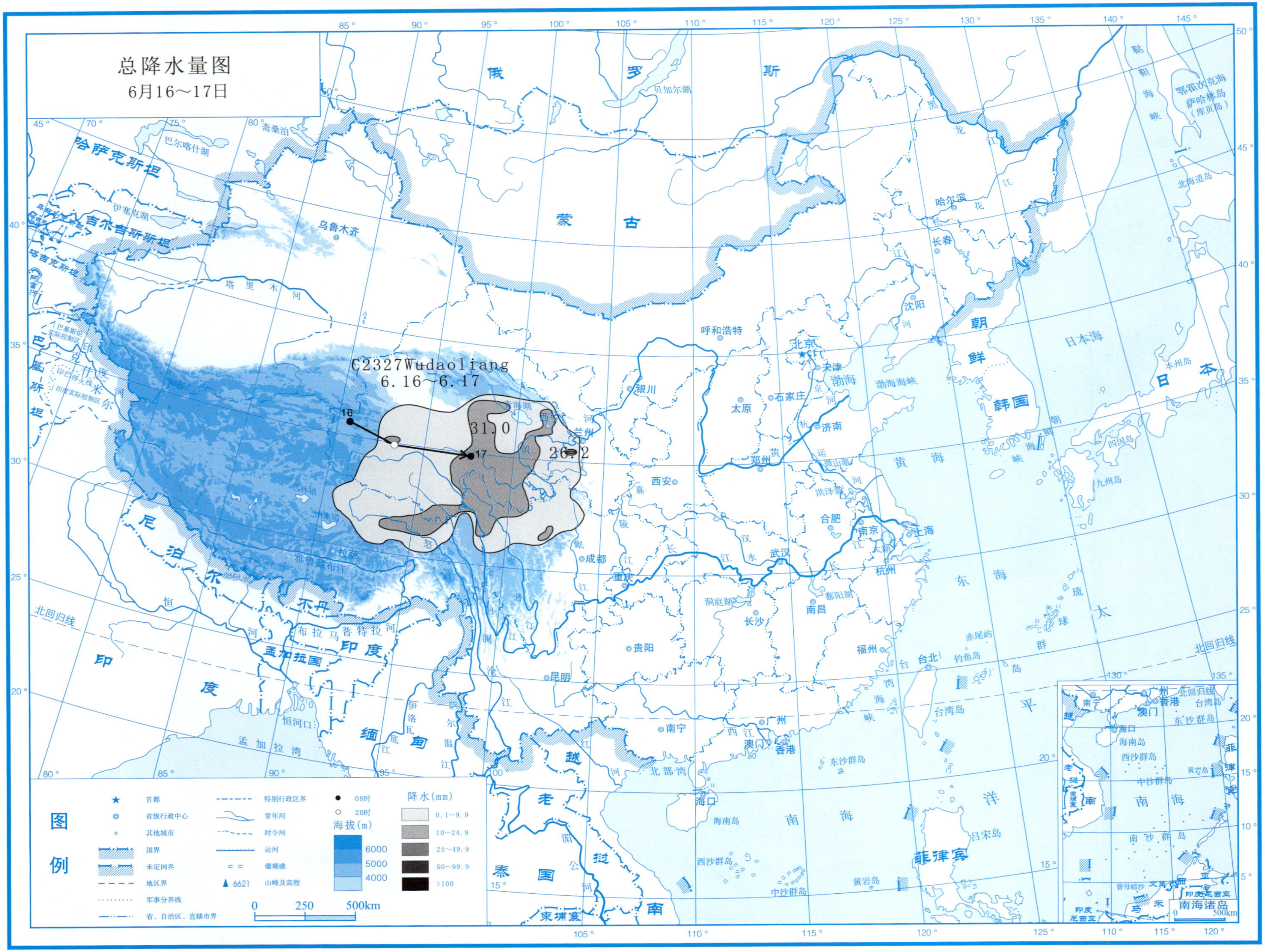
总降水量图
6月16～17日
C2327Wudaoliang
6.16～6.17
16
17
31.0
26.2
图例
首都
省级行政中心
其他城市
国界
未定国界
地区界
军事分界线
省、自治区、直辖市界
特别行政区界
常年河
时令河
运河
珊瑚礁
6621 山峰及高程
08时
20时
海拔(m)
6000
5000
4000
降水(mm)
0.1～9.9
10～24.9
25～49.9
50～99.9
>100
0 250 500km
南海诸岛

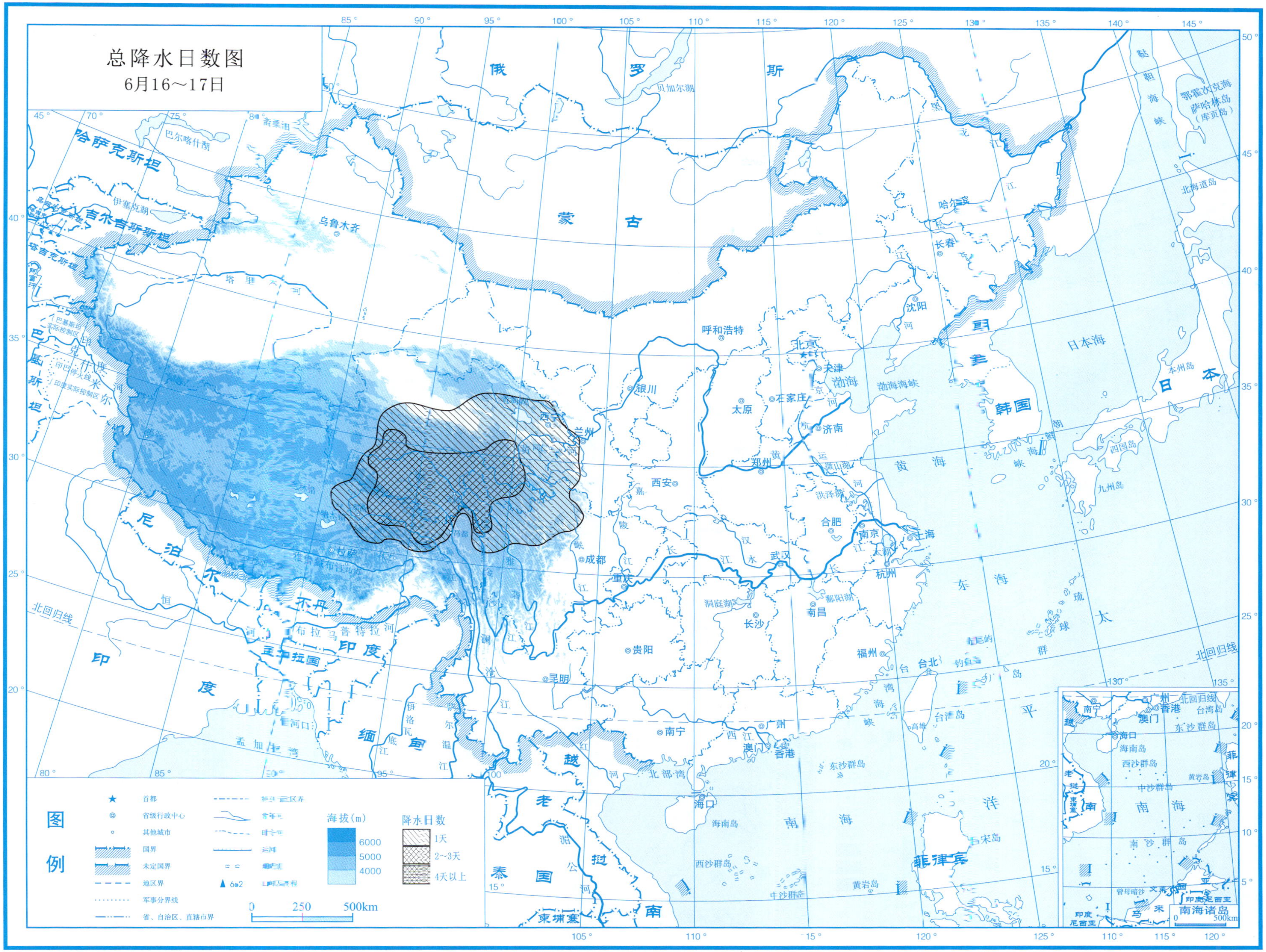
总降水日数图
6月16～17日
图例
首都
省级行政中心
其他城市
国界
未定国界
地区界
军事分界线
省、自治区、直辖市界
海拔（m）
6000
5000
4000
降水日数
1天
2～3天
4天以上
0 250 500km
俄 罗 斯
蒙 古
哈萨克斯坦
吉尔吉斯斯坦
塔吉克斯坦
巴基斯坦
尼泊尔
不丹
孟加拉国
印 度
缅 甸
老 挝
越 南
泰 国
柬埔寨
菲律宾
朝 鲜
韩国
日 本
乌鲁木齐
呼和浩特
北京
天津
石家庄
太原
济南
银川
西宁
兰州
郑州
西安
合肥
南京
上海
杭州
武汉
成都
重庆
拉萨
长沙
南昌
福州
台北
贵阳
昆明
南宁
广州
香港
澳门
海口
哈尔滨
长春
沈阳
渤海
黄 海
东 海
南 海
日本海
太 平 洋
海南岛
东沙群岛
西沙群岛
中沙群岛
南沙群岛
黄岩岛
钓鱼岛
台湾岛
北回归线
南海诸岛
贝加尔湖
巴尔喀什湖
伊塞克湖
洞庭湖
鄱阳湖
北海道
本州岛
九州岛
四国岛

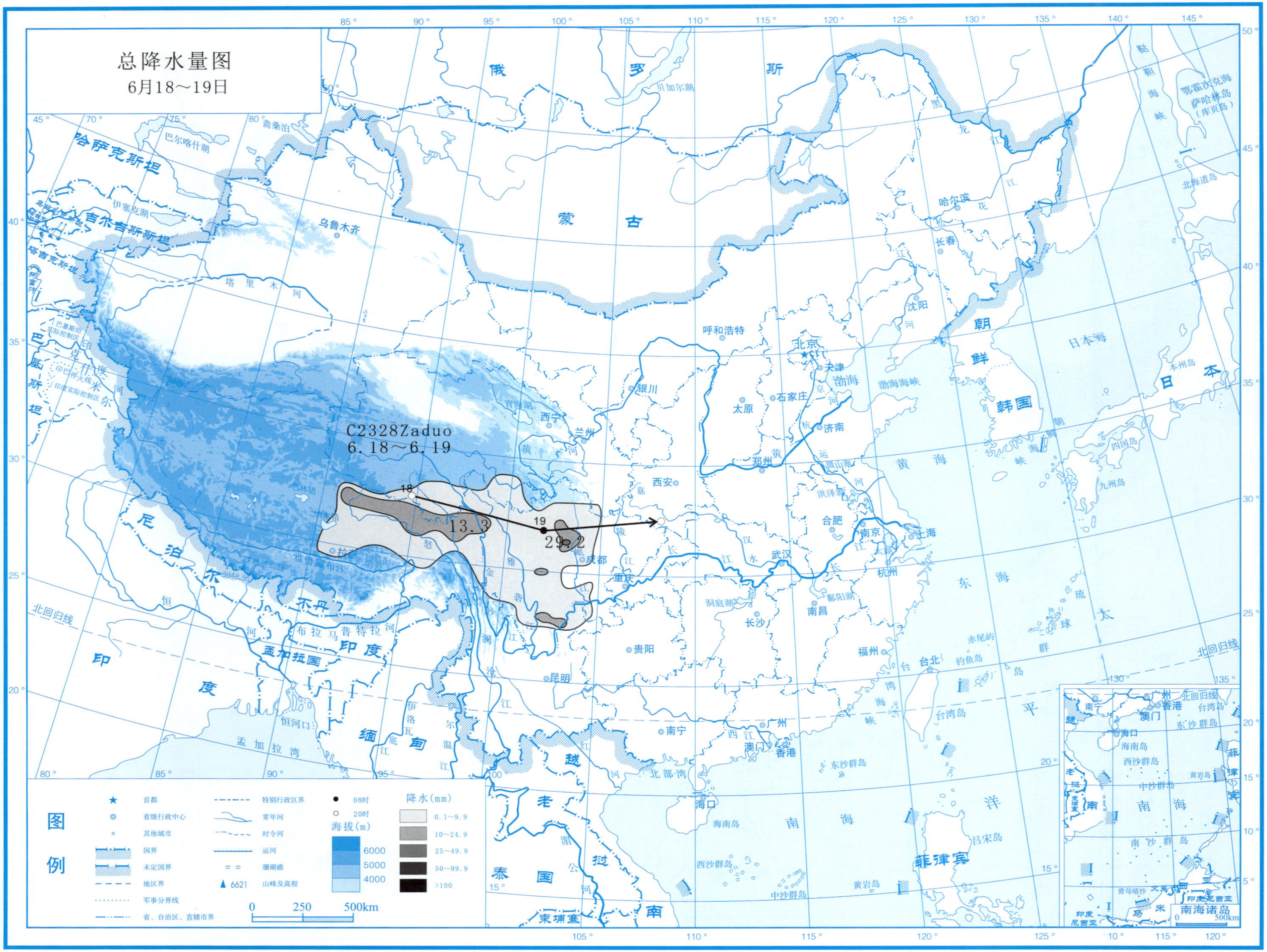
总降水量图
6月18～19日
C2328Zaduo
6.18～6.19
18
19
13.3
29.2
图例
首都
省级行政中心
其他城市
国界
未定国界
地区界
军事分界线
省、自治区、直辖市界
特别行政区界
常年河
时令河
运河
珊瑚礁
6621 山峰及高程
08时
20时
海拔(m)
6000
5000
4000
降水(mm)
0.1～9.9
10～24.9
25～49.9
50～99.9
>100
0 250 500km
南海诸岛

总降水日数图

6月18～19日

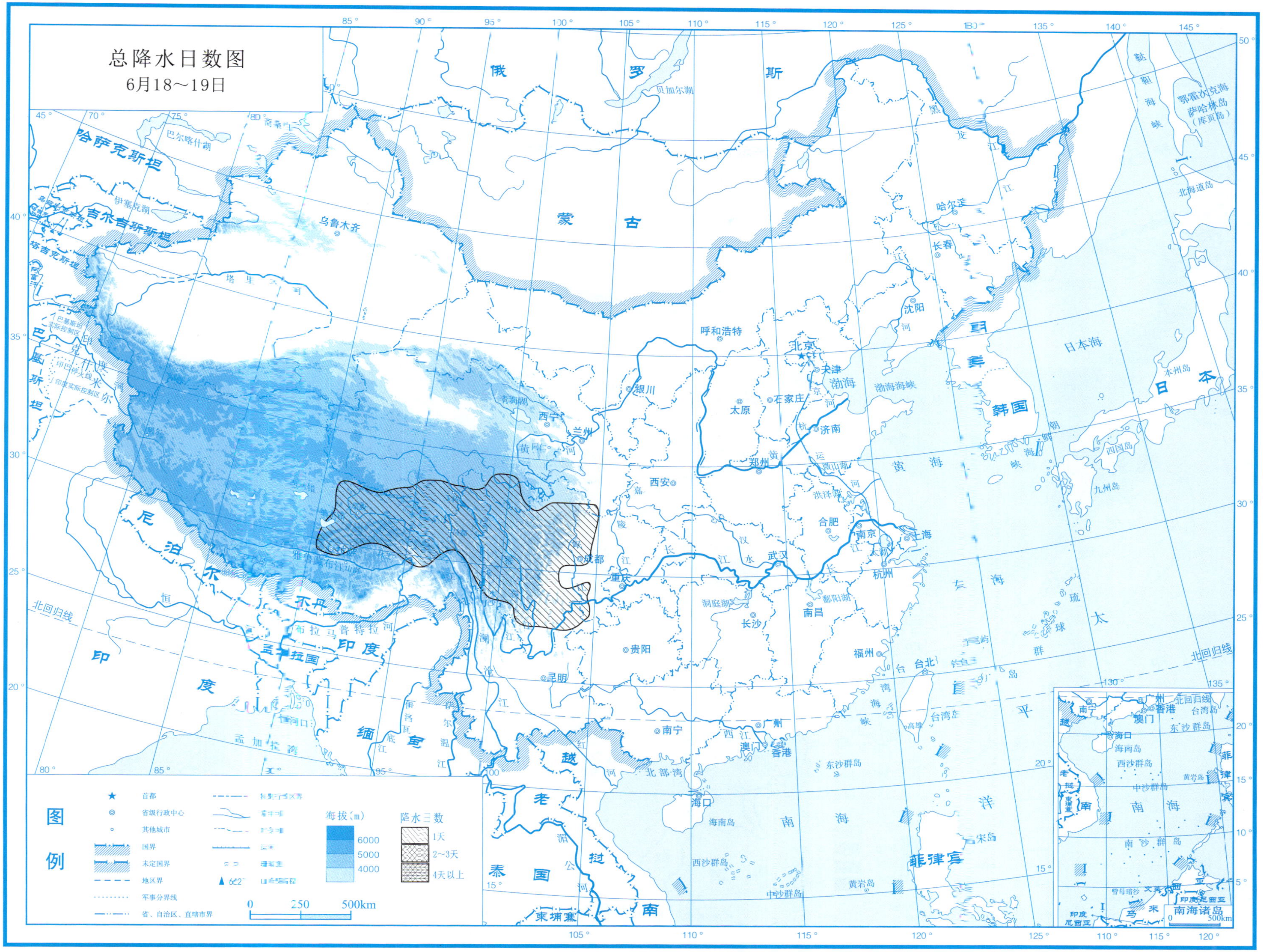

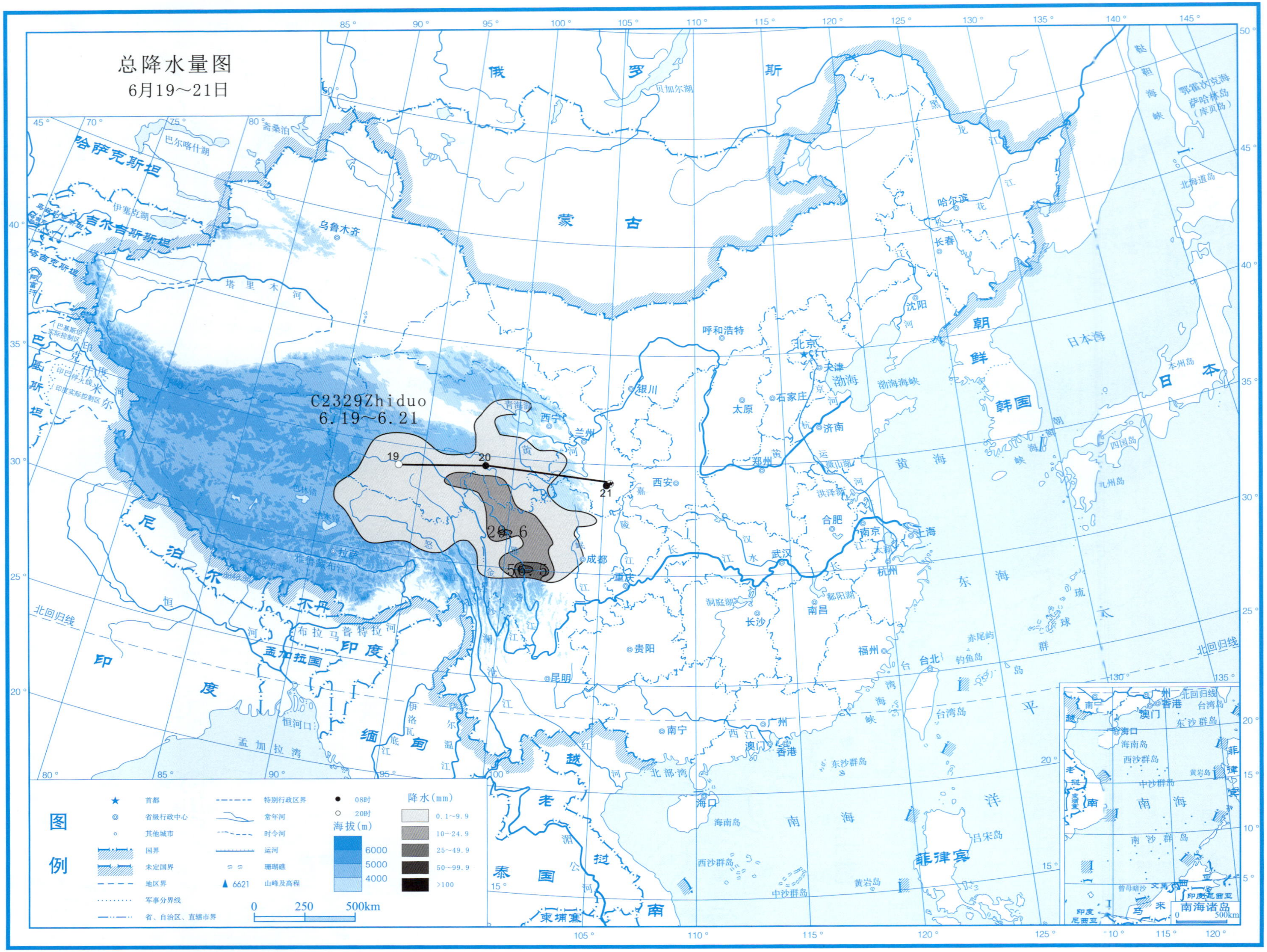

总降水量图
6月19～21日
C2329Zhiduo
6.19~6.21
19
20
21
28.6
50.5
图例
首都
省级行政中心
其他城市
国界
未定国界
地区界
军事分界线
省、自治区、直辖市界
特别行政区界
常年河
时令河
运河
珊瑚礁
6621 山峰及高程
08时
20时
降水(mm)
0.1~9.9
10~24.9
25~49.9
50~99.9
>100
海拔(m)
6000
5000
4000
0 250 500km
南海诸岛

总降水日数图

6月19～21日

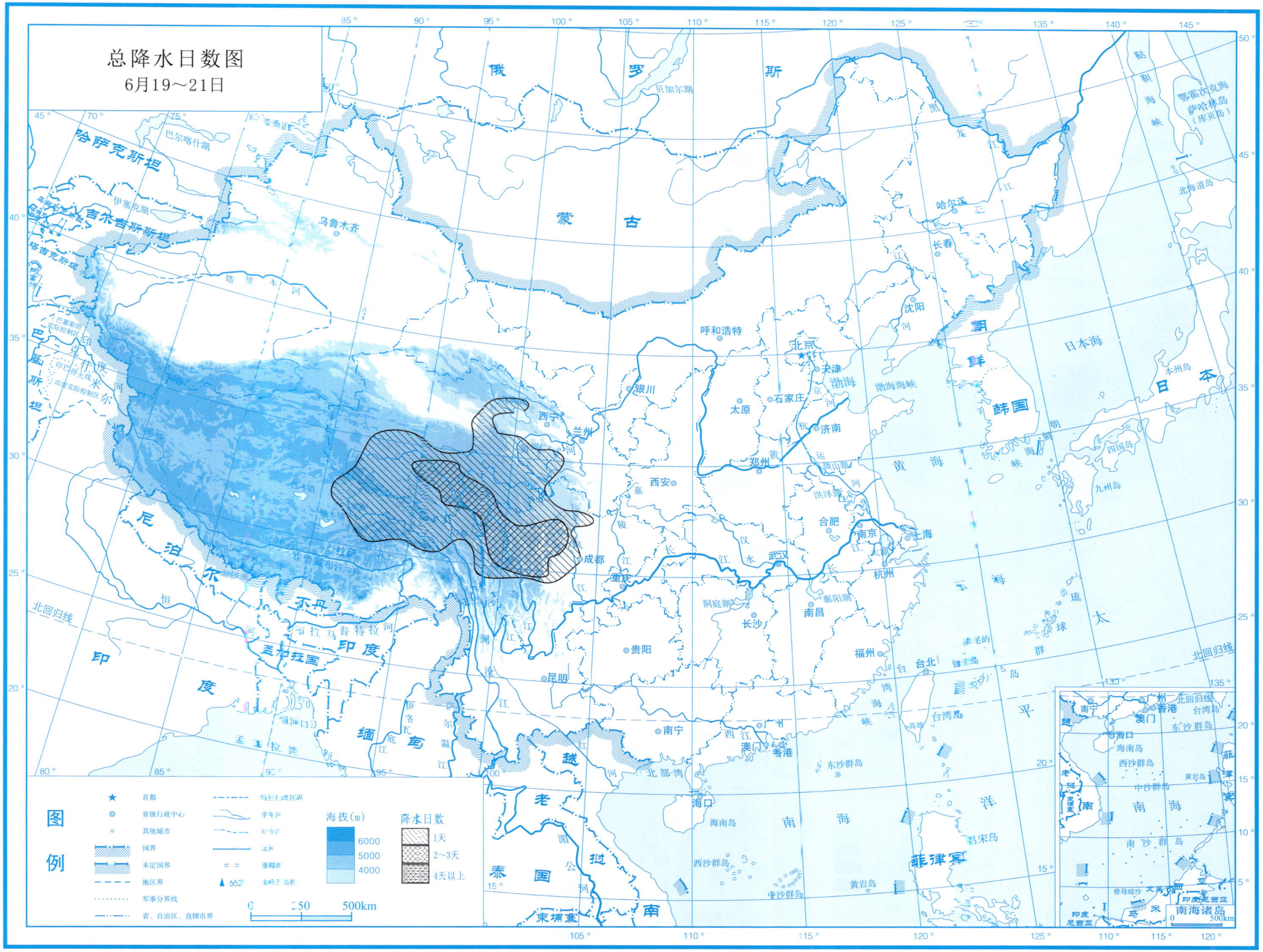

Page 91

高原低涡 第1部分

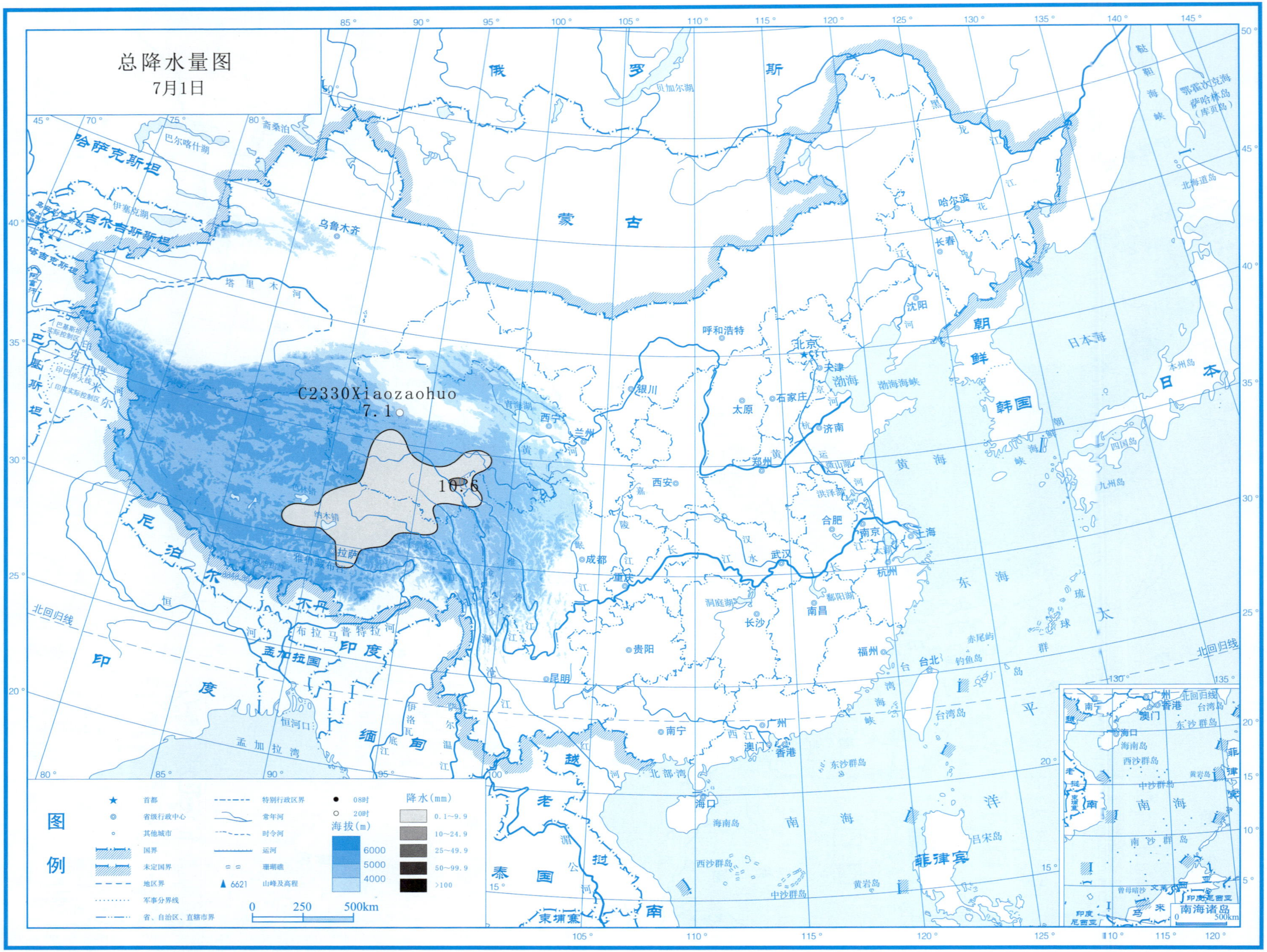
总降水量图
7月1日
C2330Xiaozaohuo
7.1
10.6
图例
首都
省级行政中心
其他城市
国界
未定国界
地区界
军事分界线
省、自治区、直辖市界
特别行政区界
常年河
时令河
运河
珊瑚礁
6621 山峰及高程
08时
20时
海拔(m)
6000
5000
4000
降水(mm)
0.1~9.9
10~24.9
25~49.9
50~99.9
>100
0 250 500km
南海诸岛

总降水日数图

7月1日

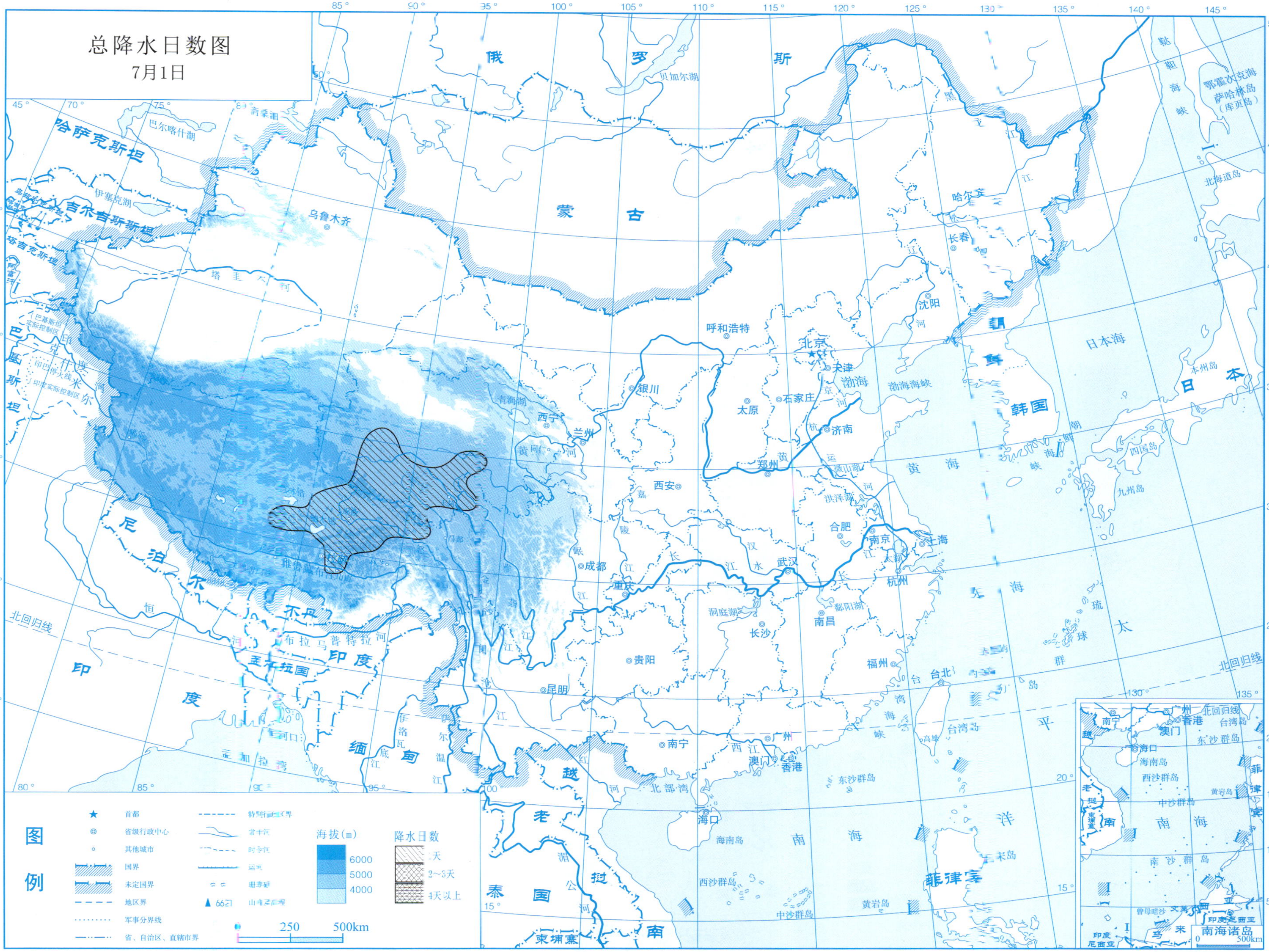

图例
首都
省级行政中心
其他城市
国界
未定国界
地区界
军事分界线
省、自治区、直辖市界
海拔(m)
6000
5000
4000
降水日数
2~3天
4天以上
250
500km
南海诸岛

总降水量图
7月5日

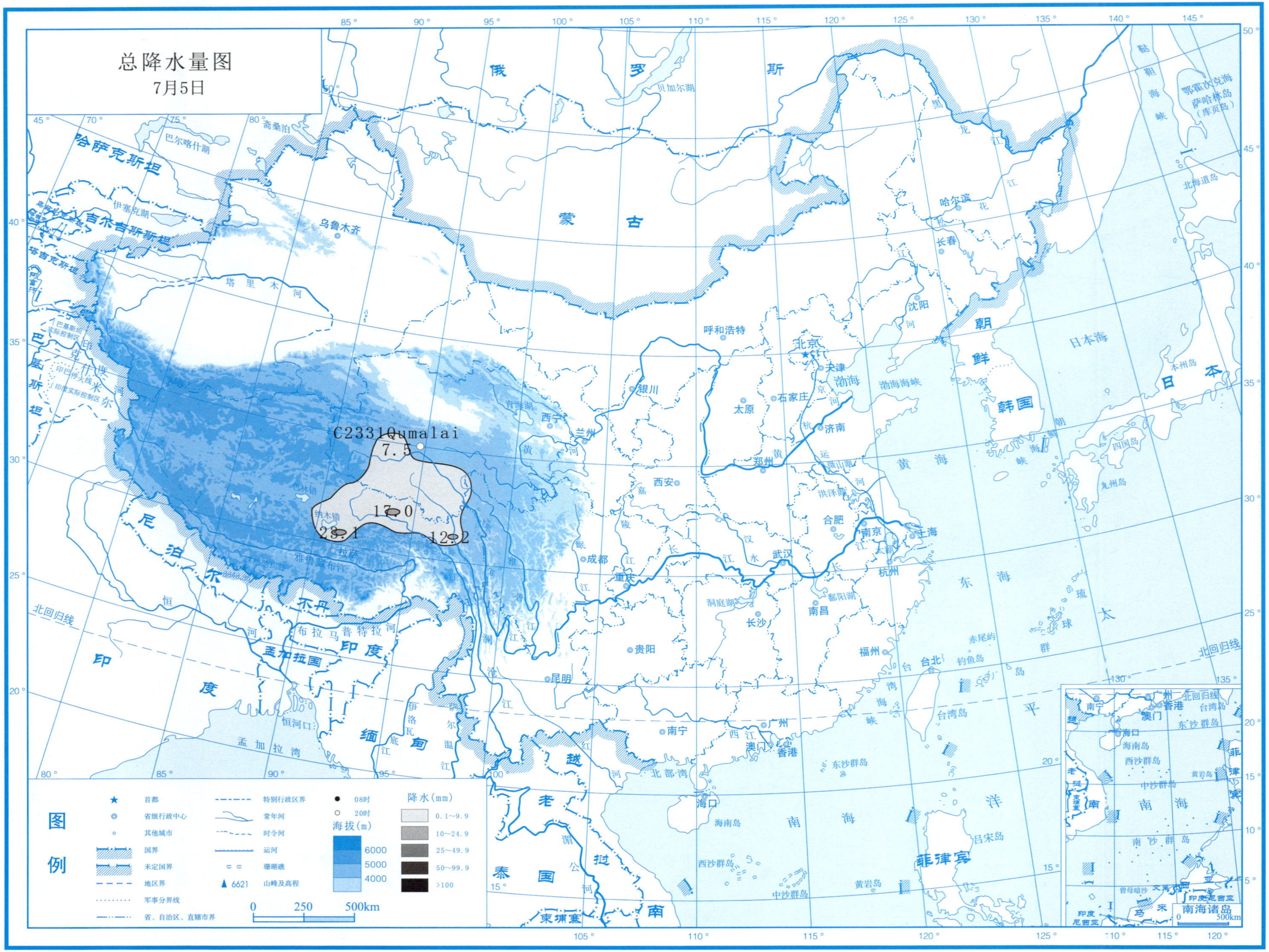
C2331Qumalai
7.5
17.0
23.1
12.2
图例
首都
省级行政中心
其他城市
国界
未定国界
地区界
军事分界线
省、自治区、直辖市界
特别行政区界
常年河
时令河
运河
珊瑚礁
6621 山峰及高程
08时
20时
海拔(m)
6000
5000
4000
降水(mm)
0.1~9.9
10~24.9
25~49.9
50~99.9
>100
0 250 500km
俄 罗 斯
蒙 古
哈萨克斯坦
吉尔吉斯斯坦
塔吉克斯坦
尼泊尔
不丹
印度
孟加拉国
缅甸
老挝
泰国
越南
柬埔寨
菲律宾
朝鲜
韩国
日本
乌鲁木齐
拉萨
西宁
兰州
银川
呼和浩特
北京
天津
石家庄
太原
济南
郑州
西安
成都
重庆
武汉
合肥
南京
上海
杭州
长沙
南昌
福州
贵阳
昆明
南宁
广州
澳门
香港
海口
台北
沈阳
长春
哈尔滨
南海诸岛

总降水日数图

7月5日

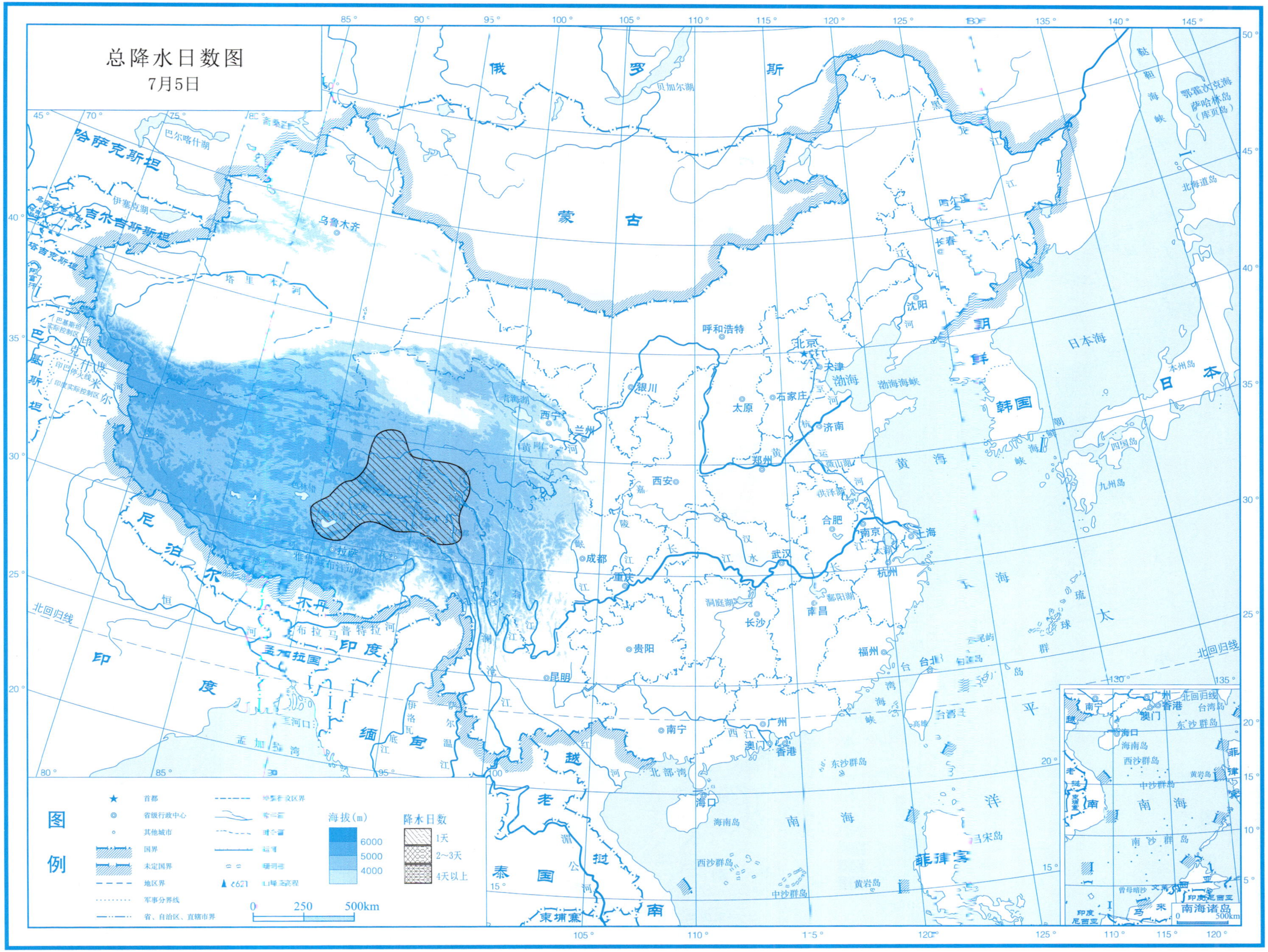
图例
首都
省级行政中心
其他城市
国界
未定国界
地区界
军事分界线
省、自治区、直辖市界
海拔(m)
6000
5000
4000
降水日数
1天
2~3天
4天以上
0 250 500km
俄罗斯
蒙古
哈萨克斯坦
吉尔吉斯斯坦
塔吉克斯坦
巴基斯坦
尼泊尔
不丹
孟加拉国
印度
缅甸
老挝
泰国
柬埔寨
越南
朝鲜
韩国
日本
菲律宾
乌鲁木齐
呼和浩特
北京
天津
沈阳
长春
银川
太原
石家庄
济南
西宁
兰州
郑州
西安
合肥
南京
上海
杭州
武汉
成都
重庆
长沙
南昌
贵阳
昆明
福州
台北
南宁
广州
澳门
香港
海口
拉萨
贝加尔湖
巴尔喀什湖
伊塞克湖
青海湖
洞庭湖
鄱阳湖
渤海
黄海
东海
南海
日本海
太平洋
北回归线
南海诸岛
海南岛
东沙群岛
西沙群岛
中沙群岛
南沙群岛
黄岩岛

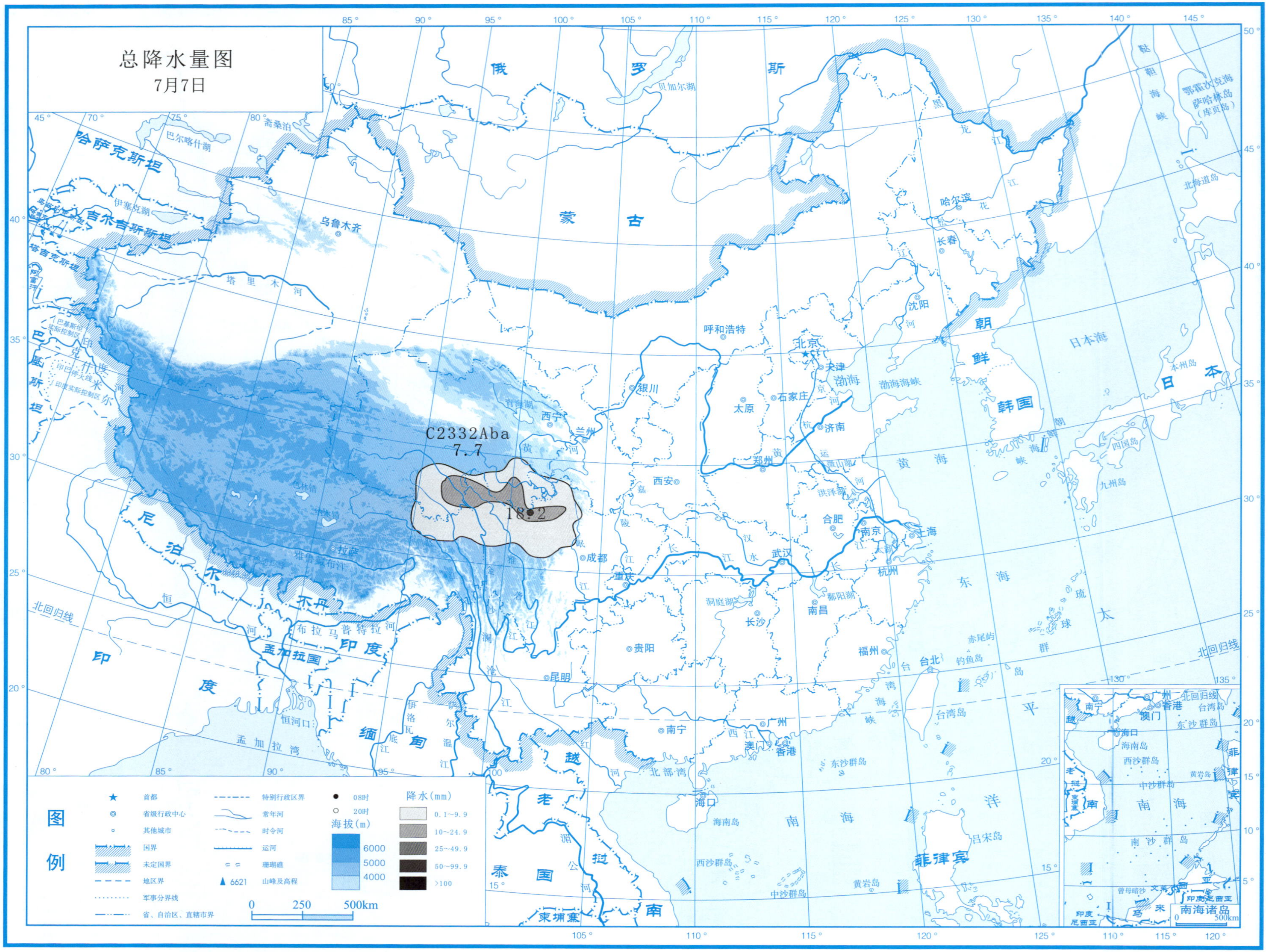
总降水量图
7月7日
C2332Aba
7.7
18.2
图例
首都
省级行政中心
其他城市
国界
未定国界
地区界
军事分界线
省、自治区、直辖市界
特别行政区界
常年河
时令河
运河
珊瑚礁
6621 山峰及高程
08时
20时
海拔(m)
6000
5000
4000
降水(mm)
0.1～9.9
10～24.9
25～49.9
50～99.9
>100
0 250 500km
南海诸岛

总降水日数图

7月7日

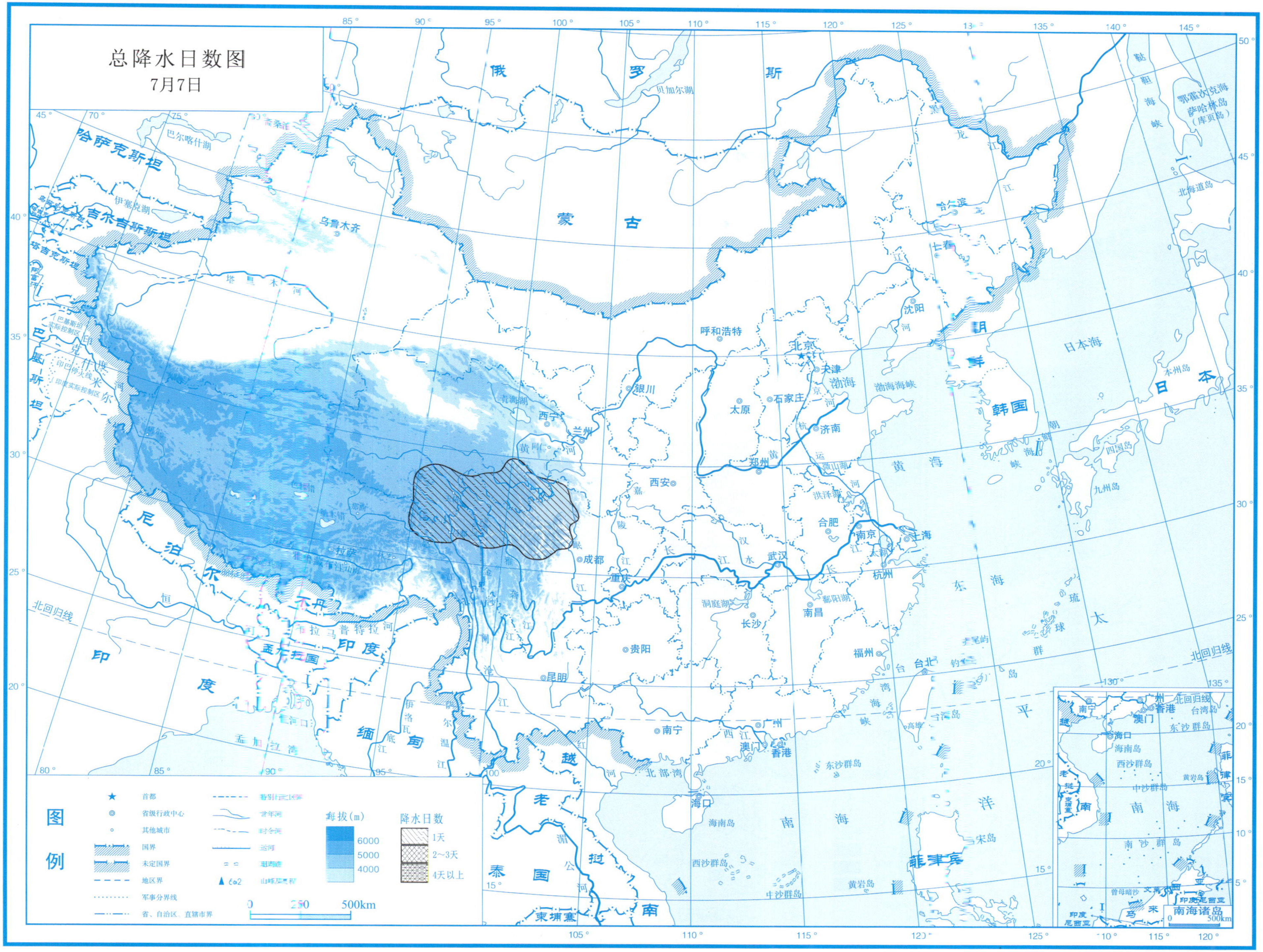
图例
首都
省级行政中心
其他城市
国界
未定国界
地区界
军事分界线
省、自治区、直辖市界
常年河
时令河
运河
海拔(m)
6000
5000
4000
降水日数
1天
2~3天
4天以上
0 250 500km
俄罗斯
蒙古
哈萨克斯坦
吉尔吉斯斯坦
塔吉克斯坦
尼泊尔
不丹
印度
孟加拉国
缅甸
越南
老挝
泰国
柬埔寨
菲律宾
朝鲜
韩国
日本
乌鲁木齐
呼和浩特
北京
天津
石家庄
太原
银川
西宁
兰州
济南
郑州
西安
合肥
南京
上海
杭州
武汉
成都
重庆
长沙
南昌
福州
台北
贵阳
昆明
南宁
广州
澳门
香港
海口
拉萨
沈阳
长春
哈尔滨
渤海
黄海
东海
日本海
南海
太平洋
北回归线
南海诸岛

总降水量图
7月11～13日

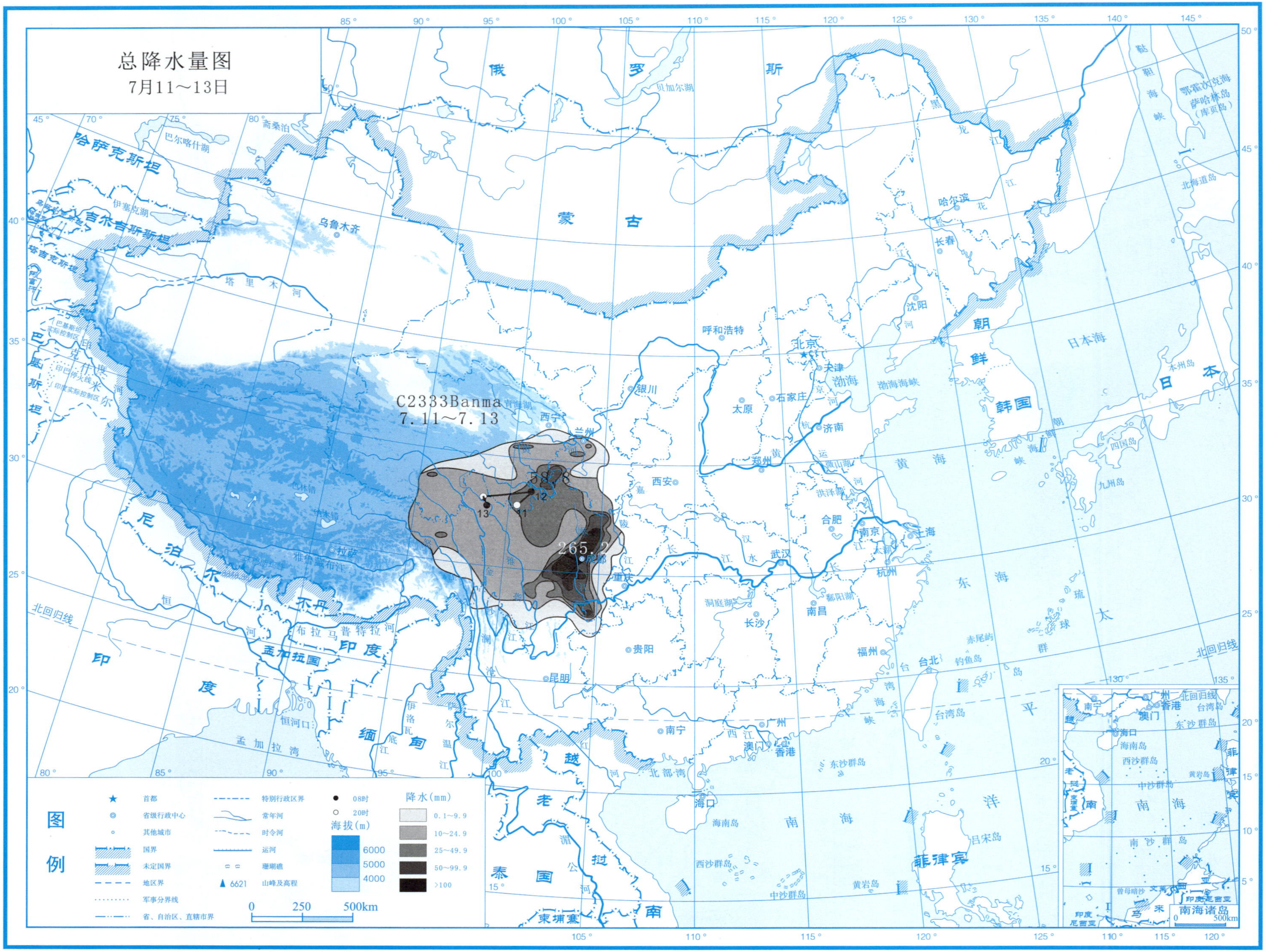

总降水日数图

7月11～13日

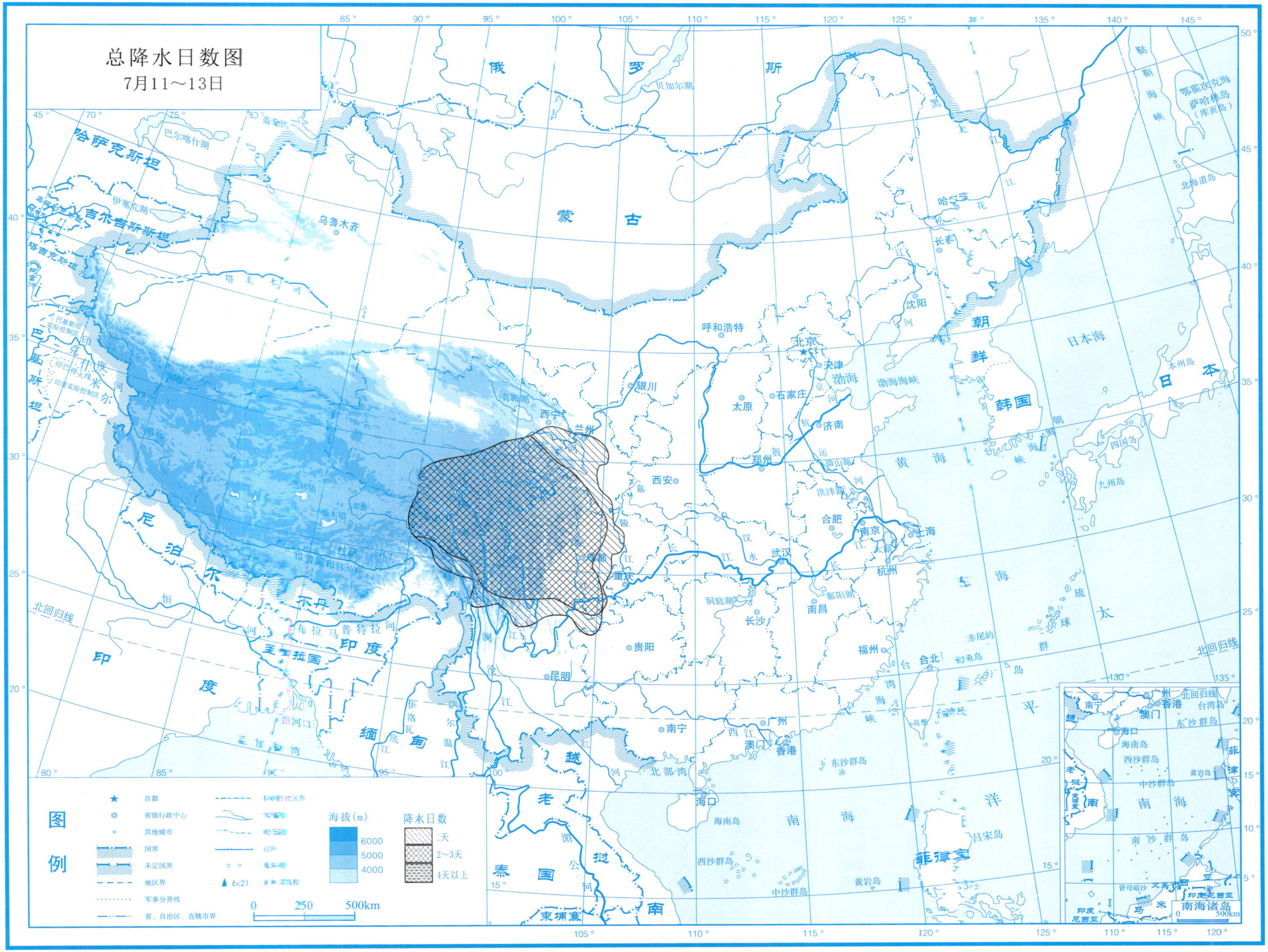

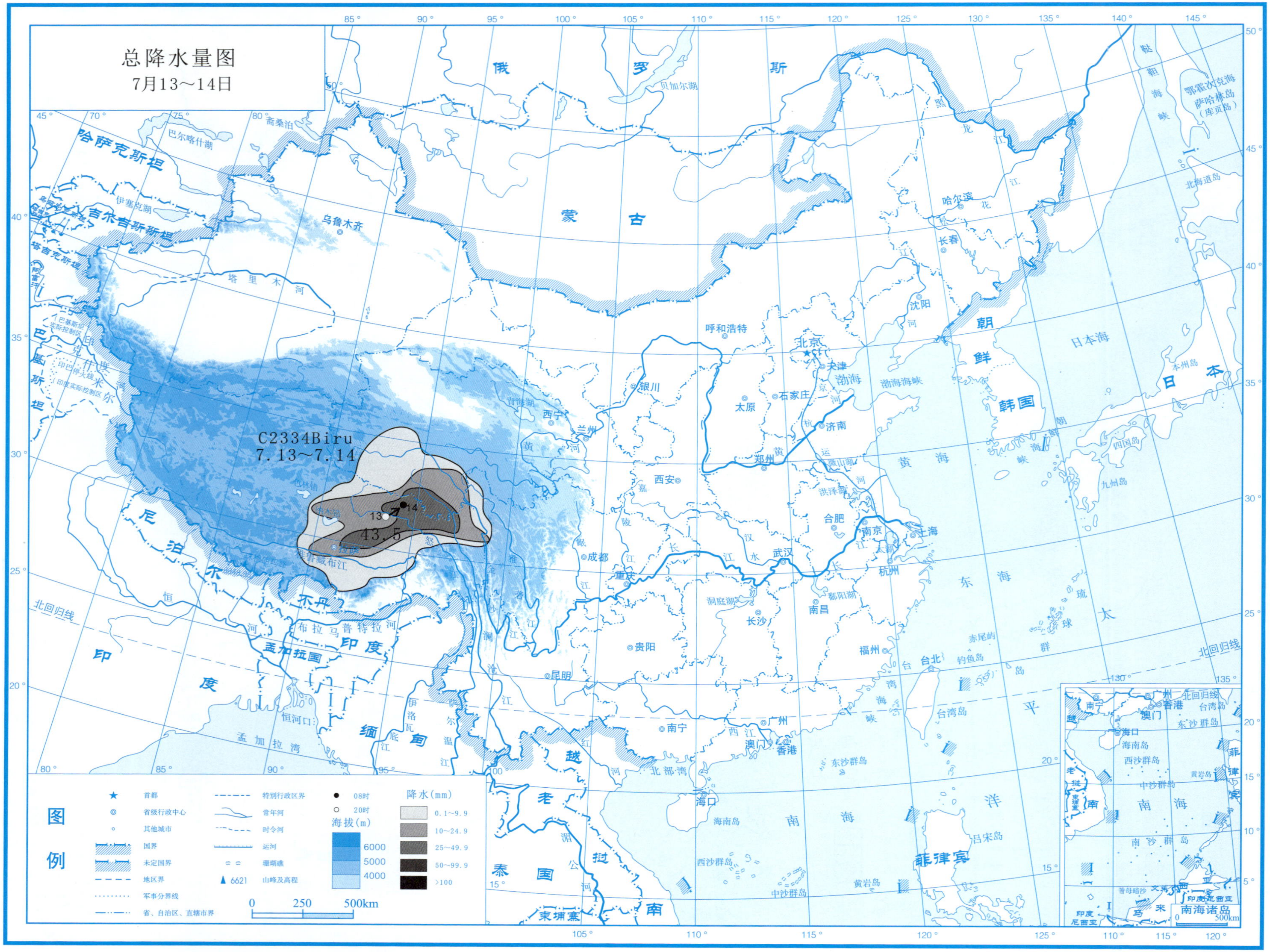
总降水量图
7月13～14日
C2334Biru
7.13～7.14
43.5
图例
首都
省级行政中心
其他城市
国界
未定国界
地区界
军事分界线
省、自治区、直辖市界
特别行政区界
常年河
时令河
运河
珊瑚礁
6621 山峰及高程
08时
20时
海拔(m)
6000
5000
4000
降水(mm)
0.1～9.9
10～24.9
25～49.9
50～99.9
>100
0 250 500km
南海诸岛

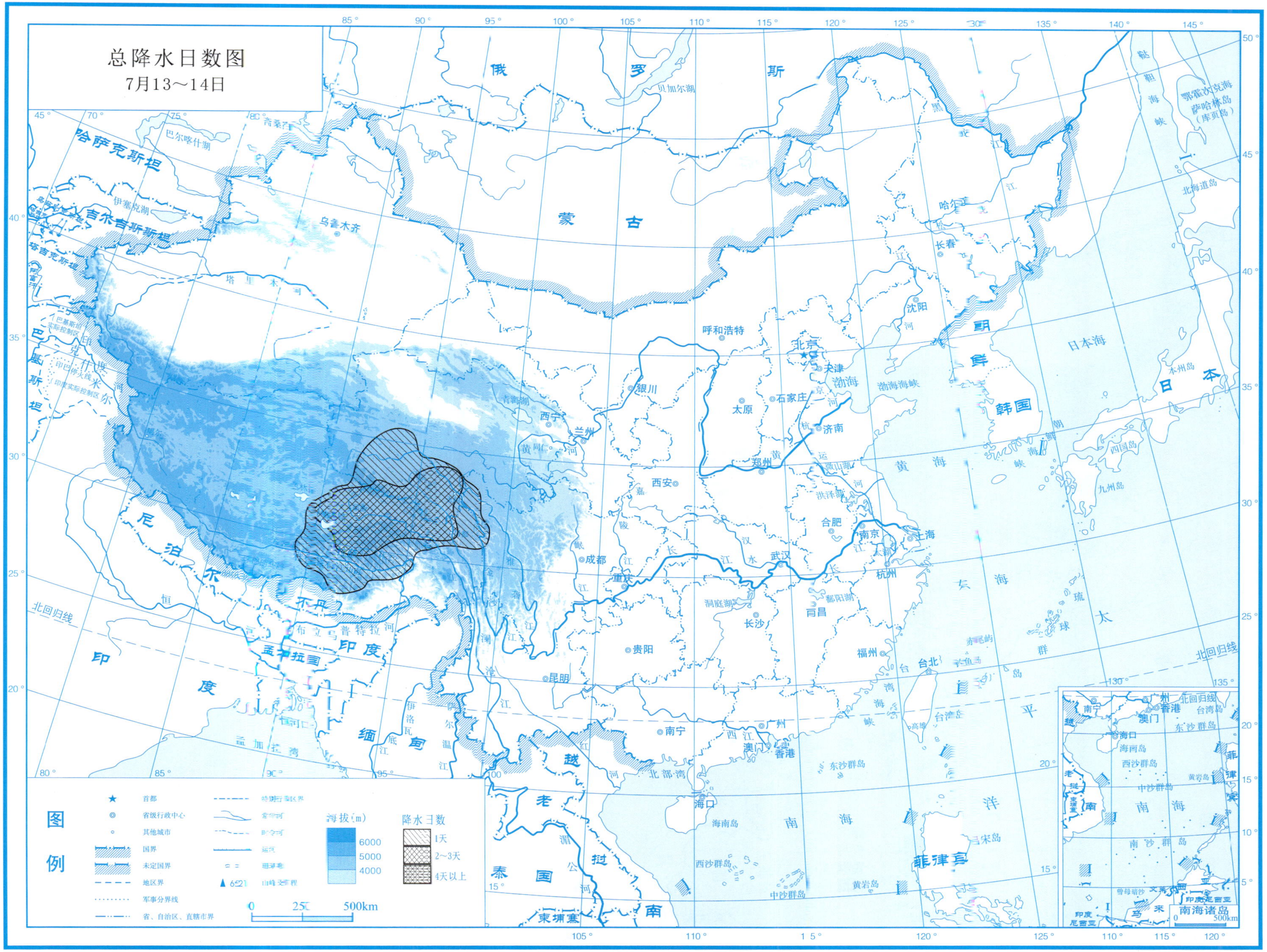
总降水日数图
7月13~14日
图例
首都
省级行政中心
其他城市
国界
未定国界
地区界
军事分界线
省、自治区、直辖市界
海拔(m)
6000
5000
4000
降水日数
1天
2~3天
4天以上
0
250
500km
俄罗斯
蒙古
哈萨克斯坦
吉尔吉斯斯坦
塔吉克斯坦
巴基斯坦
尼泊尔
不丹
孟加拉国
印度
缅甸
老挝
泰国
越南
柬埔寨
朝鲜
韩国
日本
菲律宾
乌鲁木齐
呼和浩特
北京
天津
石家庄
太原
济南
郑州
西安
银川
兰州
西宁
成都
重庆
武汉
合肥
南京
上海
杭州
长沙
南昌
福州
台北
贵阳
昆明
南宁
广州
香港
澳门
海口
沈阳
长春
哈尔滨
南海诸岛

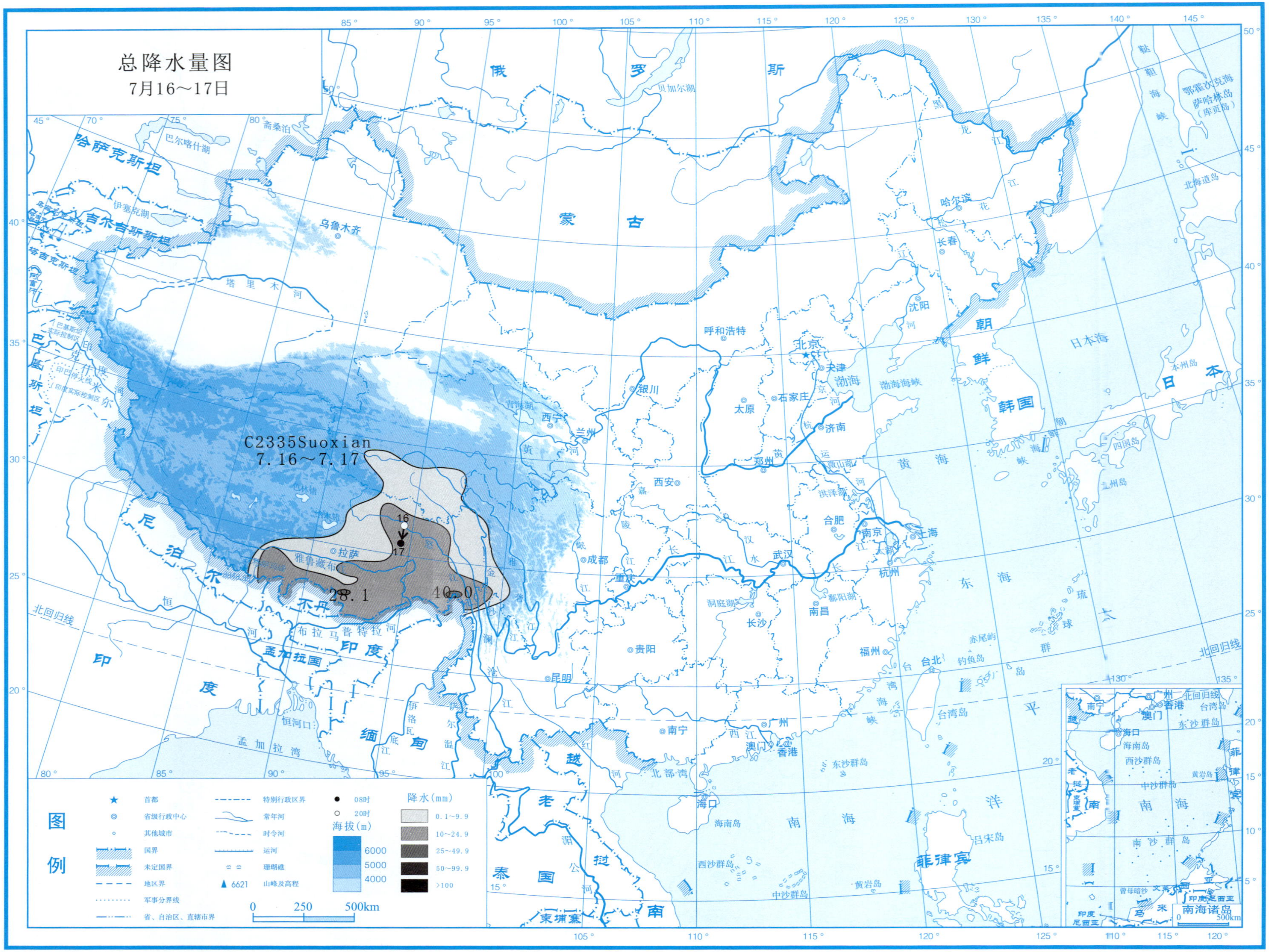
总降水量图
7月16～17日
C2335Suoxian
7.16～7.17
16
17
28.1
40.0
图例
首都
省级行政中心
其他城市
国界
未定国界
地区界
军事分界线
省、自治区、直辖市界
特别行政区界
常年河
时令河
运河
珊瑚礁
6621 山峰及高程
08时
20时
海拔(m)
6000
5000
4000
降水(mm)
0.1～9.9
10～24.9
25～49.9
50～99.9
>100
0 250 500km
南海诸岛

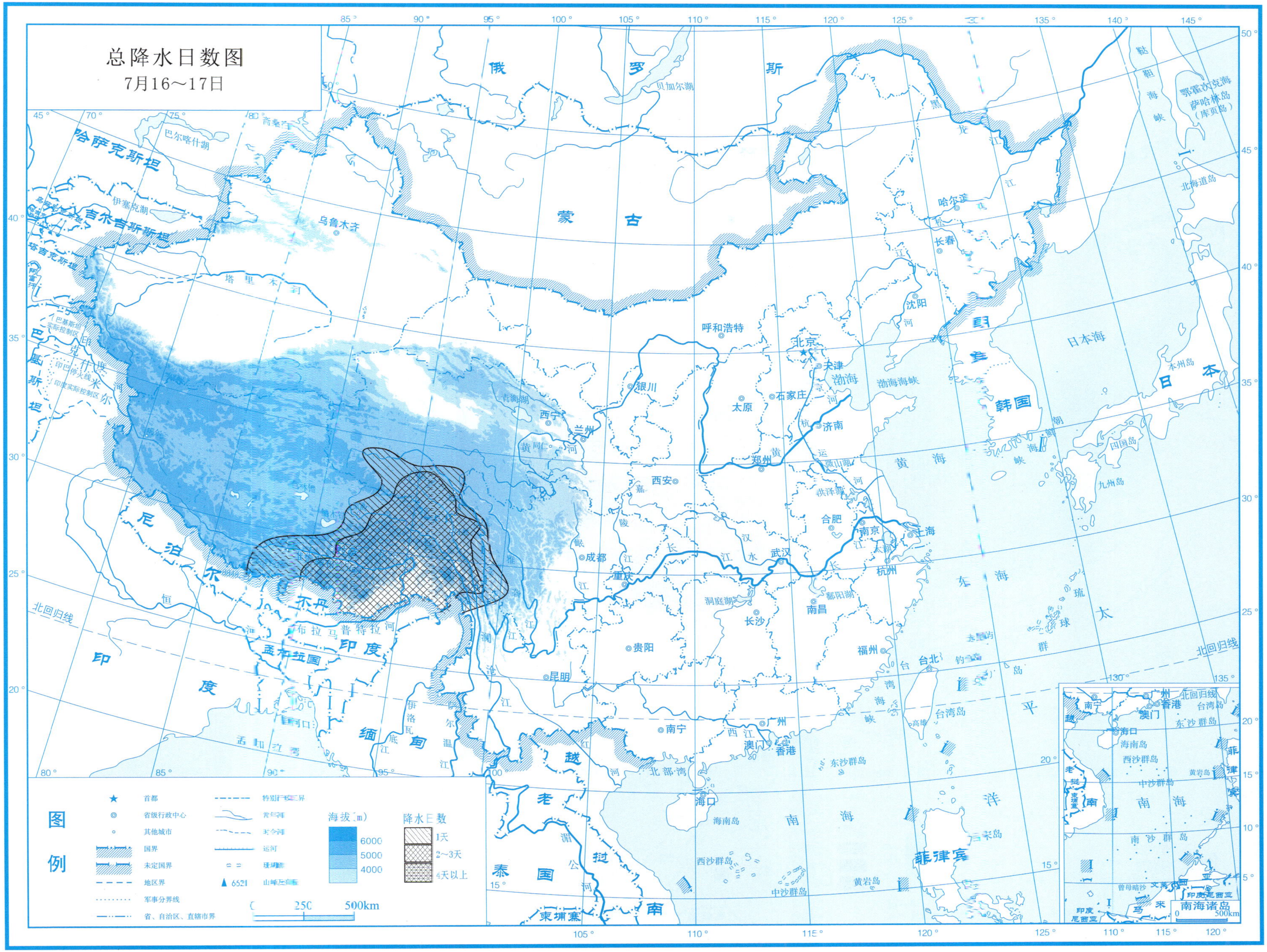
总降水日数图
7月16～17日
图例
首都
省级行政中心
其他城市
国界
未定国界
地区界
军事分界线
省、自治区、直辖市界
运河
海拔(m)
6000
5000
4000
降水日数
1天
2～3天
4天以上
0 250 500km
俄 罗 斯
蒙 古
哈萨克斯坦
吉尔吉斯斯坦
塔吉克斯坦
尼泊尔
不丹
孟加拉国
印度
缅甸
老挝
泰国
越南
柬埔寨
菲律宾
朝鲜
韩国
日本
日本海
黄海
东海
南海
渤海
太平洋
北京
天津
石家庄
太原
呼和浩特
沈阳
长春
哈尔滨
济南
郑州
西安
银川
兰州
西宁
乌鲁木齐
成都
重庆
武汉
合肥
南京
上海
杭州
南昌
长沙
贵阳
昆明
南宁
广州
香港
澳门
福州
台北
海口
北回归线
南海诸岛

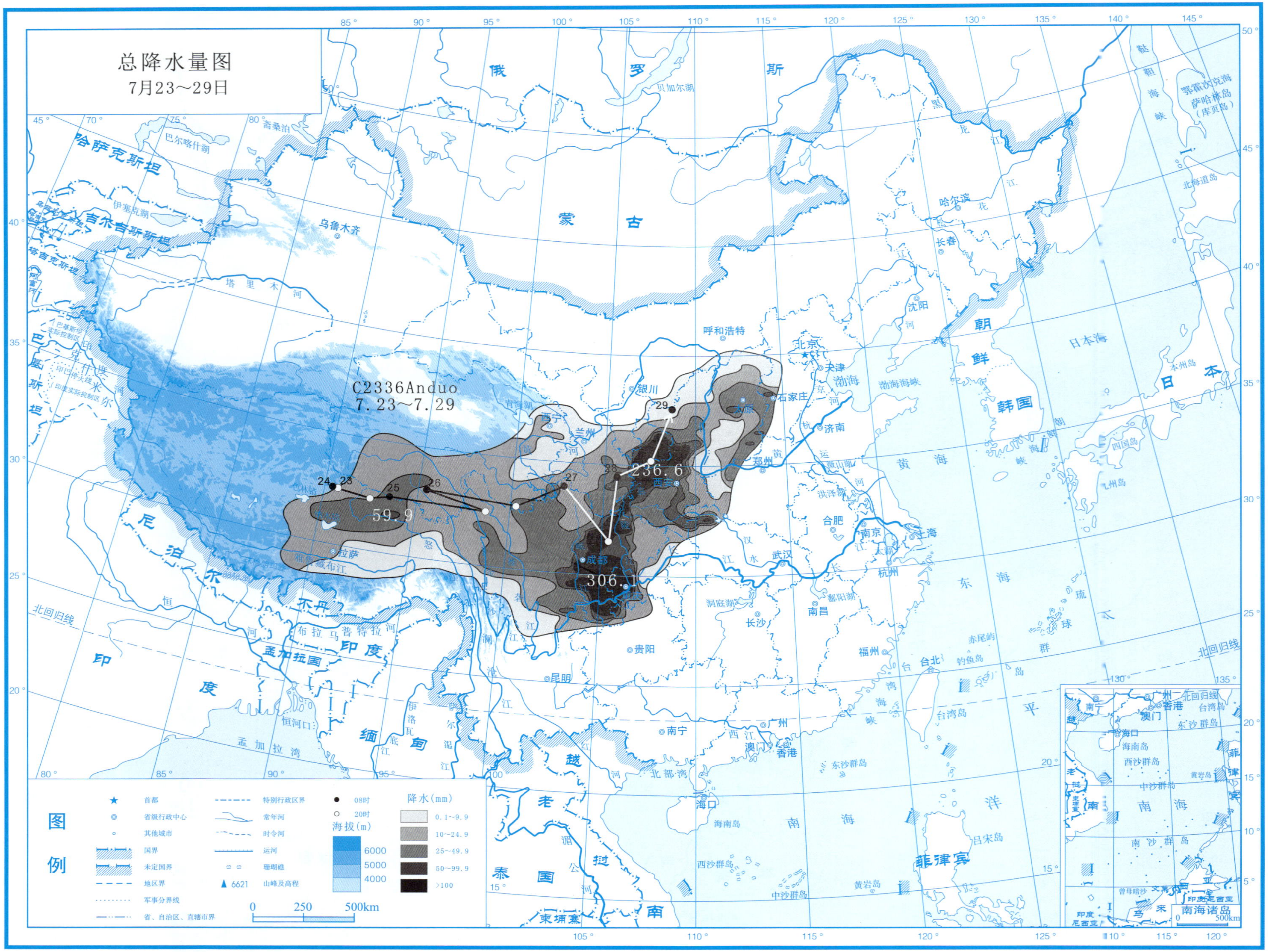
总降水量图
7月23～29日
C2336Anduo
7.23～7.29
59.9
236.6
306.1
图例
首都
省级行政中心
其他城市
国界
未定国界
地区界
军事分界线
省、自治区、直辖市界
特别行政区界
常年河
时令河
运河
珊瑚礁
6621 山峰及高程
08时
20时
海拔(m)
6000
5000
4000
降水(mm)
0.1～9.9
10～24.9
25～49.9
50～99.9
>100
0 250 500km
南海诸岛

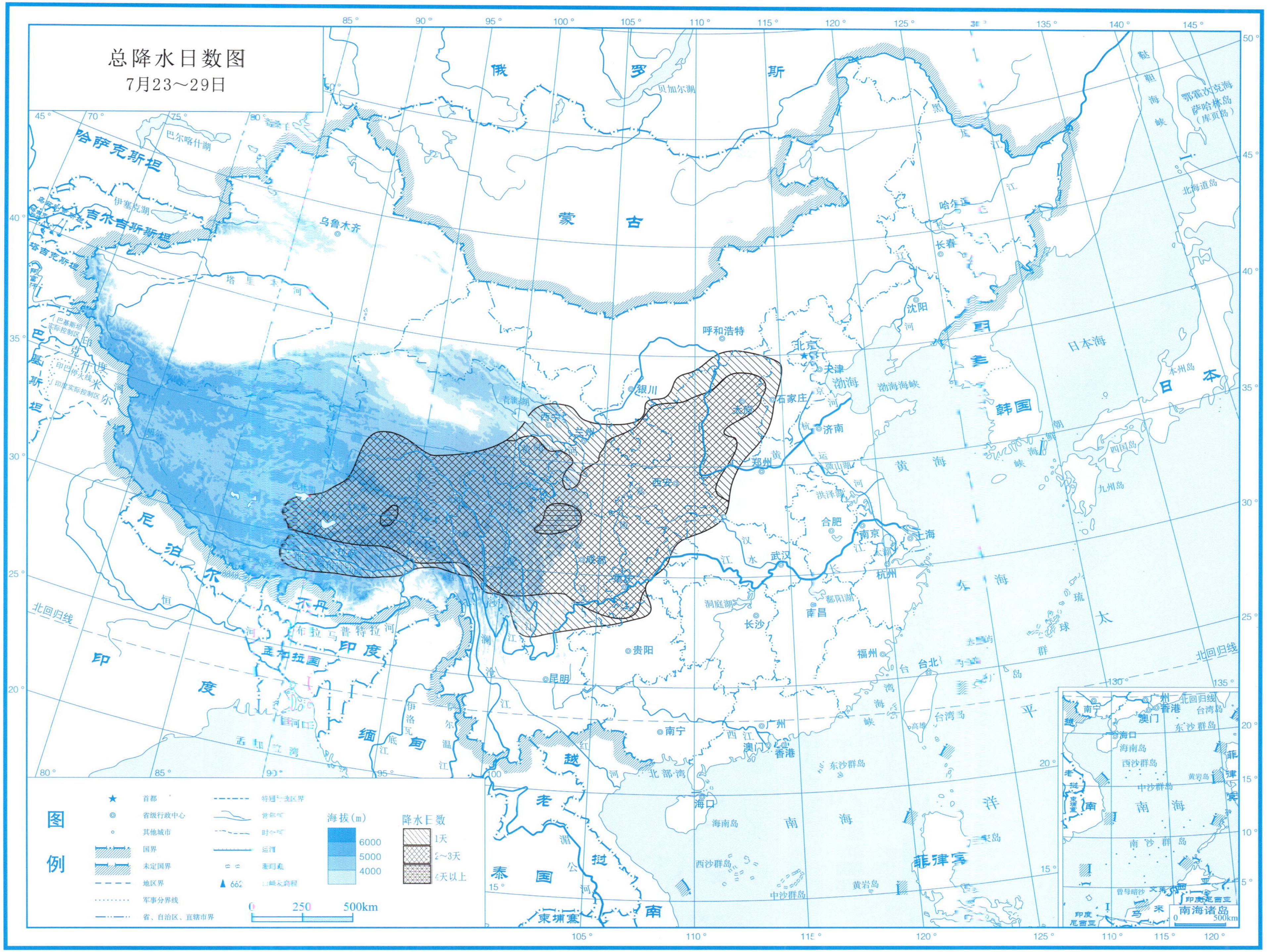
总降水日数图
7月23～29日
图例
首都
省级行政中心
其他城市
国界
未定国界
地区界
军事分界线
省、自治区、直辖市界
海拔(m)
6000
5000
4000
降水日数
1天
2～3天
4天以上
0 250 500km
南海诸岛

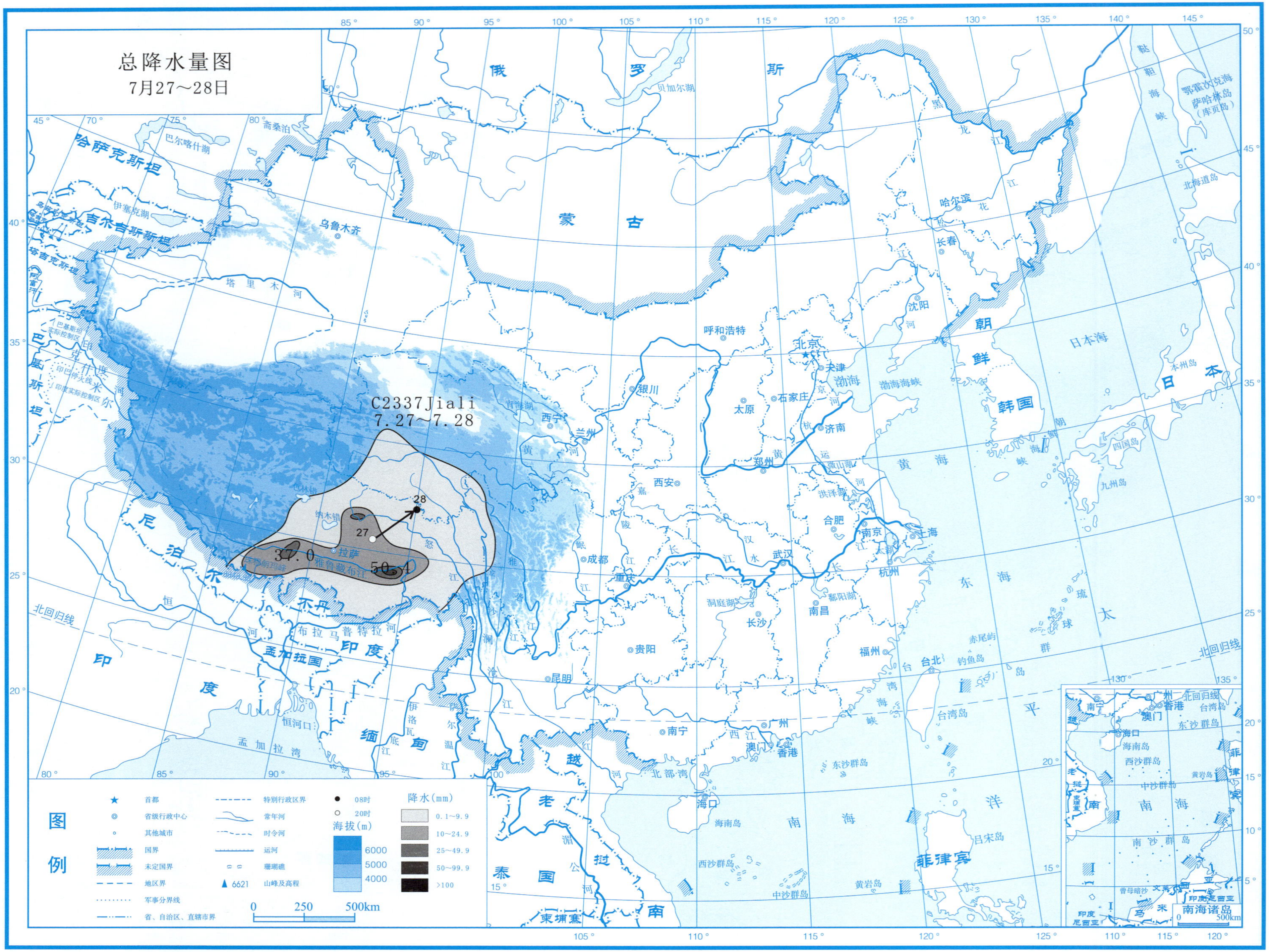
总降水量图
7月27～28日
C2337Jiali
7.27～7.28
37.0
50.4
27
28
图例
首都
省级行政中心
其他城市
国界
未定国界
地区界
军事分界线
省、自治区、直辖市界
特别行政区界
常年河
时令河
运河
珊瑚礁
6621 山峰及高程
08时
20时
海拔(m)
6000
5000
4000
降水(mm)
0.1～9.9
10～24.9
25～49.9
50～99.9
>100
0 250 500km
南海诸岛

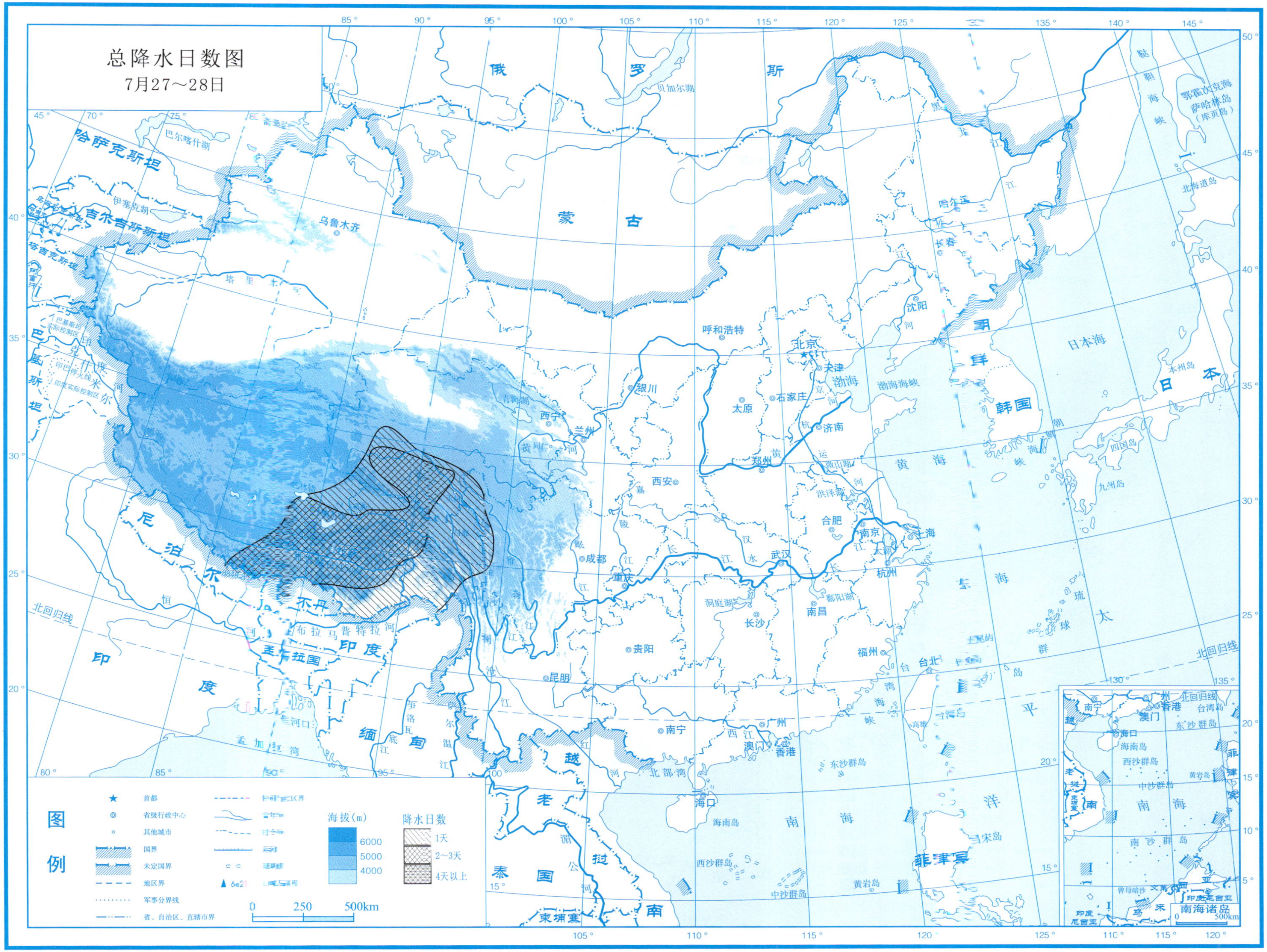
总降水日数图
7月27～28日
图例
首都
省级行政中心
其他城市
国界
未定国界
地区界
军事分界线
省、自治区、直辖市界
海拔(m)
6000
5000
4000
降水日数
1天
2~3天
4天以上
0 250 500km
南海诸岛

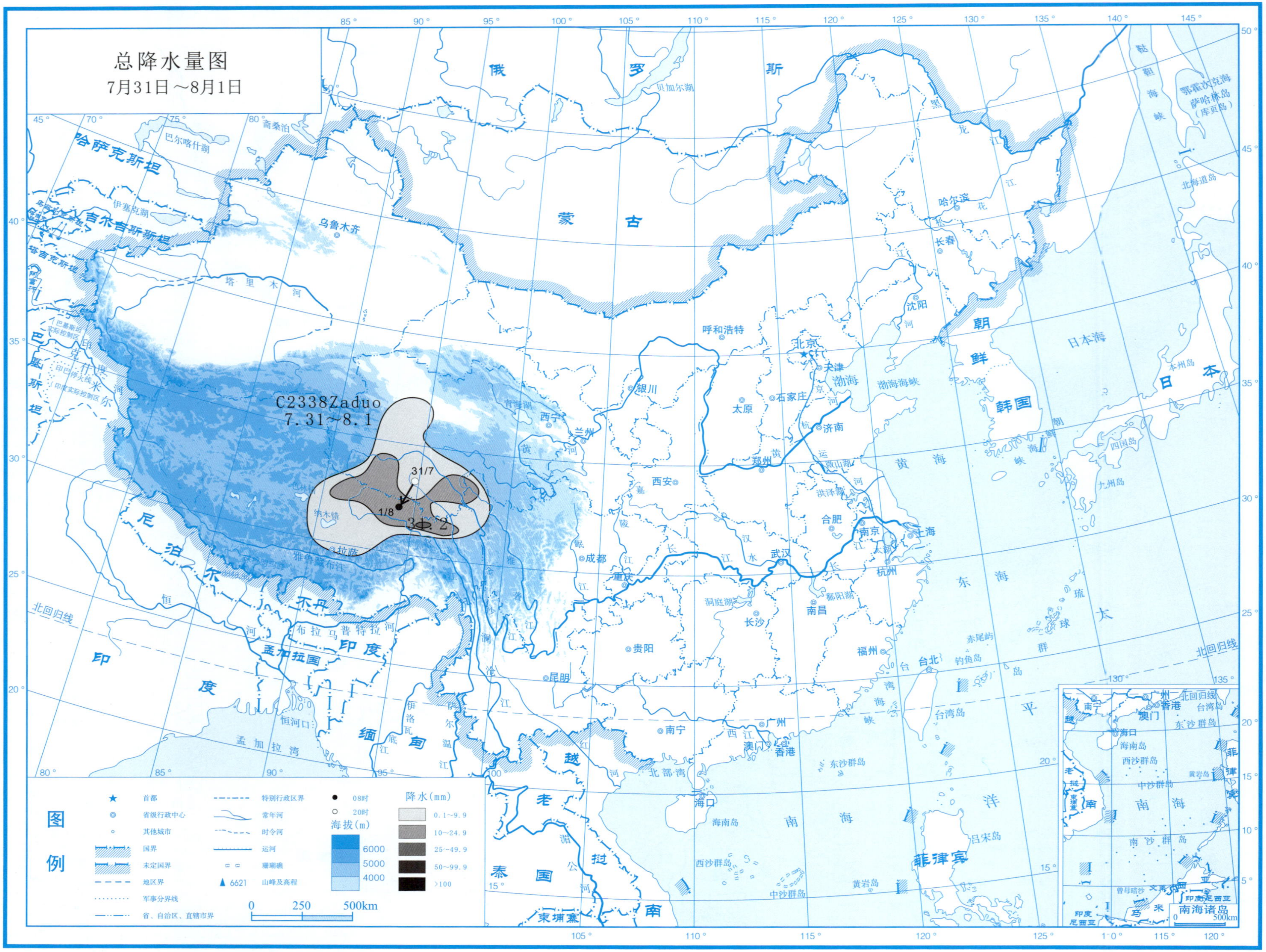
总降水量图
7月31日～8月1日
C2338Zaduo
7.31～8.1
31/7
1/8
30.2
图例
首都
省级行政中心
其他城市
国界
未定国界
地区界
军事分界线
省、自治区、直辖市界
特别行政区界
常年河
时令河
运河
珊瑚礁
山峰及高程
08时
20时
海拔(m)
6000
5000
4000
降水(mm)
0.1～9.9
10～24.9
25～49.9
50～99.9
>100
0 250 500km

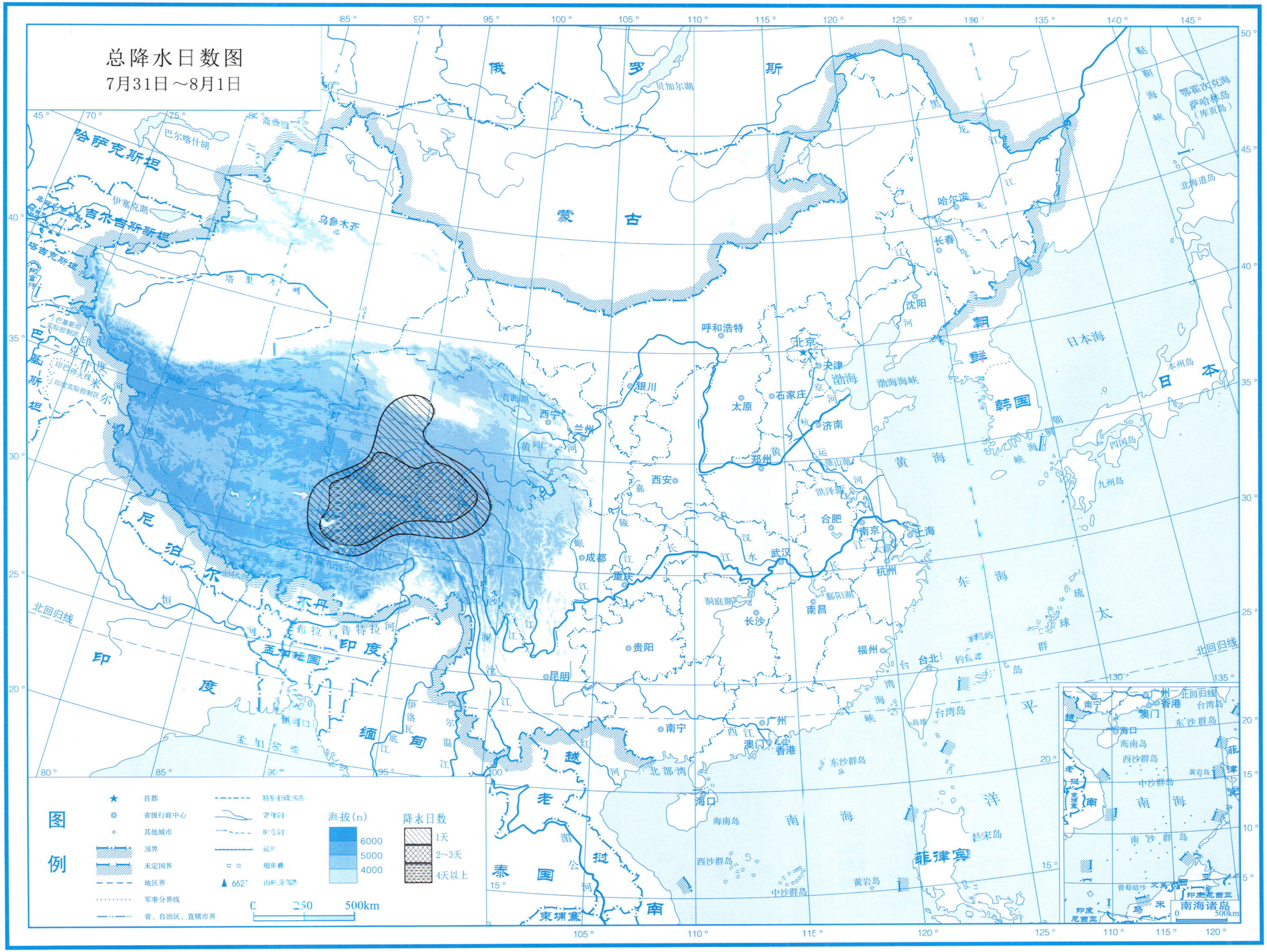

总降水日数图
7月31日～8月1日
图例
首都
省级行政中心
其他城市
国界
未定国界
地区界
军事分界线
省、自治区、直辖市界
海拔(m)
6000
5000
4000
降水日数
1天
2～3天
4天以上
250
500km
南海诸岛

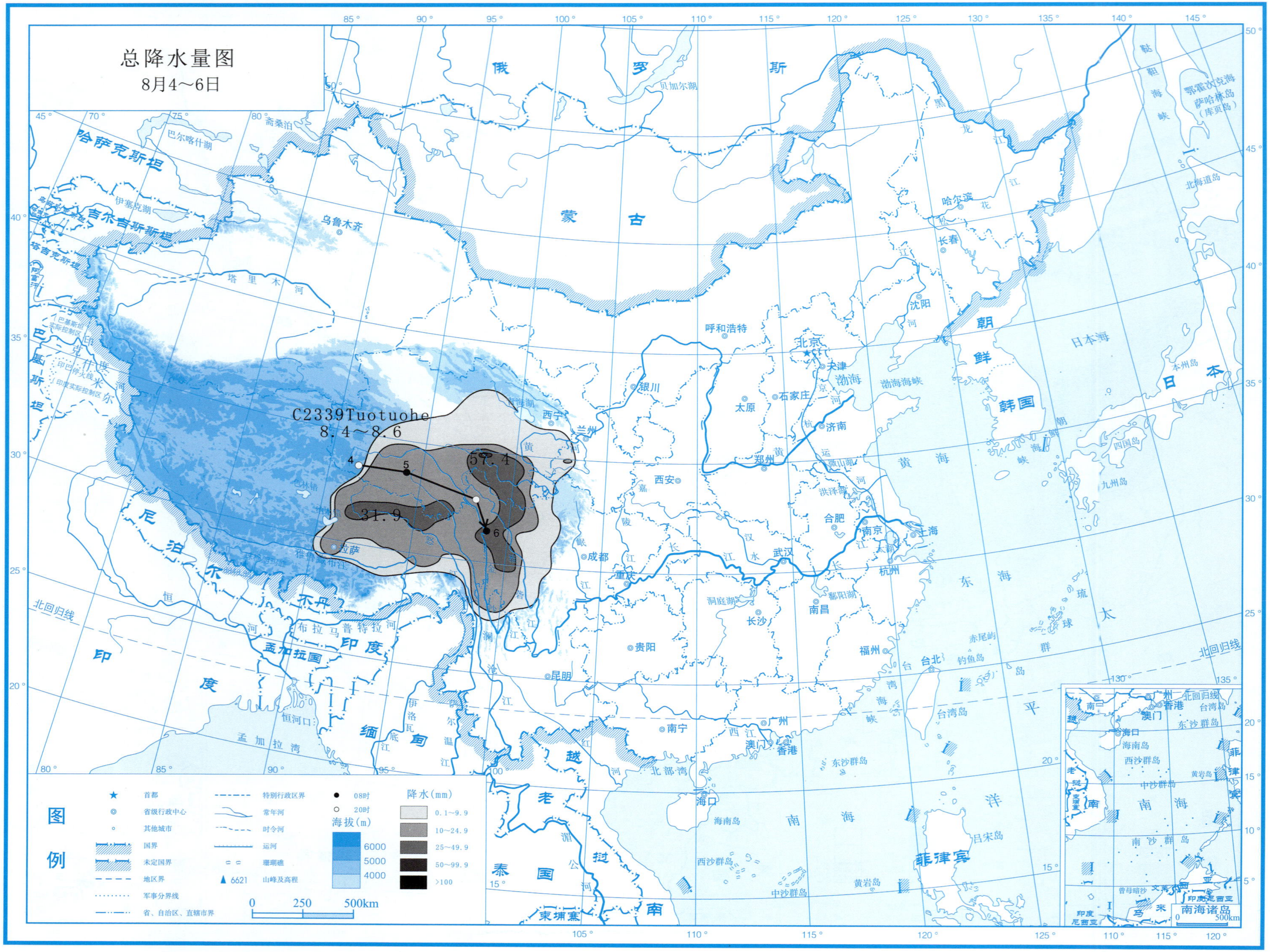
总降水量图
8月4～6日
C2339Tuotuohe
8.4～8.6
31.9
57.4
图例
首都
省级行政中心
其他城市
国界
未定国界
地区界
军事分界线
特别行政区界
常年河
时令河
运河
珊瑚礁
6621 山峰及高程
省、自治区、直辖市界
08时
20时
海拔(m)
6000
5000
4000
降水(mm)
0.1～9.9
10～24.9
25～49.9
50～99.9
>100
0 250 500km
南海诸岛

总降水日数图
8月4～6日

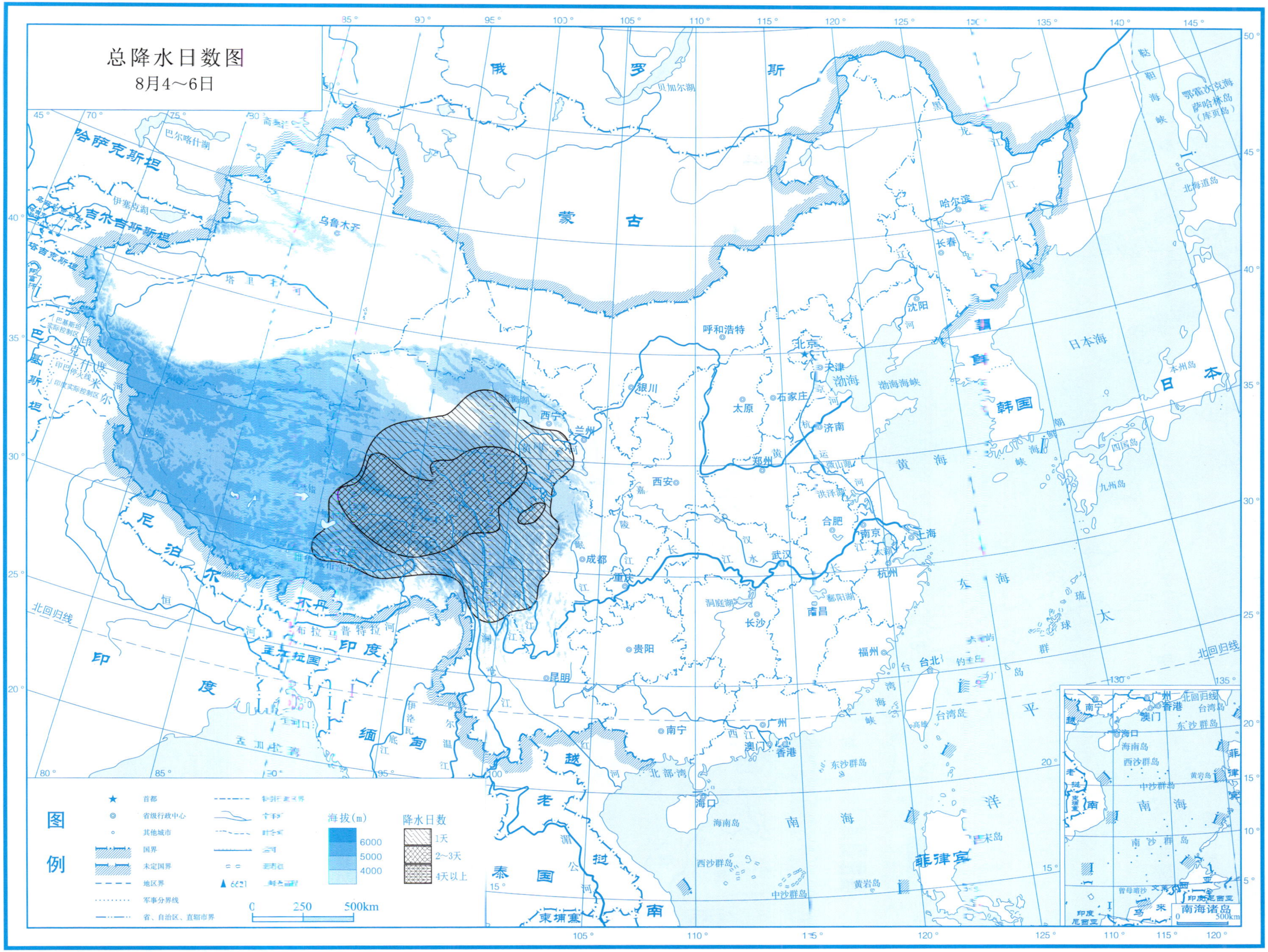

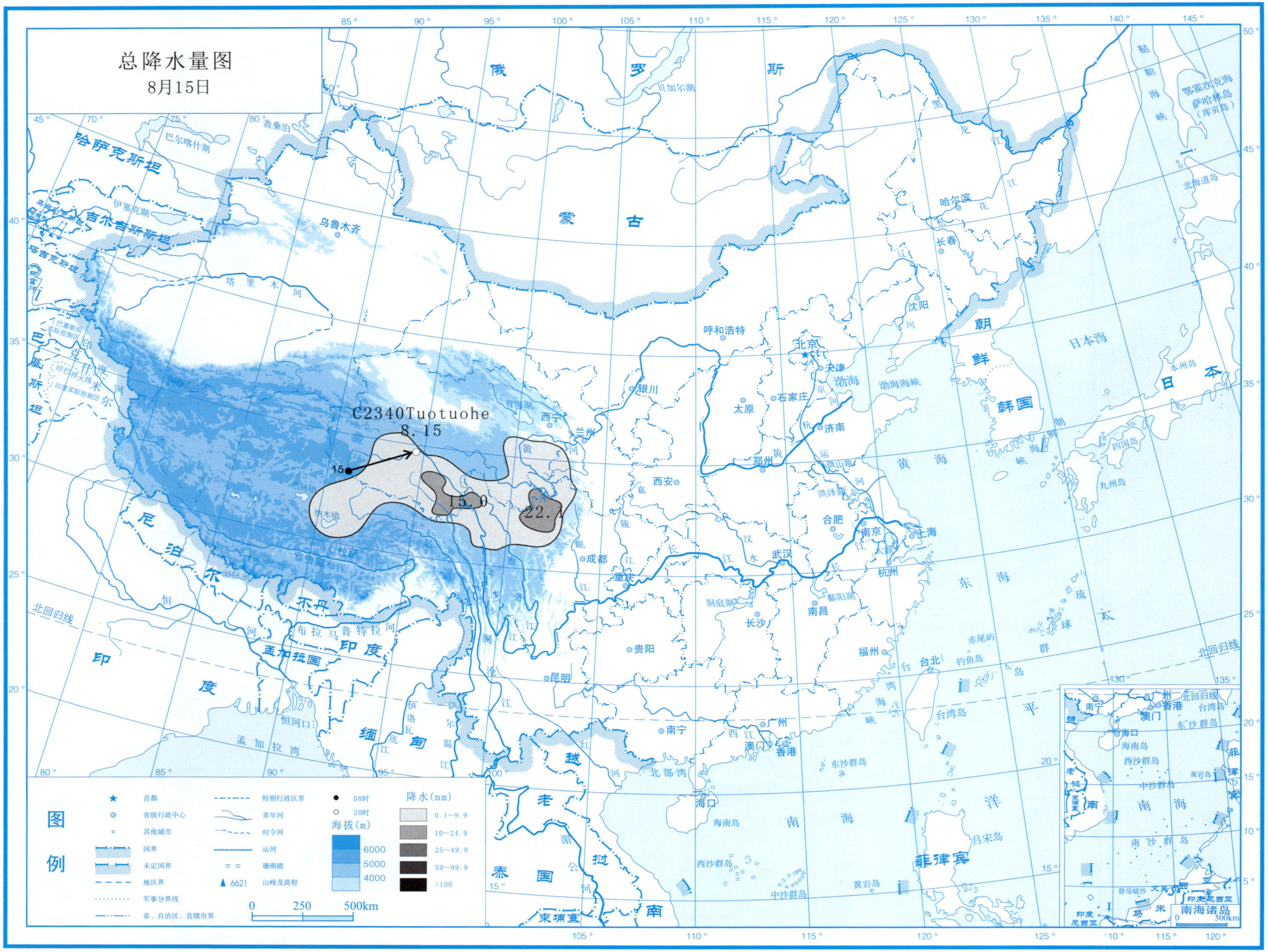
总降水量图
8月15日
C2340Tuotuohe
8.15
15.0
22.1
图例
首都
省级行政中心
其他城市
国界
未定国界
地区界
军事分界线
省、自治区、直辖市界
特别行政区界
常年河
时令河
运河
珊瑚礁
6621 山峰及高程
08时
20时
海拔(m)
6000
5000
4000
降水(mm)
0.1~9.9
10~24.9
25~49.9
50~99.9
>100
0 250 500km
南海诸岛

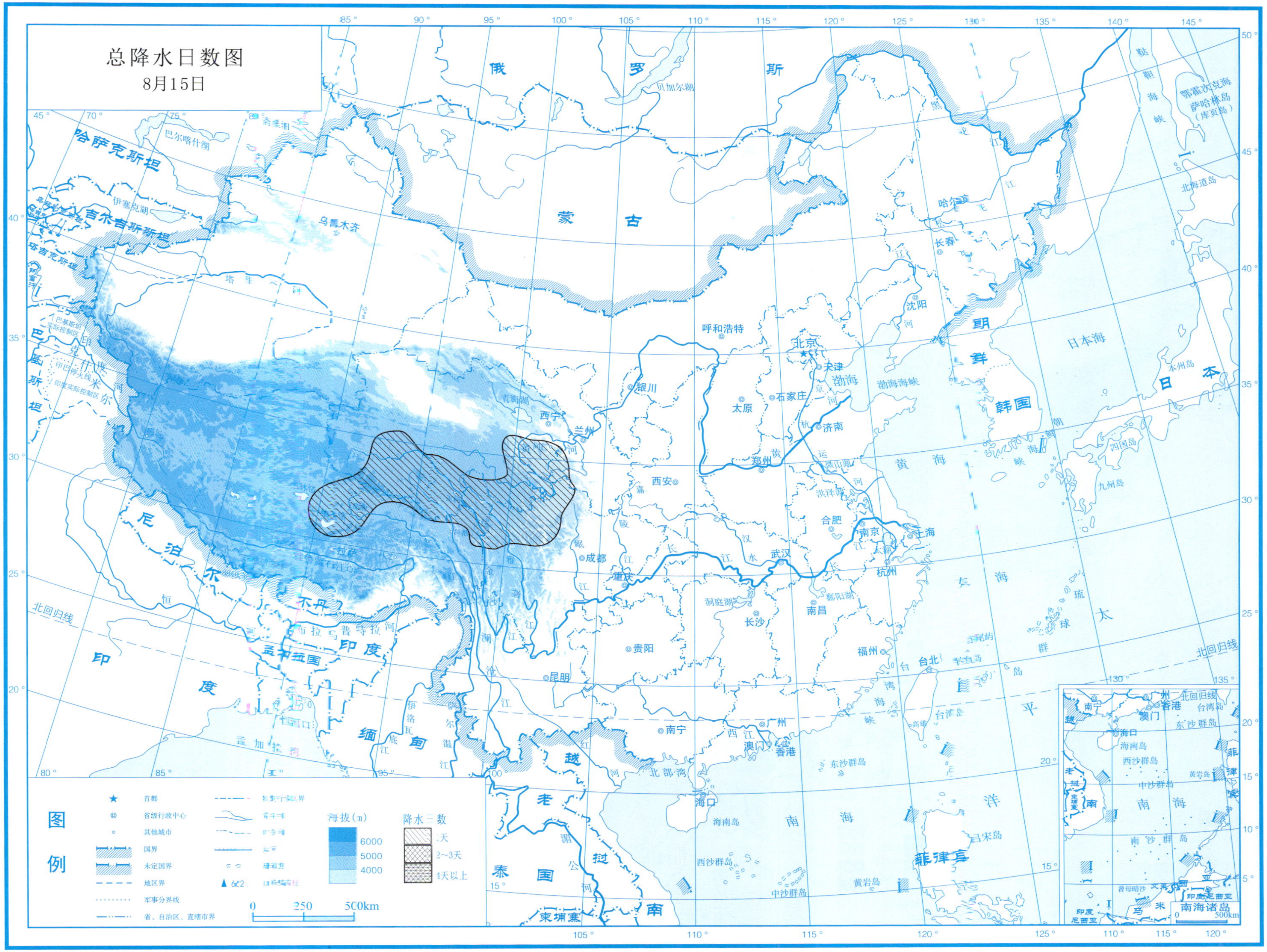

Page...118

高原低涡

第1部分

总降水量图
8月23日

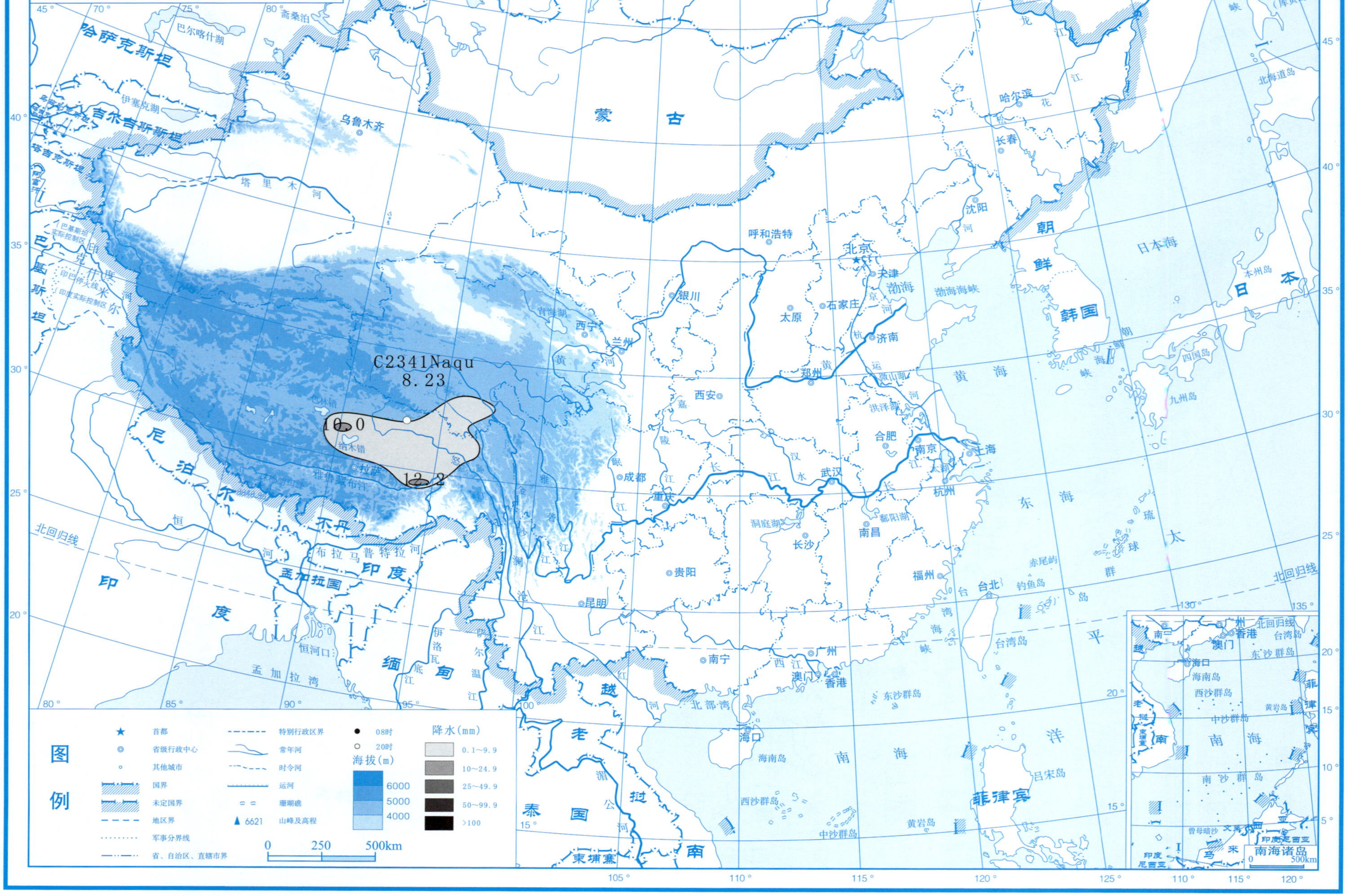
C2341Naqu
8.23
10.0
12.2
图例
首都
省级行政中心
其他城市
国界
未定国界
地区界
军事分界线
特别行政区界
常年河
时令河
运河
珊瑚礁
山峰及高程
省、自治区、直辖市界
08时
20时
海拔(m)
6000
5000
4000
降水(mm)
0.1~9.9
10~24.9
25~49.9
50~99.9
>100
0 250 500km
南海诸岛

总降水日数图

8月23日

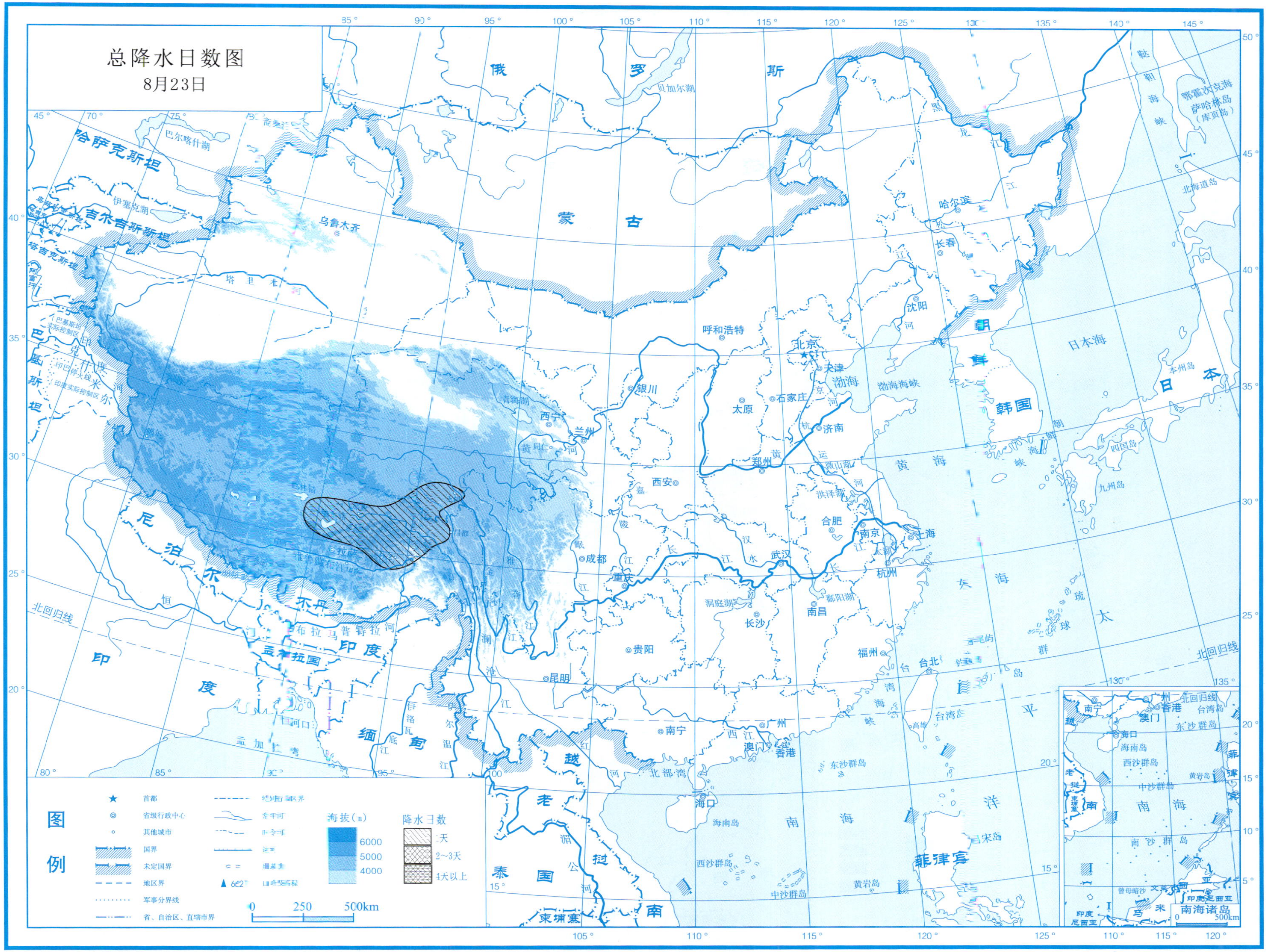

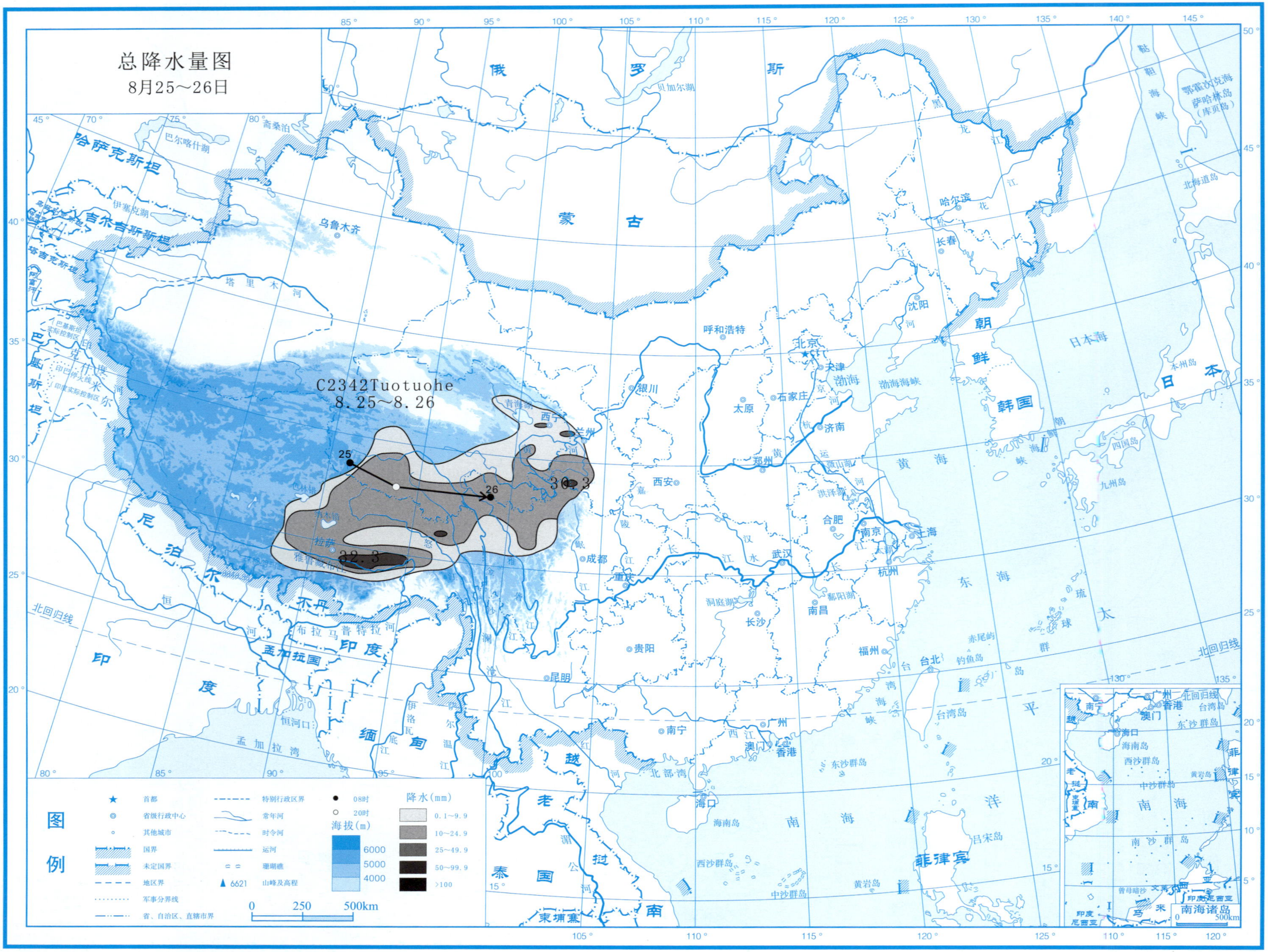
总降水量图
8月25～26日
C2342Tuotuohe
8.25～8.26
25
26
30.3
32.3
图例
首都
省级行政中心
其他城市
国界
未定国界
地区界
军事分界线
省、自治区、直辖市界
特别行政区界
常年河
时令河
运河
珊瑚礁
6621 山峰及高程
08时
20时
海拔(m)
6000
5000
4000
降水(mm)
0.1～9.9
10～24.9
25～49.9
50～99.9
>100
0 250 500km
南海诸岛

总降水日数图

8月25～26日

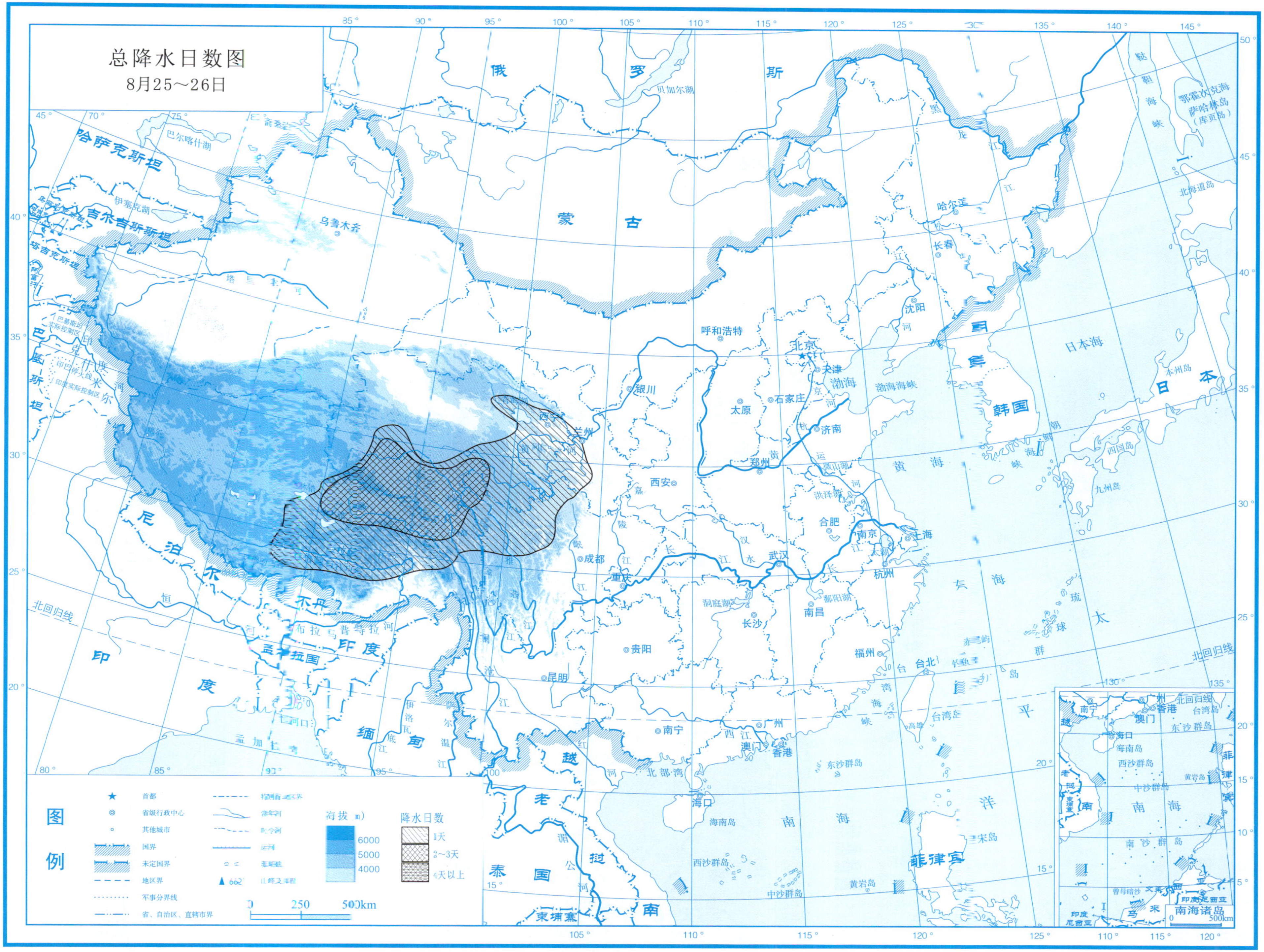

高原低涡 第7部分
Page...117

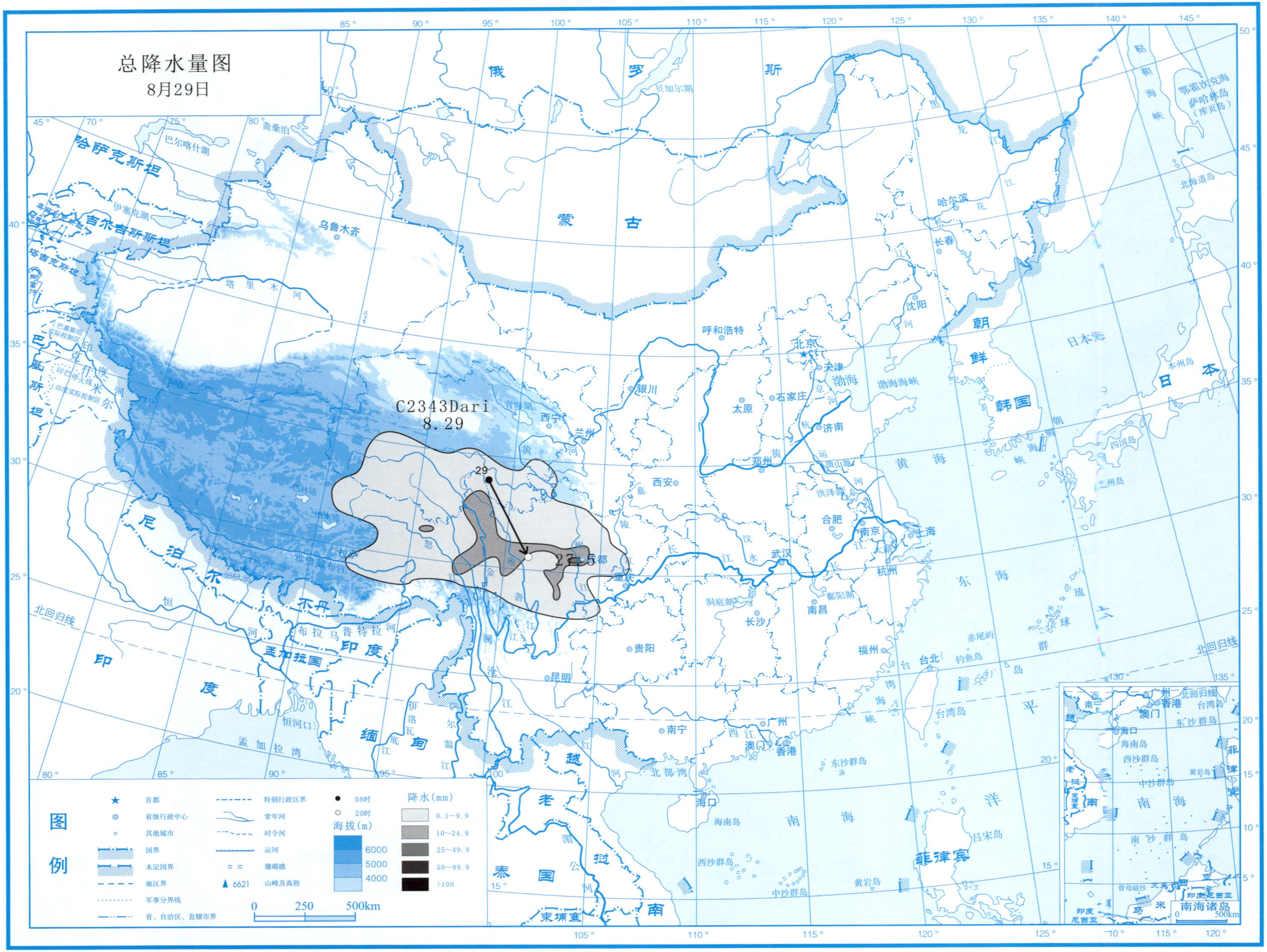
总降水量图
8月29日
C2343Dari
8.29
29
图例
首都
省级行政中心
其他城市
国界
未定国界
地区界
军事分界线
特别行政区界
常年河
时令河
运河
珊瑚礁
6621 山峰及高程
省、自治区、直辖市界
08时
20时
海拔(m)
6000
5000
4000
降水(mm)
0.1~9.9
10~24.9
25~49.9
50~99.9
>100
0 250 500km

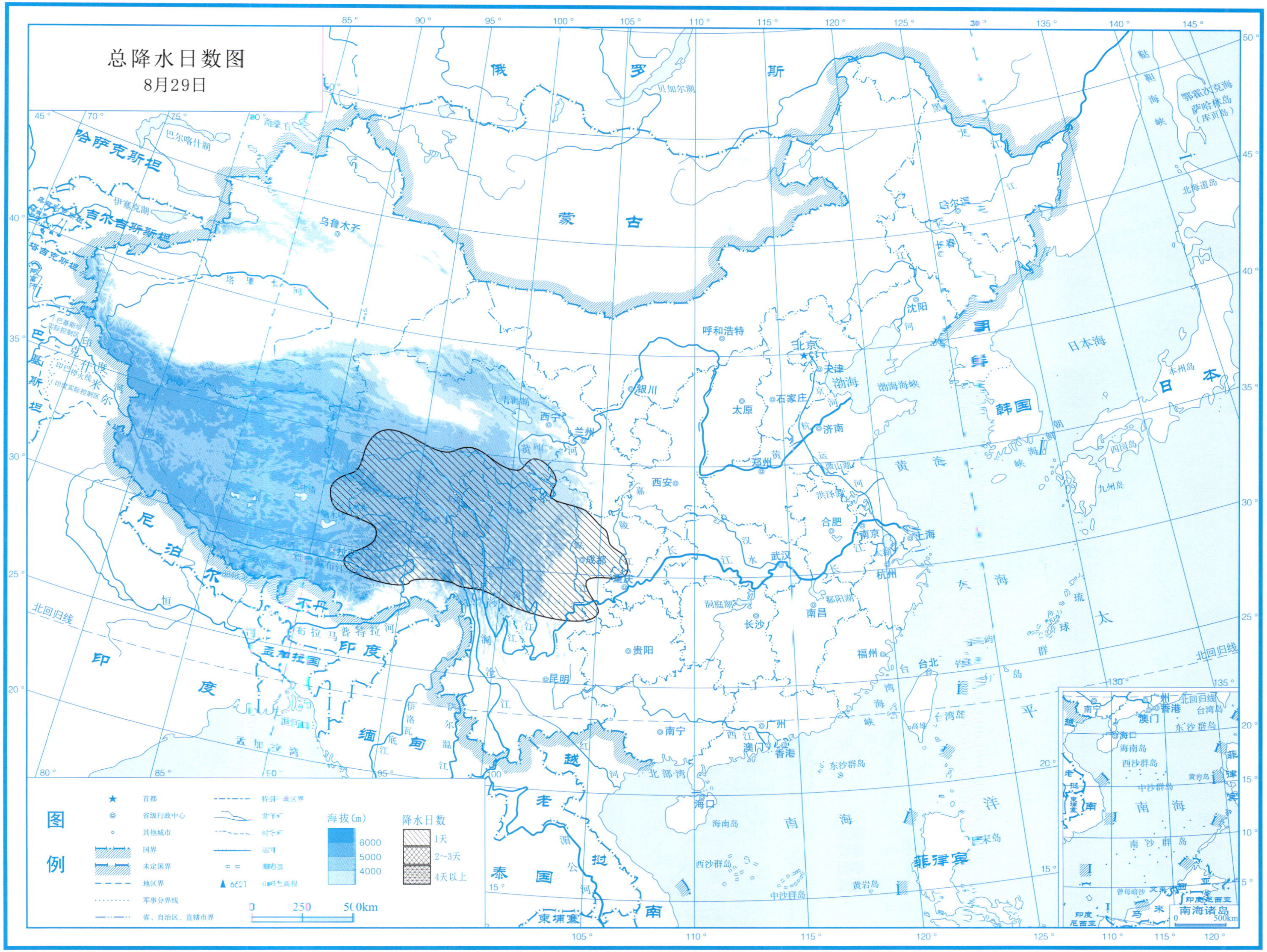
总降水日数图
8月29日
图例
首都
省级行政中心
其他城市
国界
未定国界
地区界
军事分界线
省、自治区、直辖市界
海拔(m)
6000
5000
4000
降水日数
1天
2~3天
4天以上
0 250 500km
南海诸岛

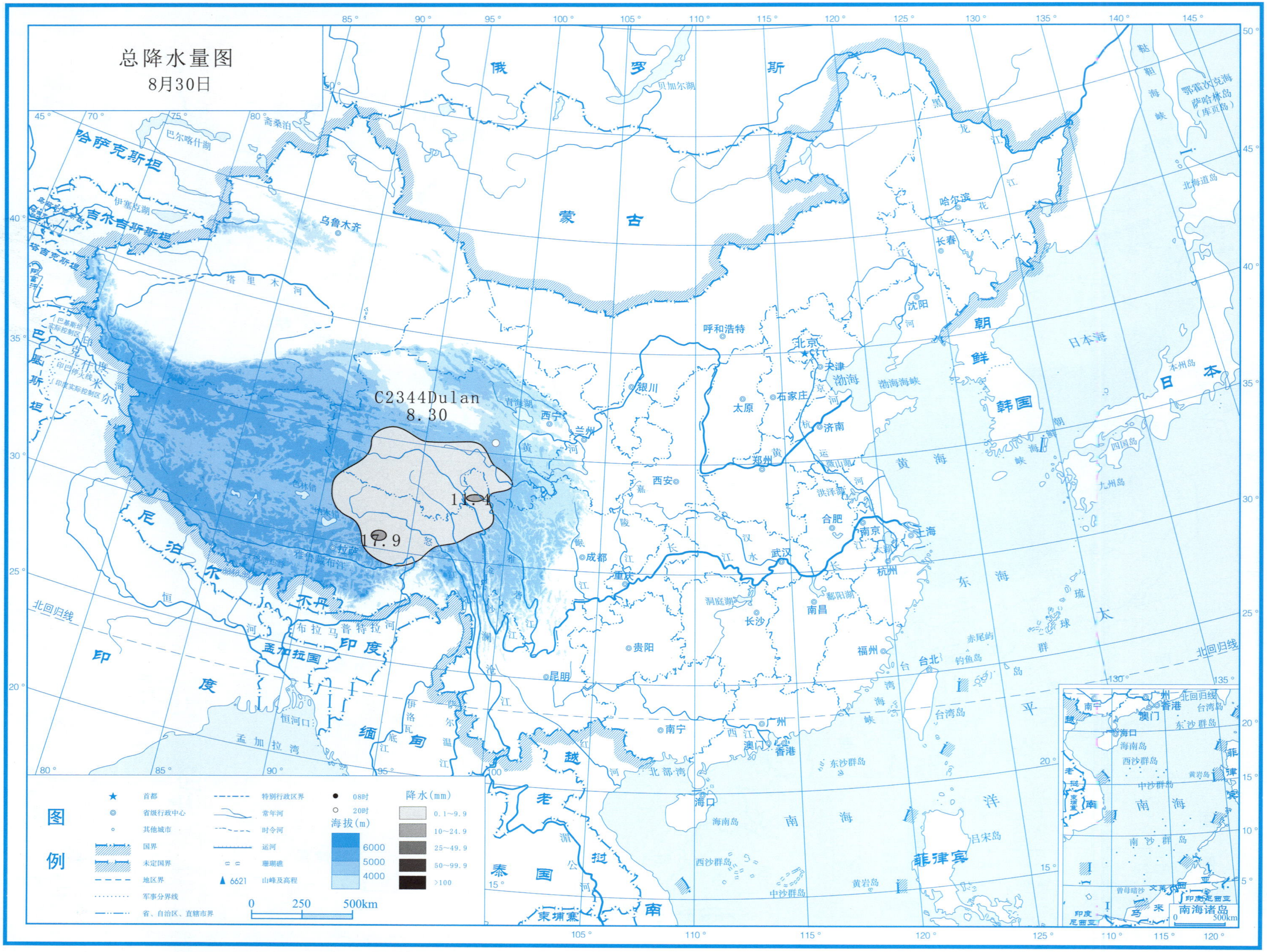
总降水量图
8月30日
C2344Dulan
8.30
11.4
17.9
图例
首都
省级行政中心
其他城市
国界
未定国界
地区界
军事分界线
省、自治区、直辖市界
特别行政区界
常年河
时令河
运河
珊瑚礁
6621 山峰及高程
08时
20时
海拔(m)
6000
5000
4000
降水(mm)
0.1~9.9
10~24.9
25~49.9
50~99.9
>100
0 250 500km

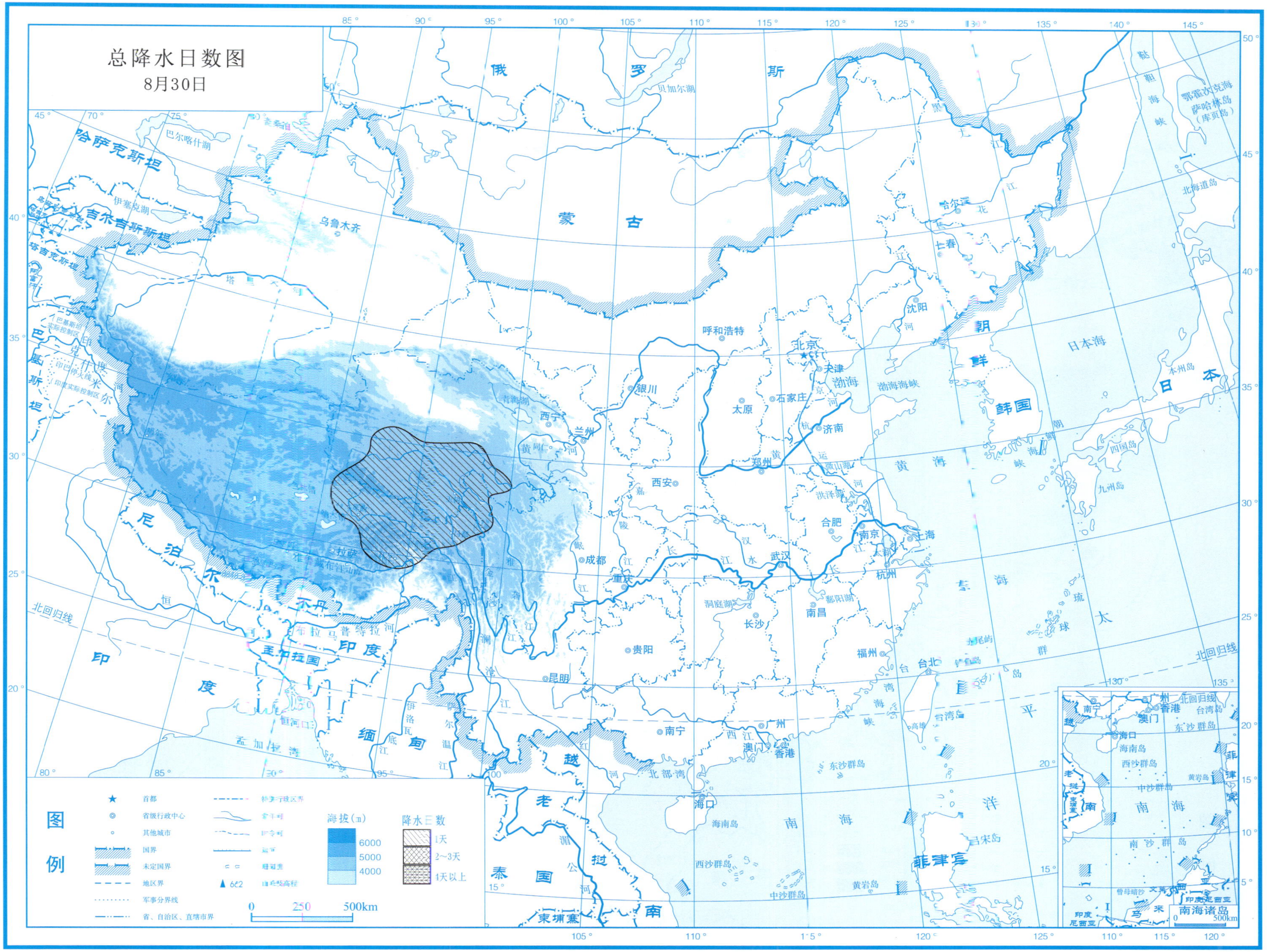
总降水日数图
8月30日
图例
首都
省级行政中心
其他城市
国界
未定国界
地区界
军事分界线
省、自治区、直辖市界
海拔(m)
6000
5000
4000
降水日数
1天
2~3天
4天以上
0 250 500km
南海诸岛

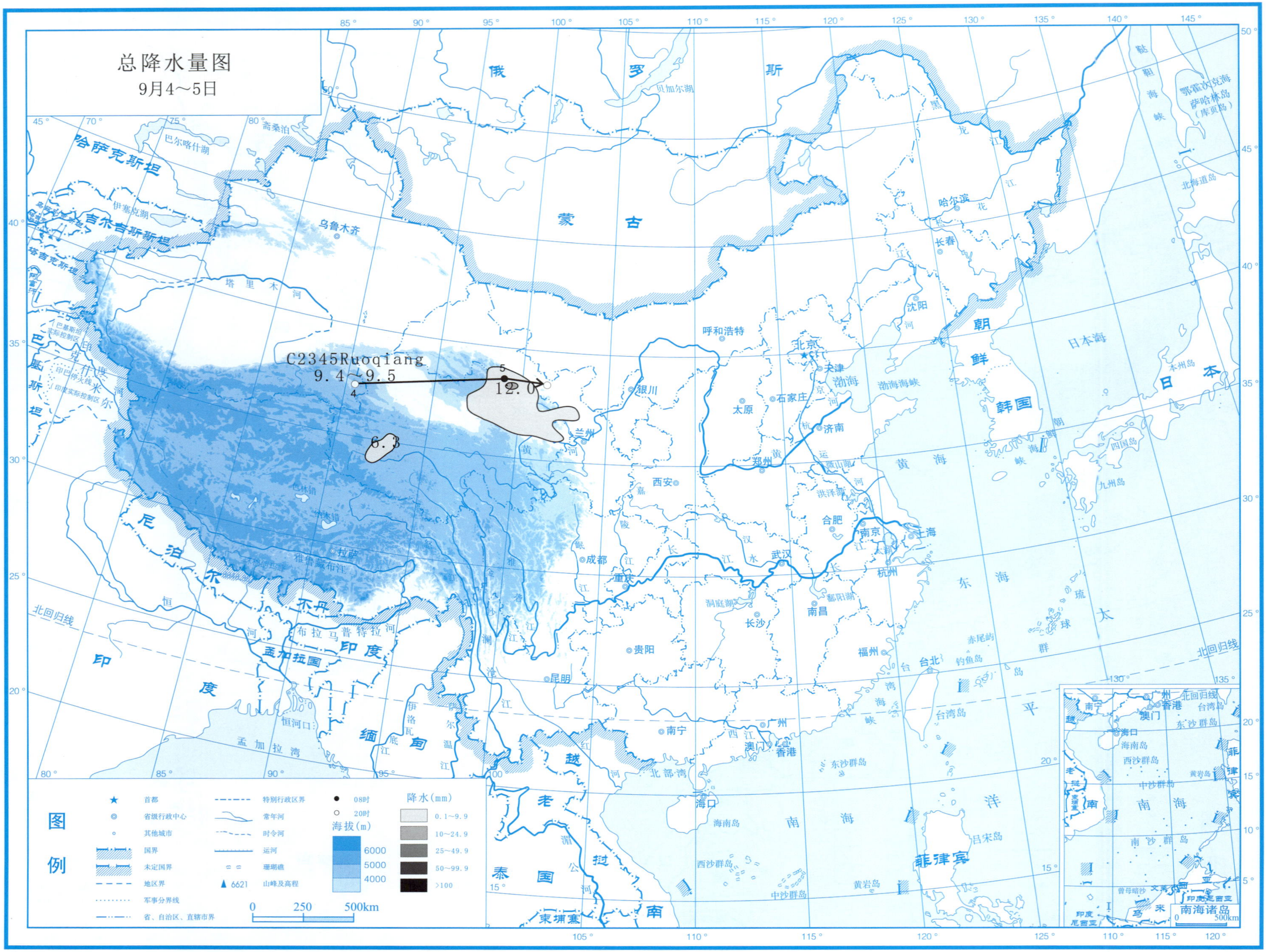
总降水量图
9月4~5日
C2345Ruoqiang
9.4~9.5
12.0
6.3
图例
首都
省级行政中心
其他城市
国界
未定国界
地区界
军事分界线
省、自治区、直辖市界
特别行政区界
常年河
时令河
运河
珊瑚礁
6621 山峰及高程
08时
20时
降水(mm)
0.1~9.9
10~24.9
25~49.9
50~99.9
>100
海拔(m)
6000
5000
4000
0 250 500km
南海诸岛

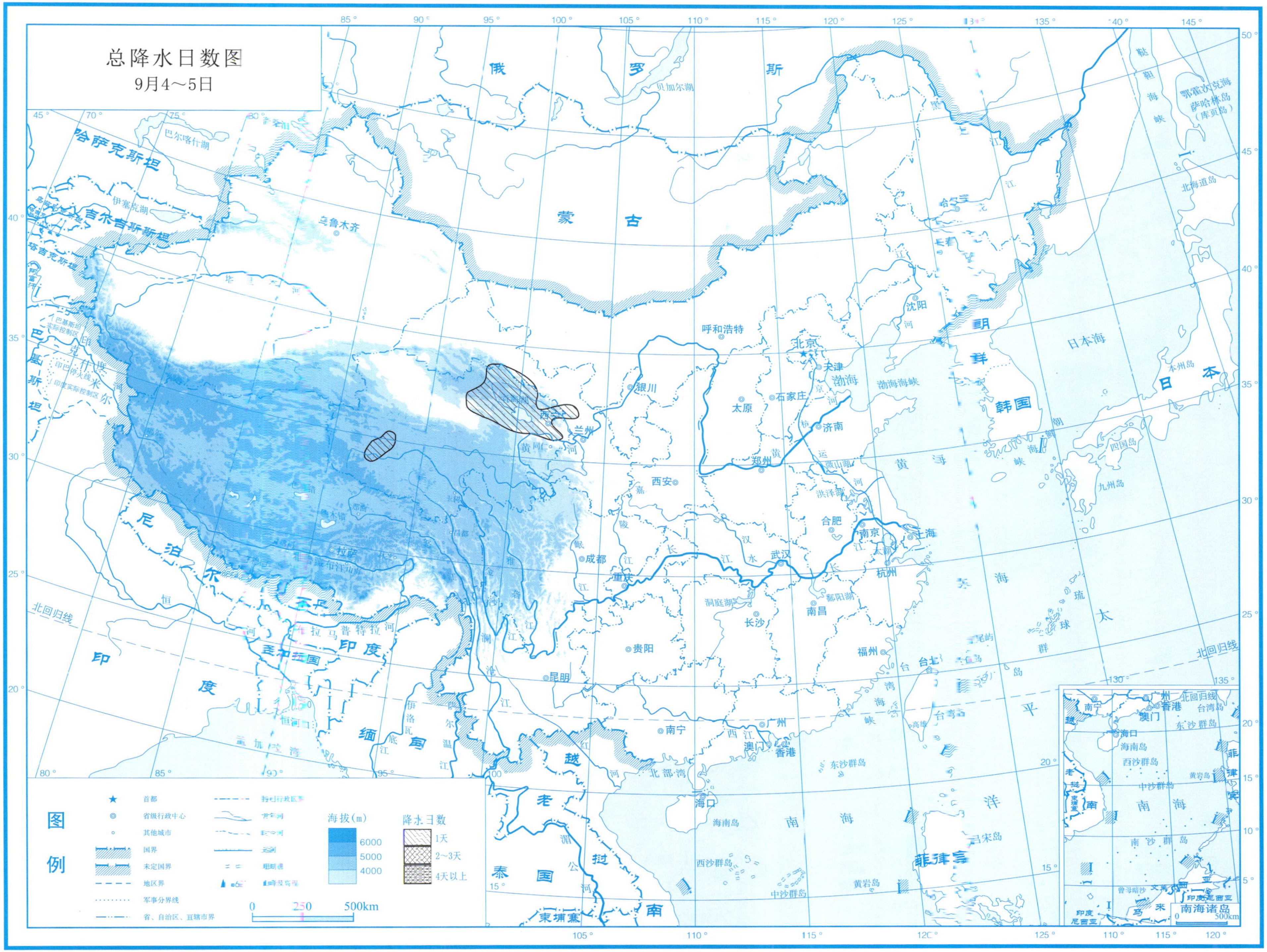
总降水日数图
9月4～5日
图例
首都
省级行政中心
其他城市
国界
未定国界
地区界
军事分界线
省、自治区、直辖市界
海拔(m)
6000
5000
4000
降水日数
1天
2～3天
4天以上
0 250 500km
南海诸岛

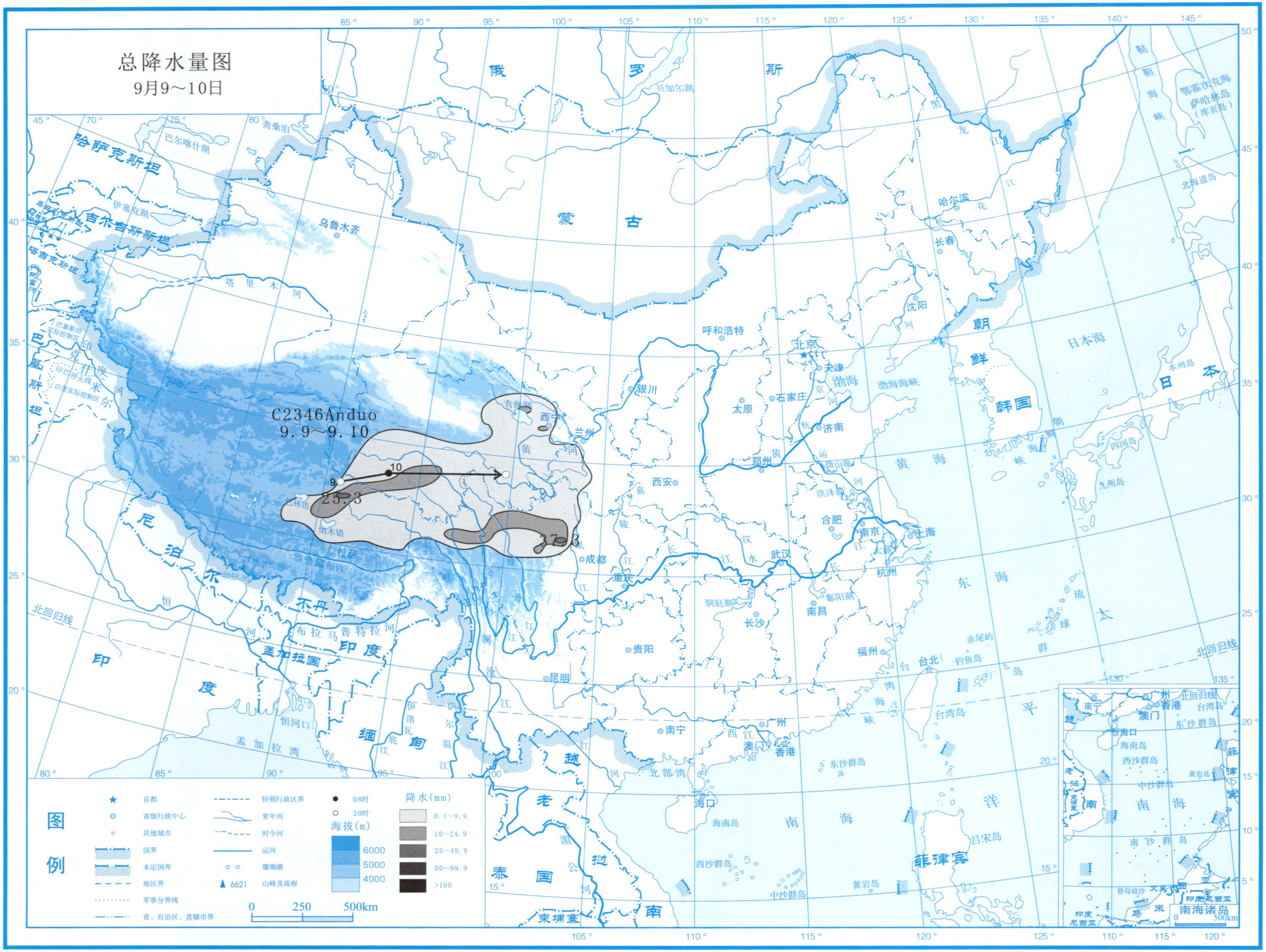
总降水量图
9月9~10日
C2346Anduo
9.9~9.10
25.3
37.3
图例
首都
省级行政中心
其他城市
国界
未定国界
地区界
军事分界线
省、自治区、直辖市界
特别行政区界
常年河
时令河
运河
珊瑚礁
6621 山峰及高程
08时
20时
海拔(m)
6000
5000
4000
降水(mm)
0.1~9.9
10~24.9
25~49.9
50~99.9
>100
0 250 500km
南海诸岛

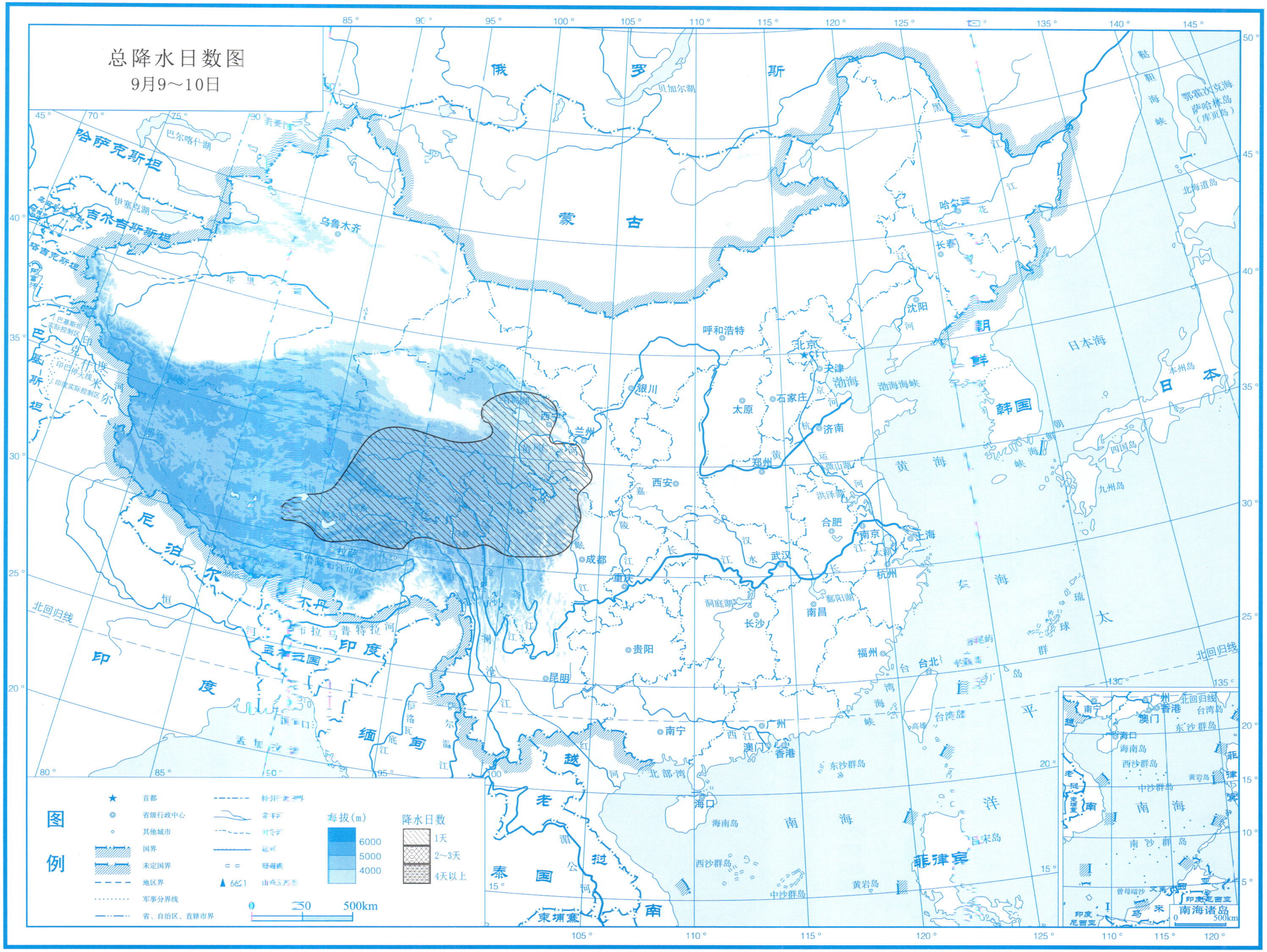

Page...125

高原低涡

第1部分

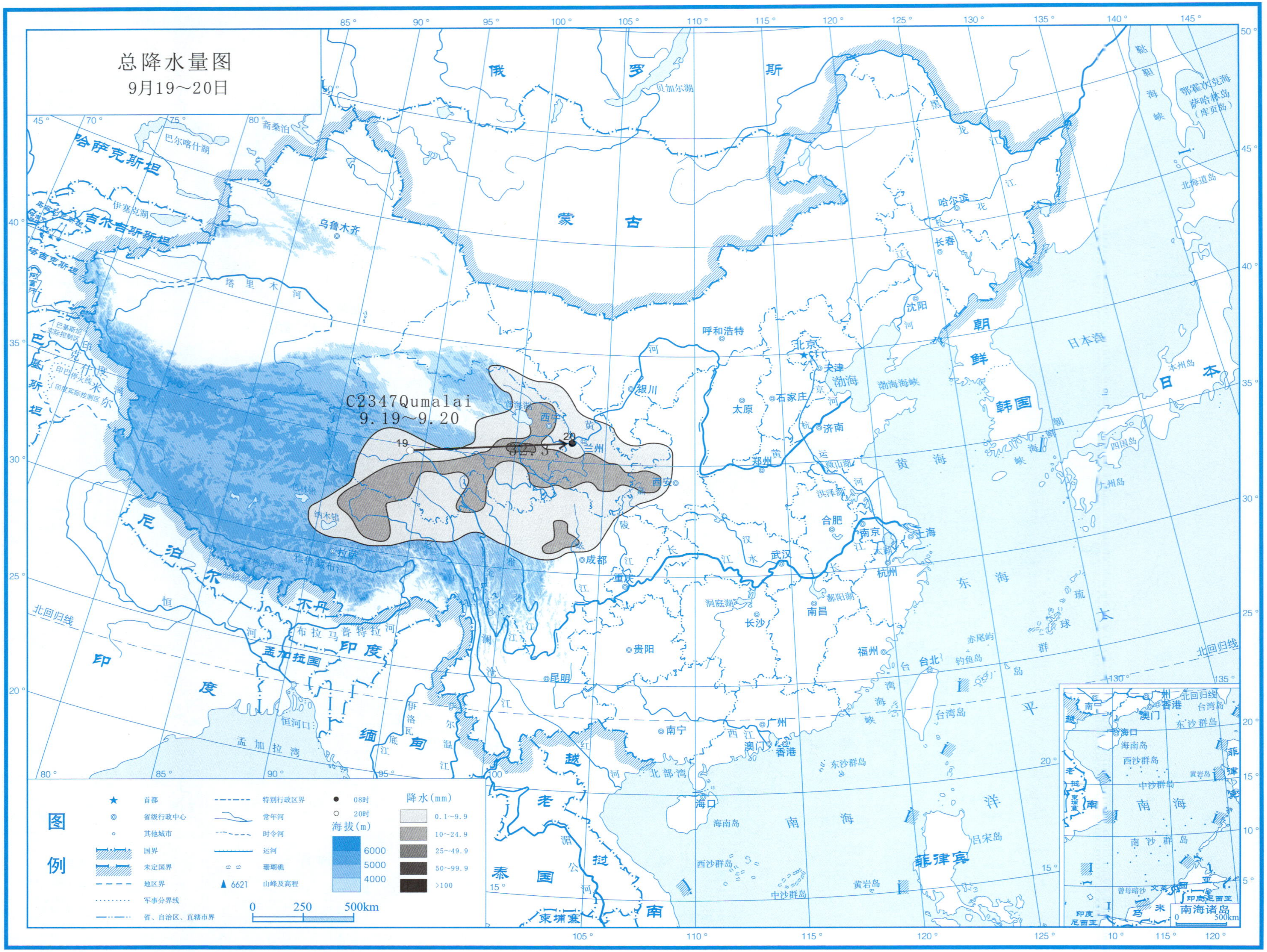
总降水量图
9月19～20日
C2347Qumalai
9.19～9.20
图例
首都
省级行政中心
其他城市
国界
未定国界
地区界
军事分界线
省、自治区、直辖市界
特别行政区界
常年河
时令河
运河
珊瑚礁
山峰及高程
08时
20时
海拔(m)
6000
5000
4000
降水(mm)
0.1～9.9
10～24.9
25～49.9
50～99.9
>100
0 250 500km
南海诸岛

总降水日数图

9月19～20日

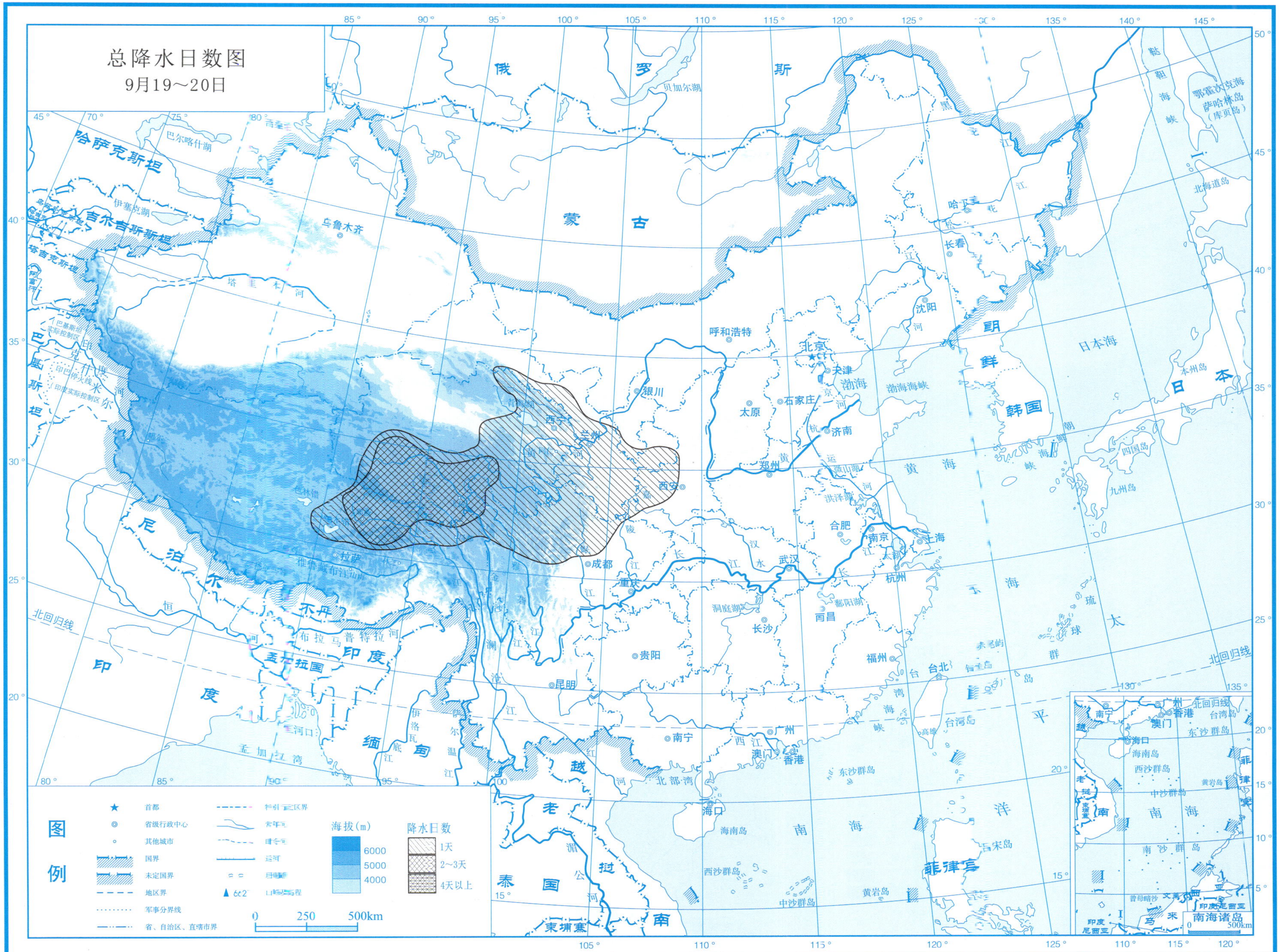

总降水量图

10月4日

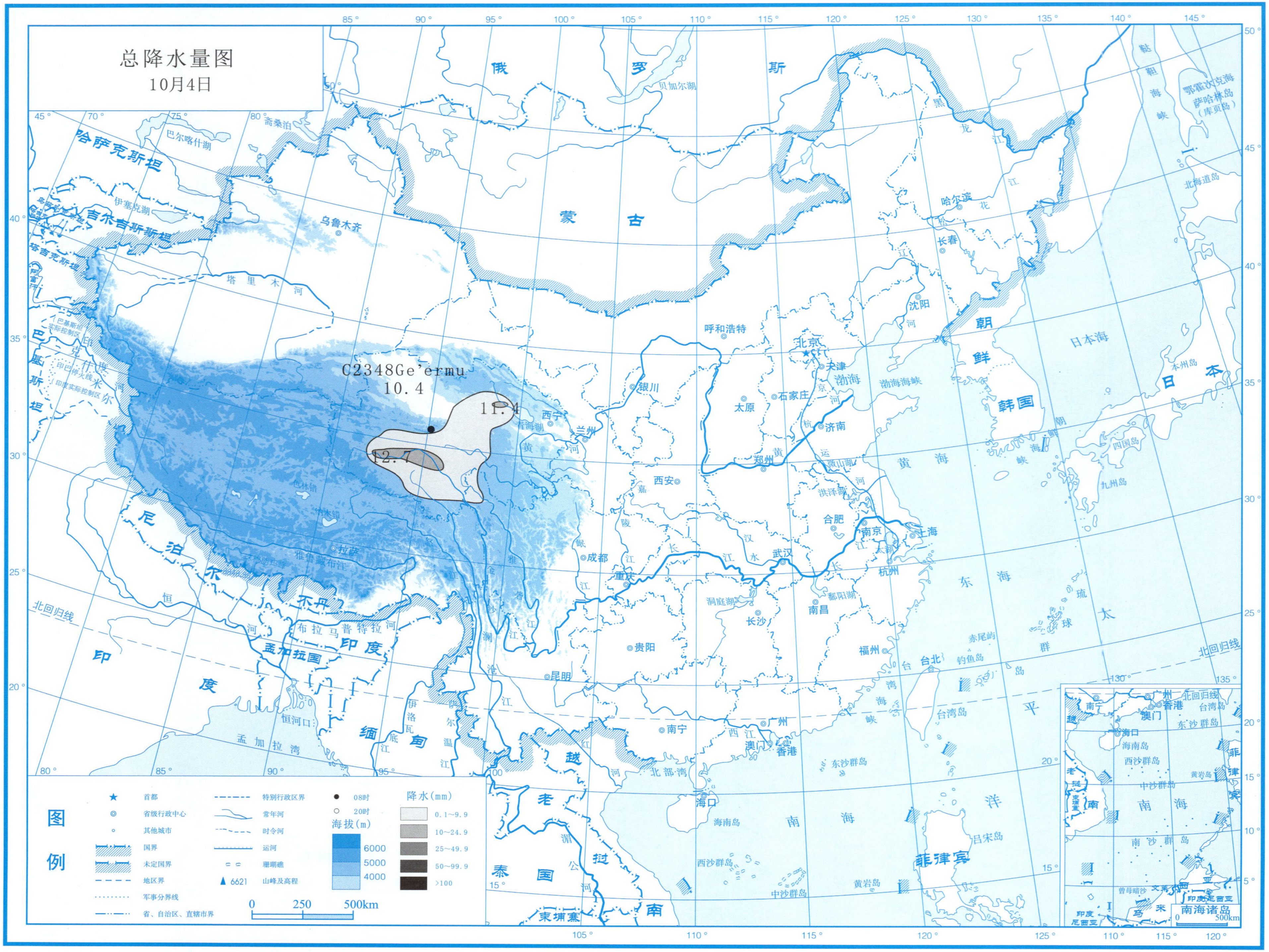
C2348Ge'ermu
10.4
11.4
12.7
图例
首都
省级行政中心
其他城市
国界
未定国界
地区界
军事分界线
省、自治区、直辖市界
特别行政区界
常年河
时令河
运河
珊瑚礁
6621 山峰及高程
08时
20时
海拔(m)
6000
5000
4000
降水(mm)
0.1~9.9
10~24.9
25~49.9
50~99.9
>100
0 250 500km
南海诸岛

总降水日数图

10月4日

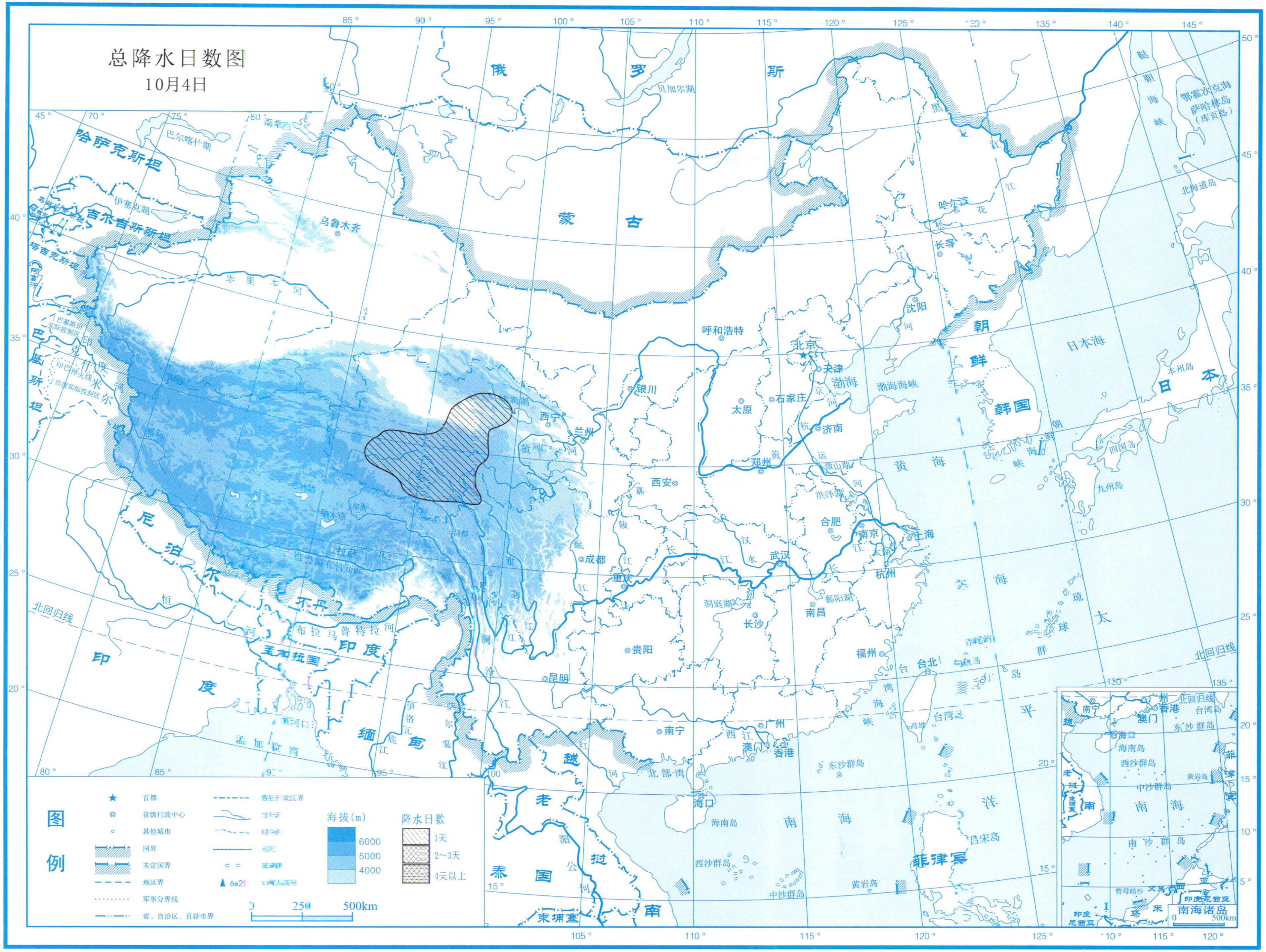

总降水量图
10月11日

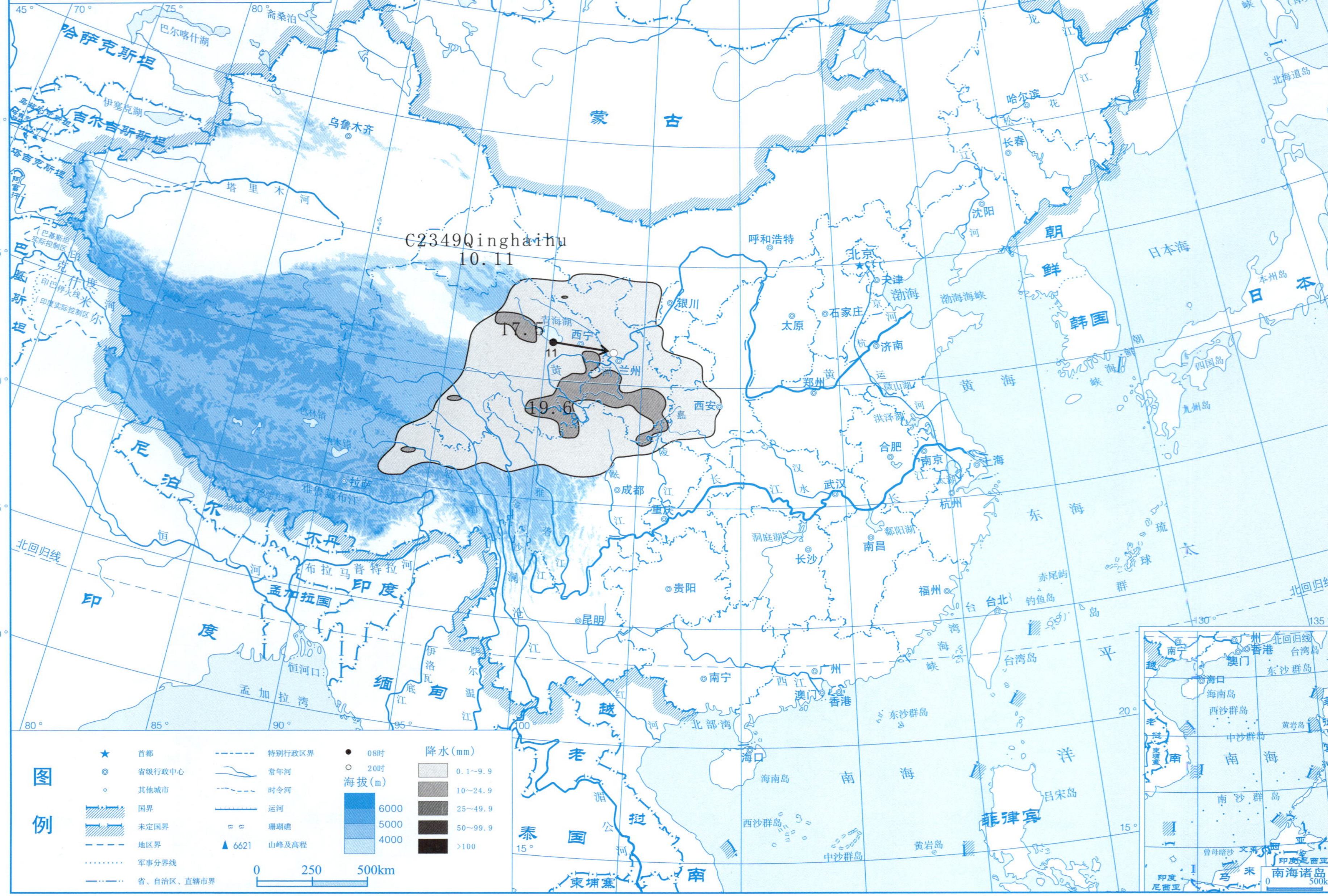

总降水日数图

10月11日

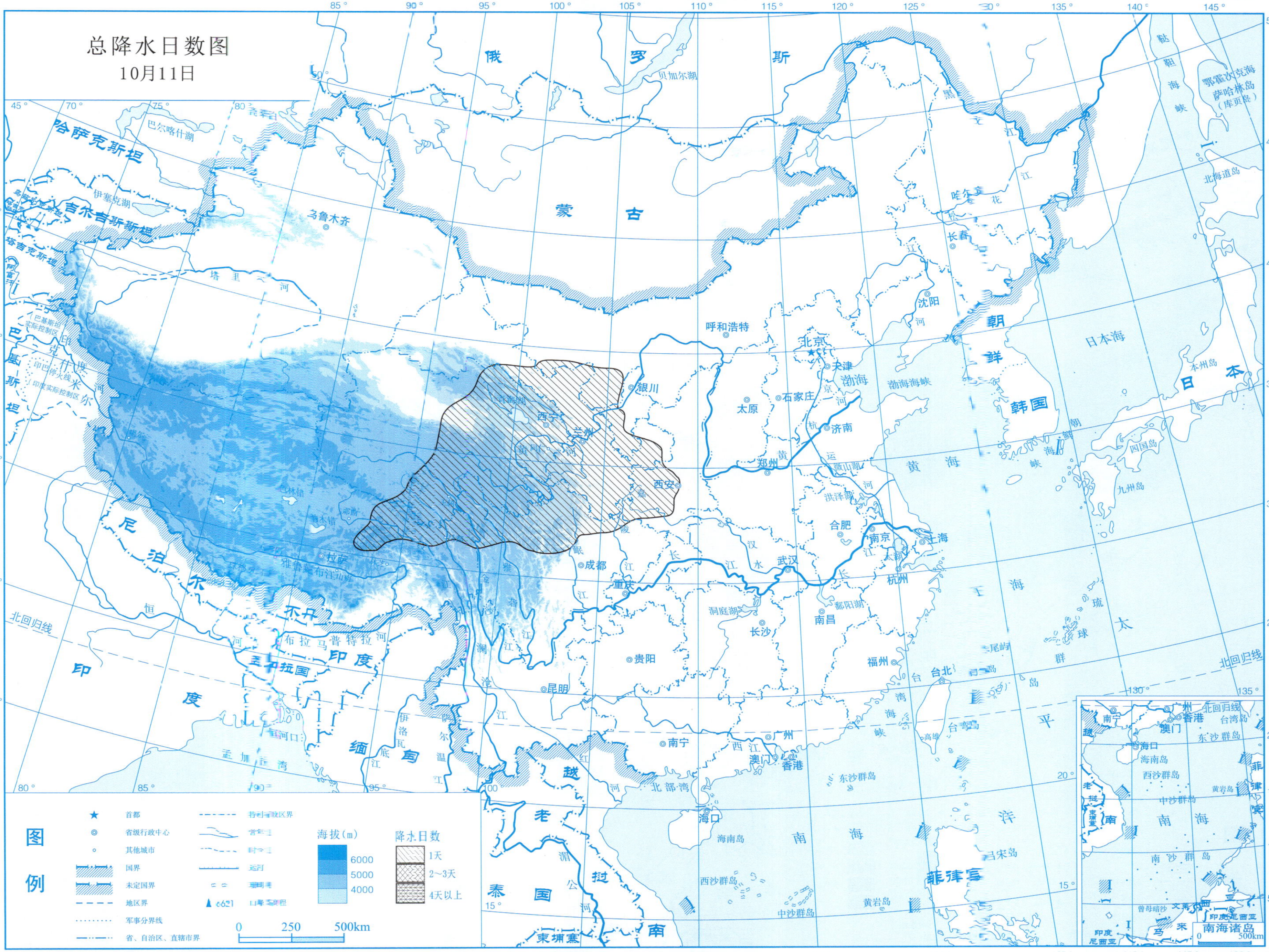

Page...131

高原低涡 第1部分

总降水量图

10月18日

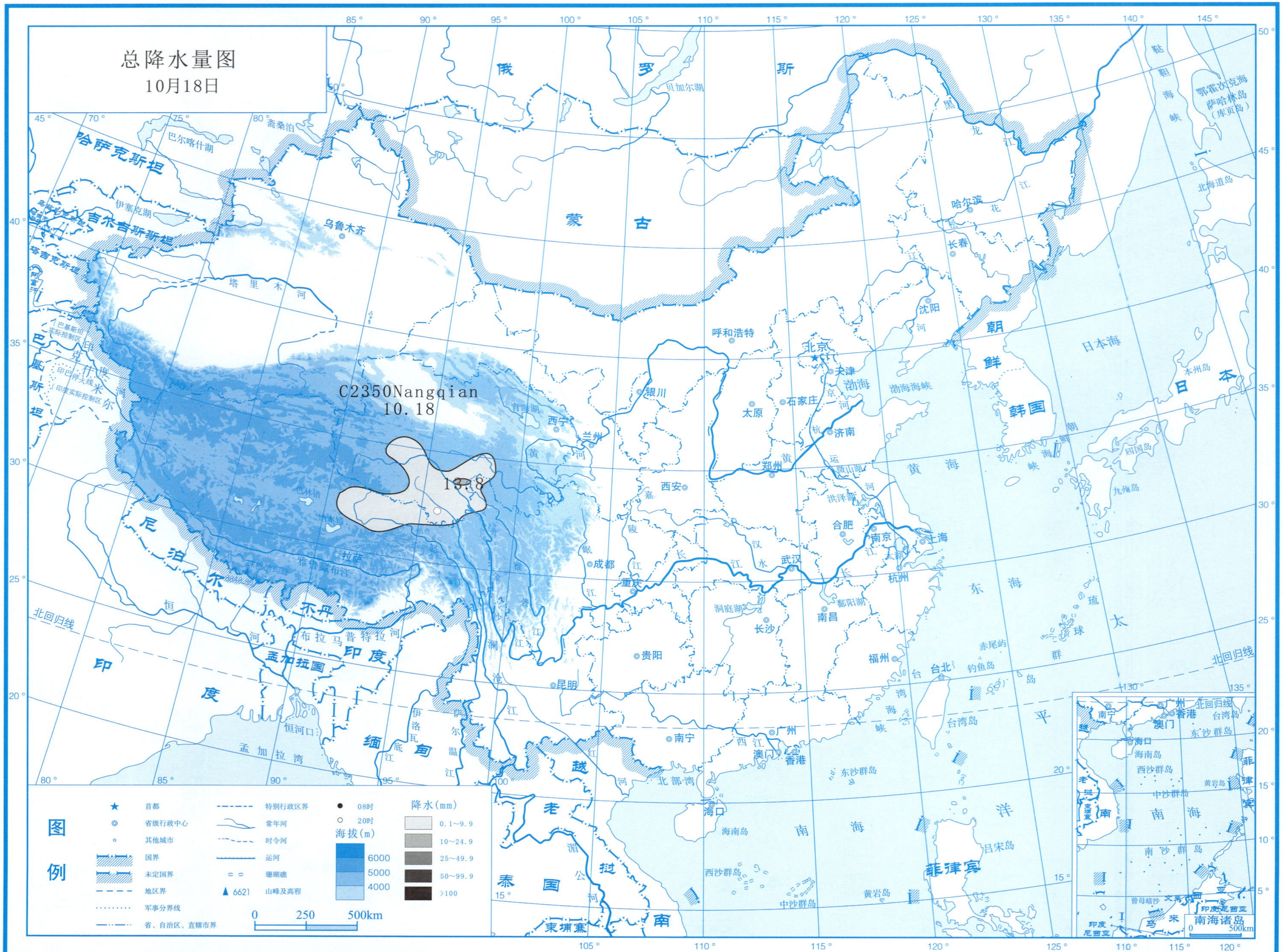

总降水日数图

10月18日

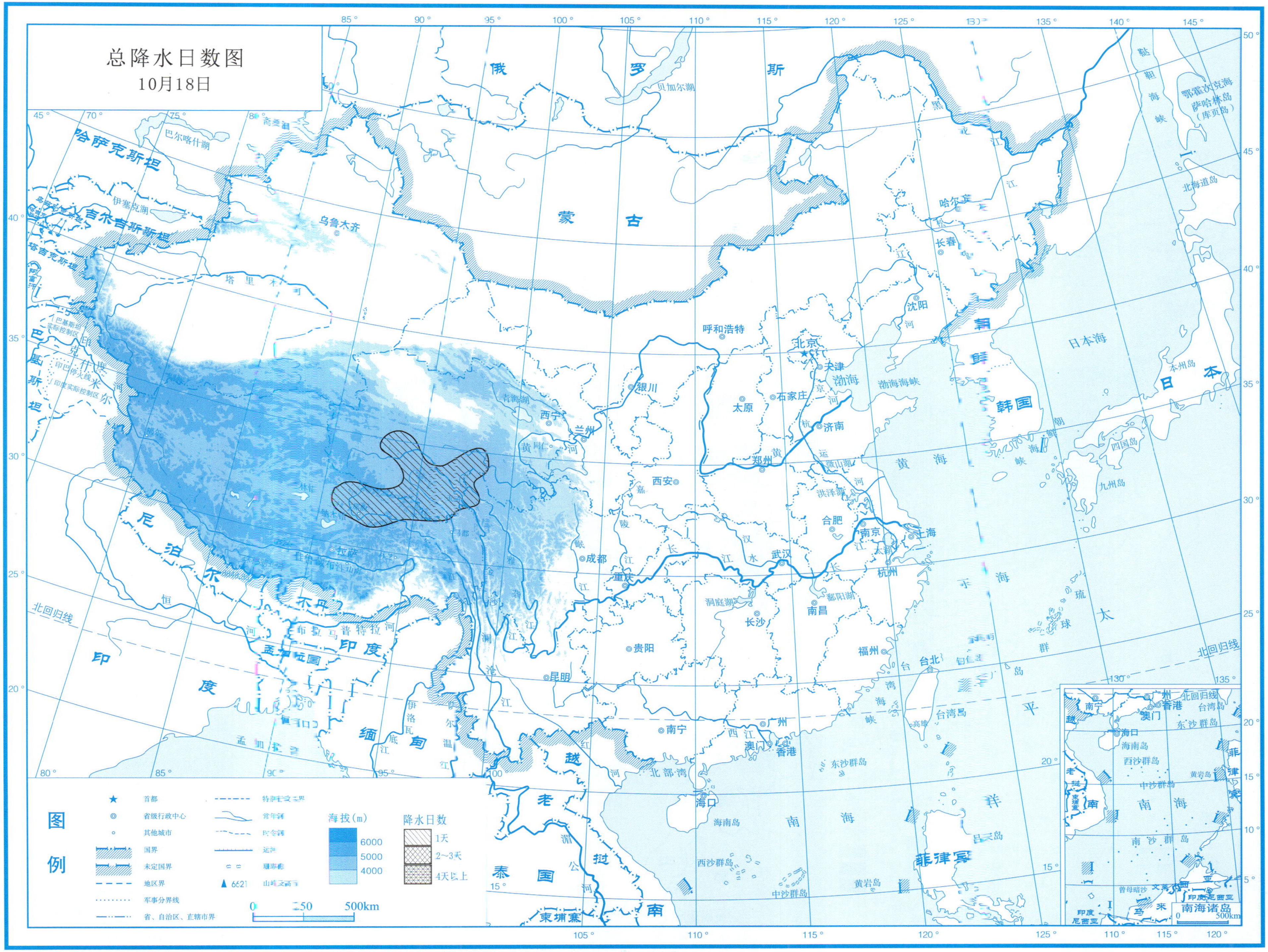

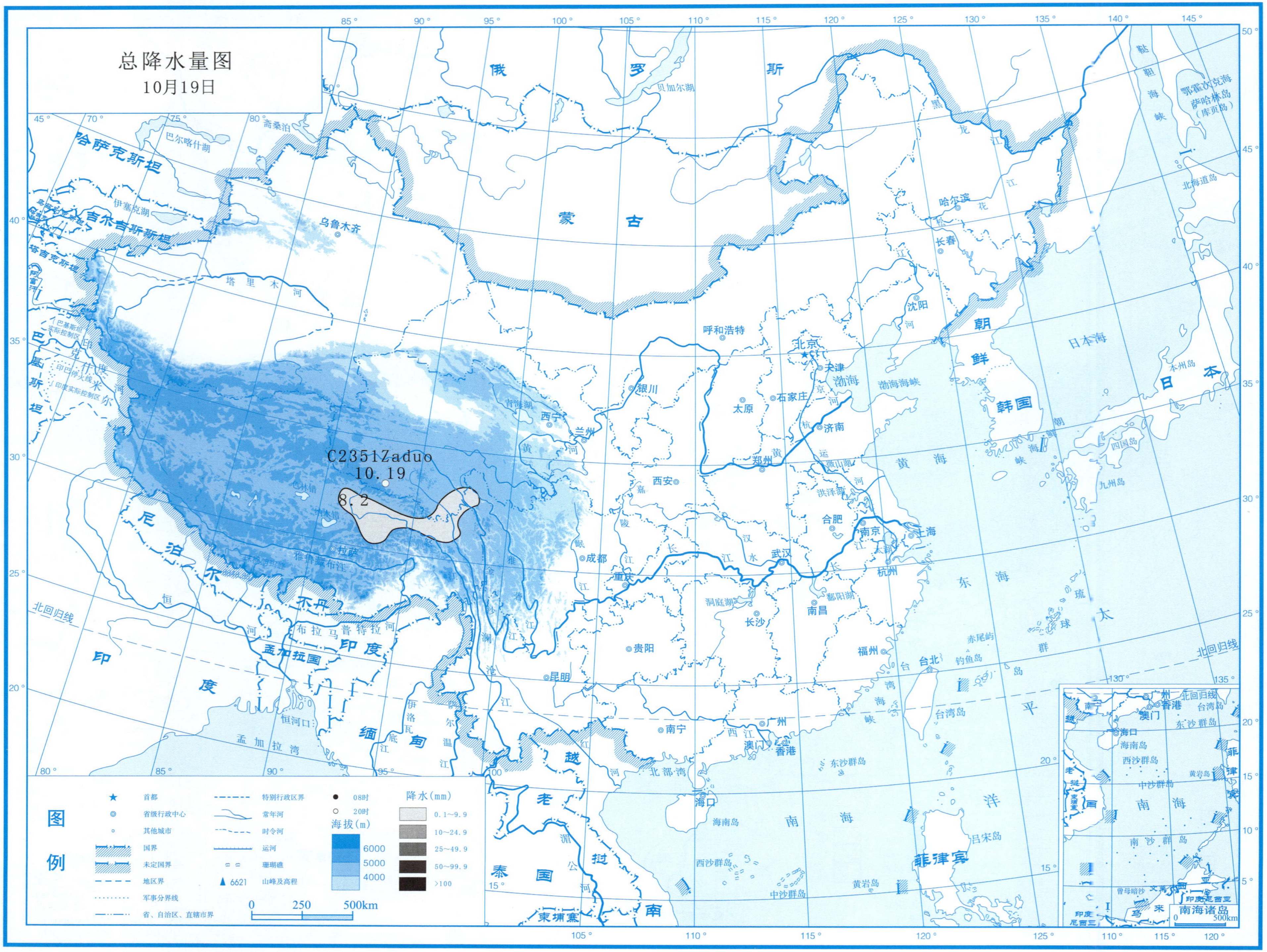
总降水量图
10月19日
C2351Zaduo
10.19
8.2
图例
首都
省级行政中心
其他城市
国界
未定国界
地区界
军事分界线
省、自治区、直辖市界
特别行政区界
常年河
时令河
运河
珊瑚礁
6621 山峰及高程
08时
20时
海拔(m)
6000
5000
4000
降水(mm)
0.1~9.9
10~24.9
25~49.9
50~99.9
>100
0 250 500km
南海诸岛

总降水日数图

10月19日

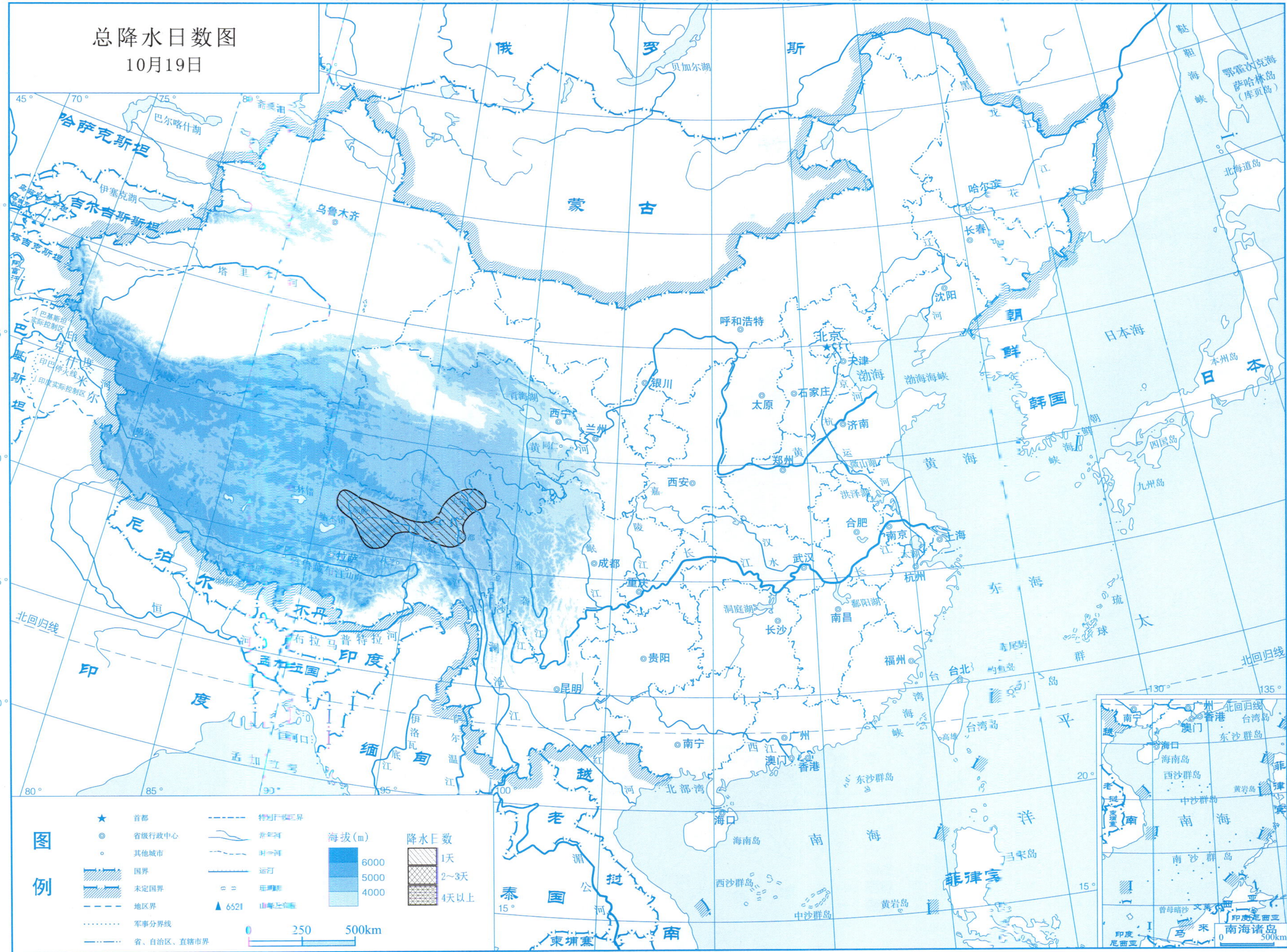

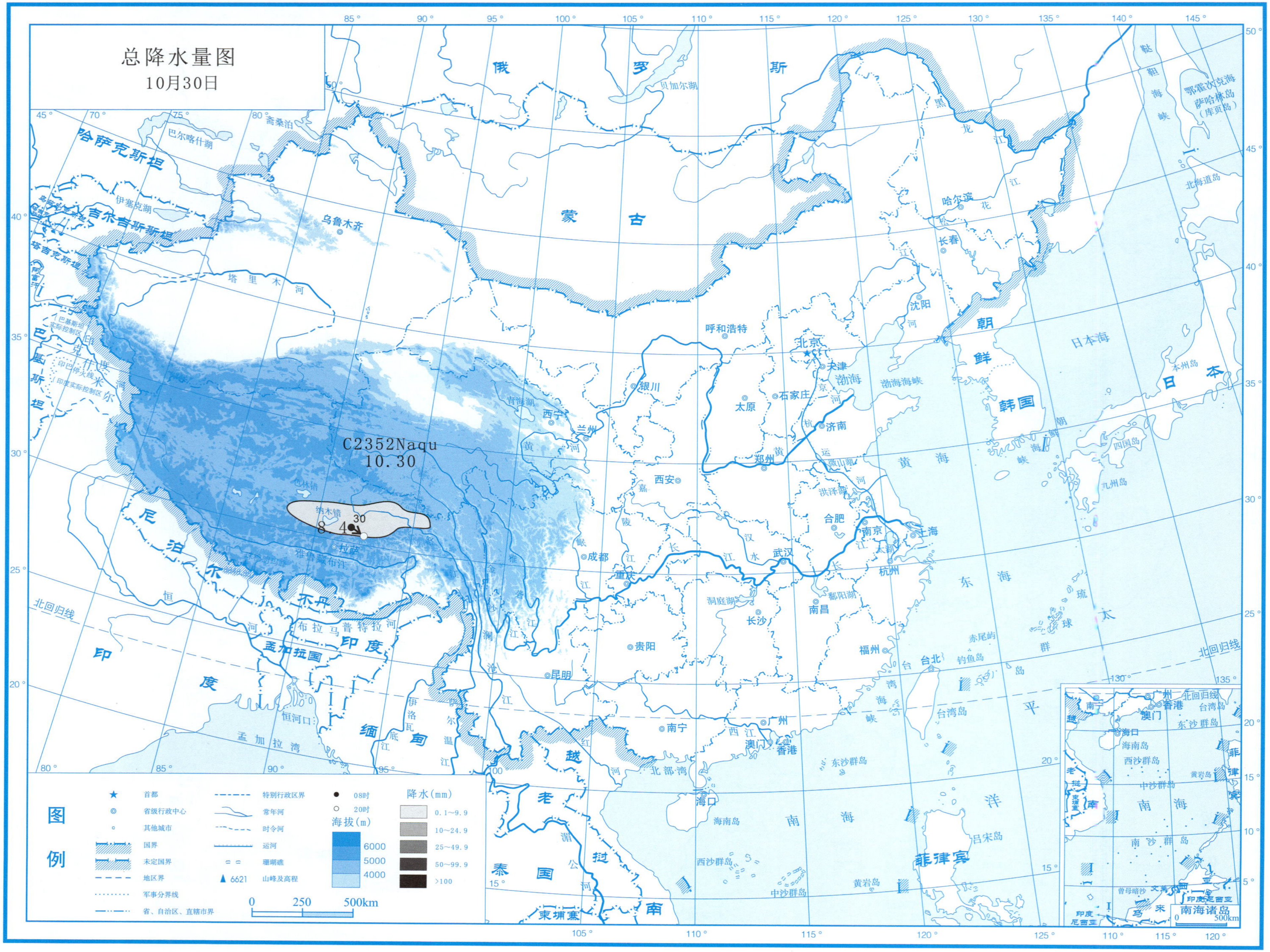
总降水量图
10月30日
C2352Naqu
10.30
8.4
30
图例
首都
省级行政中心
其他城市
国界
未定国界
地区界
军事分界线
省、自治区、直辖市界
特别行政区界
常年河
时令河
运河
珊瑚礁
6621 山峰及高程
08时
20时
海拔(m)
6000
5000
4000
降水(mm)
0.1~9.9
10~24.9
25~49.9
50~99.9
>100
0 250 500km
南海诸岛

总降水日数图

10月30日

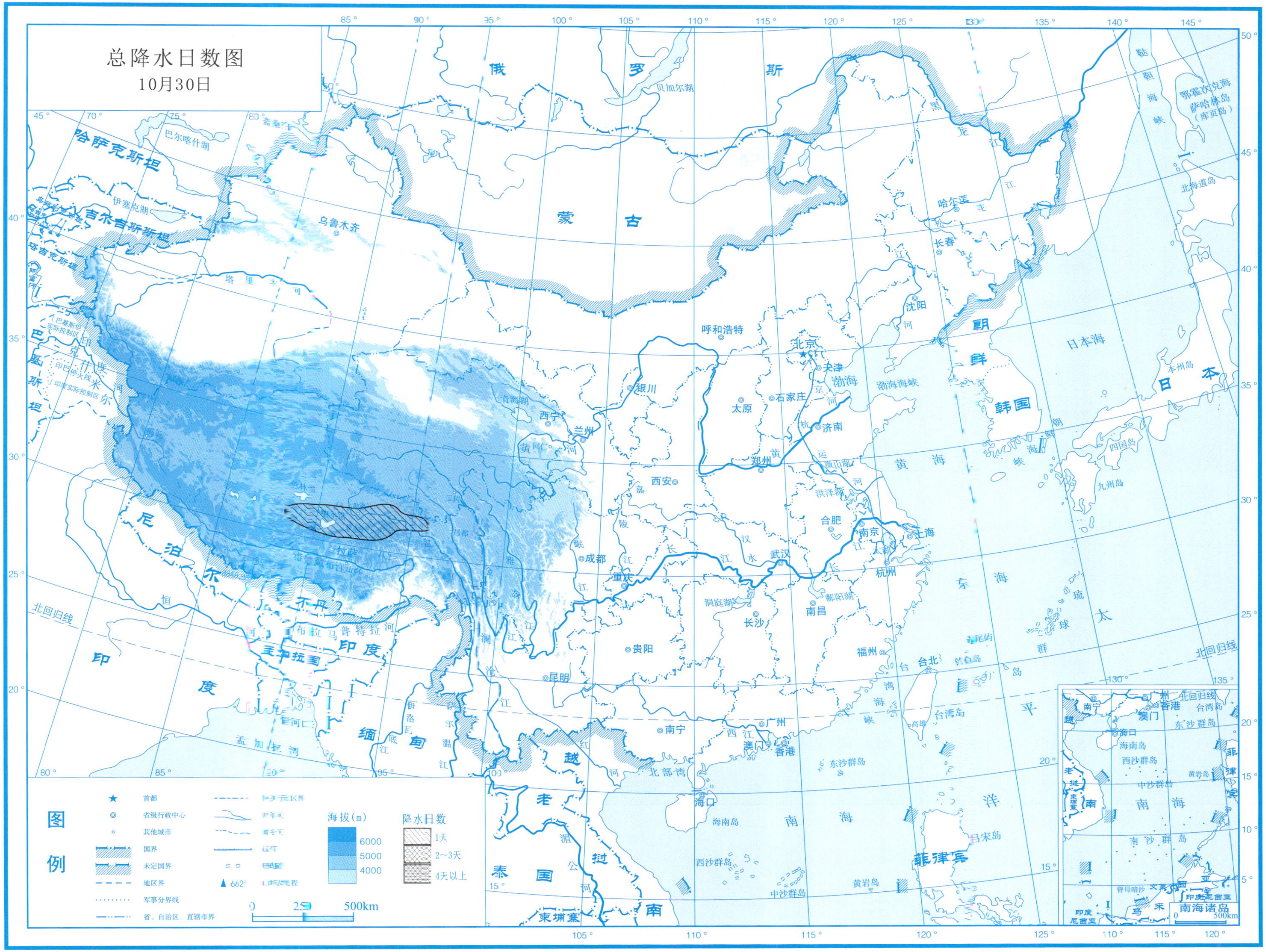

高原低涡 第1部分

高原低涡中心位置资料表

月	日	时	中心位置		位势高度/位势什米
			北纬/(°)	东经/(°)	
①2月15日					
(C2301)米林，Milin					
2	15	20	29.0	93.1	574
消失					
②2月26日					
(C2302)治多，Zhiduo					
2	26	20	34.0	94.8	572
消失					
③2月28日					
(C2303)格尔木，Ge'ermu					
2	28	08	35.8	95.5	566
消失					
④3月9日					
(C2304)沱沱河，Tuotuohe					
3	9	08	33.8	91.7	570
消失					
⑤3月15日					
(C2305)河南，Henan					
3	15	20	34.5	101.9	566
消失					
⑥4月17～18日					
(C2306)金川，Jinchuan					
4	17	20	31.8	101.6	579
	18	08	30.1	106.7	575
消失					
⑦4月24日					
(C2307)墨竹工卡，Mozhugongka					
4	24	20	29.8	92.1	579
消失					
⑧4月25日					
(C2308)比如，Biru					
4	25	20	31.8	93.6	576
消失					
⑨4月28日					
(C2309)索县，Suoxian					
4	28	08	32.4	93.8	574
	28	20	31.1	99.8	574
消失					
⑩5月2~3日					
(C2310)贵南，Guinan					
5	2	20	35.7	100.8	571
	3	08	35.4	105.1	572
	3	20	35.8	107.9	572
消失					
⑪5月4~5日					
(C2311)曲麻莱，Qumalai					
5	4	20	35.1	94.4	568
	5	08	37.3	99.3	568
	5	20	39.8	104.0	567
消失					

高原低涡中心位置资料表（续-1）

月	日	时	中心位置		位势高度/位势什米
			北纬/(°)	东经/(°)	
⑫5月9日					
(C2312)玛曲，Maqu					
5	9	20	34.1	101.5	573
消失					
⑬5月10～11日					
(C2313)安多，Anduo					
5	10	08	33.0	9[illegible].0	572
	10	20	32.1	93.5	575
	11	08	31.7	94.1	576
	11	20	33.0	100.8	578
消失					
⑭5月11日					
(C2314)林芝，Linzhi					
5	11	20	30.2	93.5	578
消失					
⑮5月15～17日					
(C2315)炉霍，Luhuo					
5	15	20	31.6	100.6	575
	16	08	31.4	107.2	573
	16	20	31.9	113.1	574
	17	08	31.9	114.5	574
	17	20	33.4	121.7	574
消失					
⑯5月16～17日					
(C2316)治多，Zhiduo					
5	16	20	34.0	94.5	575
	17	08	34.8	101.8	577
消失					
⑰5月18日					
(C2317)墨竹工卡，Mozhugongka					
5	18	08	29.6	92.2	582
消失					
⑱5月18～19日					
(C2318)白玉，Baiyu					
5	18	20	31.6	99.1	581
	19	08	30.7	101.1	580
消失					
⑲5月20日					
(C2319)小灶火，Xiaozaohuo					
5	20	08	37.0	93.0	572
	20	20	37.7	99.8	572
消失					
⑳5月21～22日					
(C2320)杂多，Zaduo					
5	21	20	33.0	94.0	578
	22	08	34.2	101.2	580
消失					

高原低涡中心位置资料表（续-2）

月	日	时	中心位置		位势高度/位势什米
			北纬/(°)	东经/(°)	
㉑5月25日 (C2321)小灶火，Xiaozaohuo					
5	25	08	36.1	91.4	573
	25	20	35.5	95.3	573
消失					
㉒5月27日 (C2322)小灶火，Xiaozaohuo					
5	27	20	36.3	93.0	574
消失					
㉓6月6日 (C2323)石渠，Shiqu					
6	6	20	32.9	98.3	581
消失					

月	日	时	中心位置		位势高度/位势什米
			北纬/(°)	东经/(°)	
㉔6月10～11日 (C2324)德格，Dege					
6	10	20	32.2	98.9	581
	11	08	30.0	105.3	580
	11	20	29.7	105.7	581
消失					
㉕6月12～14日 (C2325)沱沱河，Tuotuohe					
6	12	20	33.8	90.7	580
	13	08	32.9	92.4	578
	13	20	32.6	94.5	579
	14	08	32.5	92.3	579
	14	20	31.9	93.3	578
消失					
㉖6月14日 (C2326)金川，Jinchuan					
6	14	20	31.8	101.5	579
消失					

月	日	时	中心位置		位势高度/位势什米
			北纬/(°)	东经/(°)	
㉗6月16～17日 (C2327)五道梁，Wudaoliang					
6	16	08	35.8	90.7	575
	16	20	35.0	93.4	575
	17	08	35.0	97.7	577
消失					
㉘6月18～19日 (C2328)杂多，Zaduo					
6	18	20	32.9	94.8	582
	19	08	32.0	102.1	583
	19	20	32.6	103.4	583
消失					

高原低涡中心位置资料表（续-3）

月	日	时	中心位置 北纬/(°)	中心位置 东经/(°)	位势高度/位势什米
㉙ 6月19～21日 (C2329)治多，Zhiduo					
6	19	20	34.2	93.8	580
	20	08	34.7	98.6	580
	20	20	34.2	105.4	581
	21	08	34.2	105.3	581
消失					
㉚ 7月1日 (C2330)小灶火，Xiaozachuo					
7	1	20	36.5	93.4	580
消失					
㉛ 7月5日 (C2331)曲麻莱，Qumalai					
7	5	20	35.2	94.8	581
消失					
㉜ 7月7日 (C2332)阿坝，Aba					
7	7	08	32.6	101.2	585
消失					

月	日	时	中心位置 北纬/(°)	中心位置 东经/(°)	位势高度/位势什米
㉝ 7月11～13日 (C2333)班玛，Banma					
7	11	20	33.0	100.5	585
	12	08	33.6	101.2	585
	12	20	33.2	98.7	584
	13	08	32.8	98.9	585
消失					
㉞ 7月13～14日 (C2334)比如，Biru					
7	13	20	31.6	93.6	586
	14	08	32.3	94.4	587
消失					
㉟ 7月16～17日 (C2335)索县，Suoxian					
7	16	20	31.5	94.7	587
	17	08	30.7	94.6	586
消失					

月	日	时	中心位置 北纬/(°)	中心位置 东经/(°)	位势高度/位势什米
㊱ 7月23~29日 (C2336)安多，Anduo					
7	23	20	32.7	90.8	587
	24	08	32.7	90.5	584
	24	20	32.4	92.6	584
	25	08	32.7	93.6	585
	25	20	32.6	98.9	586
	26	08	33.3	95.5	585
	26	20	33.0	100.5	586
	27	08	34.1	102.9	585
	27	20	31.7	105.5	585
	28	08	34.6	105.8	583
	28	20	35.4	107.6	584
	29	08	37.7	108.8	585
消失					

高原低涡中心位置资料表（续-4）

月	日	时	中心位置		位势高度/位势什米
			北纬/(°)	东经/(°)	
㊲7月27～28日 (C2337)嘉黎，Jiali					
7	27	20	30.6	93.1	586
	28	08	32.3	95.1	584
消失					
㊳7月31日～8月1日 (C2338)杂多，Zaduo					
7	31	20	33.5	94.9	585
8	1	08	32.2	94.3	585
消失					
㊴8月4～6日 (C2339)沱沱河，Tuotuohe					
8	4	20	33.6	91.6	585
	5	08	33.7	94.3	585
	5	20	32.9	98.2	586
	6	08	31.6	99.0	583
消失					
㊵8月15日 (C2340)沱沱河，Tuotuohe					
8	15	08	33.5	91.2	585
	15	20	34.8	94.7	585
消失					
㊶8月23日 (C2341)那曲，Naqu					
8	23	20	32.2	93.3	584
消失					
㊷8月25～26日 (C2342)沱沱河，Tuotuohe					
8	25	08	33.9	91.2	580
	25	20	33.1	93.9	576
	26	08	33.2	99.1	581
消失					
㊸8月29日 (C2343)达日，Dari					
8	29	08	34.0	93.8	584
	29	20	30.7	101.4	584
消失					
㊹8月30日 (C2344)都兰，Dulan					
8	30	20	35.6	99.0	587
消失					
㊺9月4～5日 (C2345)若羌，Ruoqiang					
9	4	20	37.5	90.6	582
	5	08	38.7	99.1	583
	5	20	38.6	101.6	586
消失					

高原低涡中心位置资料表（续-5）

月	日	时	中心位置		位势高度/位势什米
			北纬/(°)	东经/(°)	
㊻ 9月9～10日 (C2346)安多，Anduo					
9	9	20	33.0	90.9	586
	10	08	33.7	93.4	584
	10	20	34.3	99.7	583
消失					
㊼ 9月19～20日 (C2347)曲麻莱，Qumalai					
9	19	20	34.8	94.3	584
	20	08	36.0	103.3	582
消失					
㊽ 10月4日 (C2348)格尔木，Ge'ermu					
10	4	08	35.8	95.3	583
消失					

月	日	时	中心位置		位势高度/位势什米
			北纬/(°)	东经/(°)	
㊾ 10月11日 (C2349)青海湖，Qinghaihu					
10	11	08	36.6	100.5	579
	11	20	36.4	103.6	579
消失					
㊿ 10月18日 (C2350)囊谦，Nangqian					
10	18	20	32.5	96.0	579
消失					
(51) 10月19日 (C2351)杂多，Zaduo					
10	19	20	33.2	93.3	578
消失					

月	日	时	中心位置		位势高度/位势什米
			北纬/(°)	东经/(°)	
(52) 10月30日 (C2352)那曲，Naqu					
10	30	08	30.8	91.9	582
	30	20	30.5	92.6	584
消失					

第二部分

高原切变线

2023年
高原切变线概况

2023年发生在青藏高原上的切变线共有37次，在青藏高原东部生成32次，在青藏高原西部生成5次（表11~表13）。

2023年初生高原切变线出现在1月上旬，最后一个高原切变线生成在12月上旬（表11）。从月际分布看，8月出现次数最多，有9次；2023年切变线主要集中在6～8月，约占59%（表11）。移出高原的青藏高原切变线较少，全年仅有3次，出现在5月、8月和9月（表14）。本年度除2月外，其余每月均有高原切变线生成（表11）。

2023年青藏高原切变线源地主要在青藏高原东部（表12）。移出高原的青藏高原切变线共3次（表14～表16），移出高原的地点在四川（表17）。

本年度高原切变线北、南两侧最大风速最多的频率分别是北侧为4～10m/s，约占91.8%；南侧为6～12m/s，约占74.0%（表18）。夏半年，高原切变线北、南两侧最大风速最多的频率分别是北侧为4～10m/s，约占93.3%；南侧为6～12m/s，约占78.3%（表19）。冬半年，高原切变线北、南两侧最大风速最多的频率分别是北侧为6～8m/s，约占53.9%；南侧为4～16m/s，约占84.6%（表20）。

全年除影响青藏高原以外，对我国其余地区有影响的高原切变线共有16次。其中2次高原切变线造成的过程降水量在100mm以上，它们是S2317和S2331高原切变线，分别在四川广汉和四川射洪，造成过程降水量分别为192.3mm和170.8mm，降水日数分别为1天和2天。

2023年对我国影响较大的高原切变线主要是S2317、S2331，其中S2317高原切变线是本年度大暴雨量级降水最大的一次过程。S2317高原切变线于7月13日20时在高原东南部岷县至白玉生成，切变线北、南两侧最大风速分别是6m/s、14m/s，之后切变线减弱消失。受其影响，四川东部地区出现暴雨到大暴雨，降水日数为1

天；西藏东部，青海南、东部，甘肃中、南部和四川西、北、中部等地区出现中到大雨，降水日数为1天。

S2331高原切变线于9月11日08时在高原南部昌都至班戈生成，是本年度历时最长、对我国西部地区降水影响较大的高原切变线。该切变线生成时北、南两侧最大风速分别是6m/s、10m/s，此切变线之后东南移。20时，切变线北、南两侧最大风速分别是8m/s、12m/s，之后切变线继续东南移。12日08时，切变线北、南两侧最大风速均为8m/s，之后切变线转西南移；20时，切变线北、南两侧最大风速均为6m/s，之后切变线又转东南移移出高原。13日08时，切变线北、南两侧最大风速均为6m/s，之后切变线继续东南移；20时，切变线北、南两侧最大风速分别是8m/s、6m/s，之后切变线减弱消失。在此切变线活动过程中，北侧风速先增强后减弱最后增强，南侧风速先增强后减弱最后维持。受其影响，四川、重庆、云南和贵州等部分地区出现暴雨到大暴雨，降水日数为1～2天。西藏、青海、甘肃和陕西等部分地区出现中到大雨，降水日数为1～2天。

8月10日20时生成于高原东部都兰至比如的S2324高原切变线是对青藏高原降水影响最大的高原切变线。10日20时切变线生成时，其北侧最大风速为6m/s，南侧最大风速为4m/s，之后切变线南移。11日08时，切变线北侧最大风速为6m/s，南侧最大风速为4m/s，之后切变线转南移；20时，切变线北、南两侧最大风速均为4m/s，之后切变线继续西南移。12日08时，切变线北侧最大风速增强为8m/s，南侧最大风速增强为6m/s，之后切变线减弱消失。受其影响，西藏南、中、东、北部，青海西南部，四川西、中、北部，甘肃南部和云南西北部部分地区出现中雨到大雨，青海东部局部出现暴雨，降水日数为1～3天。

表11 高原切变线出现次数

年＼月	1	2	3	4	5	6	7	8	9	10	11	12	合计
2023	1	0	2	2	3	5	8	9	2	3	1	1	37
几率/%	2.70	0.00	5.41	5.41	8.11	13.51	21.62	24.32	5.41	8.11	2.70	2.70	100

表12 高原东部切变线出现次数

年＼月	1	2	3	4	5	6	7	8	9	10	11	12	合计
2023	1	0	2	1	3	5	6	9	2	3	0	0	32
几率/%	3.12	0.00	6.25	3.12	9.38	15.63	18.75	28.12	6.25	9.38	0.00	0.00	100

表13 高原西部切变线出现次数

年＼月	1	2	3	4	5	6	7	8	9	10	11	12	合计
2023	0	0	0	1	0	0	2	0	0	0	1	1	5
几率/%	0.00	0.00	0.00	20.00	0.00	0.00	40.00	0.00	0.00	0.00	20.00	20.00	100

表14　高原切变线移出高原次数

月 年	1	2	3	4	5	6	7	8	9	10	11	12	合计
2023	0	0	0	0	1	0	0	1	1	0	0	0	3
移出几率/%	0.00	0.00	0.00	0.00	2.70	0.00	0.00	2.70	2.70	0.00	0.00	0.00	8.11
月移出率/%	0.00	0.00	0.00	0.00	33.33	0.00	0.00	33.33	33.33	0.00	0.00	0.00	100

表15　高原东部切变线移出高原次数

月 年	1	2	3	4	5	6	7	8	9	10	11	12	合计
2023	0	0	0	0	1	0	0	1	1	0	0	0	3
移出几率/%	0.00	0.00	0.00	0.00	2.70	0.00	0.00	2.70	2.70	0.00	0.00	0.00	8.11
月移出率/%	0.00	0.00	0.00	0.00	33.33	0.00	0.00	33.33	33.33	0.00	0.00	0.00	100

表16　高原西部切变线移出高原次数

月 年	1	2	3	4	5	6	7	8	9	10	11	12	合计
2023	0	0	0	0	0	0	0	0	0	0	0	0	0
移出几率/%	0.00	0.00	0.00	0.00	0.00	0.00	0.00	0.00	0.00	0.00	0.00	0.00	0.00
月移出率/%	0.00	0.00	0.00	0.00	0.00	0.00	0.00	0.00	0.00	0.00	0.00	0.00	0.00

表17 高原切变线移出高原的地区分布

地区 年	陕西	甘肃	宁夏	四川	重庆	贵州	云南	合计
2023				3				3
出高原率/%				100.00				100

表18 高原切变线两侧最大风速频率分布

最大风速/(m/s)	2	4	6	8	10	12	14	16	18	20	22	24	26	28	合计
北侧/%	6.85	23.29	27.39	26.03	15.07	1.37	0.00	0.00	0.00	0.00	0.00	0.00	0.00	0.00	100
南侧/%	4.11	9.58	19.18	19.18	17.81	17.81	6.85	2.74	0.00	1.37	0.00	0.00	0.00	1.37	100

表19　夏半年高原切变线两侧最大风速频率分布

最大风速/ (m/s)	2	4	6	8	10	12	14	16	18	20	22	24	26	28	合计
北侧/%	5.00	25.00	26.67	26.67	15.00	1.66	0.00	0.00	0.00	0.00	0.00	0.00	0.00	0.00	100
南侧/%	5.00	10.00	21.67	16.67	20.00	20.00	6.66	0.00	0.00	0.00	0.00	0.00	0.00	0.00	100

表20　冬半年高原切变线两侧最大风速频率分布

最大风速/ (m/s)	2	4	6	8	10	12	14	16	18	20	22	24	26	28	合计
北侧/%	15.38	15.38	30.77	23.09	15.38	0.00	0.00	0.00	0.00	0.00	0.00	0.00	0.00	0.00	100
南侧/%	0.00	7.69	7.69	30.78	7.69	7.69	7.69	15.39	0.00	7.69	0.00	0.00	0.00	7.69	100

高原切变线纪要表

序号	编号	中英文名称	起止日期(月.日)	最大风速/(m/s)		发现时起–终点经纬度	移出高原的地区	移出高原的时间	移出高原的风速/(m/s)		路径趋向	影响切变线移出高原的天气系统
				北侧	南侧				北侧	南侧		
1	S2301	石渠–班戈, Shiqu–Bange	1.4～1.6	10	28	98.4°E,32.7°N–90.0°E,30.3°N					西南移转东南移转东北移	
2	S2302	色达–安多, Seda–Anduo	3.9	6	14	100.0°E,32.7°N–91.9°E,32.8°N					原地生消	
3	S2303	黑水–囊谦, Heishui–Nangqian	3.28	4	12	102.8°E,32.3°N–96.5°E,32.0°N					原地生消	
4	S2304	昌都–当雄, Changdu–Dangxiong	4.9	8	8	98.4°E,30.6°N–91.0°E,30.4°N					原地生消	
5	S2305	米林–拉孜, Milin–Lazi	4.13～4.14	8	10	93.4°E,28.9°N–88.0°E,29.0°N					东南移转西移	
6	S2306	昌都–贡嘎, Changdu–Gongga	5.12～5.13	10	12	98.6°E,30.8°N–91.2°E,29.3°N					东南移	
7	S2307	昌都–嘉黎, Changdu–Jiali	5.17～5.18	10	12	98.8°E,30.7°N–92.7°E,30.3°N	石棉	5.18^{08}	10	12	东南移移出高原	青藏高压
8	S2308	玉树–安多, Yushu–Anduo	5.21	4	8	97.2°E,32.4°N–91.2°E,32.4°N					原地生消	
9	S2309	兴海–安多, Xinghai–Anduo	6.6	8	12	99.4°E,35.7°N–92.0°E,32.7°N					西南移	
10	S2310	昌都–安多, Changdu–Anduo	6.7～6.10	10	12	97.3°E,31.7°N–91.1°E,32.8°N					原地活动	

高原切变线纪要表（续-1）

序号	编号	中英文名称	起止日期（月.日）	最大风速/(m/s)		发现时起-终点经纬度	移出高原的地区	移出高原的时间	移出高原的风速/(m/s)		路径趋向	影响切变线移出高原的天气系统
				北侧	南侧				北侧	南侧		
11	S2311	新龙-当雄 Xinlong-Dangxiong	6.11	6	10	100.5°E,31.0°N-91.6°E,30.4°N					东南移	
12	S2312	兴海-治多 Xinghai-Zhiduo	6.15	6	12	99.9°E,35.5°N-94.9°E,34.5°N					西南移	
13	S2313	尖扎-曲麻莱 Jianzha-Qumalai	6.28	4	14	101.9°E,36.0°N-93.9°E,35.5°N					原地生消	
14	S2314	波密-申扎 Bomi-Shenzha	7.3	4	4	96.0°E,30.2°N-88.6°E,30.5°N					原地生消	
15	S2315	青川-白玉 Qingchuan-Baiyu	7.7	8	8	104.8°E,32.6°N-99.4°E,30.7°N					原地生消	
16	S2316	刚察-囊谦 Gangcha-Nangqian	7.10～7.11	10	14	99.9°E,37.1°N-96.6°E,31.9°N					东移	
17	S2317	岷县-白玉 Minxian-Baiyu	7.13	6	14	104.1°E,34.6°N-99.0°E,30.8°N					原地生消	
18	S2318	茂县-林芝 Maoxian-Linzhi	7.14	8	12	103.5°E,32.0°N-93.8°E,30.1°N					原地生消	
19	S2319	洛隆-拉孜 Luolong-Lazi	7.15	2	2	95.8°E,30.4°N-87.4°E,29.4°N					原地生消	
20	S2320	白玉-当雄 Baiyu-Dangxiong	7.18	4	2	99.6°E,31.2°N-91.1°E,30.5°N					原地生消	

高原切变线纪要表（续–2）

序号	编号	中英文名称	起止日期(月.日)	最大风速/(m/s)		发现时起–终点经纬度	移出高原的地区	移出高原的时间	移出高原的风速/(m/s)		路径趋向	影响切变线移出高原的天气系统
				北侧	南侧				北侧	南侧		
21	S2321	若尔盖–囊谦, Ruo'ergai–Nangqian	7.23	8	12	103.2°E,33.6°N–96.7°E,32.2°N					原地生消	
22	S2322	大柴旦–那曲, Dachaidan–Naqu	8.2～8.3	10	10	94.3°E,37.8°N–91.9°E,32.1°N					东南移转西南移	
23	S2323	兴海–沱沱河, Xinghai–Tuotuohe	8.8～8.9	4	10	99.3°E,36.0°N–92.3°E,33.2°N					东移	
24	S2324	都兰–比如, Dulan–Biru	8.10～8.12	8	6	99.0°E,35.9°N–93.2°E,31.5°N					南移转西南移	
25	S2325	德令哈–安多, Delingha–Anduo	8.14	4	12	97.0°E,37.8°N–90.6°E,32.7°N					西南移	
26	S2326	德令哈–安多, Delingha–Anduo	8.16～8.17	6	12	97.1°E,37.6°N–91.1°E,32.5°N					东南移转东北移再转东南移	
27	S2327	迭部–左贡, Diebu–Zuogong	8.19～8.20	10	10	103.6°E,34.2°N–98.2°E,29.7°N					南移	
28	S2328	乡城–当雄, Xiangcheng–Dangxiong	8.21	6	4	99.7°E,29.3°N–90.7°E,30.7°N					原地生消	
29	S2329	玉树–安多, Yushu–Anduo	8.26	4	10	97.3°E,32.5°N–90.7°E,33.1°N					原地生消	

高原切变线纪要表（续-3）

序号	编号	中英文名称	起止日期(月.日)	最大风速/(m/s)		发现时起-终点经纬度	移出高原的地区	移出高原的时间	移出高原的风速/(m/s)		路径趋向	影响切变线移出高原的天气系统
				北侧	南侧				北侧	南侧		
30	S2330	泽库-木里，Zeku-Muli	8.31～9.1	10	10	101.2°E,35.2°N-101.0°E,28.0°N	江油	9.1^{08}	8	8	东北移移出高原继续东北移	青藏高压
31	S2331	昌都-班戈，Changdu-Bange	9.11～9.13	8	12	97.7°E,32.2°N-90.4°E,31.8°N	宁南	9.13^{08}	6	6	东南移转西南移再转东南移移出高原继续东南移	青藏高压
32	S2332	玛多-安多，Maduo-Anduo	9.16	12	14	99.1°E,34.6°N-91.5°E,32.6°N					原地生消	
33	S2333	白玉-当雄，Baiyu-Dangxiong	10.8	8	10	99.5°E,31.0°N-91.1°E,30.8°N					原地生消	
34	S2334	兴海-曲麻莱，Xinghai-Qumalai	10.24	2	12	99.6°E,35.6°N-93.2°E,35.0°N					原地生消	
35	S2335	昌都-那曲，Changdu-Naqu	10.26	6	8	97.7°E,32.2°N-91.5°E,31.1°N					原地生消	
36	S2336	米林-江孜，Milin-Jiangzi	11.21～11.22	8	20	94.7°E,29.1°N-89.5°E,29.0°N					东南移	
37	S2337	米林-日喀则，Milin-Rikaze	12.5	4	8	94.5°E,29.0°N-89.1°E,29.2°N					原地生消	

高原切变线对我国影响简表

序号	编号	简述活动的情况	高原切变线对我国的影响			
			项目	时间(月.日)	概况	极值
1	S2301	高原南部西南移转东南移转东北移	降水	1.4～1.6	西藏东北部和四川西北部个别地区降水量为0.2～1mm，降水日数为1天	西藏类乌齐 0.9mm（1天）
2	S2302	高原东部原地生消	降水	3.9	西藏中、东北部，青海南部和四川西北部地区降水量为0.2～5mm，降水日数为1天	青海杂多 4.8mm（1天）
3	S2303	高原东南部原地生消	降水	3.28	西藏中、东北部，青海南部，四川西、北、中部和甘肃西南部地区降水量为0.1～11mm，降水日数为1天	西藏米林 10.4mm（1天）
4	S2304	高原南部原地生消	降水	4.9	西藏东北部和四川西北部个别地区降水量为0.5～3mm，降水日数为1天	西藏洛隆 2.6mm（1天）
5	S2305	高原南部东南移转西移	降水	4.13～4.14	西藏南部地区降水量为0.2～12mm，降水日数为1天	西藏加查 11.9mm（1天）
6	S2306	高原东南部东南移	降水	5.12～5.13	西藏中、南、东部和四川西部地区降水量为0.1～20mm，降水日数为1~2天	西藏米林 19.2mm（2天）
7	S2307	高原东南部东南移移出高原	降水	5.17～5.18	西藏中、东北部，四川中、南、东部，重庆西部，云南东北部和贵州西、北部地区降水量为0.1～37mm，降水日数为1天	四川甘洛 37.0mm（1天）
8	S2308	高原南部原地生消	降水	5.21	西藏中、东北部，青海南部和四川西北部个别地区降水量为0.1～19mm，降水日数为1天	西藏比如 18.7mm（1天）
9	S2309	高原东部西南移	降水	6.6	青海南部和西藏北部、四川西北部个别地区降水量为0.1～17mm，降水日数为1天	青海同德 16.1mm（1天）
10	S2310	高原中部原地活动	降水	6.7～6.10	西藏中、东北、东部，青海南部和四川西北部地区降水量为0.1～32mm，降水日数为1~4天	青海玉树 31.5mm（4天）
11	S2311	高原东南部东南移	降水	6.11	西藏北、南、东部，青海南部，四川西部和云南西北部地区降水量为0.1～59mm，降水日数为1天	云南贡山 58.3mm（1天）

高原切变线对我国影响简表（续-1）

序号	编号	简述活动的情况	高原切变线对我国的影响			
			项目	时间（月.日）	概况	极值
12	S2312	高原东部西南移	降水	6.15	西藏中、北、东部，青海南部和四川西北部地区降水量为0.1～41mm，降水日数为1天	四川雅江 40.2mm（1天）
13	S2313	高原东北部原地生消	降水	6.28	西藏东北部，青海南、东部，甘肃西南部和四川西北部地区降水量为0.1～33mm，降水日数为1天	四川马尔康 32.4mm（1天）
14	S2314	高原南部原地生消	降水	7.3	西藏南、中、东北部和青海南部地区降水量为0.1～29mm，降水日数为1天	西藏墨竹工卡 28.5mm（1天）
15	S2315	高原东南部原地生消	降水	7.7	西藏东部，青海南部，四川西、北、南部，甘肃西南部和云南东北部地区降水量为0.1～29mm，降水日数为1天	四川九龙 28.4mm（1天）
16	S2316	高原东部东移	降水	7.10～7.11	西藏东北部，青海南、东部，甘肃南部和四川西、北部地区降水量为0.1～49mm，降水日数为1～2天	甘肃合作 48.3mm（2天）
17	S2317	高原东南部原地生消	降水	7.13	西藏东部，青海南、东部，甘肃中、南部和四川西、北、中、东部地区降水量为0.2～193mm，降水日数为1天。其中四川有成片降水量大于50mm的降水区，降水日数为1天	四川广汉 192.3mm（1天）
18	S2318	高原东南部原地生消	降水	7.14	西藏东北部，青海、甘肃南部，四川西、北、南、中部，云南北部和贵州西北部地区降水量为0.1～67mm，降水日数为1天	四川喜德 66.6mm（1天）
19	S2319	高原南部原地生消	降水	7.15	西藏中、北、南、东部和青海、四川西部个别地区降水量为0.1～41mm，降水日数为1天	西藏隆子 40.9mm（1天）
20	S2320	高原南部原地生消	降水	7.18	西藏东部、青海南部和四川西部地区降水量为0.1～16mm，降水日数为1天	西藏拉萨 15.4mm（1天）

高原切变线对我国影响简表（续-2）

序号	编号	简述活动的情况	高原切变线对我国的影响			
			项目	时间（月.日）	概况	极值
21	S2321	高原东部原地生消	降水	7.23	青海南部、甘肃西南部、四川西北部和西藏东北部个别地区降水量为0.1～26mm，降水日数为1天	青海囊谦 25.4mm（1天）
22	S2322	高原中部东南移转西南移	降水	8.2～8.3	西藏中、东北部，青海西、中、南、东部，四川西部和甘肃西南部个别地区降水量为0.2～55mm，降水日数为1~2天	西藏安多 54.1mm（2天）
23	S2323	高原东部东移	降水	8.8～8.9	西藏北部，青海西、中、东部和甘肃西南部地区降水量0.1～37mm，降水日数为1～2天	青海同德 36.4mm（1天）
24	S2324	高原东部南移转西南移	降水	8.10～8.12	西藏南、中、东、北部，青海西南、东部，四川西、中、北部，甘肃南部和云南西北部地区降水量为0.1～82mm，降水日数为1~3天	青海玛多 81.8mm（2天）
25	S2325	高原东部西南移	降水	8.14	西藏北部，青海西、南、中、东北部和四川西北部个别地区降水量为0.1～29mm，降水日数为1天	青海清水河 28.3mm（1天）
26	S2326	高原中部东南移转东北移再转东南移	降水	8.16～8.17	西藏东、东北部，青海中、南、东部，甘肃中、南部和四川西、北部地区降水量为0.1～52mm，降水日数为1～2天	甘肃玛曲 51.1mm（2天）
27	S2327	高原东南部南移	降水	8.19～8.20	西藏东北部，青海南、东部，甘肃西南部，四川大部和云南西北部地区降水量为0.1～55mm，降水日数为1～2天	四川资中 55.0mm（1天）
28	S2328	高原南部原地生消	降水	8.21	西藏南、中、北、东部，青海南部，四川西部和云南西北部地区降水量为0.1～81mm，降水日数为1天	云南永胜 80.3mm（1天）
29	S2329	高原中部原地生消	降水	8.26	西藏南、中、北、东北部，青海西、南部和四川西北部个别地区降水量为0.1～35mm，降水日数为1天	西藏嘉黎 34.3mm（1天）

高原切变线对我国影响简表（续-3）

序号	编号	简述活动的情况	高原切变线对我国的影响			
			项目	时间（月.日）	概况	极值
30	S2330	高原东南部东北移移出高原继续东北移	降水	8.31～9.1	西藏东部，青海、甘肃、宁夏南部，四川西、北、南、中部，云南北部和陕西西南部个别地区降水量为0.1～25mm，降水日数为1～2天	四川雅江 24.5mm（2天）
31	S2331	高原南部东南移转西南移再转东南移移出高原继续东南移	降水	9.11～9.13	西藏东部，青海、陕西南部，四川大部，重庆西、中、北部，云南西、东北部，贵州西北部和甘肃南部个别地区降水量为0.1～171mm，降水日数为1～3天。其中四川、重庆有成片降水量大于50mm的降水区，降水日数为1～2天	四川射洪 170.8mm（2天）
32	S2332	高原中部原地生消	降水	9.16	西藏北部、青海南部和四川西北部地区降水量为0.1～5mm，降水日数为1天	青海治多 4.6mm（1天）
33	S2333	高原南部原地生消	降水	10.8	西藏北、东部，青海南部和四川西北部地区降水量为0.1～17mm，降水日数为1天	四川雅江 16.7mm（1天）
34	S2334	高原北部原地生消	降水	10.24	西藏东北部和青海南部地区降水量为0.1～7mm，降水日数为1天	青海清水河 6.8mm（1天）
35	S2335	高原南部原地生消	降水	10.26	西藏东、东北部，青海南部和四川西北部个别地区降水量为0.1～15mm，降水日数为1天	西藏嘉黎 14.5mm（1天）
36	S2336	高原南部东南移	降水	11.21～11.22	西藏东部、四川西部和云南西北部个别地区降水量为0.1～6mm，降水日数为1天	西藏米林 5.7mm（1天）
37	S2337	高原南部原地生消	降水	12.5	西藏中、东北部地区降水量为0.1～11mm，降水日数为1天	西藏申扎 10.1mm（1天）

2023年高原切变线编号、名称、日期对照表

未移出高原的高原切变线		移出高原的高原切变线
① S2301 石渠–班戈	⑧ S2308 玉树–安多	⑦ S2307 昌都–嘉黎
Shiqu–Bange	Yushu–Anduo	Changdu–Jiali
1.4～1.6	5.21	5.17～5.18
② S2302 色达–安多	⑨ S2309 兴海–安多	㉚ S2330 泽库–木里
Seda–Anduo	Xinghai–Anduo	Zeku–Muli
3.9	6.6	8.31～9.1
③ S2303 黑水–囊谦	⑩ S2310 昌都–安多	㉛ S2331 昌都–班戈
Heishui–Nangqian	Changdu–Anduo	Changdu–Bange
3.28	6.7～6.10	9.11～9.13
④ S2304 昌都–当雄	⑪ S2311 新龙–当雄	
Changdu–Dangxiong	Xinlong–Dangxiong	
4.9	6.11	
⑤ S2305 米林–拉孜	⑫ S2312 兴海–治多	
Milin–Lazi	Xinghai–Zhiduo	
4.13～4.14	6.15	
⑥ S2306 昌都–贡嘎	⑬ S2313 尖扎–曲麻莱	
Changdu–Gongga	Jianzha–Qumalai	
5.12～5.13	6.28	

2023年高原切变线编号、名称、日期对照表（续-1）

未移出高原的高原切变线		
⑭ S2314 波密-申扎	⑳ S2320 白玉-当雄	㉖ S2326 德令哈-安多
Bomi-Shenzha	Baiyu-Dangxiong	Delingha-Anduo
7.3	7.18	8.16～8.17
⑮ S2315 青川-白玉	㉑ S2321 若尔盖-囊谦	㉗ S2327 迭部-左贡
Qingchuan-Baiyu	Ruo'ergai-Nangqian	Diebu-Zuogong
7.7	7.23	8.19～8.20
⑯ S2316 刚察-囊谦	㉒ S2322 大柴旦-那曲	㉘ S2328 乡城-当雄
Gangcha-Nangqian	Dachaidan-Naqu	Xiangcheng-Dangxiong
7.10～7.11	8.2～8.3	8.21
⑰ S2317 岷县-白玉	㉓ S2323 兴海-沱沱河	㉙ S2329 玉树-安多
Minxian-Baiyu	Xinghai-Tuotuohe	Yushu-Anduo
7.13	8.8～8.9	8.26
⑱ S2318 茂县-林芝	㉔ S2324 都兰-比如	㉜ S2332 玛多-安多
Maoxian-Linzhi	Dulan-Biru	Maduo-Anduo
7.14	8.10～8.12	9.16
⑲ S2319 洛隆-拉孜	㉕ S2325 德令哈-安多	㉝ S2333 白玉-当雄
Luolong-Lazi	Delingha-Anduo	Baiyu-Dangxiong
7.15	8.14	10.8

2023年高原切变线编号、名称、日期对照表（续-2）

未移出高原的高原切变线	
㉞ S2334 兴海–曲麻莱	㊱ S2336 米林–江孜
Xinghai–Qumalai	Milin–Jiangzi
10.24	11.21～11.22
㉟ S2335 昌都–那曲	㊲ S2337 米林–日喀则
Changdu–Naqu	Milin–Rikaze
10.26	12.5

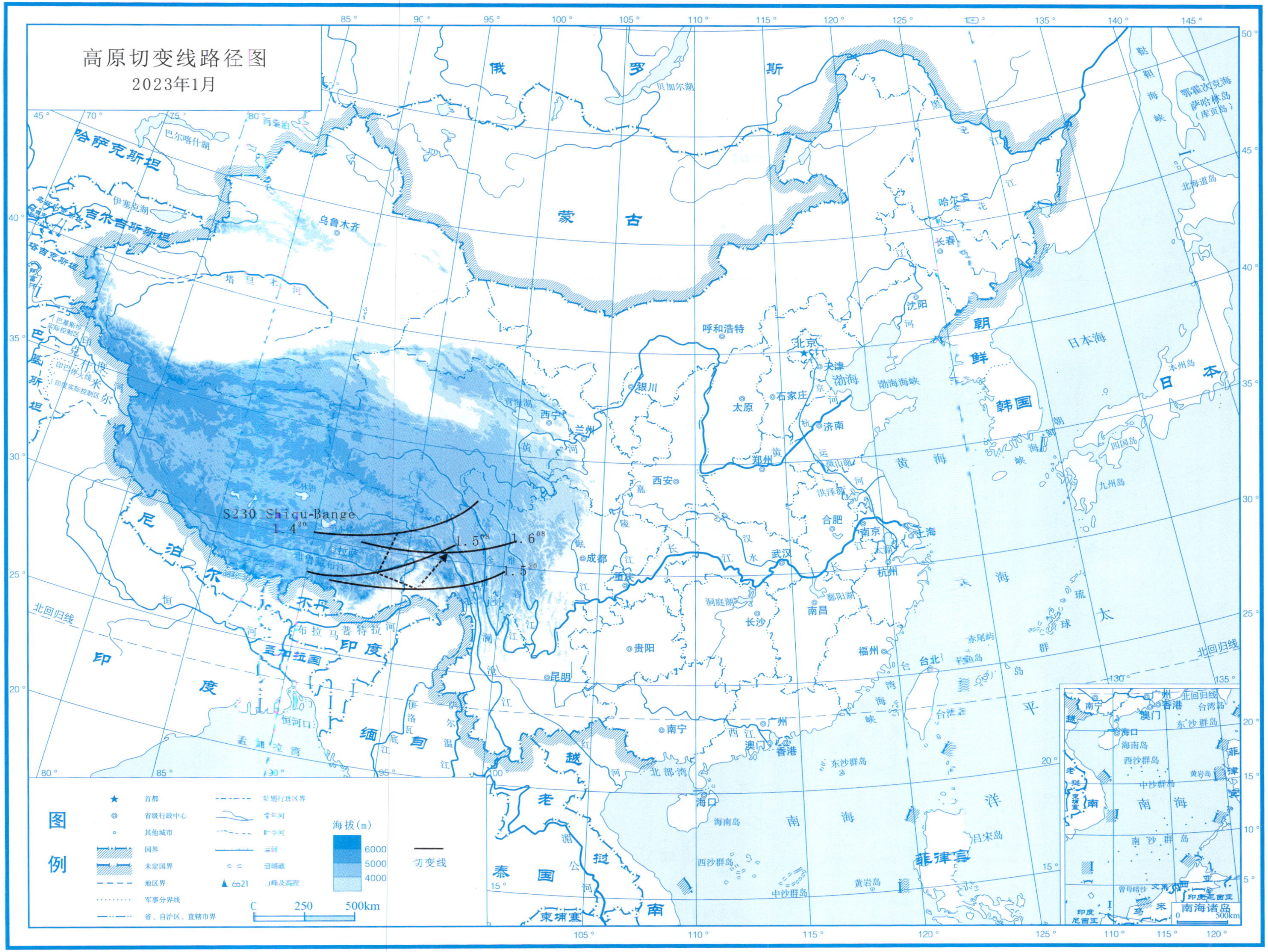
高原切变线路径图
2023年1月
S230 Shiqu-Bange
1.4 20
1.5 08
1.6 08
1.5 20
图例
首都
省级行政中心
其他城市
国界
未定国界
地区界
军事分界线
省、自治区、直辖市界
海拔(m)
6000
5000
4000
切变线
0 250 500km

高原切变线路径图

2023年3月

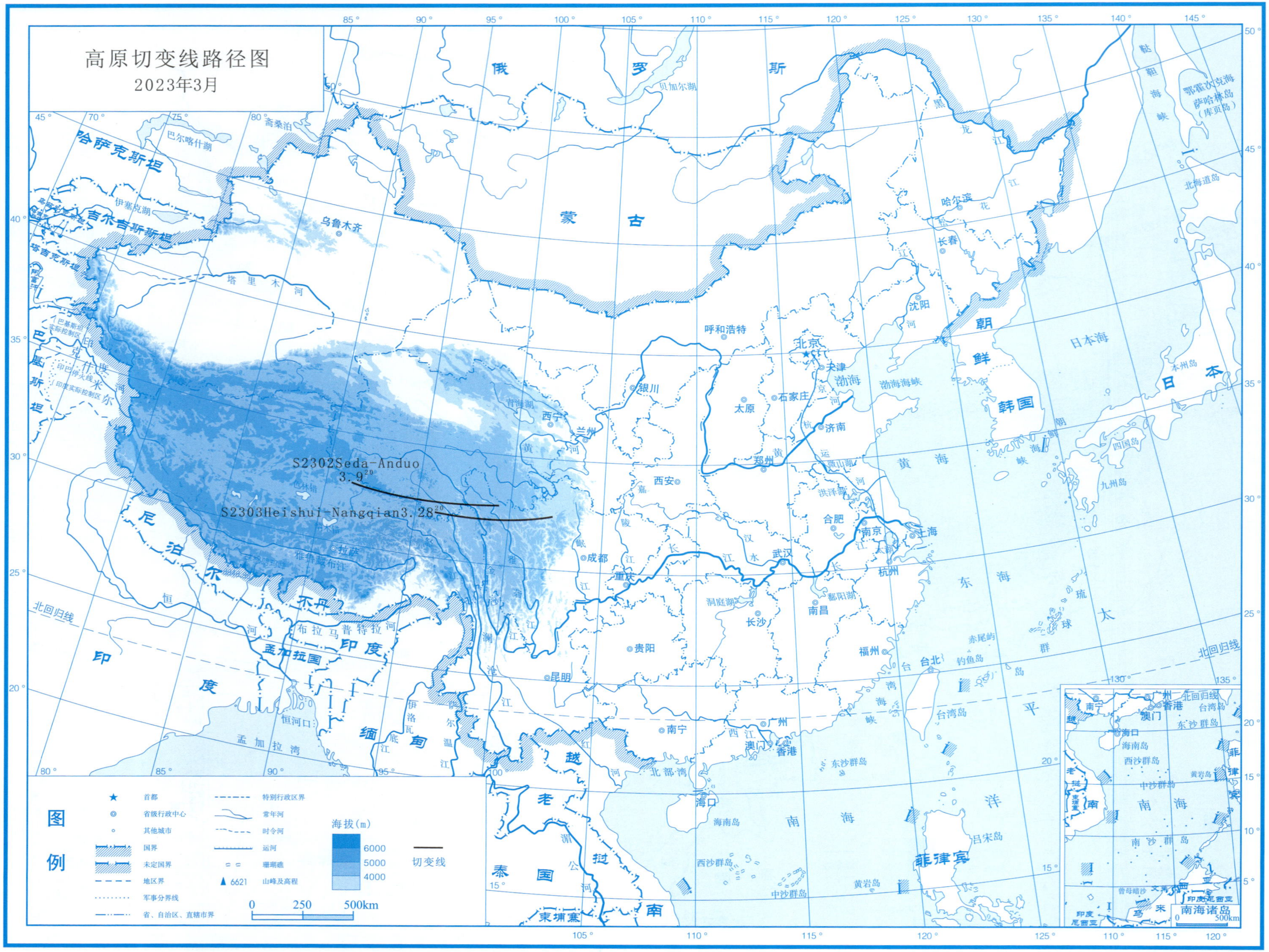

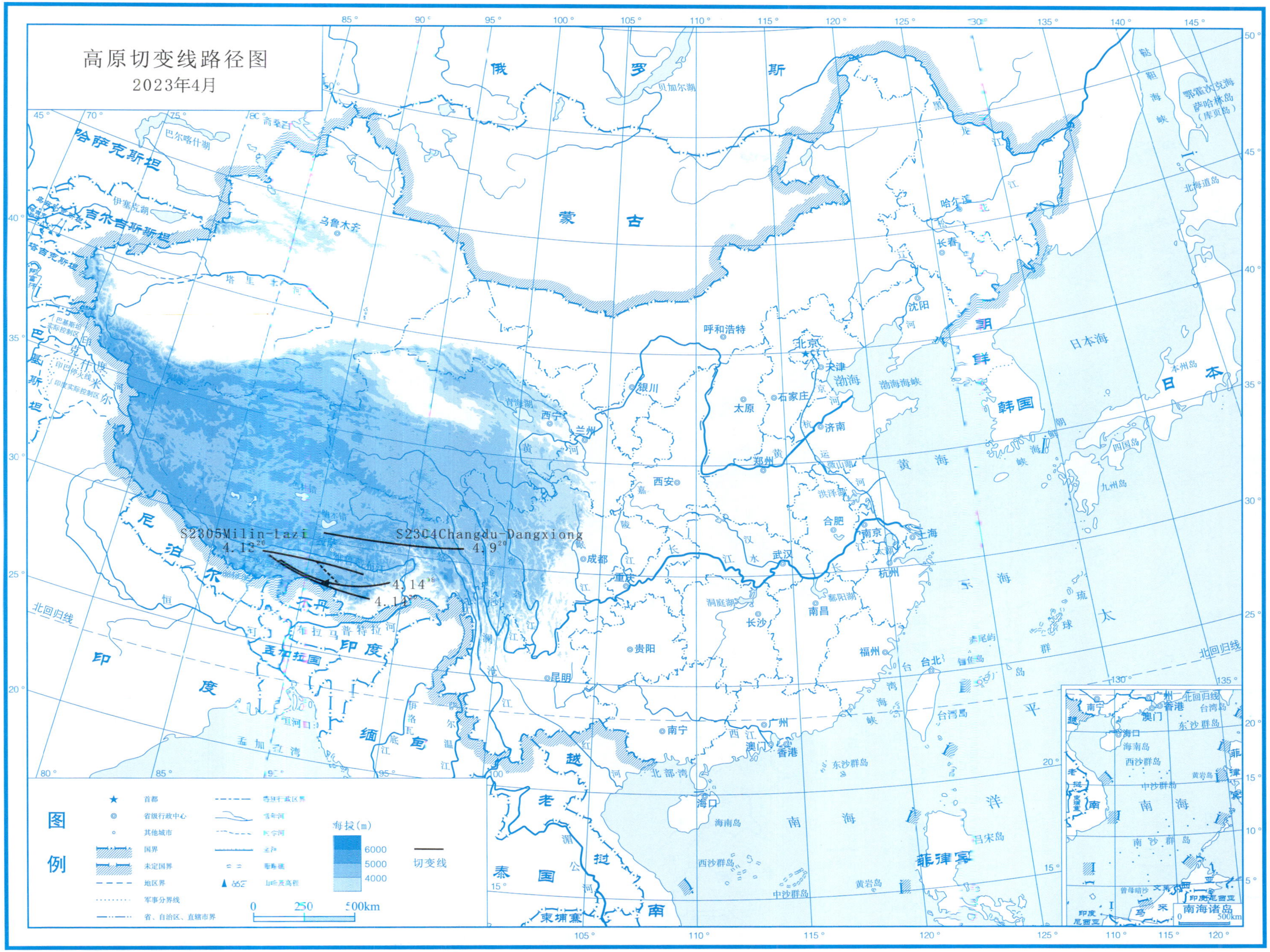
高原切变线路径图
2023年4月
S2305Milin-Lazi
4.13^20
S2304Changdu-Dangxiong
4.9^20
4.14^08
4.14^20
图例
首都
省级行政中心
其他城市
国界
未定国界
地区界
军事分界线
省、自治区、直辖市界
海拔(m)
6000
5000
4000
切变线
0 250 500km
南海诸岛

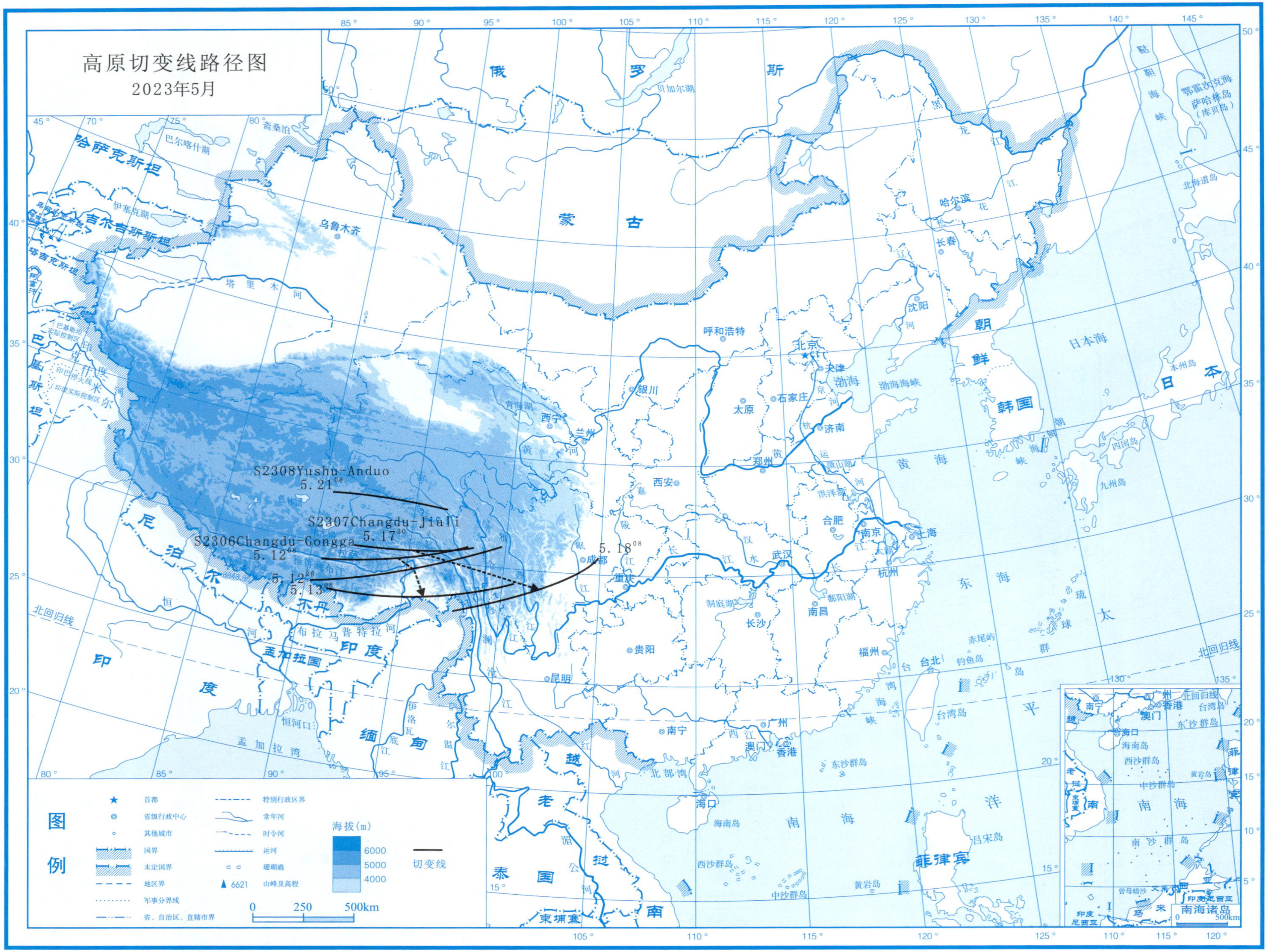
高原切变线路径图
2023年5月
S2308Yushu-Anduo
5.21[08]
S2307Changdu-Jiali
5.17[20]
S2306Changdu-Gongga
5.12[08]
5.18[08]
5.12[20]
5.13[08]
图例
首都
省级行政中心
其他城市
国界
未定国界
地区界
军事分界线
省、自治区、直辖市界
特别行政区界
常年河
时令河
运河
珊瑚礁
山峰及高程
海拔(m)
6000
5000
4000
切变线
0 250 500km
南海诸岛

高原切变线路径图

2023年6月(a)

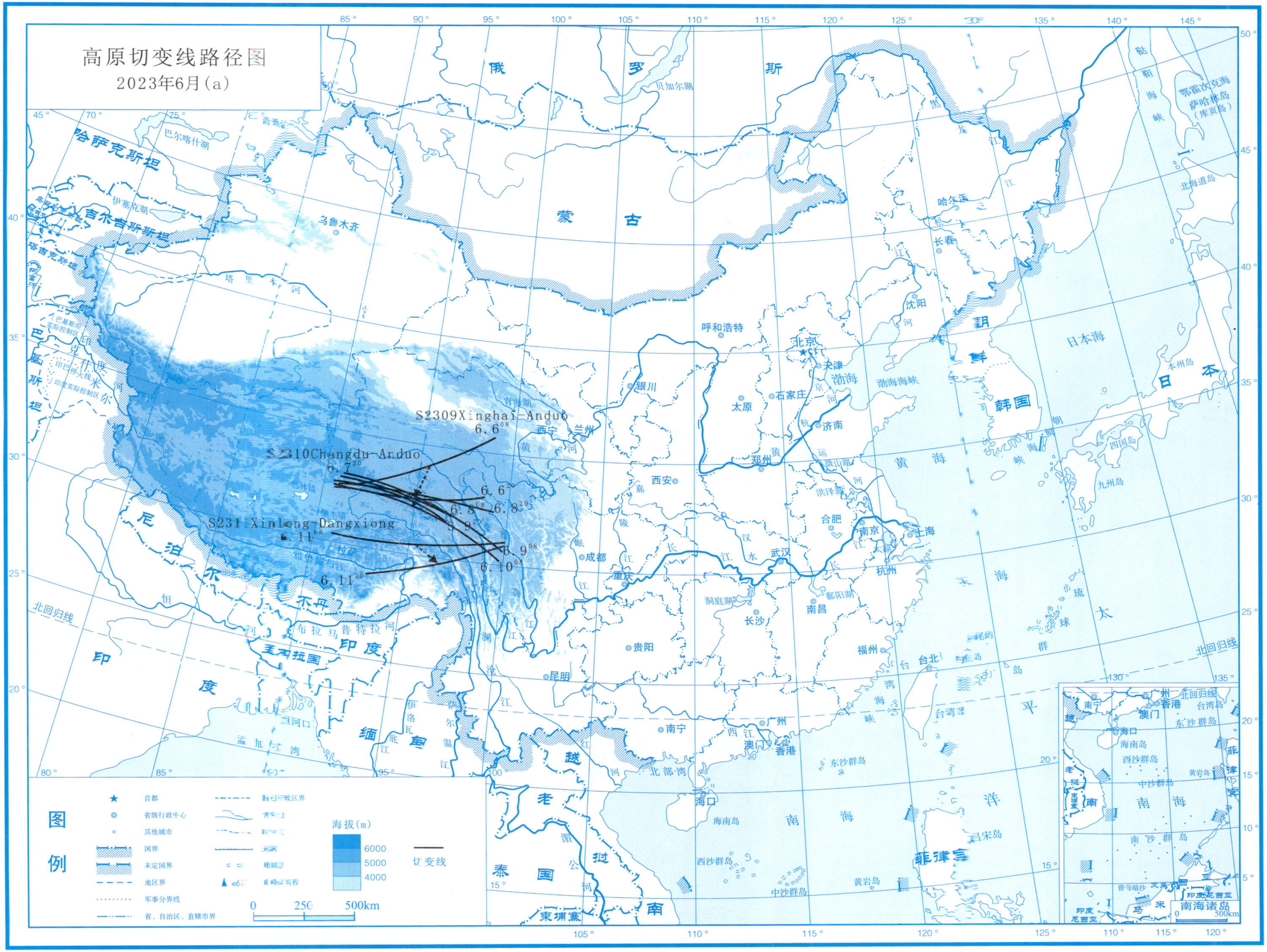

高原切变线路径图

2023年6月(b)

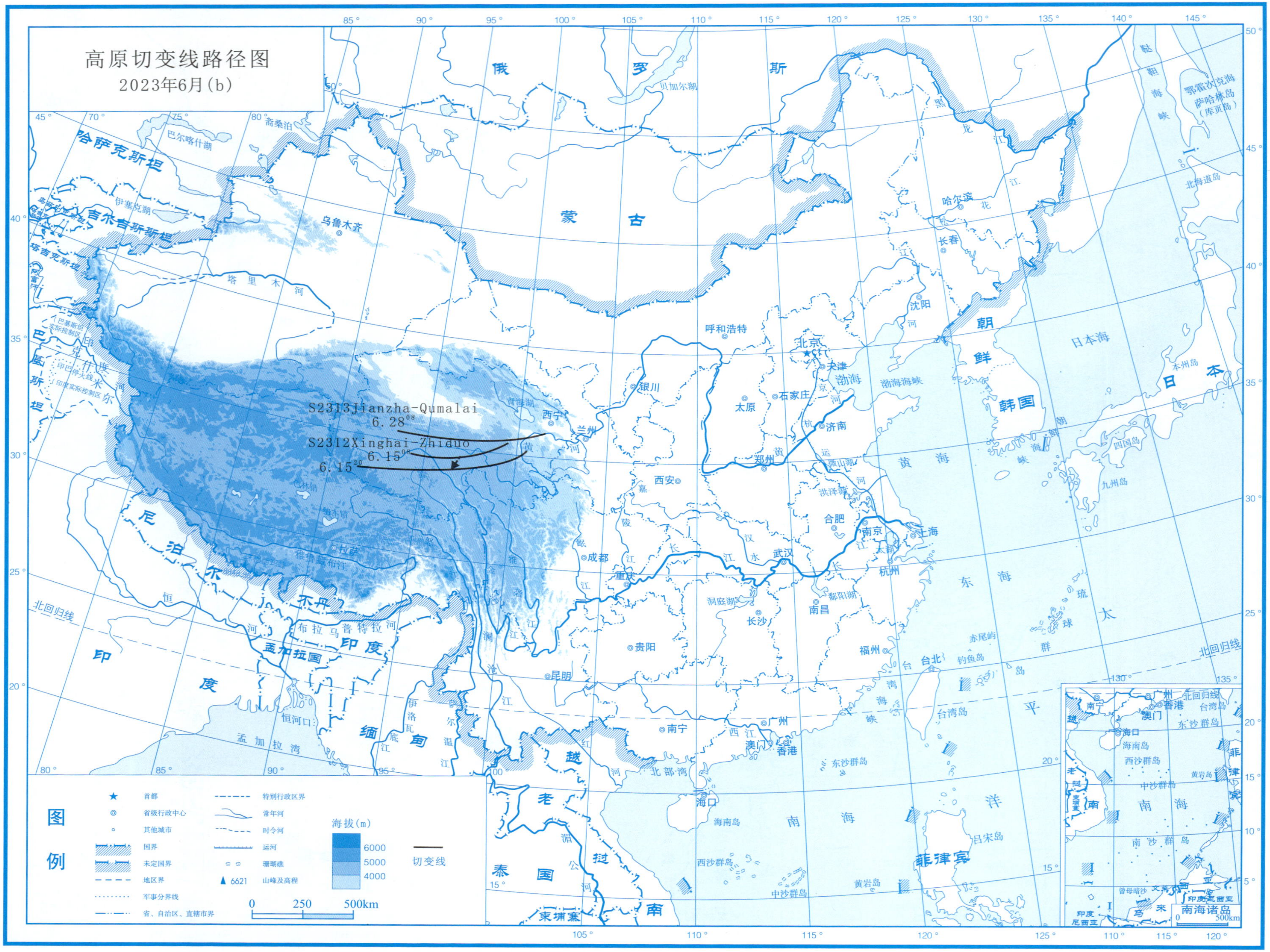

高原切变线路径图

2023年7月(a)

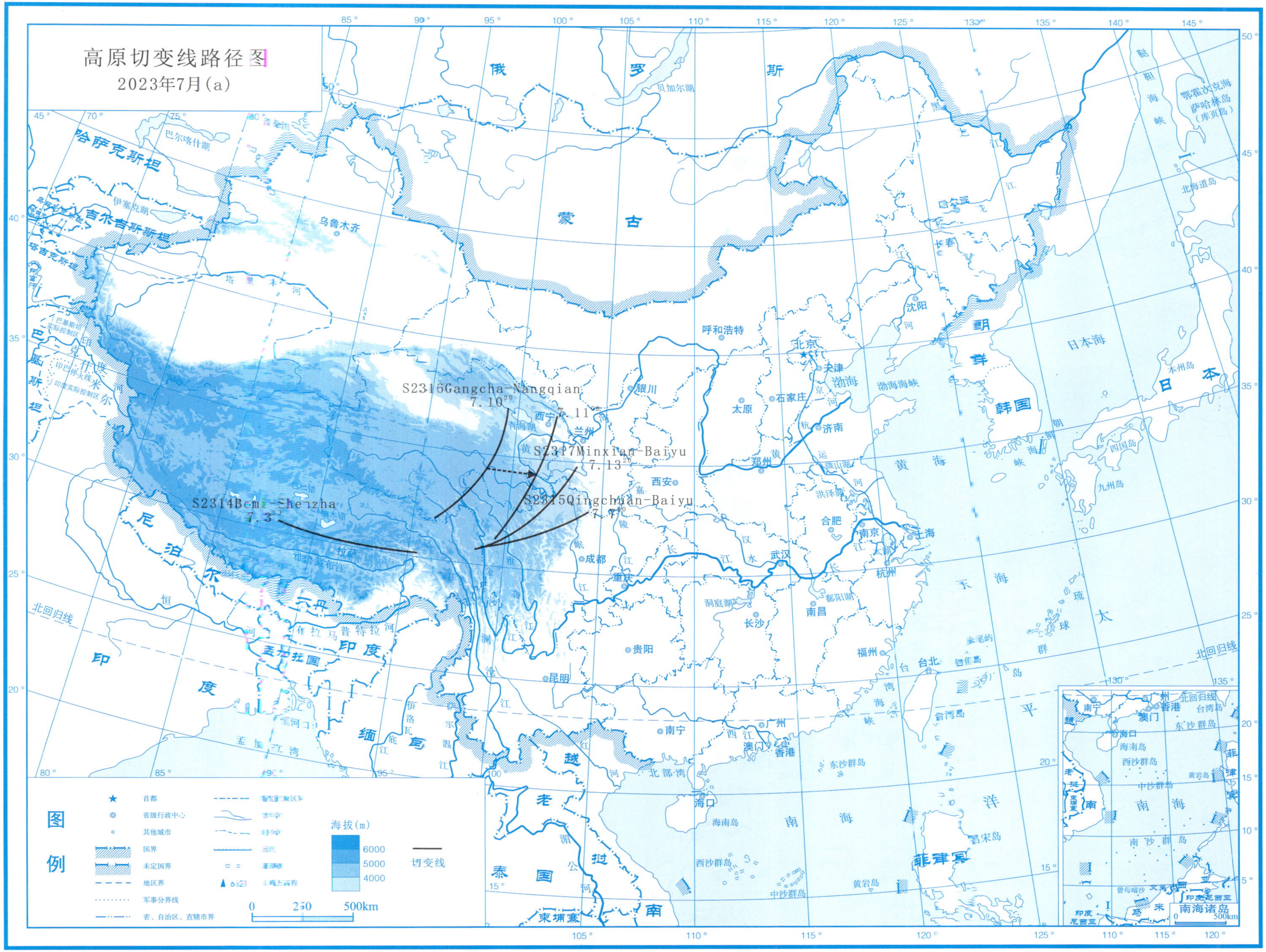

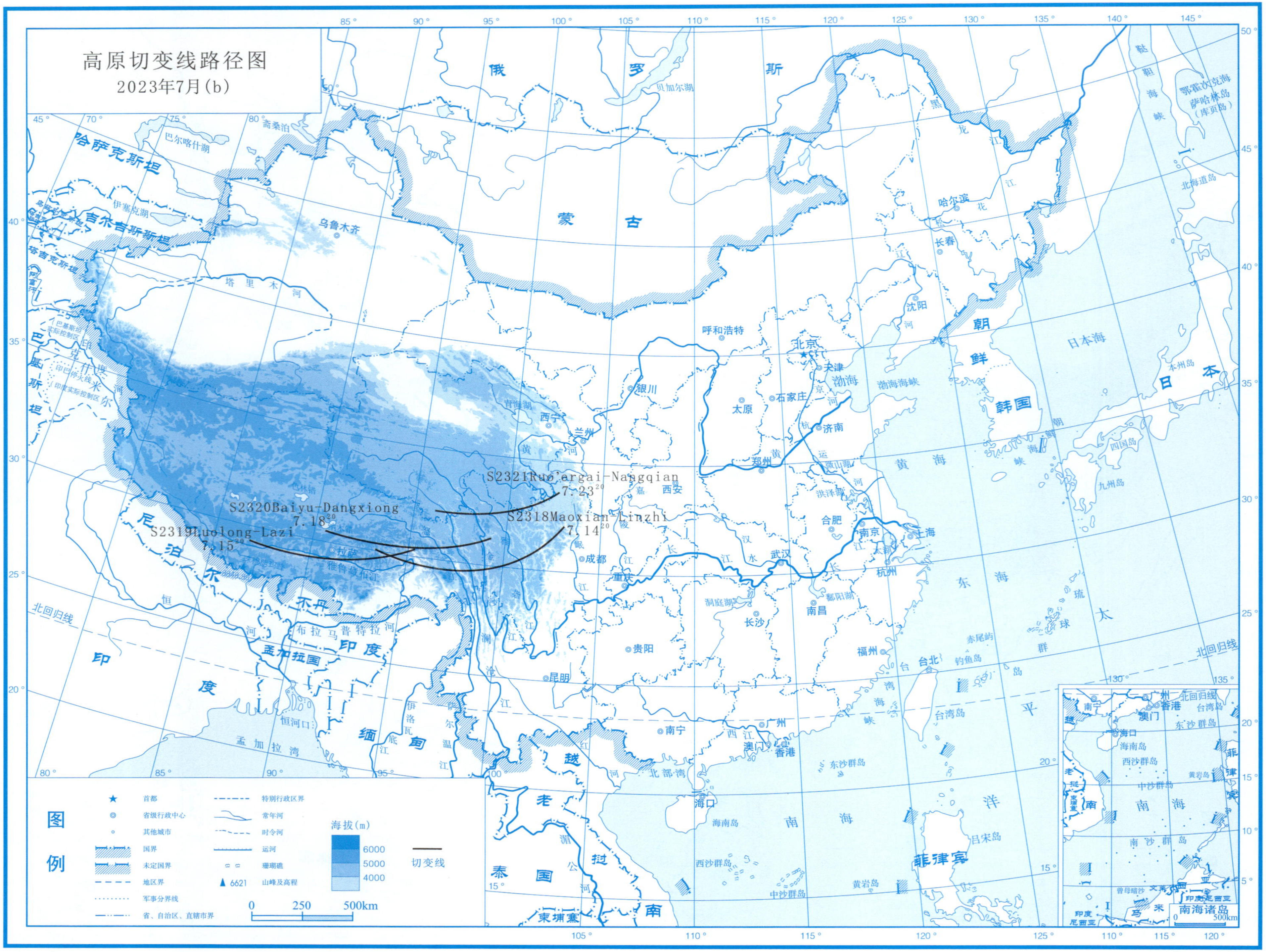

高原切变线路径图
2023年7月(b)
S2321Ruo'ergai-Nangqian
7.23 20
S2320Baiyu-Dangxiong
7.18 20
S2318Maoxian-Linzhi
7.14 20
S2319Luolong-Lazi
7.15 20
图例
首都
省级行政中心
其他城市
国界
未定国界
地区界
军事分界线
省、自治区、直辖市界
特别行政区界
常年河
时令河
运河
珊瑚礁
山峰及高程
海拔(m)
6000
5000
4000
切变线
0 250 500km
南海诸岛

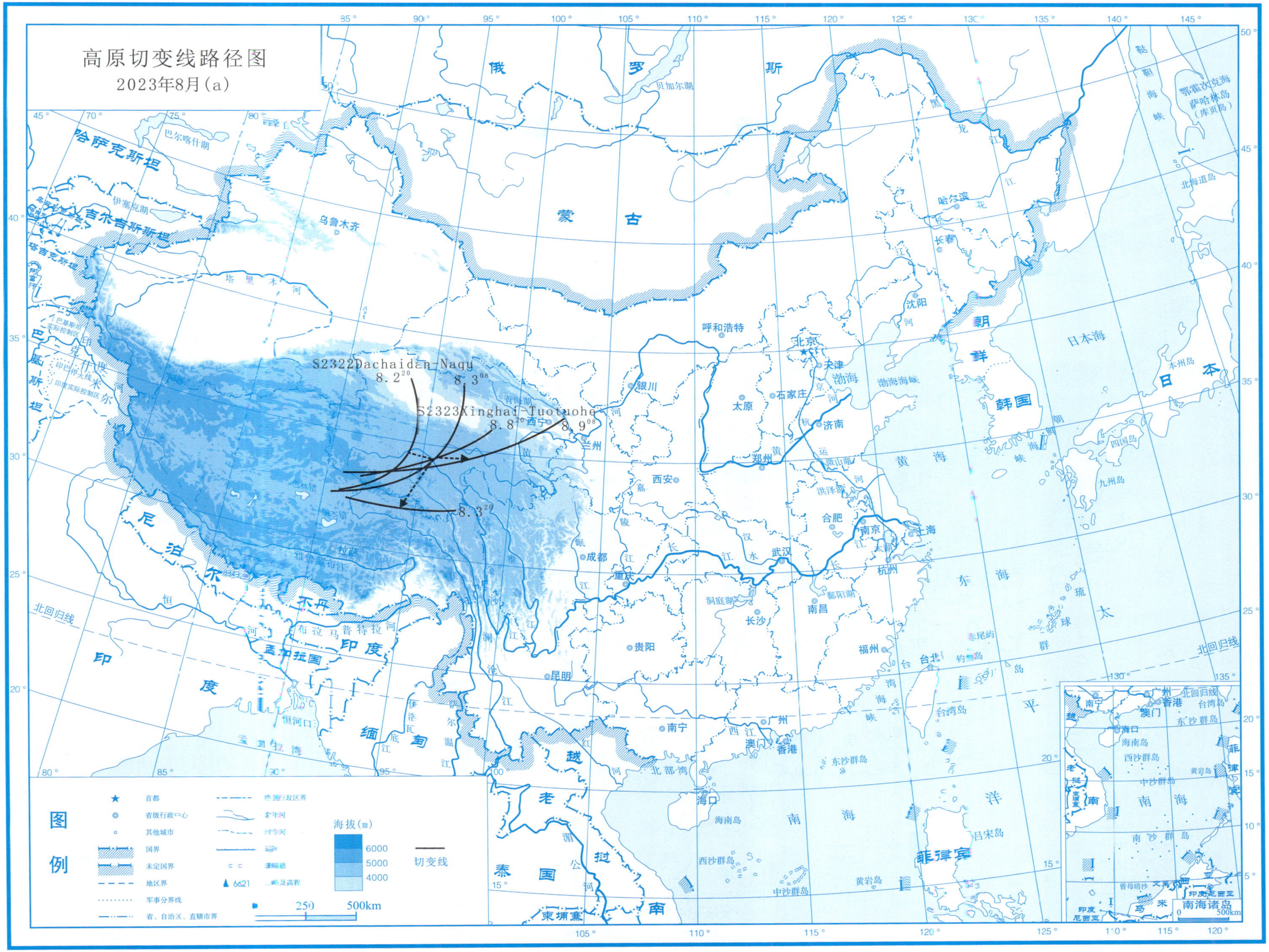
高原切变线路径图
2023年8月(a)
S2322Dachaidan-Naqu
8.2 20
8.3 08
S2323Xinghai-Tuotuohe
8.8 20
8.9 08
8.3 20
图例
首都
省级行政中心
其他城市
国界
未定国界
地区界
军事分界线
省、自治区、直辖市界
海拔(m)
6000
5000
4000
切变线
250
500km
南海诸岛

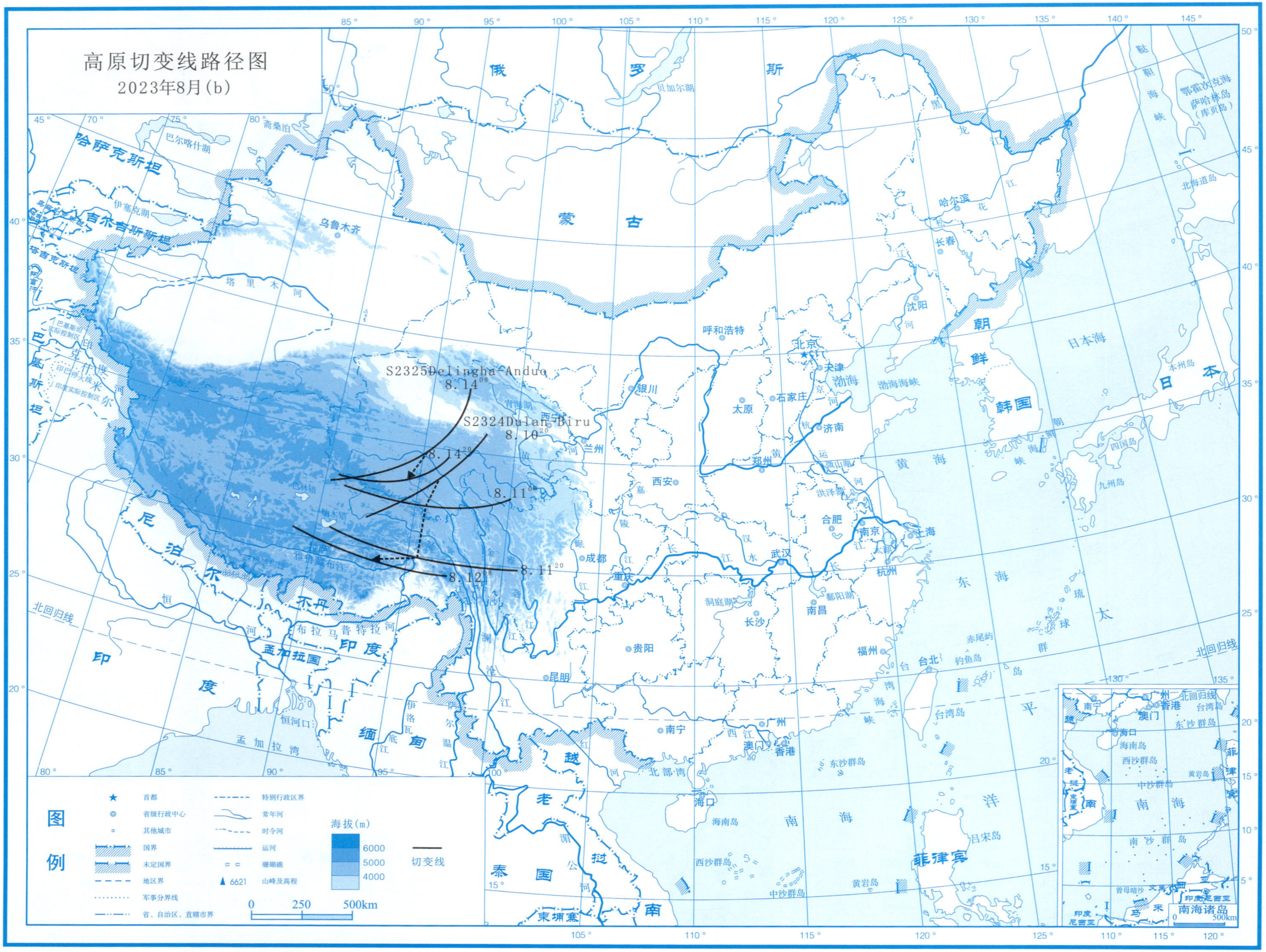

高原切变线路径图

2023年8月(b)

高原切变线路径图

2023年8月(c)

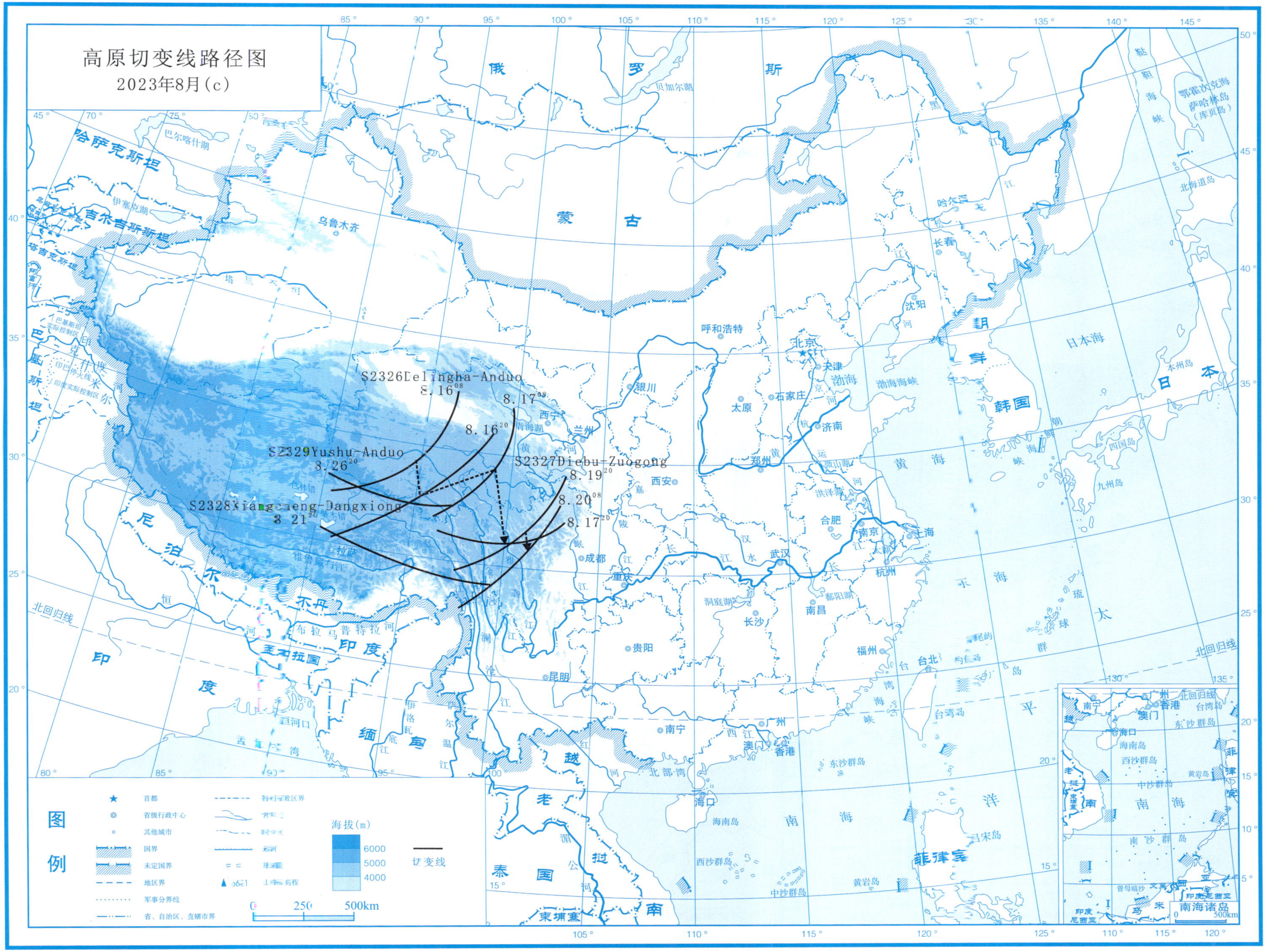

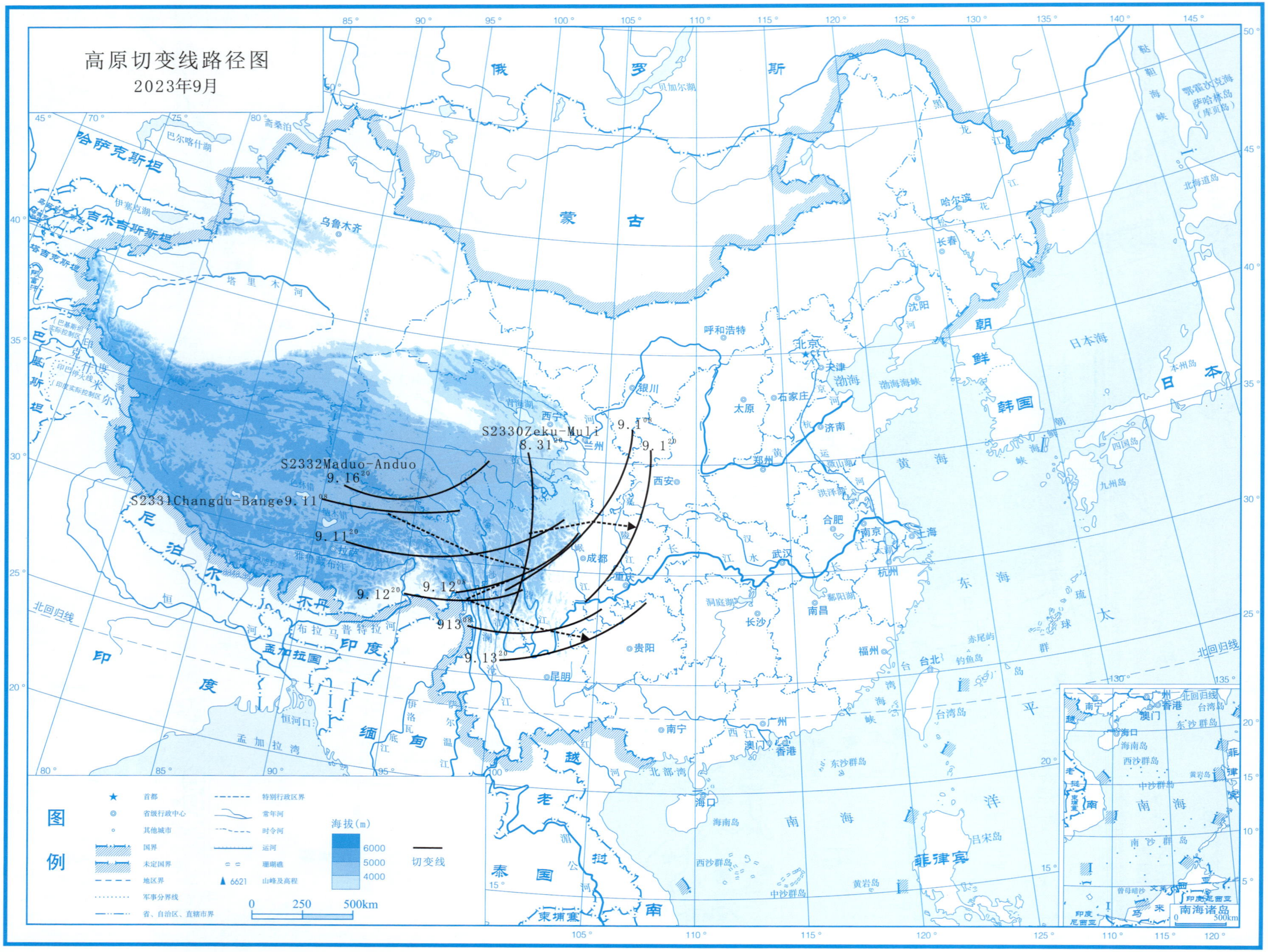
高原切变线路径图
2023年9月
S2330Zeku-Muli
8.31^20
9.1^08
9.1^20
S2332Maduo-Anduo
9.16^20
S2331Changdu-Bange9.11^08
9.11^20
9.12^08
9.12^20
913^08
9.13^20
图例
首都
省级行政中心
其他城市
国界
未定国界
地区界
军事分界线
省、自治区、直辖市界
特别行政区界
常年河
时令河
运河
珊瑚礁
6621 山峰及高程
海拔(m)
6000
5000
4000
0 250 500km
切变线
南海诸岛

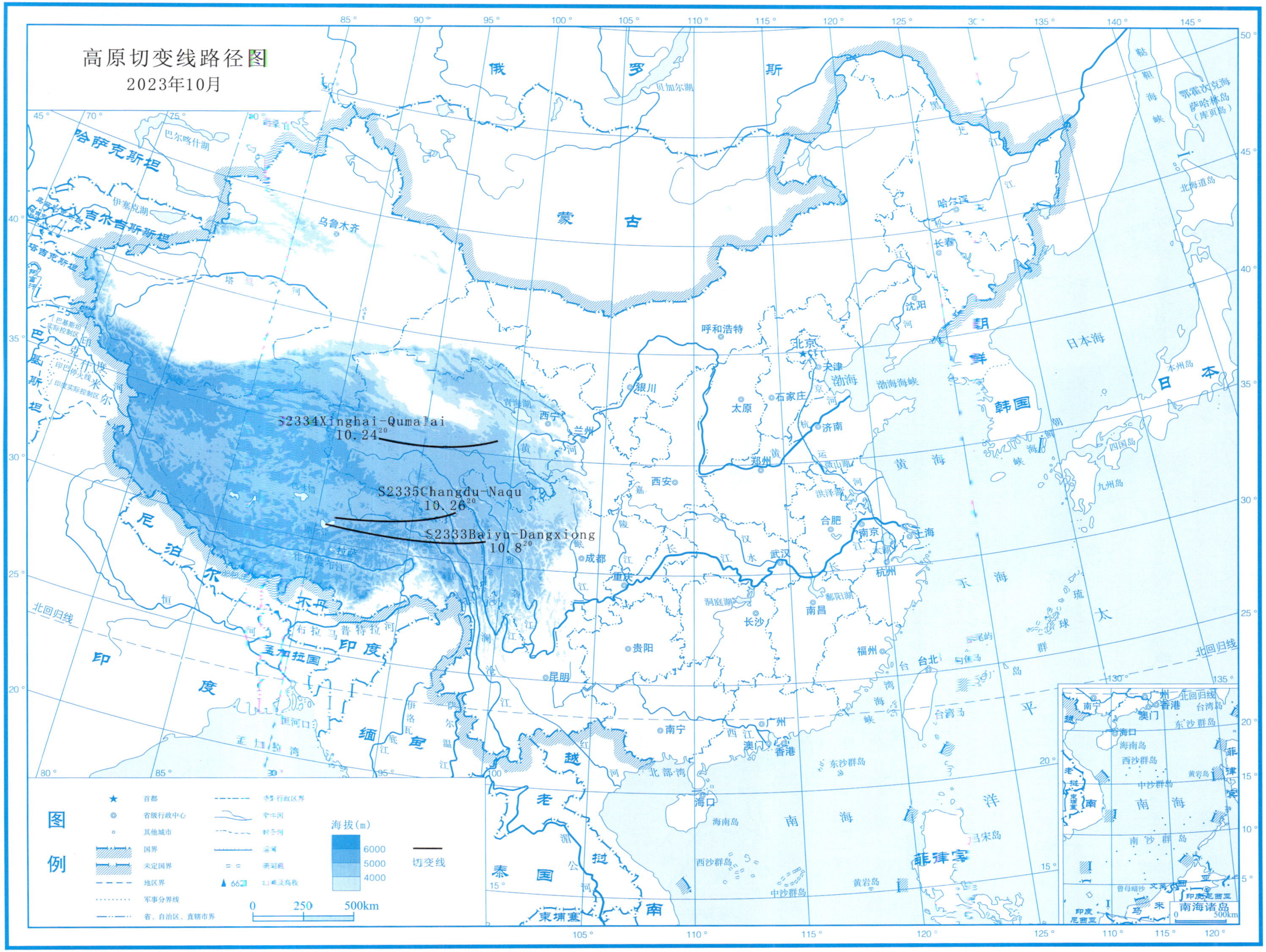

Page...175

高原切变线

第2部分

高原切变线路径图

2023年11月

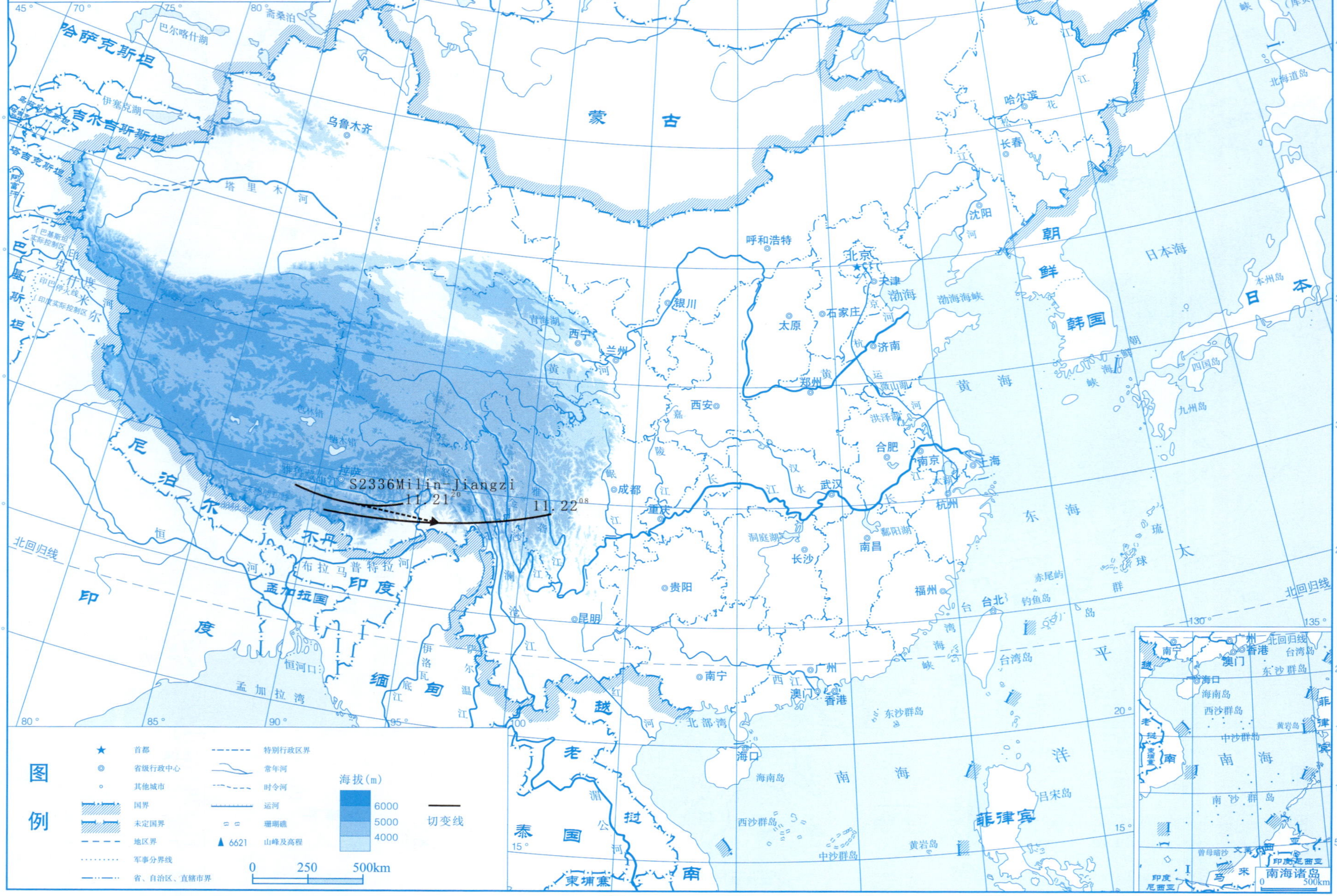

高原切变线路径图

2023年12月

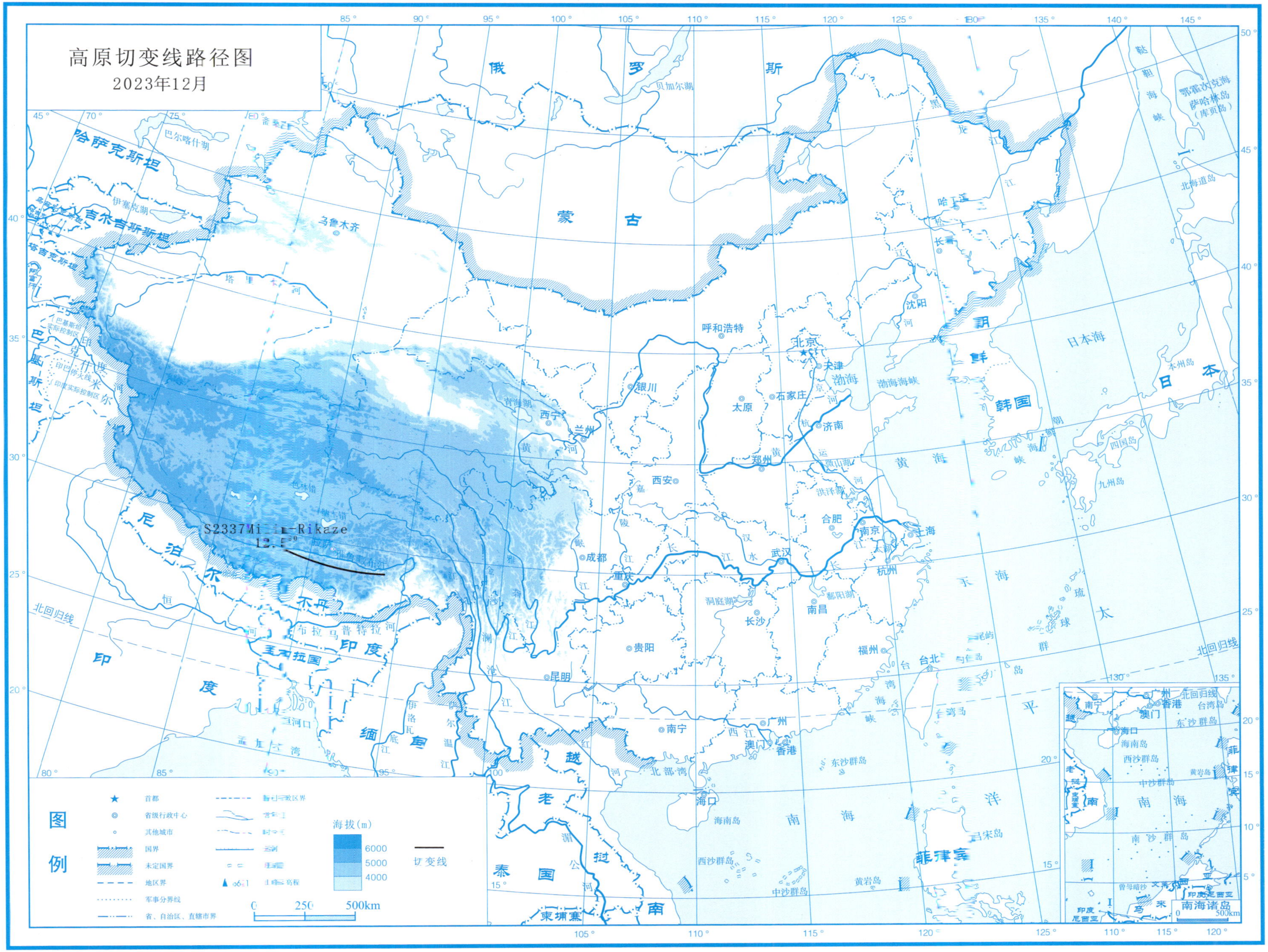

青藏高原切变线降水资料

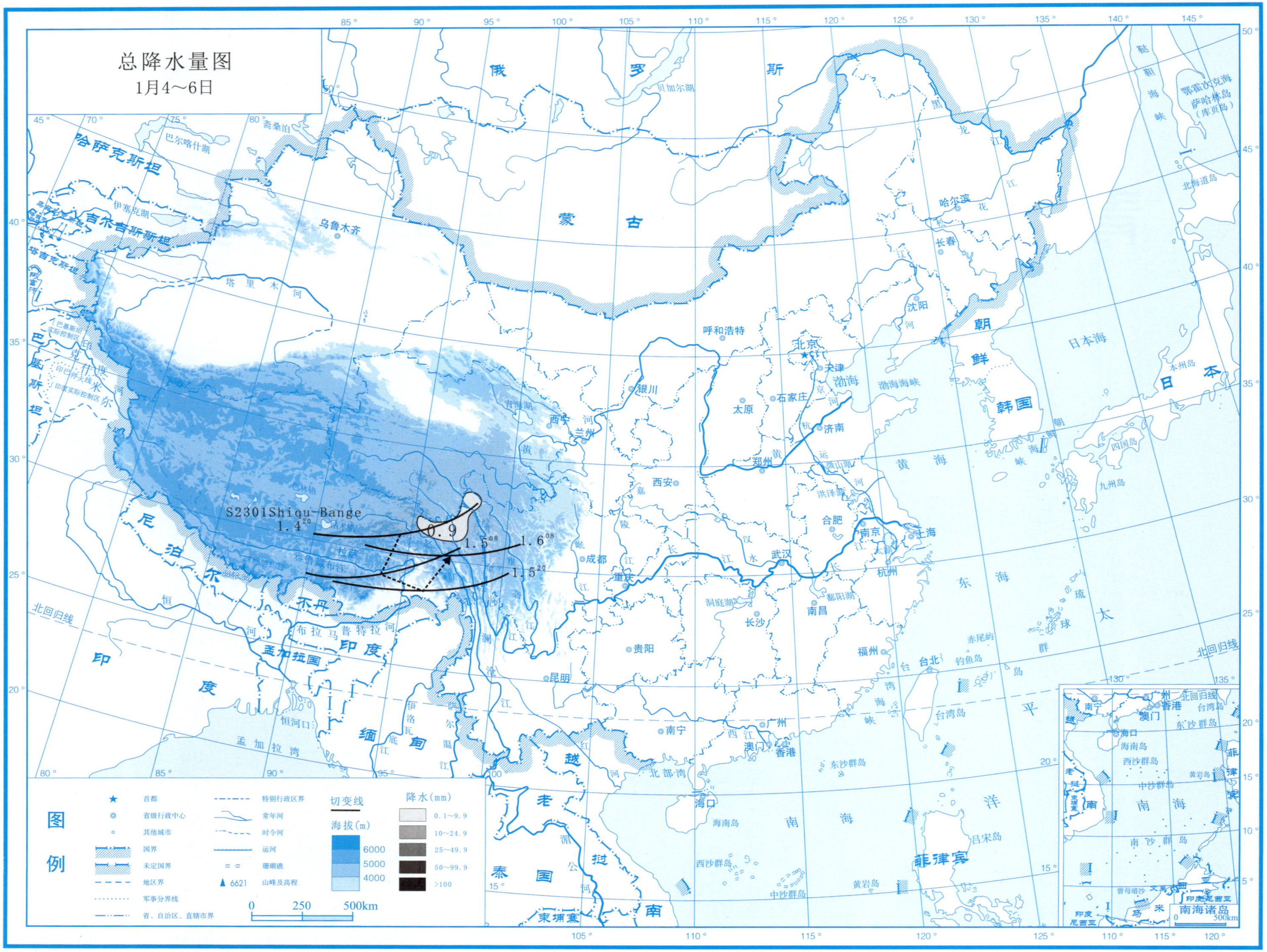
总降水量图
1月4～6日
S2301Shiqu-Bange
1.4[20]
0.9
1.5[08]
1.6[08]
1.5[20]
图例
首都
省级行政中心
其他城市
国界
未定国界
地区界
军事分界线
省、自治区、直辖市界
特别行政区界
常年河
时令河
运河
珊瑚礁
6621 山峰及高程
切变线
海拔(m)
6000
5000
4000
降水(mm)
0.1～9.9
10～24.9
25～49.9
50～99.9
>100
0 250 500km
南海诸岛

总降水日数图

1月4～6日

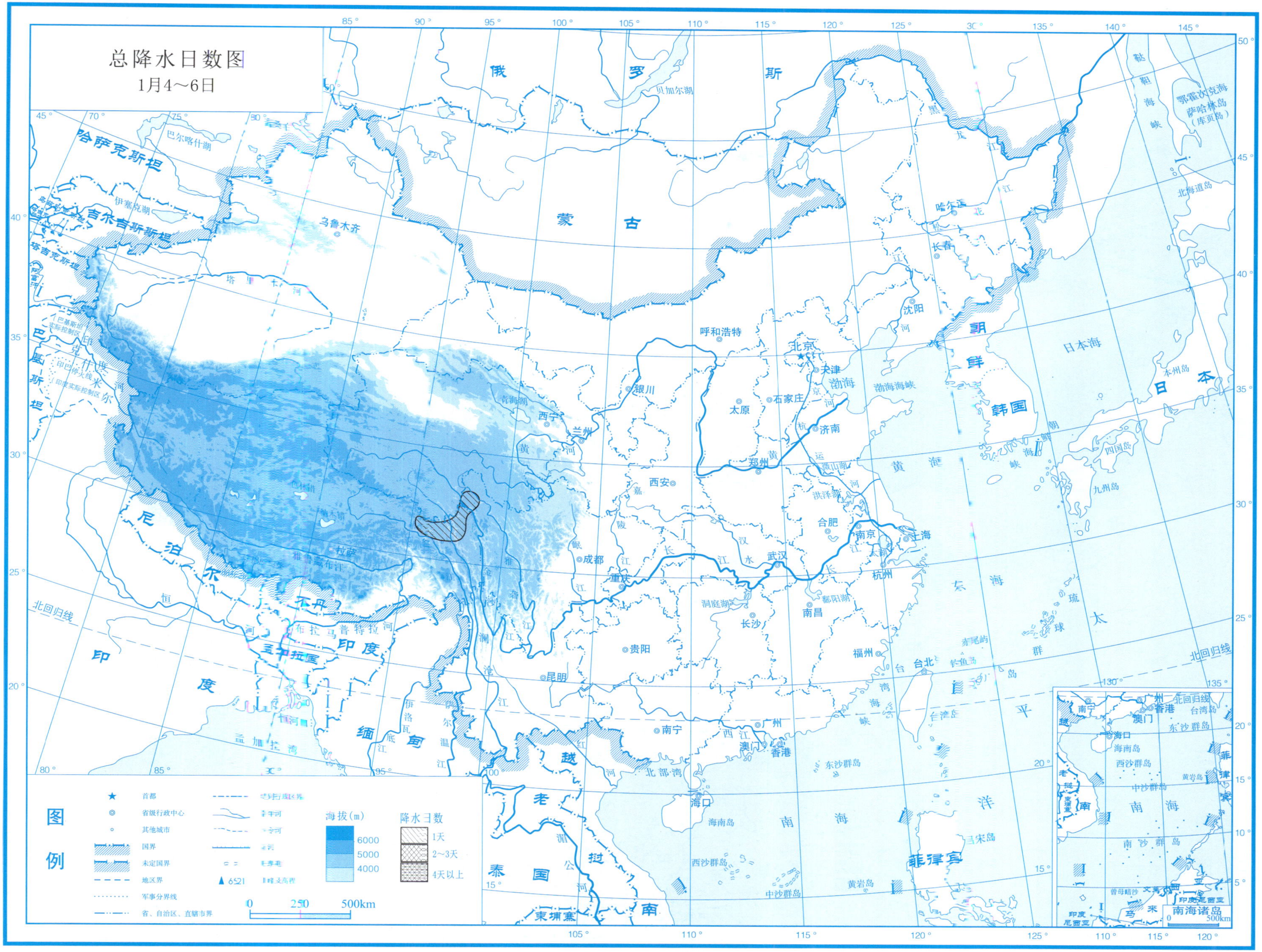

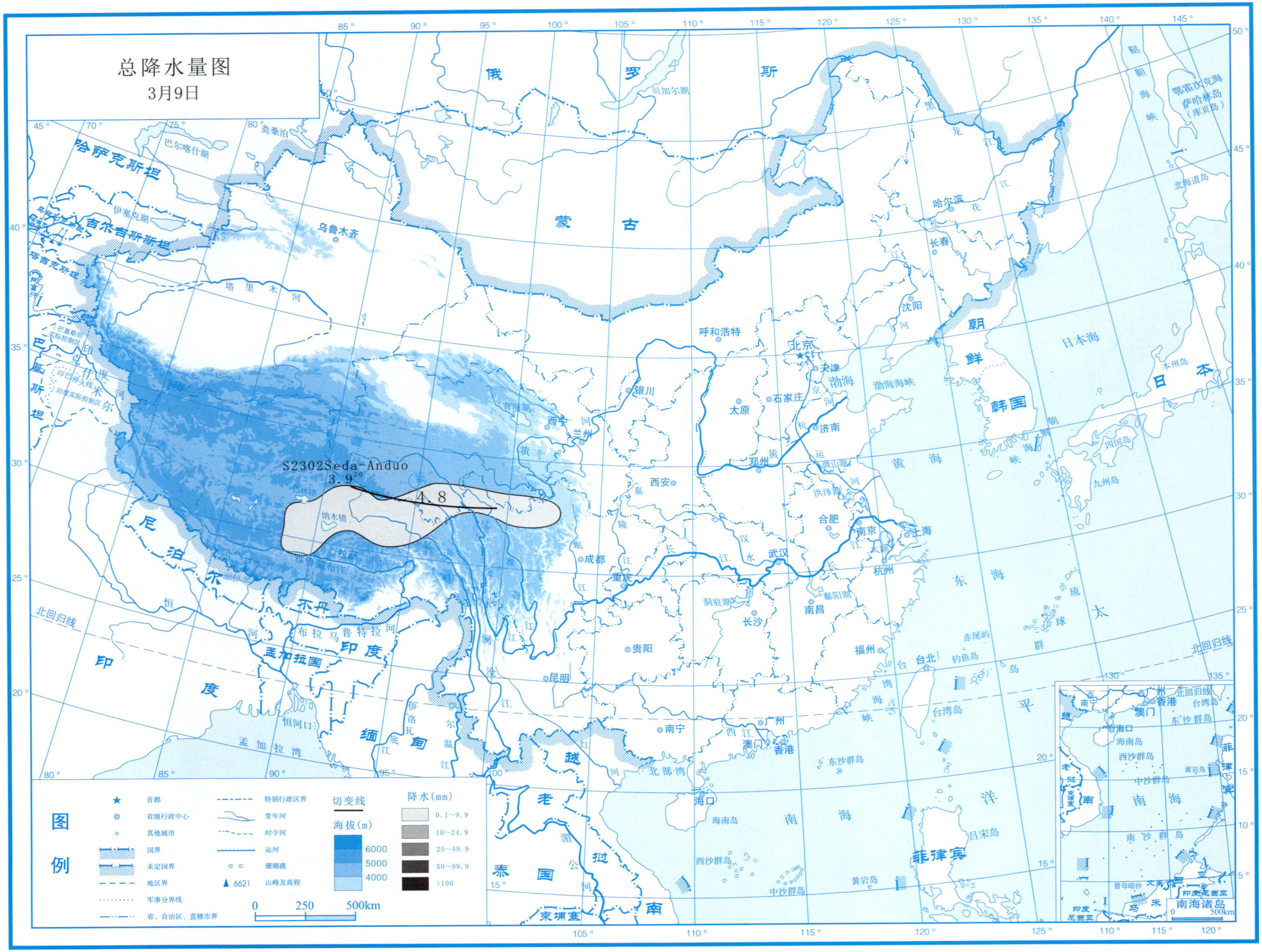
总降水量图
3月9日
S2302Seda-Anduo
3.9[20]
4.8
图例
首都
省级行政中心
其他城市
国界
未定国界
地区界
军事分界线
省、自治区、直辖市界
特别行政区界
常年河
时令河
运河
珊瑚礁
6621 山峰及高程
切变线
海拔(m)
6000
5000
4000
降水(mm)
0.1~9.9
10~24.9
25~49.9
50~99.9
>100
0 250 500km
南海诸岛

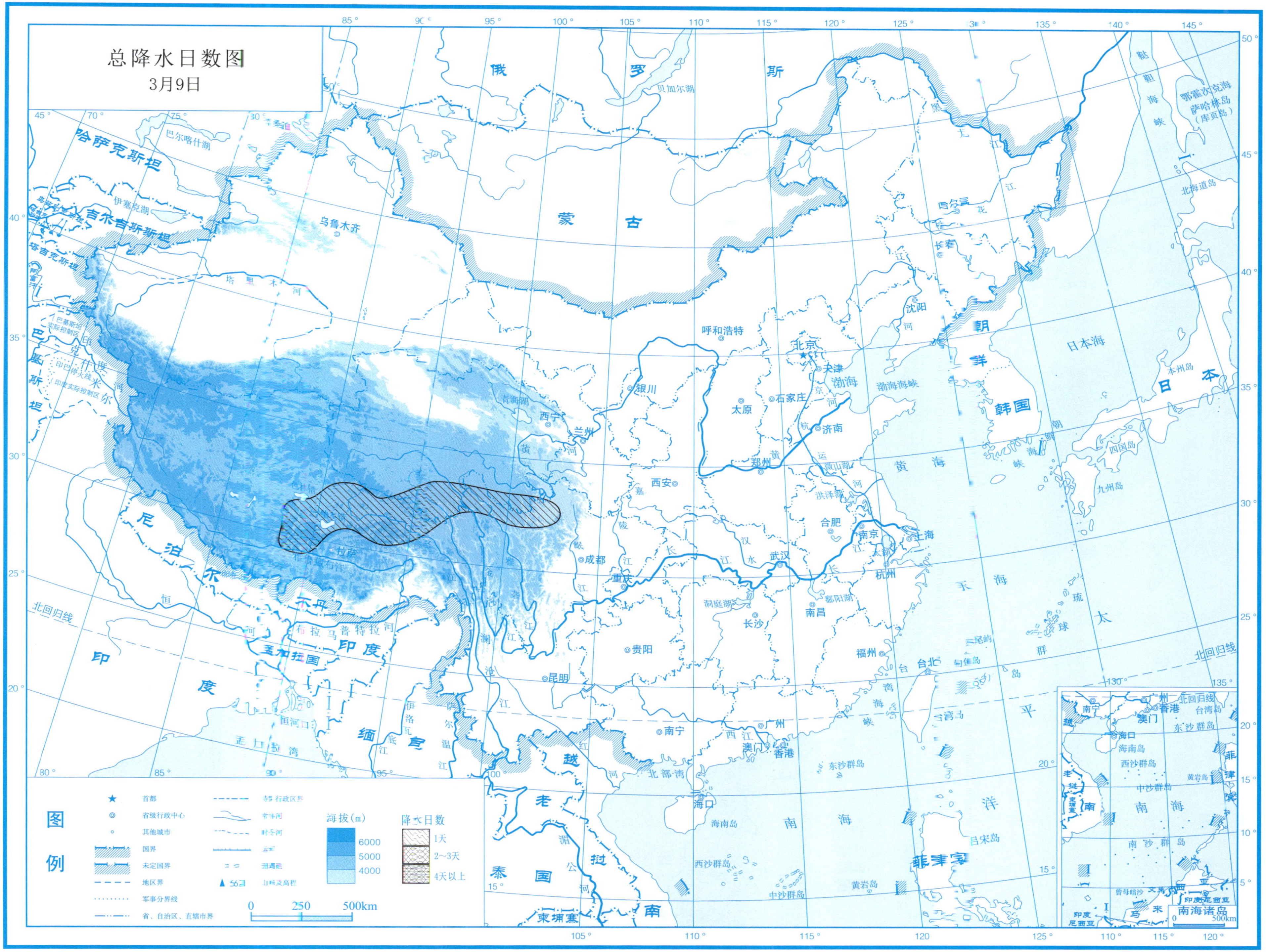
总降水日数图
3月9日
图例
首都
省级行政中心
其他城市
国界
未定国界
地区界
军事分界线
省、自治区、直辖市界
海拔(m)
6000
5000
4000
降水日数
1天
2~3天
4天以上
0 250 500km

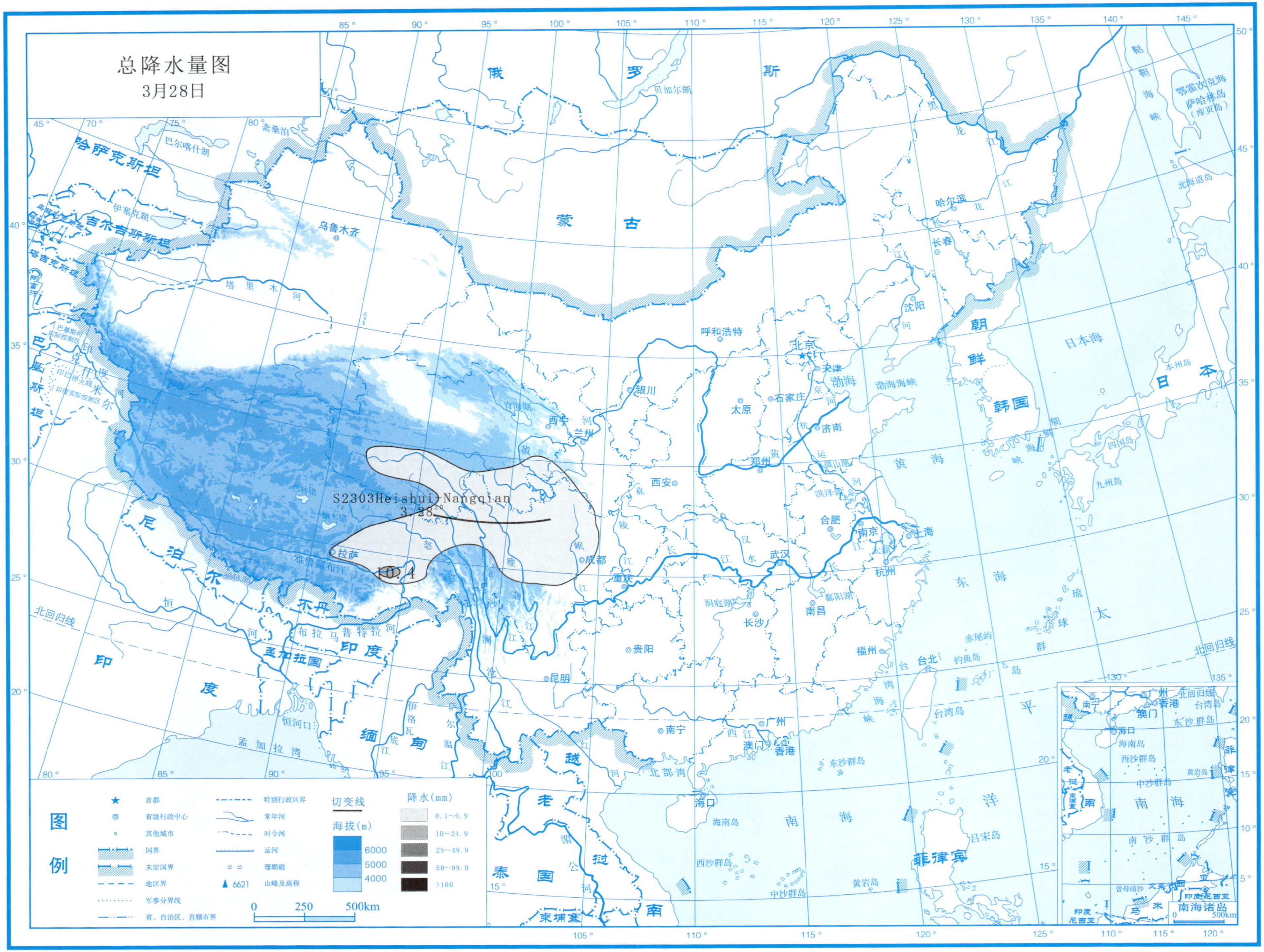
总降水量图
3月28日
S2303Heishui-Nangqian
3.28
10.4
图例
首都
省级行政中心
其他城市
国界
未定国界
地区界
军事分界线
省、自治区、直辖市界
特别行政区界
常年河
时令河
运河
珊瑚礁
6621 山峰及高程
切变线
海拔(m)
6000
5000
4000
降水(mm)
0.1～9.9
10～24.9
25～49.9
50～99.9
>100
0 250 500km
南海诸岛

总降水日数图

3月28日

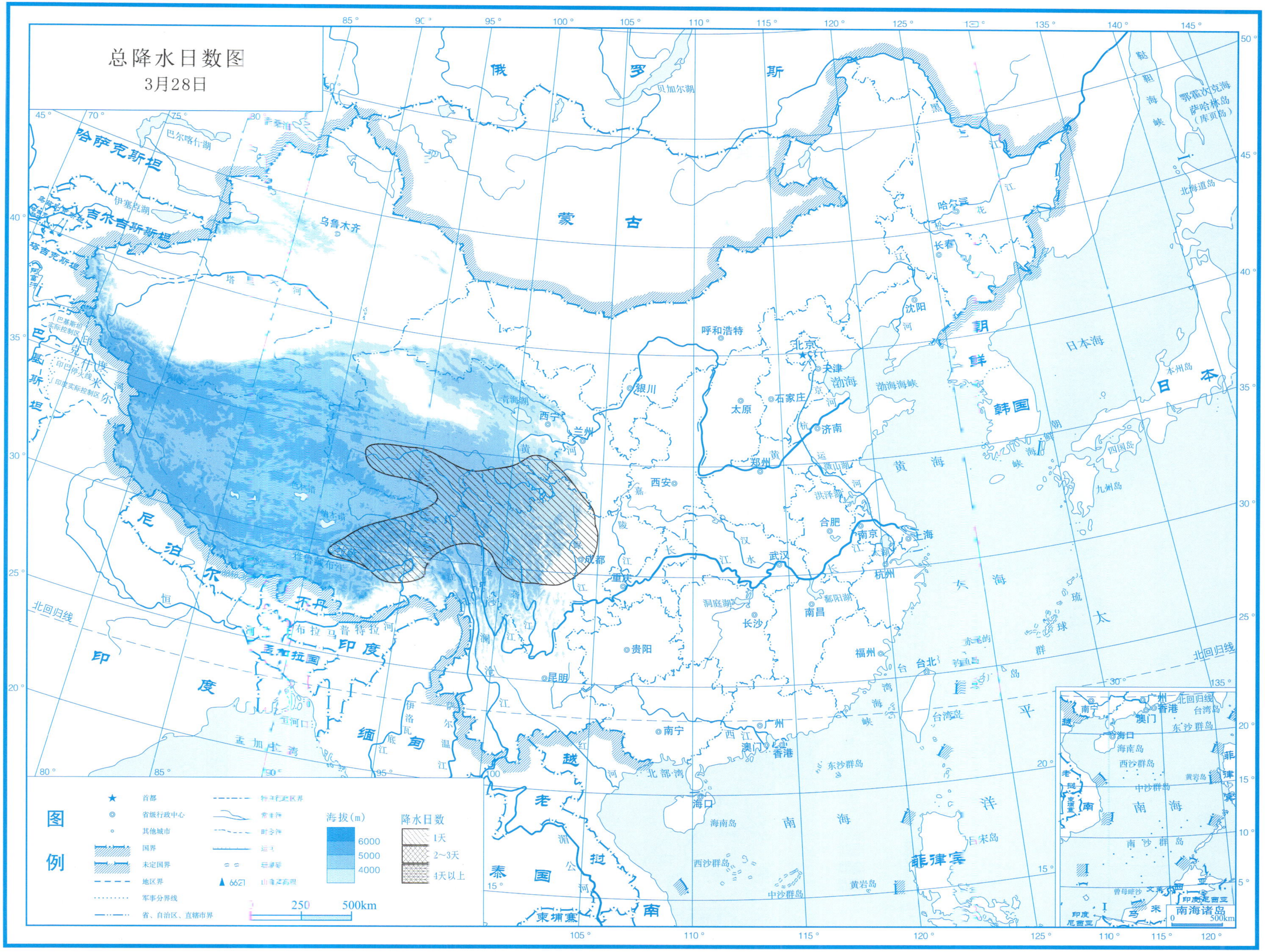

高原切变线 第2部分

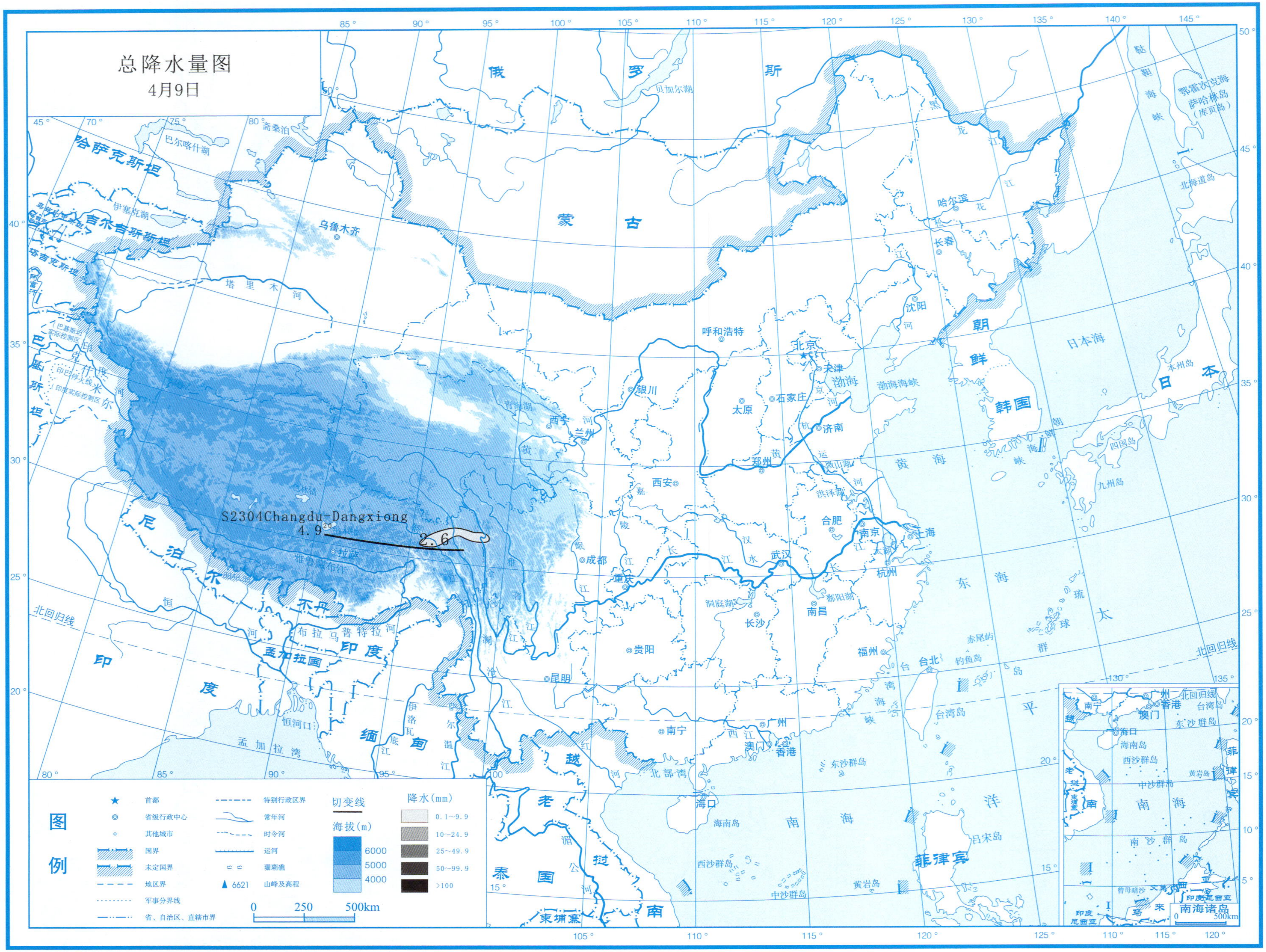
总降水量图
4月9日
S2304Changdu-Dangxiong
4.9
2.6
图例
首都
省级行政中心
其他城市
国界
未定国界
地区界
军事分界线
省、自治区、直辖市界
特别行政区界
常年河
时令河
运河
珊瑚礁
6621 山峰及高程
切变线
海拔(m)
6000
5000
4000
降水(mm)
0.1~9.9
10~24.9
25~49.9
50~99.9
>100
0 250 500km
南海诸岛

总降水日数图

4月9日

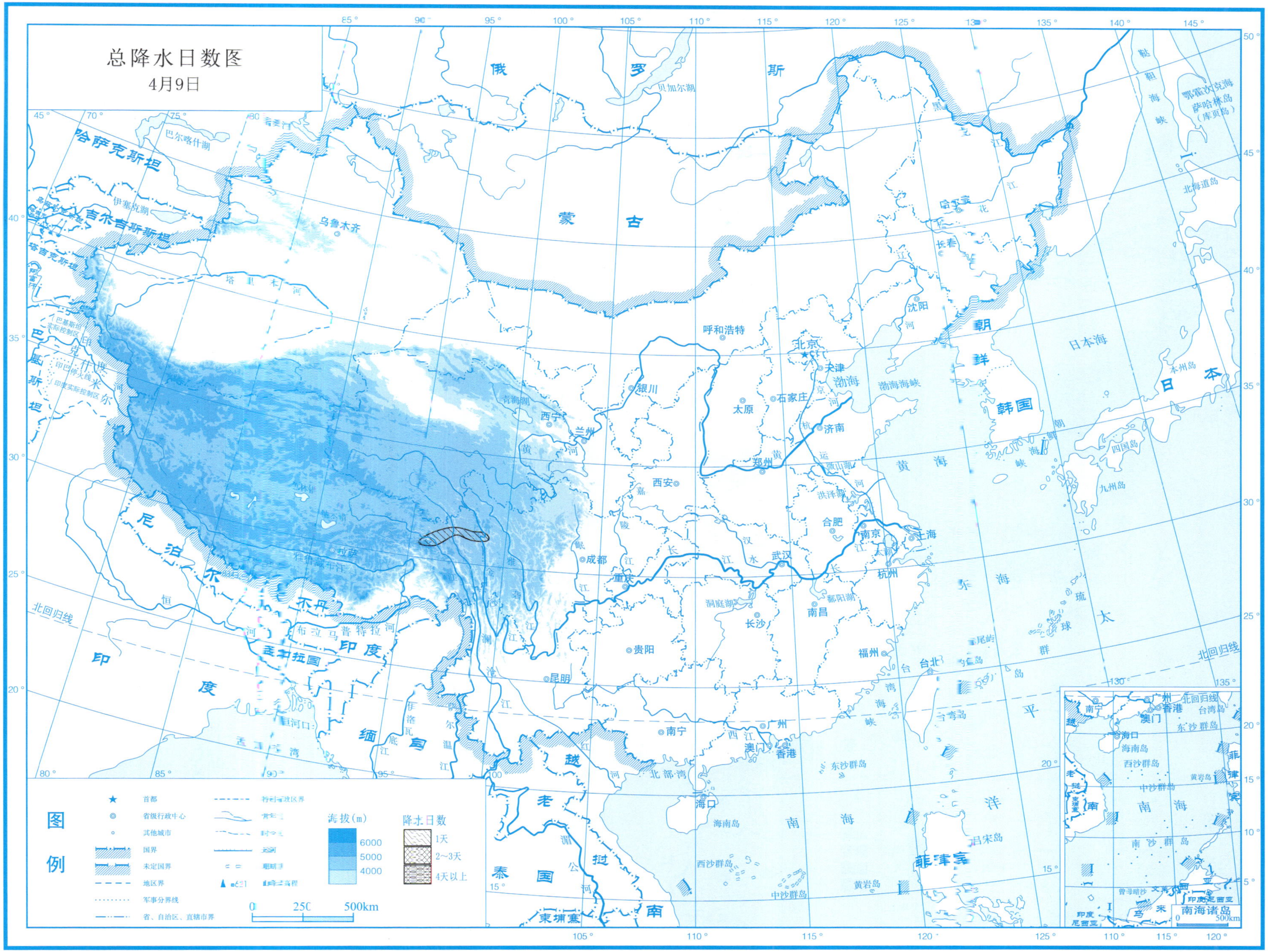
俄 罗 斯
蒙 古
哈萨克斯坦
吉尔吉斯斯坦
塔吉克斯坦
巴基斯坦
尼泊尔
不丹
孟加拉国
印度
缅甸
老挝
泰国
越南
柬埔寨
朝鲜
韩国
日本
菲律宾
乌鲁木齐
呼和浩特
北京
天津
石家庄
太原
济南
郑州
西安
银川
兰州
西宁
拉萨
成都
重庆
贵阳
昆明
南宁
长沙
武汉
南昌
合肥
南京
上海
杭州
福州
台北
广州
澳门
香港
海口
沈阳
长春
哈尔滨
渤海
黄海
东海
日本海
南海
太平洋
北回归线
南海诸岛
图例
首都
省级行政中心
其他城市
国界
未定国界
地区界
军事分界线
省、自治区、直辖市界
海拔(m)
6000
5000
4000
降水日数
1天
2~3天
4天以上
0 250 500km

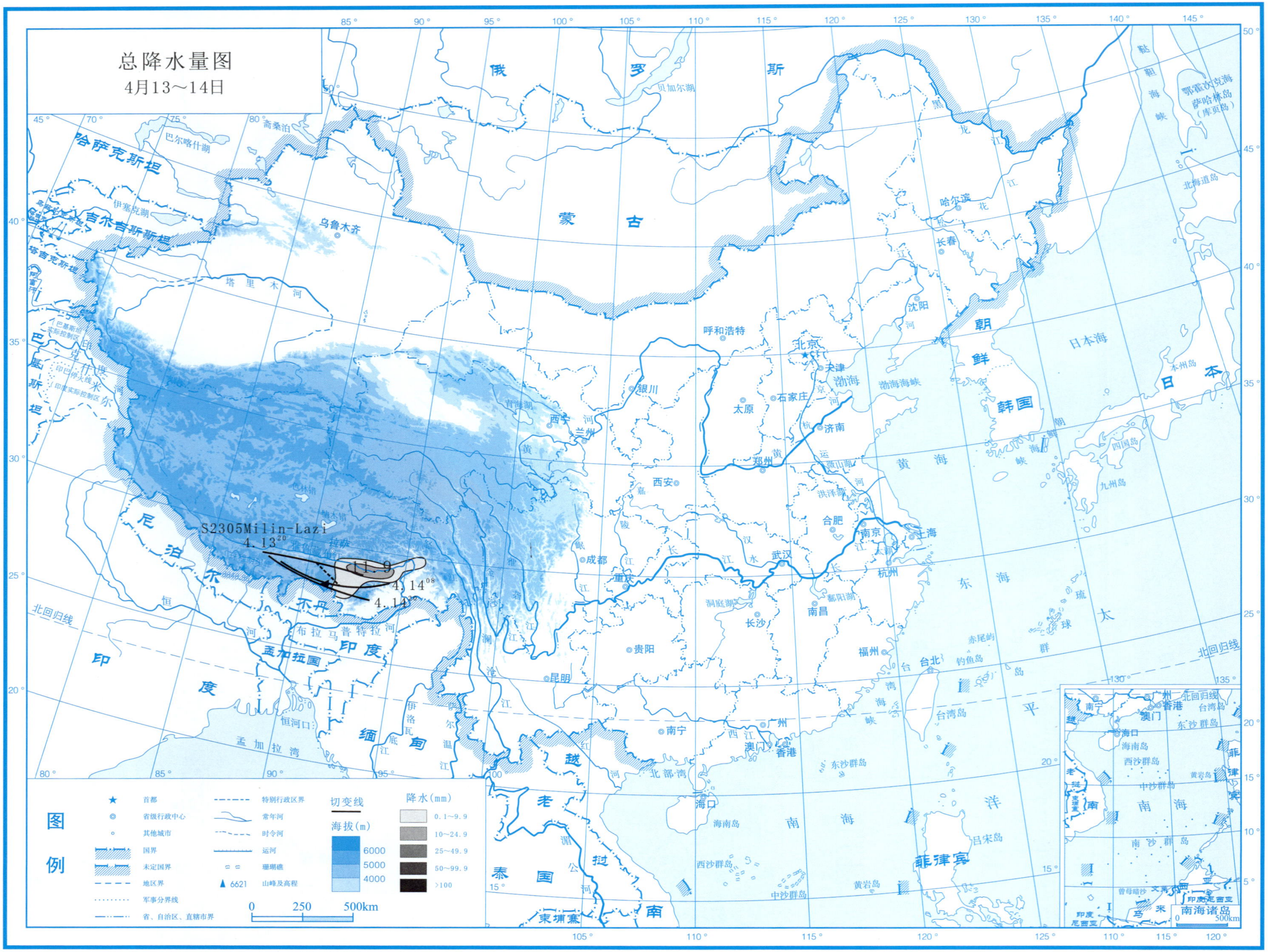
总降水量图
4月13～14日
S2305Milin-Lazi
4.13 20
4.14 08
图例
首都
省级行政中心
其他城市
国界
未定国界
地区界
军事分界线
特别行政区界
常年河
时令河
运河
珊瑚礁
省、自治区、直辖市界
山峰及高程
切变线
海拔(m)
6000
5000
4000
降水(mm)
0.1～9.9
10～24.9
25～49.9
50～99.9
>100
0 250 500km
南海诸岛

总降水日数图

4月13～14日

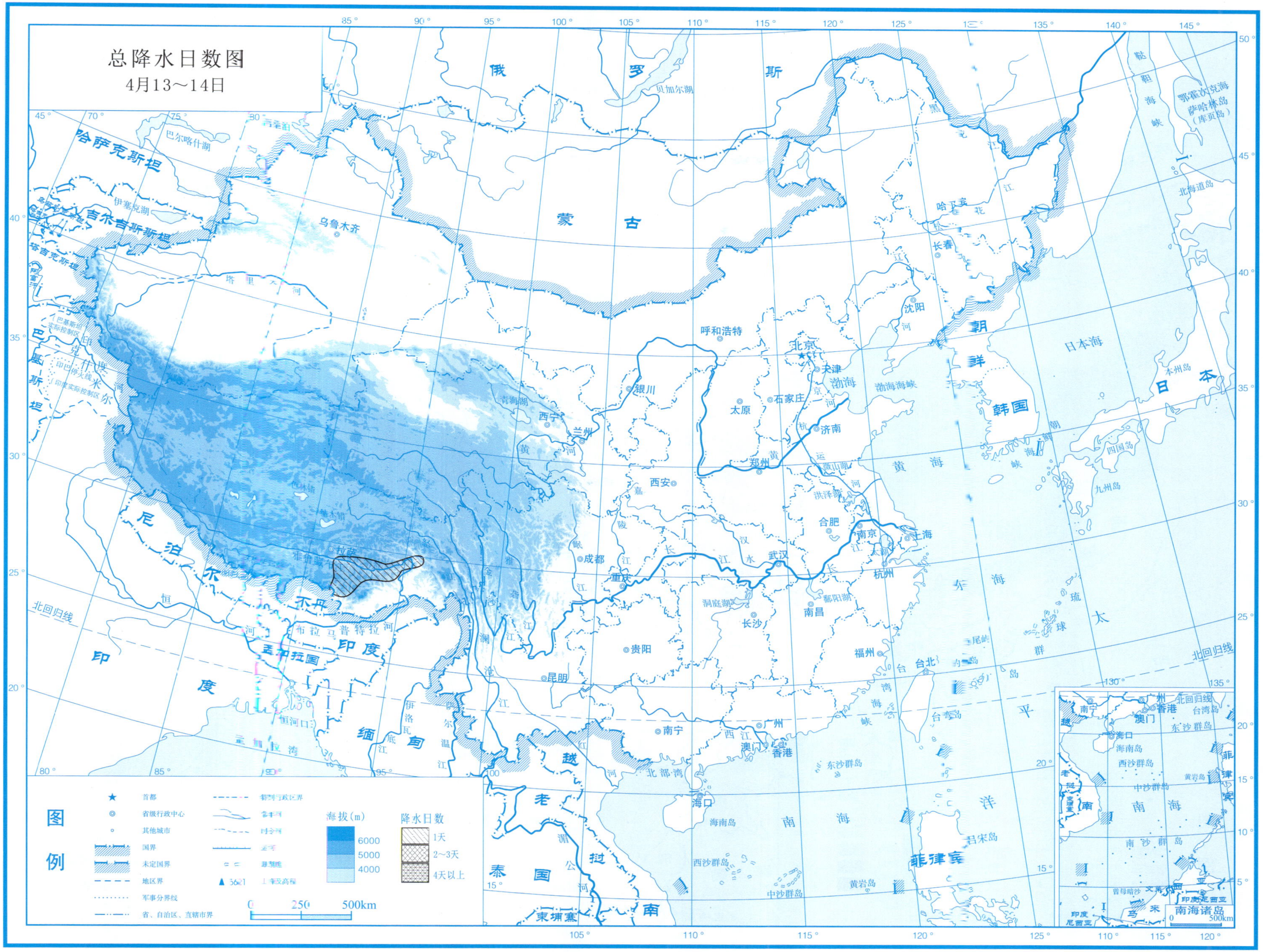

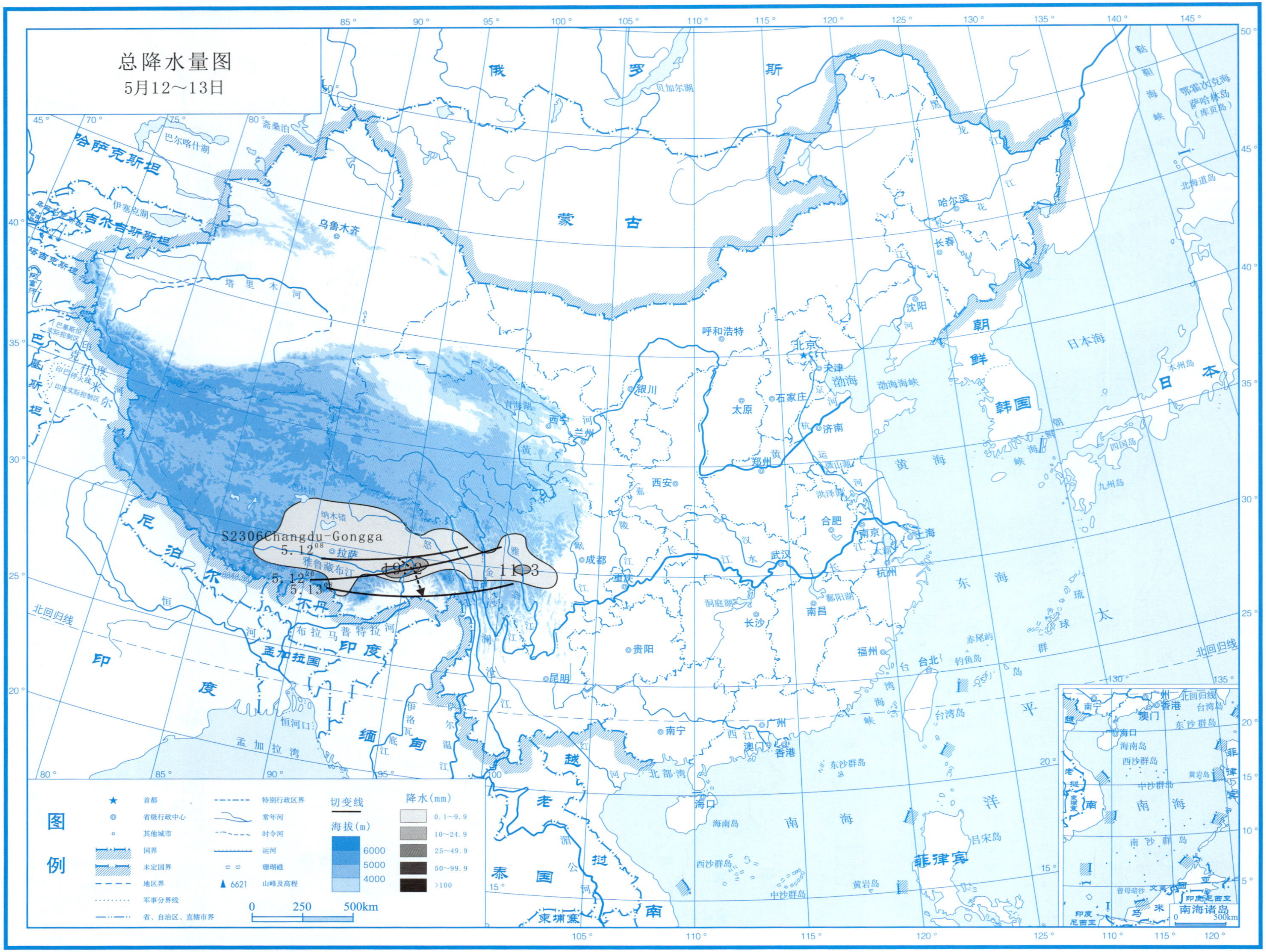
总降水量图
5月12～13日
S2306Changdu-Gongga
5.12[08]
5.12[20]
5.13[08]
拉萨
成都
重庆
图例
首都
省级行政中心
其他城市
国界
未定国界
地区界
军事分界线
省、自治区、直辖市界
特别行政区界
常年河
时令河
运河
珊瑚礁
山峰及高程
切变线
海拔(m)
6000
5000
4000
降水(mm)
0.1～9.9
10～24.9
25～49.9
50～99.9
>100
0 250 500km
南海诸岛

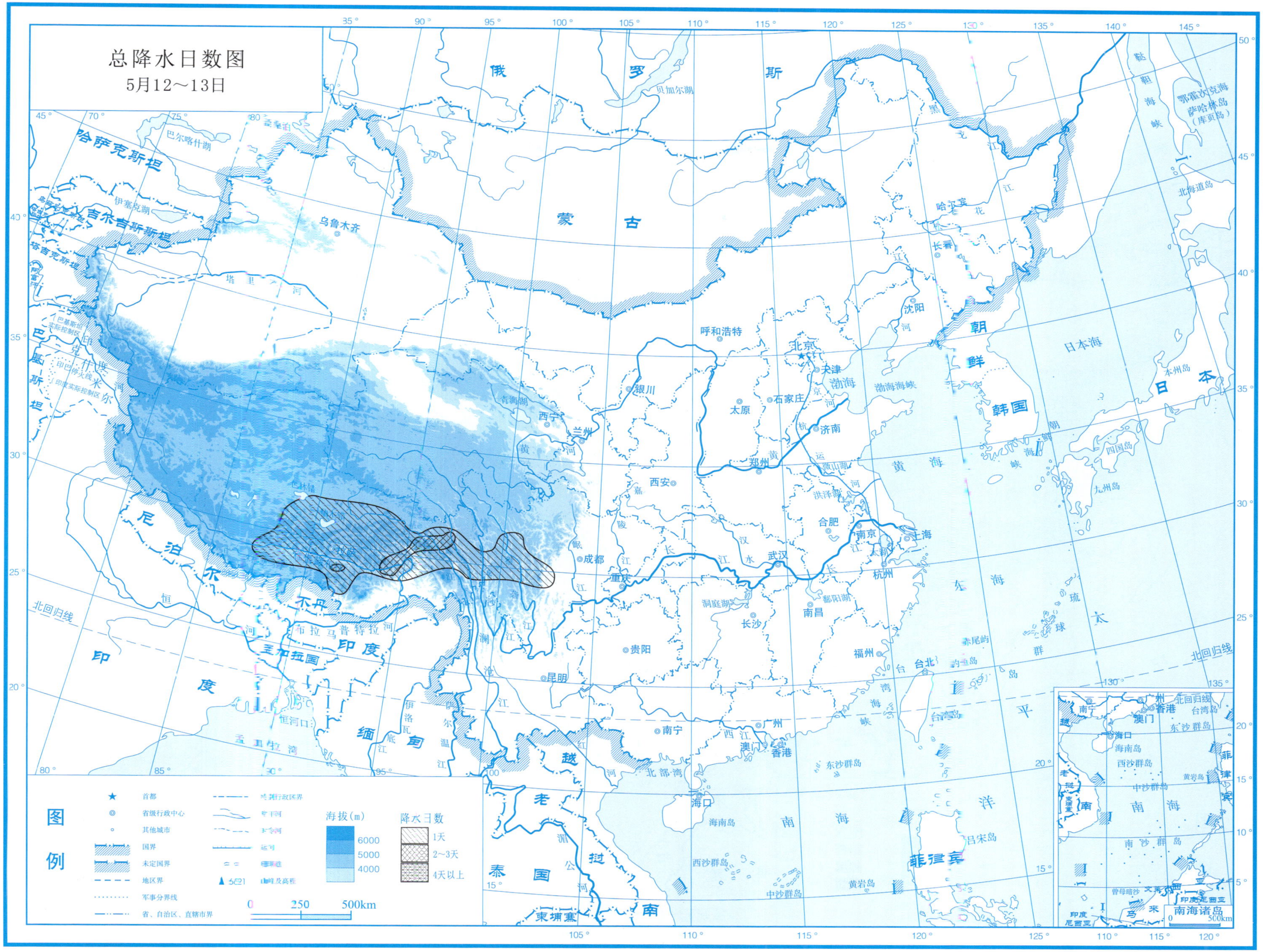
总降水日数图
5月12～13日
图例
首都
省级行政中心
其他城市
国界
未定国界
地区界
军事分界线
省、自治区、直辖市界
海拔(m)
6000
5000
4000
降水日数
1天
2～3天
4天以上
0 250 500km
南海诸岛

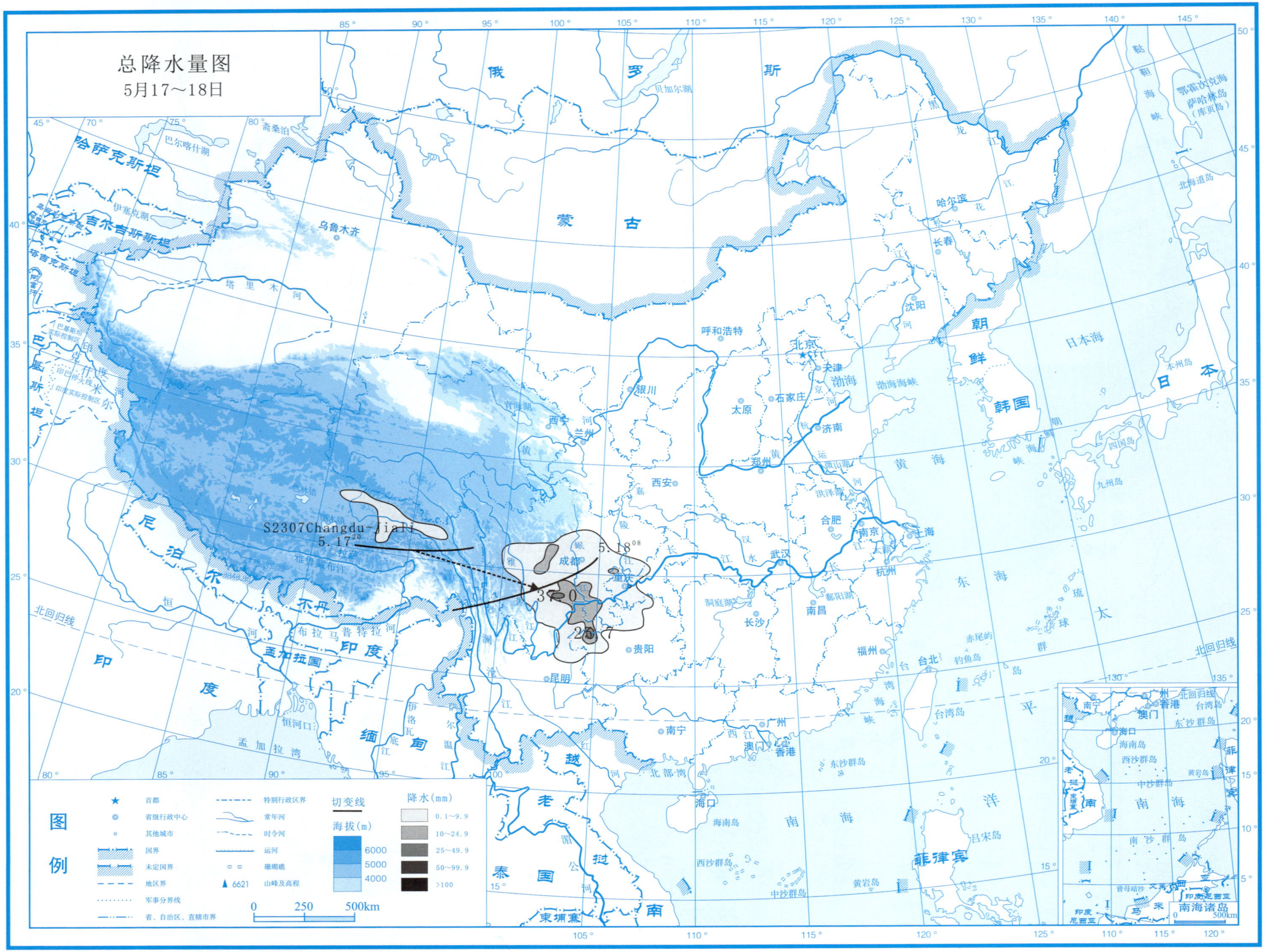

总降水量图
5月17～18日
S2307Changdu-Jiali
5.17
5.18
37.0
25.7
图例
首都
省级行政中心
其他城市
国界
未定国界
地区界
军事分界线
省、自治区、直辖市界
特别行政区界
常年河
时令河
运河
珊瑚礁
山峰及高程
切变线
海拔(m)
6000
5000
4000
降水(mm)
0.1～9.9
10～24.9
25～49.9
50～99.9
>100
0 250 500km

总降水日数图

5月17～18日

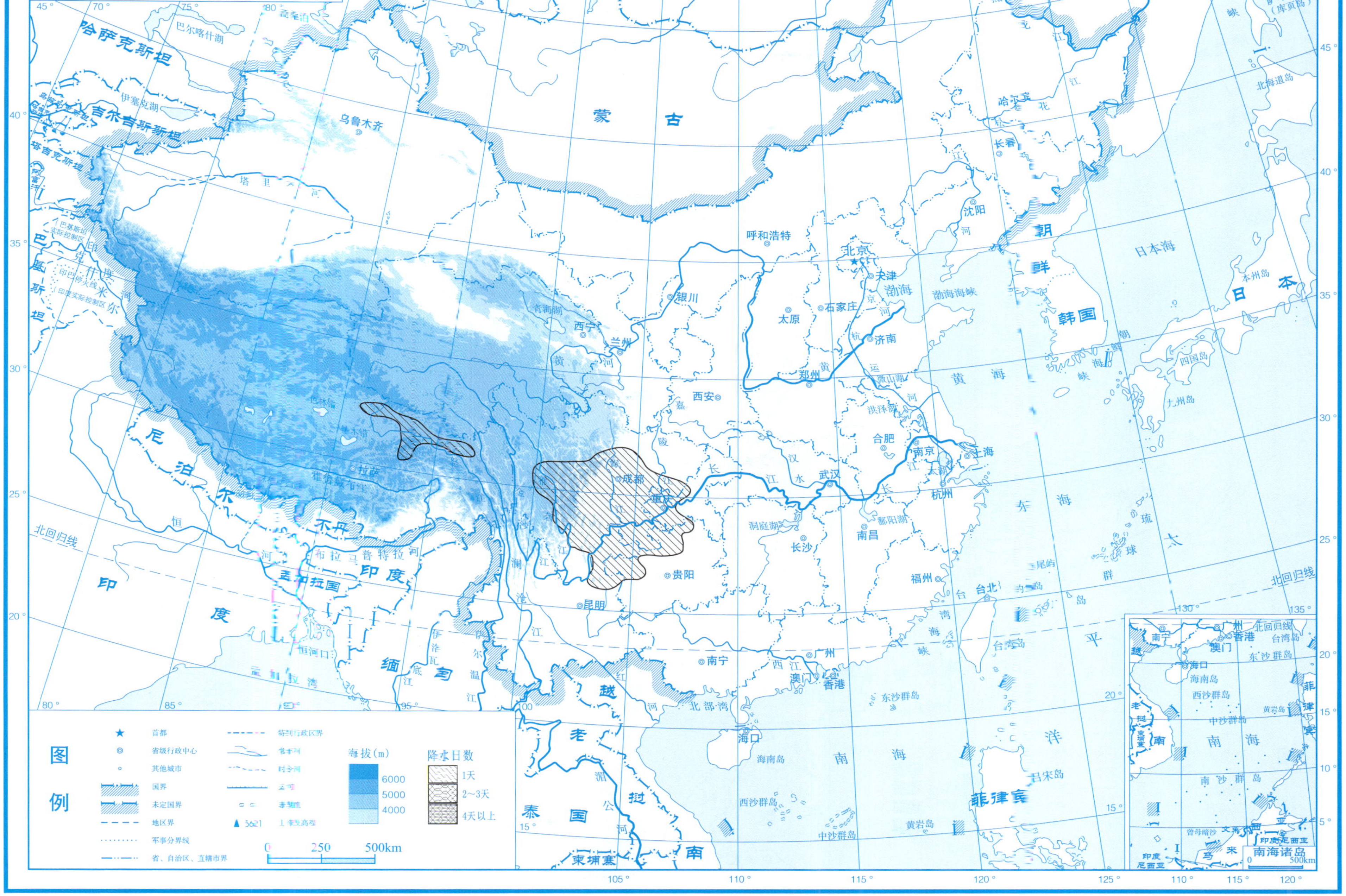

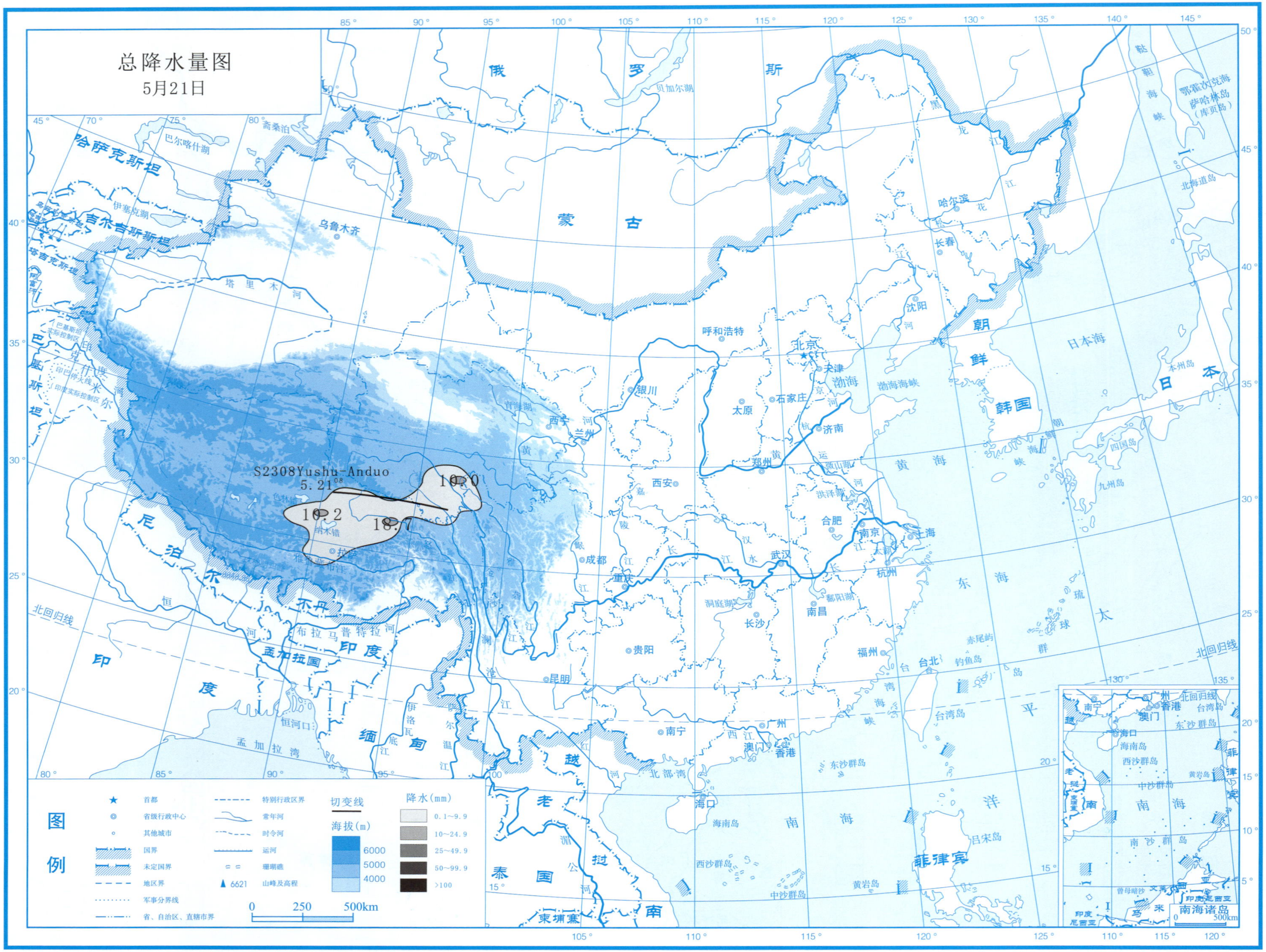

总降水量图
5月21日
S2308Yushu-Anduo
5.21[08]
10.2
18.7
10.0
图例
首都
省级行政中心
其他城市
国界
未定国界
地区界
军事分界线
省、自治区、直辖市界
特别行政区界
常年河
时令河
运河
珊瑚礁
6621 山峰及高程
切变线
海拔(m)
6000
5000
4000
降水(mm)
0.1~9.9
10~24.9
25~49.9
50~99.9
>100
0 250 500km
南海诸岛

总降水日数图

5月21日

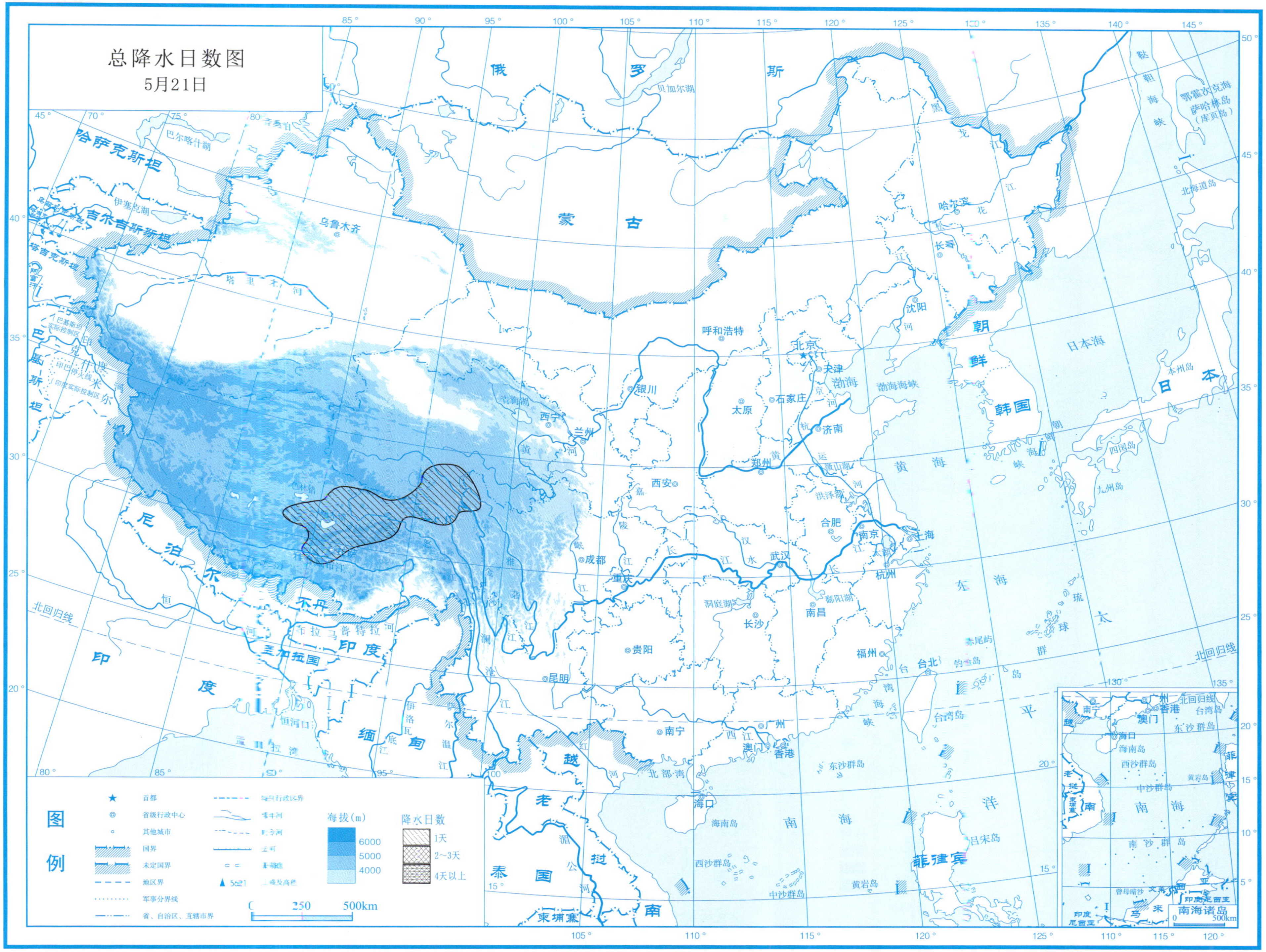

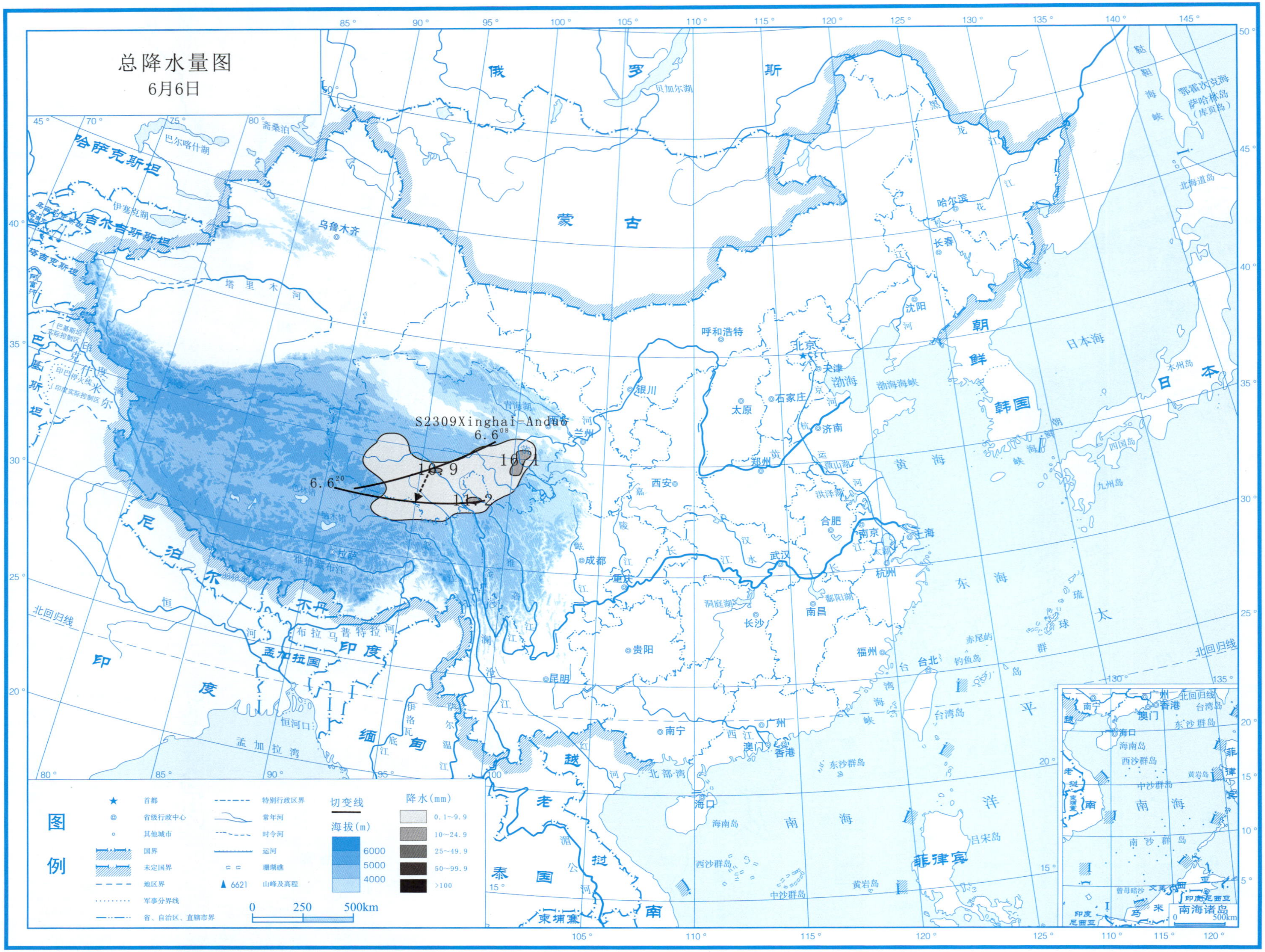

总降水量图
6月6日
S2309Xinghai-Anduo
6.6[08]
6.6[20]
10.9
10.1
11.2
图例
首都
省级行政中心
其他城市
国界
未定国界
地区界
军事分界线
省、自治区、直辖市界
特别行政区界
常年河
时令河
运河
珊瑚礁
6621 山峰及高程
切变线
海拔(m)
6000
5000
4000
降水(mm)
0.1~9.9
10~24.9
25~49.9
50~99.9
>100
0 250 500km
南海诸岛

总降水日数图

6月6日

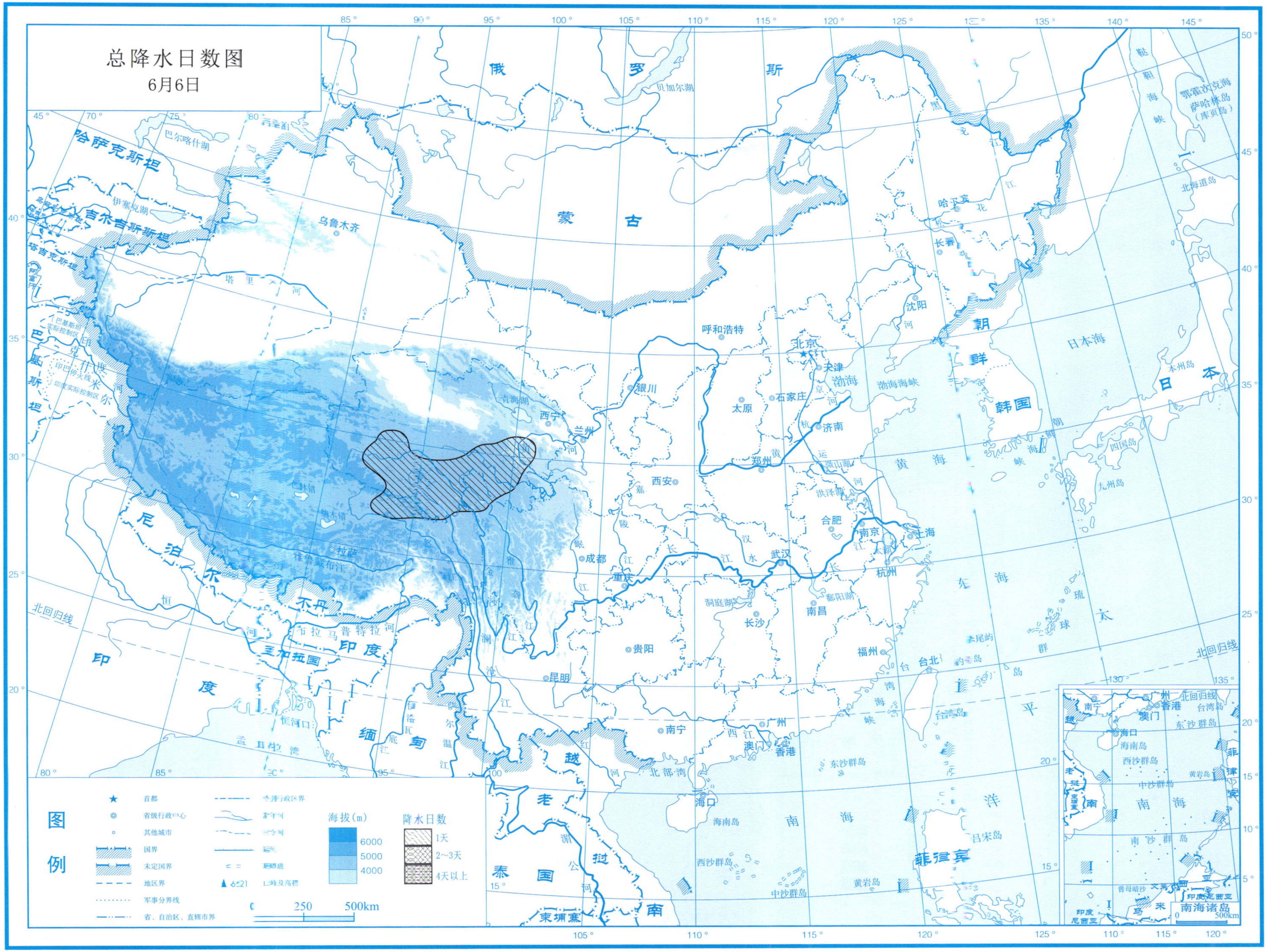
俄 罗 斯
蒙 古
哈萨克斯坦
吉尔吉斯斯坦
塔吉克斯坦
巴基斯坦
尼泊尔
不丹
印度
孟加拉国
缅甸
老挝
越南
泰国
柬埔寨
朝鲜
韩国
日本
菲律宾
北京
天津
石家庄
太原
呼和浩特
沈阳
长春
哈尔滨
济南
郑州
西安
银川
兰州
西宁
乌鲁木齐
拉萨
成都
重庆
贵阳
昆明
南宁
广州
香港
澳门
海口
长沙
武汉
南昌
合肥
南京
上海
杭州
福州
台北
渤海
黄海
东海
日本海
南海
太平洋
南海诸岛
图例
首都
省级行政中心
其他城市
国界
未定国界
地区界
军事分界线
省、自治区、直辖市界
海拔(m)
6000
5000
4000
降水日数
1天
2～3天
4天以上
0 250 500km

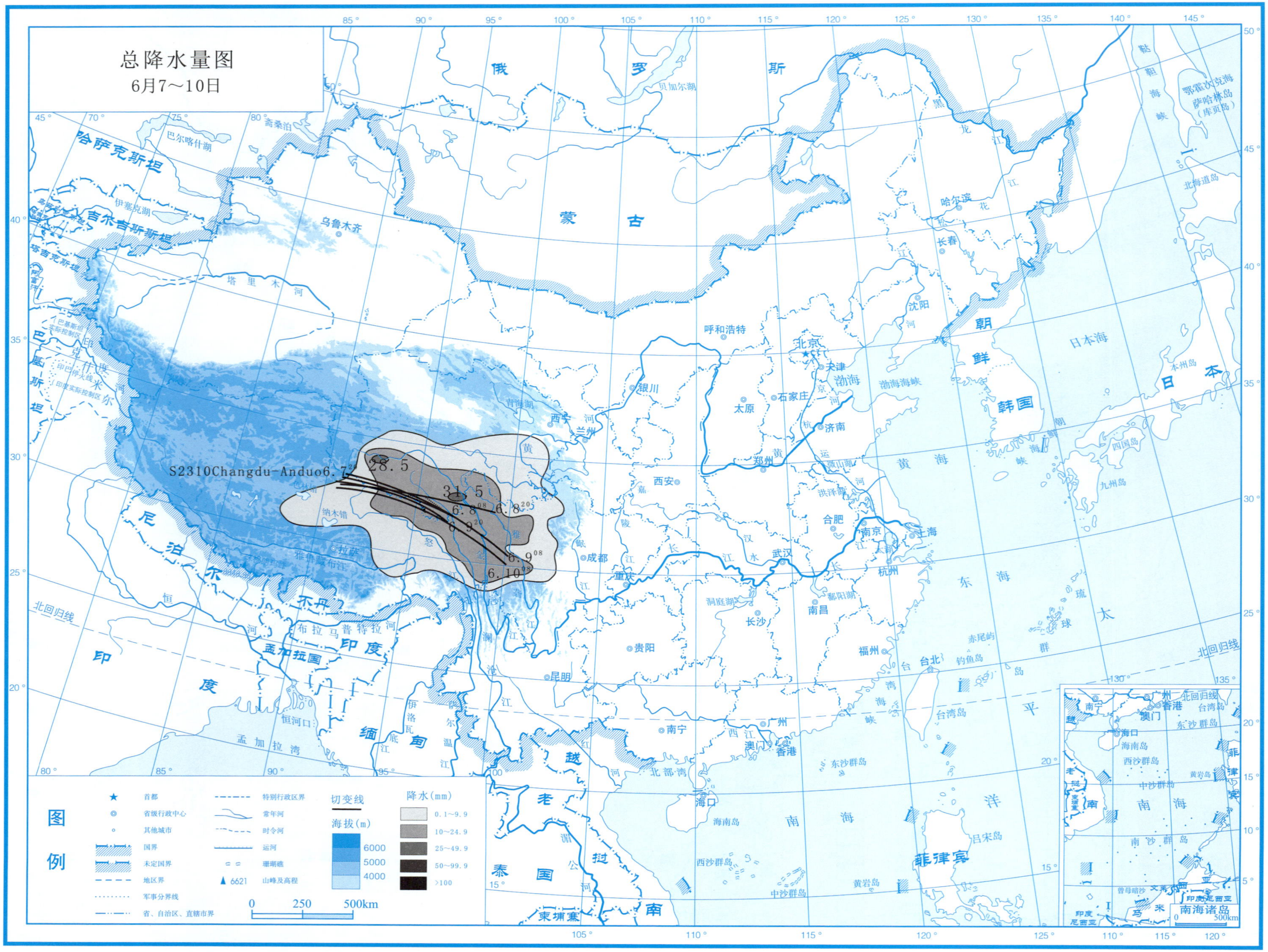
总降水量图
6月7～10日
S2310Changdu-Anduo6.7
28.5
31.5
图例
首都
省级行政中心
其他城市
国界
未定国界
地区界
军事分界线
省、自治区、直辖市界
特别行政区界
常年河
时令河
运河
珊瑚礁
6621 山峰及高程
切变线
海拔(m)
6000
5000
4000
降水(mm)
0.1~9.9
10~24.9
25~49.9
50~99.9
>100
0 250 500km
南海诸岛

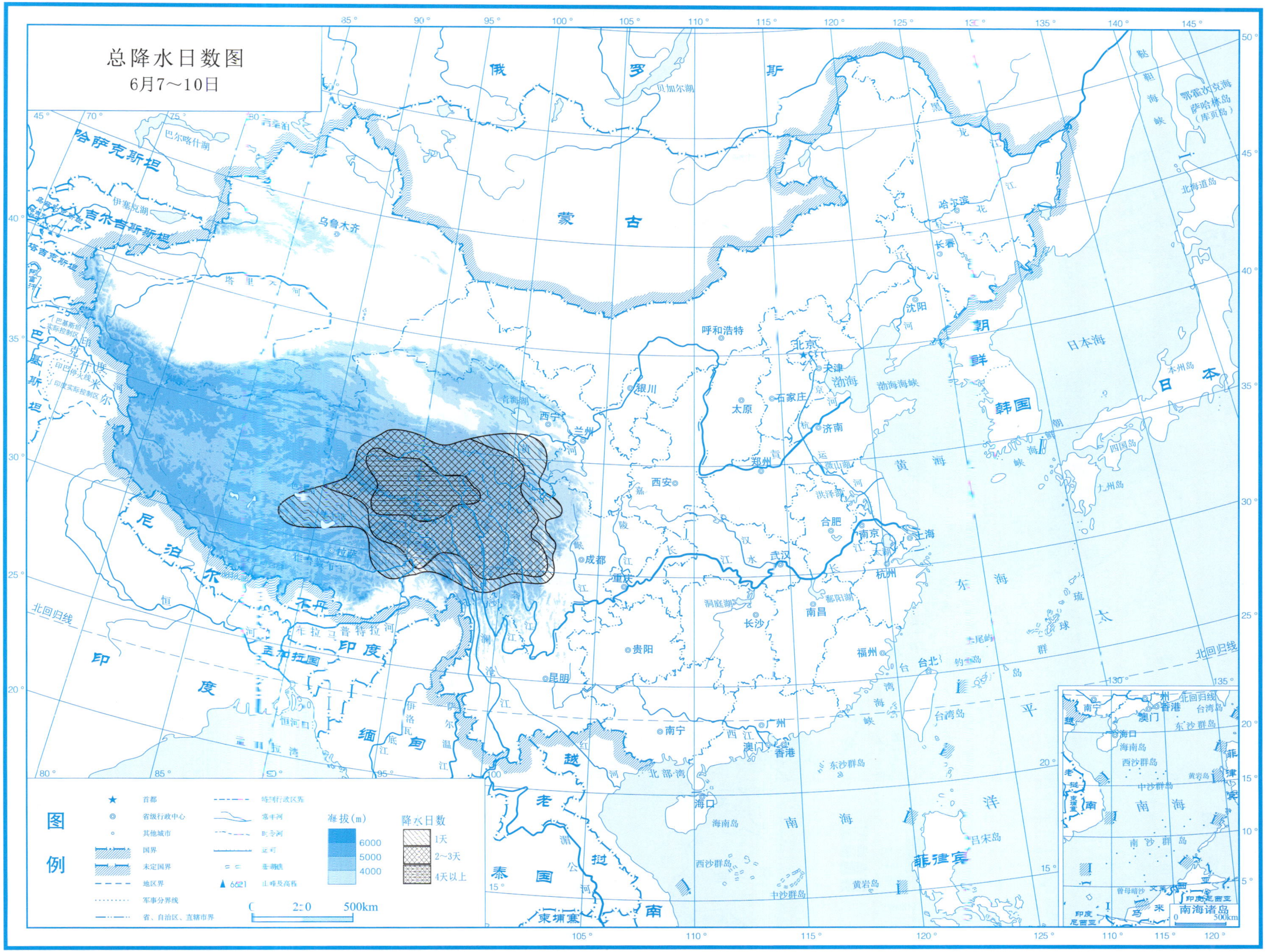
总降水日数图
6月7～10日
图例
首都
省级行政中心
其他城市
国界
未定国界
地区界
军事分界线
省、自治区、直辖市界
常年河
时令河
运河
海拔(m)
6000
5000
4000
降水日数
1天
2～3天
4天以上
500km
南海诸岛

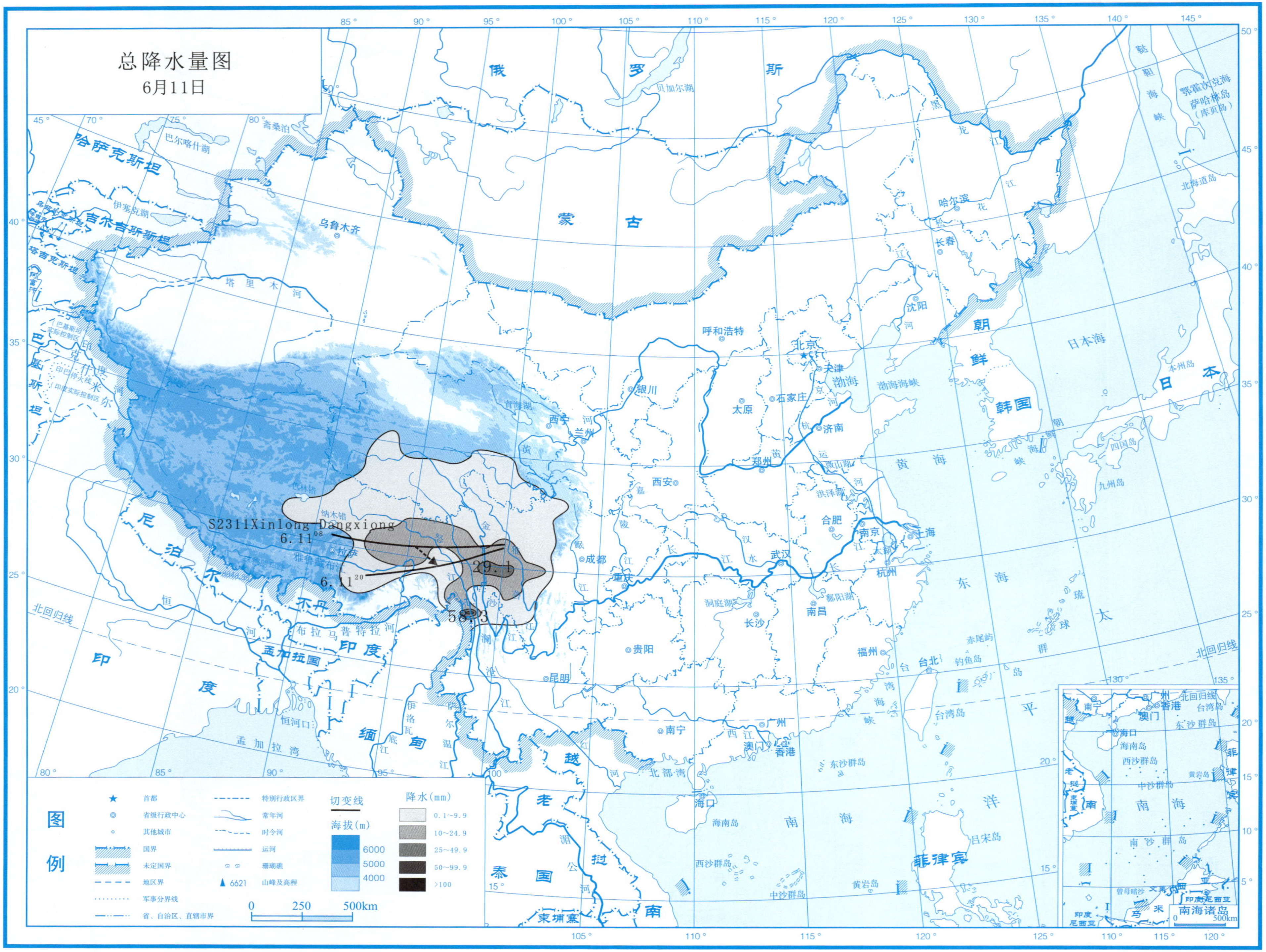
总降水量图
6月11日
S2311Xinlong-Dangxiong
6.11[08]
6.11[20]
29.1
58.3
图例
首都
省级行政中心
其他城市
国界
未定国界
地区界
军事分界线
省、自治区、直辖市界
特别行政区界
常年河
时令河
运河
珊瑚礁
6621 山峰及高程
切变线
海拔(m)
6000
5000
4000
降水(mm)
0.1~9.9
10~24.9
25~49.9
50~99.9
>100
0 250 500km
南海诸岛

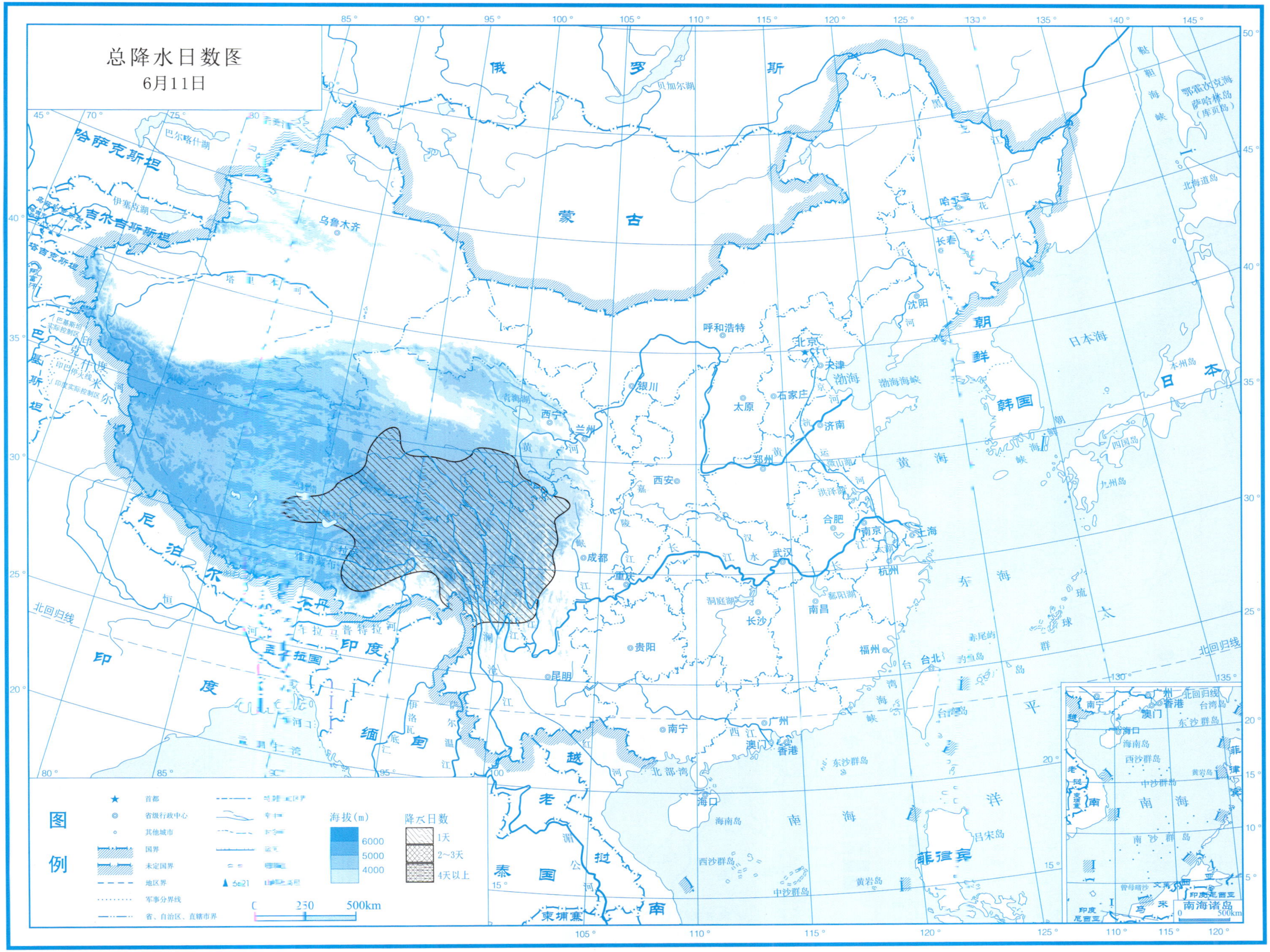
总降水日数图
6月11日
图例
首都
省级行政中心
其他城市
国界
未定国界
地区界
军事分界线
省、自治区、直辖市界
海拔(m)
6000
5000
4000
降水日数
1天
2~3天
4天以上
0 250 500km
南海诸岛

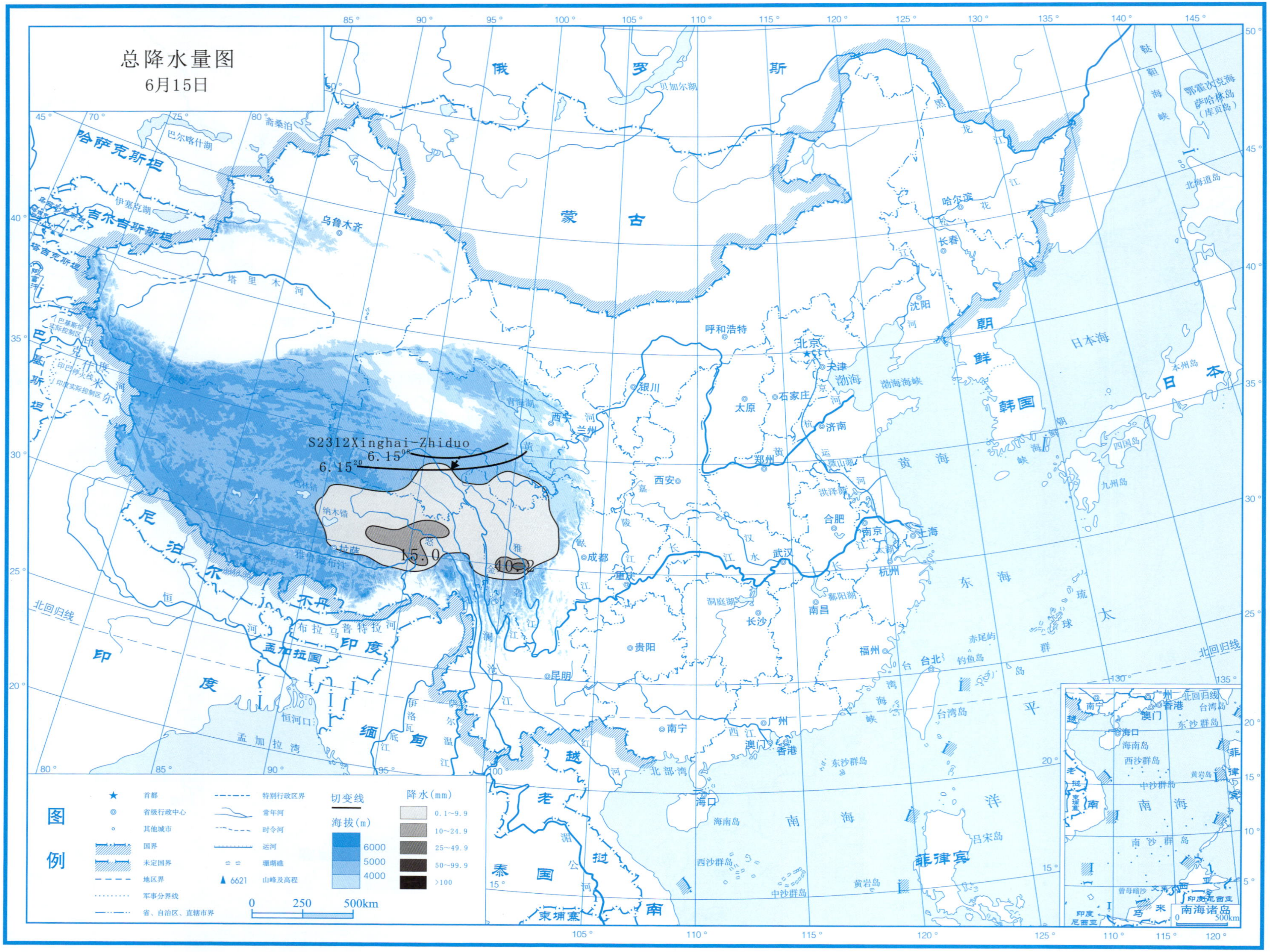
总降水量图
6月15日
S2312Xinghai-Zhiduo
6.15 08
6.15 20
15.0
40.2
图例
首都
省级行政中心
其他城市
国界
未定国界
地区界
军事分界线
省、自治区、直辖市界
特别行政区界
常年河
时令河
运河
珊瑚礁
山峰及高程
切变线
海拔(m)
6000
5000
4000
降水(mm)
0.1~9.9
10~24.9
25~49.9
50~99.9
>100
0 250 500km
南海诸岛

总降水日数图

6月15日

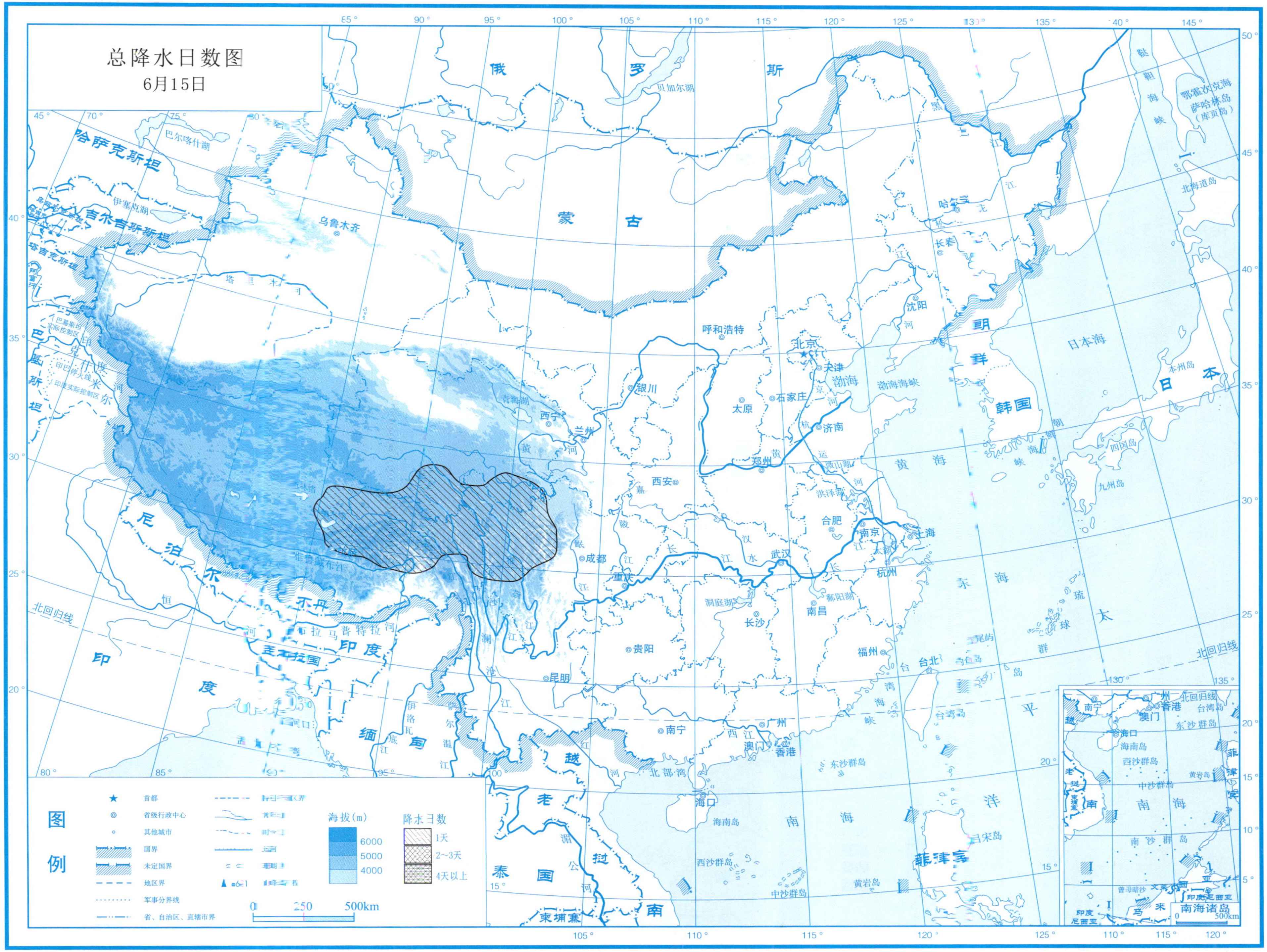

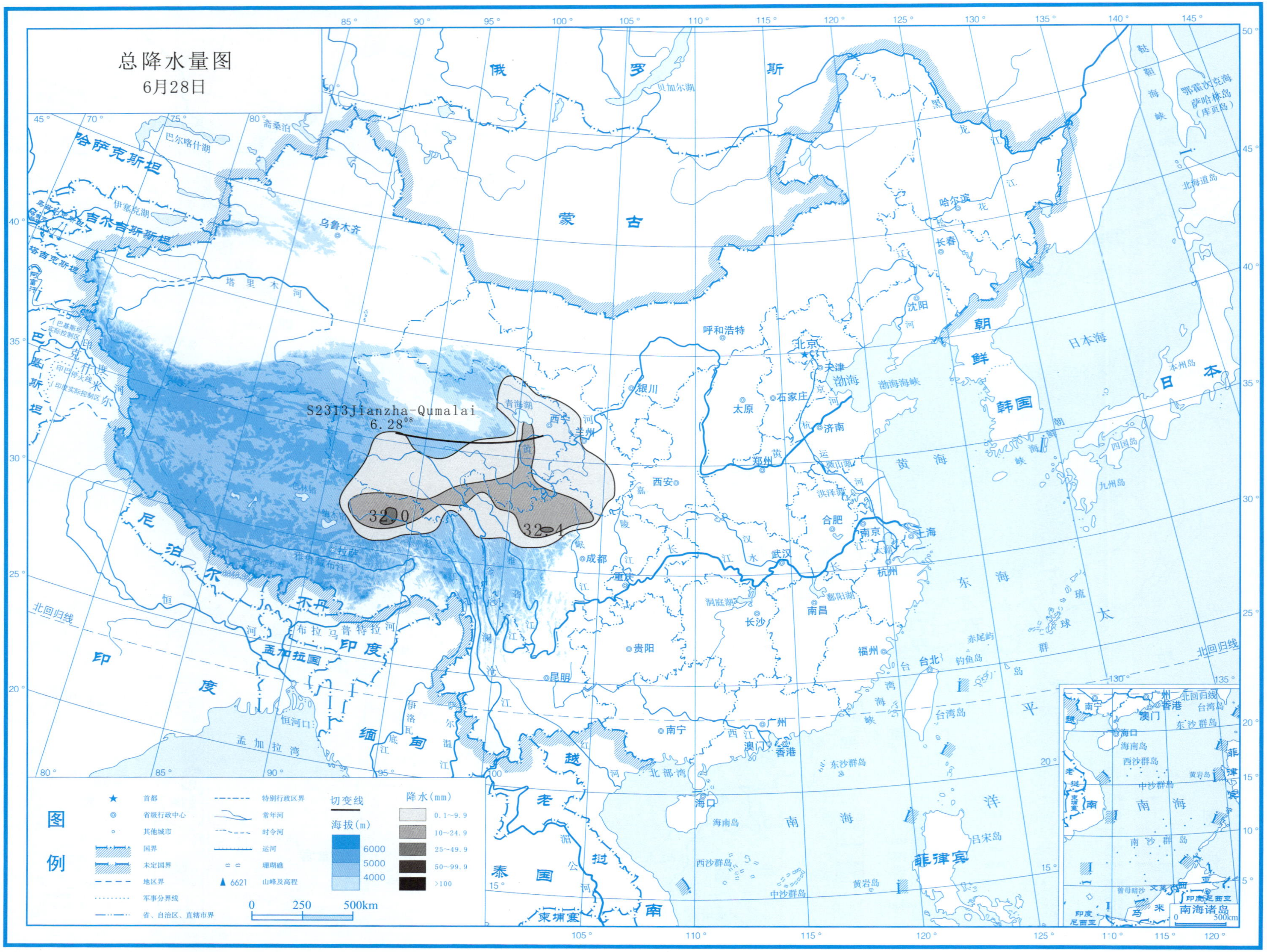
总降水量图
6月28日
S2313Jianzha-Qumalai
6.28[08]
32.0
32.4
图例
首都
省级行政中心
其他城市
国界
未定国界
地区界
军事分界线
特别行政区界
常年河
时令河
运河
珊瑚礁
山峰及高程
省、自治区、直辖市界
切变线
海拔(m)
6000
5000
4000
降水(mm)
0.1~9.9
10~24.9
25~49.9
50~99.9
>100
0 250 500km
南海诸岛

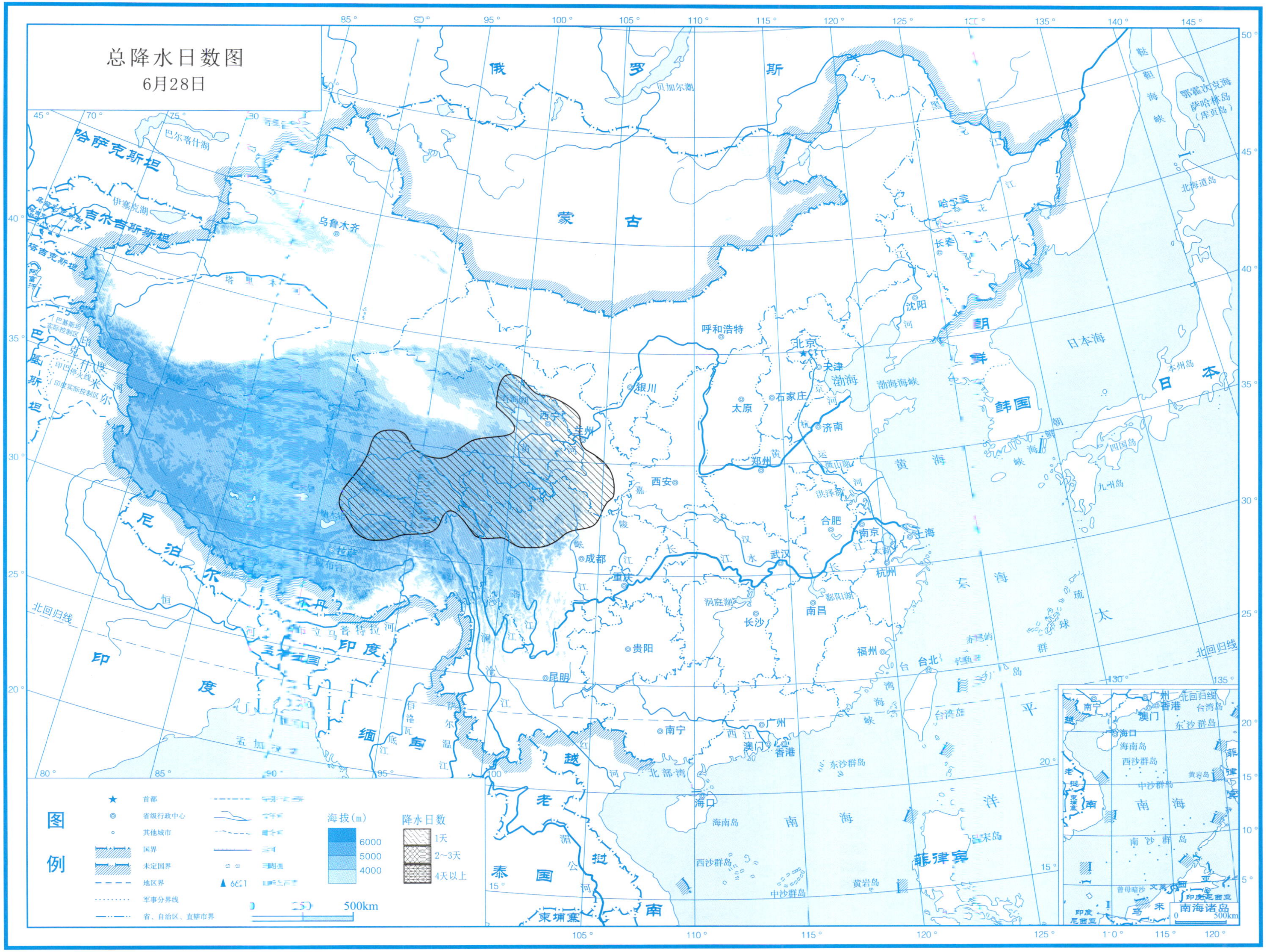
总降水日数图
6月28日
图例
首都
省级行政中心
其他城市
国界
未定国界
地区界
军事分界线
省、自治区、直辖市界
海拔(m)
6000
5000
4000
降水日数
1天
2~3天
4天以上
500km
南海诸岛

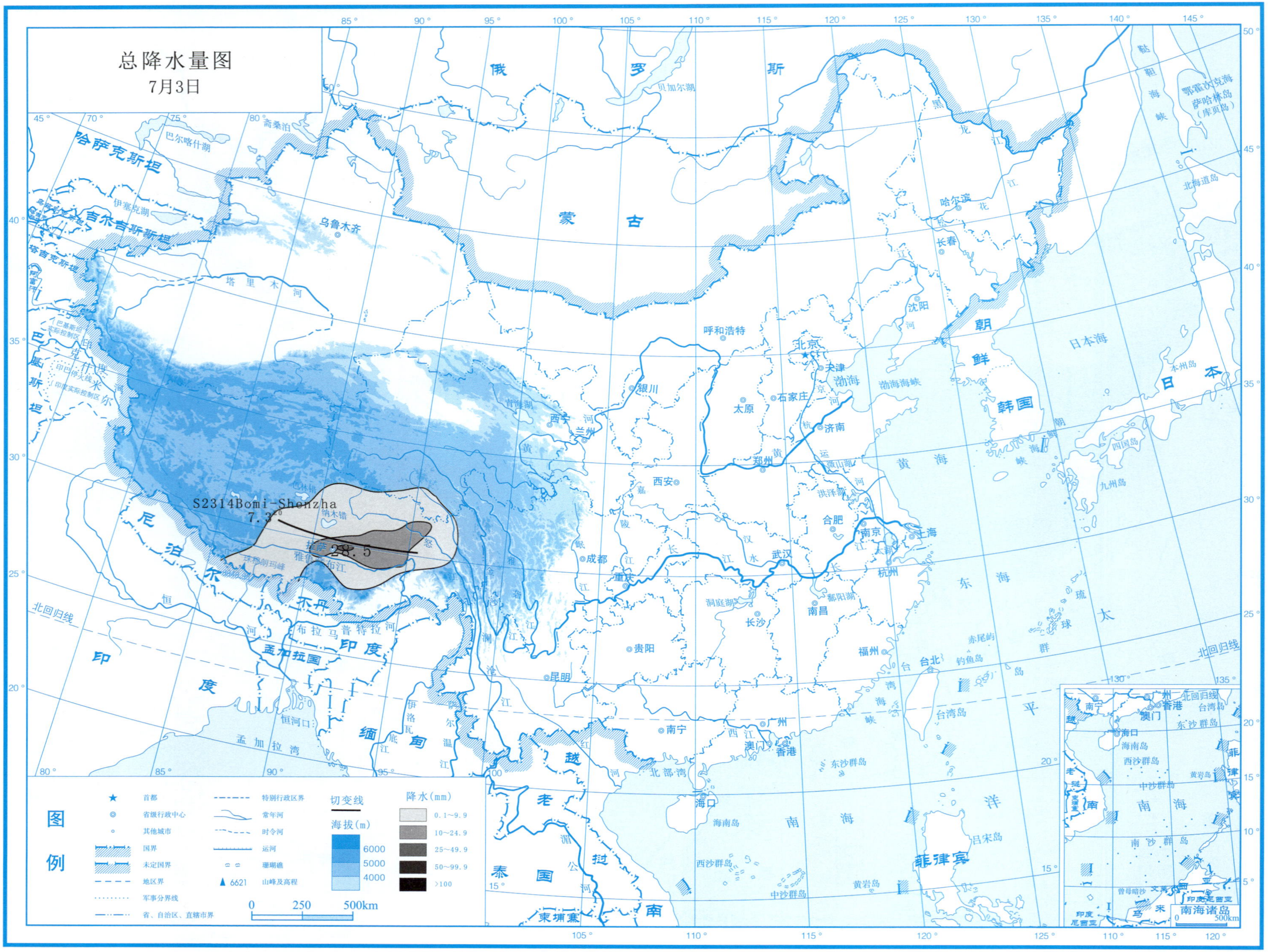
总降水量图
7月3日
S2314Bomi-Shenzha
7.3
28.5
图例
首都
省级行政中心
其他城市
国界
未定国界
地区界
军事分界线
省、自治区、直辖市界
特别行政区界
常年河
时令河
运河
珊瑚礁
6621 山峰及高程
切变线
海拔(m)
6000
5000
4000
降水(mm)
0.1~9.9
10~24.9
25~49.9
50~99.9
>100
0 250 500km
南海诸岛

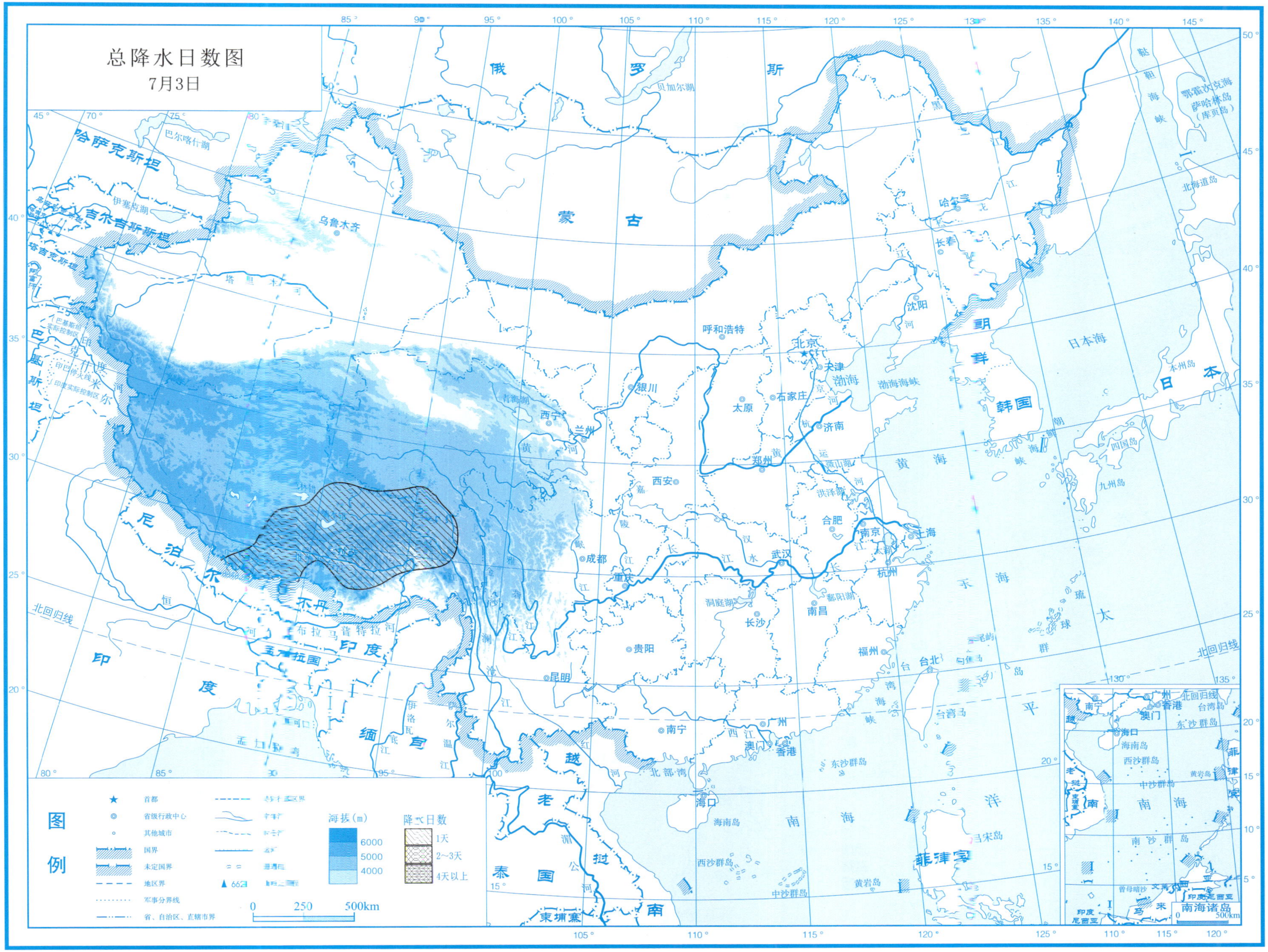
总降水日数图
7月3日
图例
首都
省级行政中心
其他城市
国界
未定国界
地区界
军事分界线
省、自治区、直辖市界
海拔(m)
6000
5000
4000
降水日数
1天
2~3天
4天以上
0 250 500km
俄 罗 斯
蒙 古
哈萨克斯坦
吉尔吉斯斯坦
塔吉克斯坦
尼泊尔
不丹
印度
孟加拉国
缅甸
老挝
越南
泰国
柬埔寨
朝鲜
韩国
日本
菲律宾
乌鲁木齐
呼和浩特
北京
天津
石家庄
太原
银川
西宁
兰州
济南
郑州
西安
合肥
南京
上海
杭州
武汉
成都
重庆
长沙
南昌
贵阳
昆明
福州
台北
南宁
广州
澳门
香港
海口
哈尔滨
长春
沈阳
渤海
黄海
东海
日本海
南海
太平洋
北回归线
南海诸岛

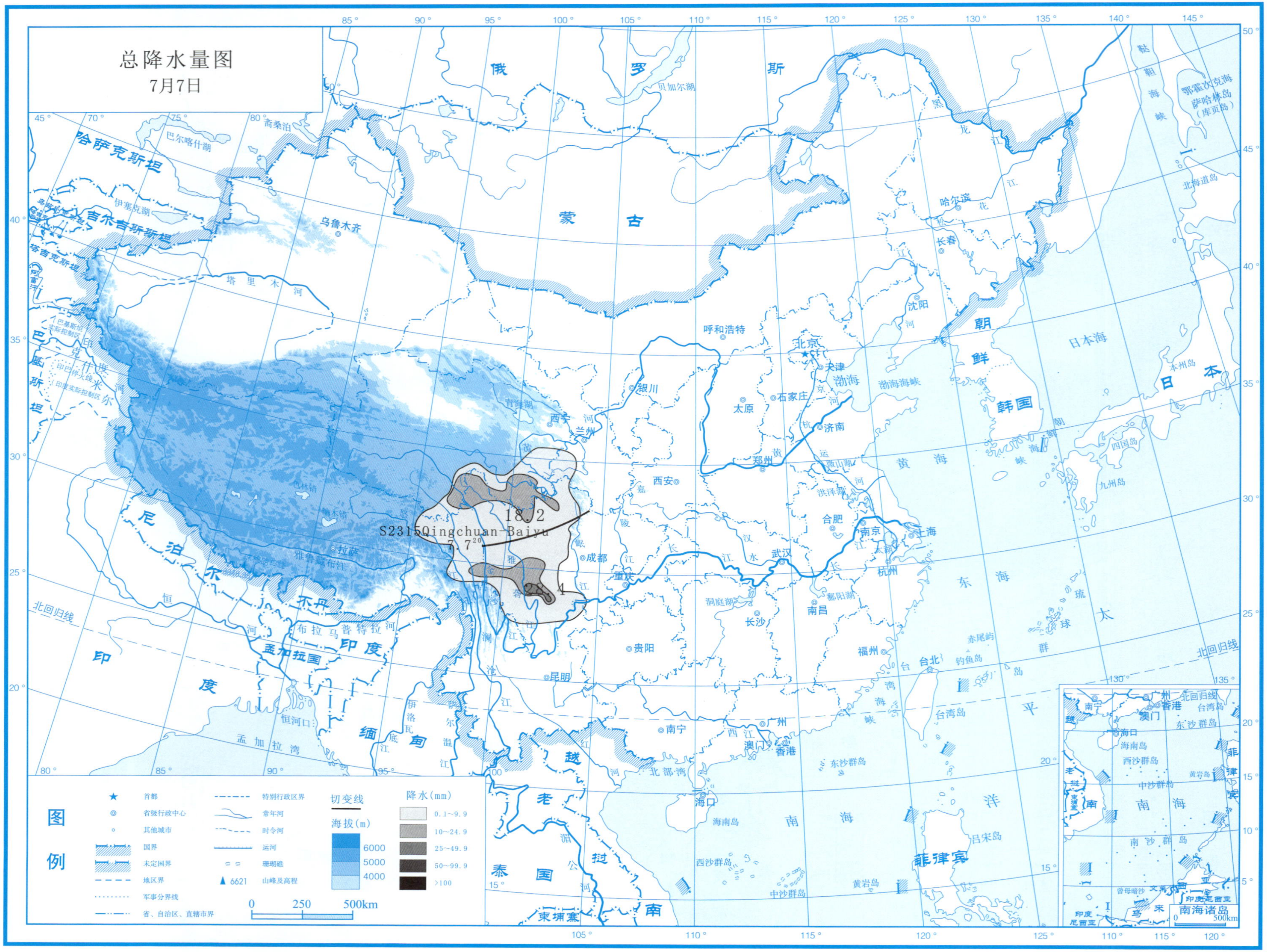

总降水量图
7月7日
S2315Qingchuan-Baiyu
7.7[20]
18.2
28.4
图例
首都
省级行政中心
其他城市
国界
未定国界
地区界
军事分界线
省、自治区、直辖市界
特别行政区界
常年河
时令河
运河
珊瑚礁
山峰及高程
切变线
海拔(m)
6000
5000
4000
降水(mm)
0.1~9.9
10~24.9
25~49.9
50~99.9
>100
0 250 500km
南海诸岛

总降水日数图
7月7日

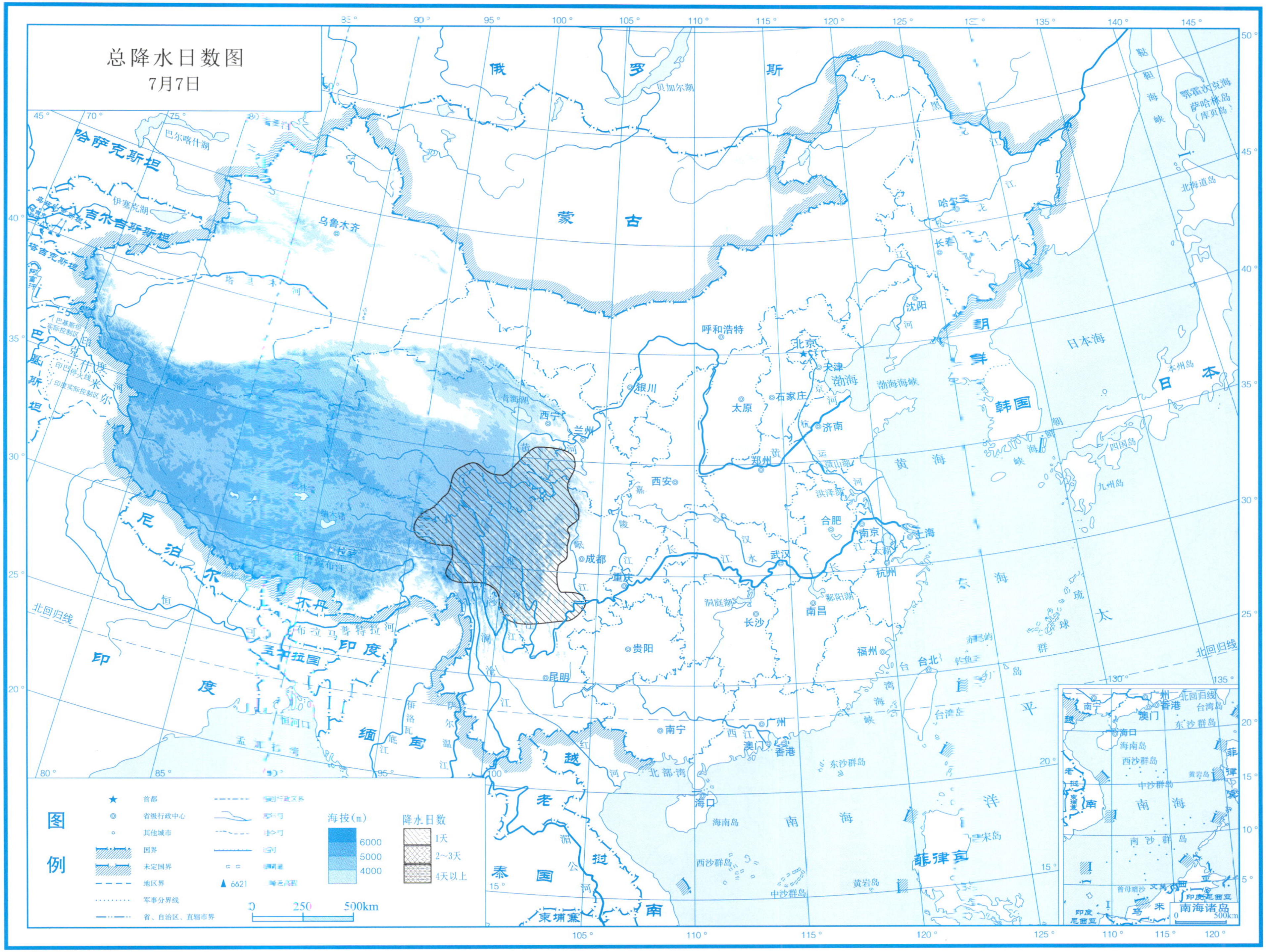

图例
首都
省级行政中心
其他城市
国界
未定国界
地区界
军事分界线
省、自治区、直辖市界
海拔(m)
6000
5000
4000
降水日数
1天
2~3天
4天以上
0 250 500km
俄罗斯
蒙古
哈萨克斯坦
吉尔吉斯斯坦
塔吉克斯坦
巴基斯坦
尼泊尔
不丹
孟加拉国
印度
缅甸
老挝
越南
泰国
柬埔寨
菲律宾
朝鲜
韩国
日本
乌鲁木齐
呼和浩特
北京
天津
银川
太原
石家庄
济南
西宁
兰州
郑州
西安
合肥
南京
上海
成都
重庆
武汉
杭州
拉萨
长沙
南昌
贵阳
福州
台北
昆明
南宁
广州
澳门
香港
海口
沈阳
长春
哈尔滨
渤海
黄海
东海
日本海
南海
太平洋
北回归线
南海诸岛

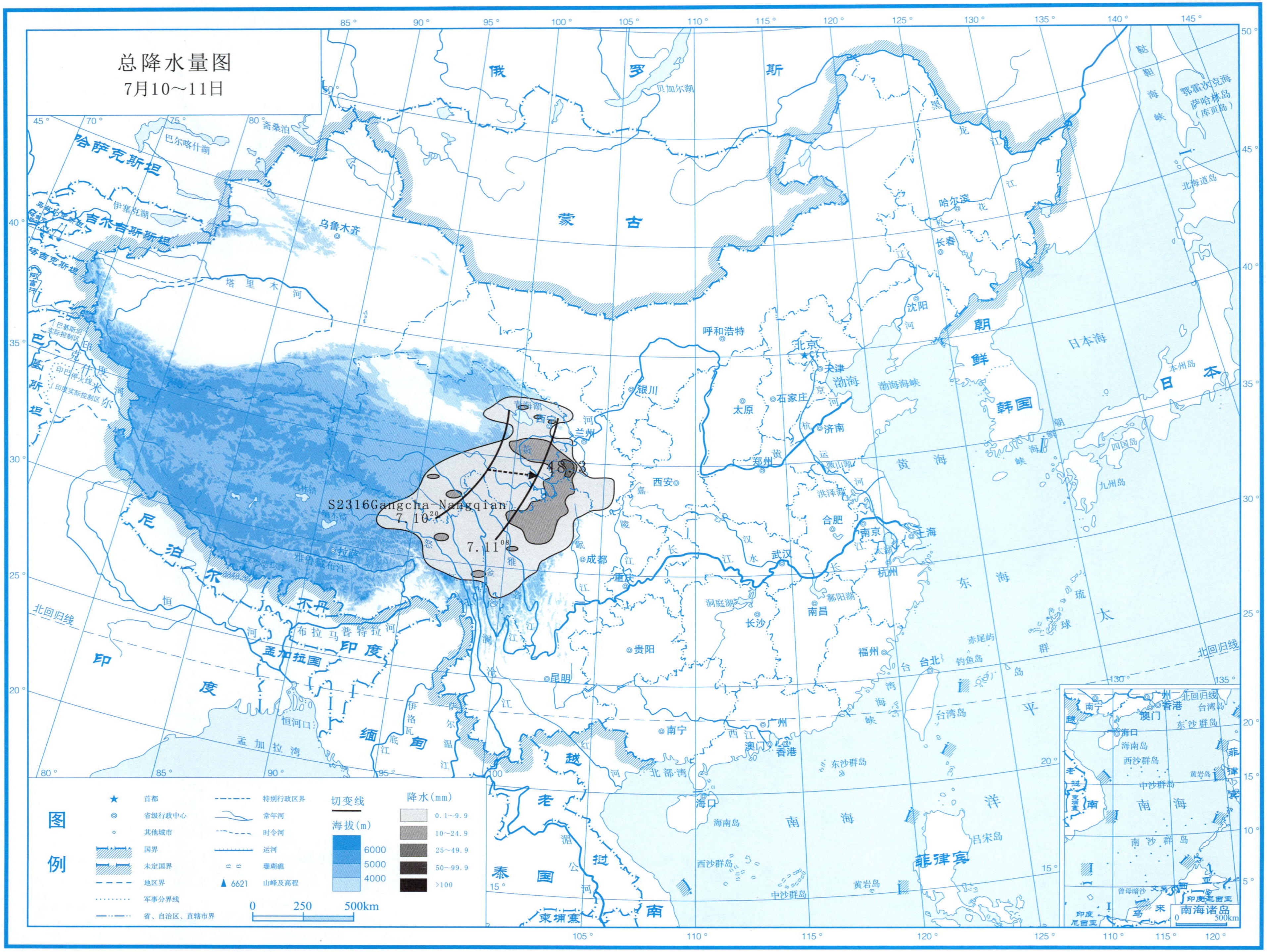

总降水量图
7月10～11日
S2316Gangcha-Nangqian
7.10[20]
7.11[08]
48.3
图例
首都
省级行政中心
其他城市
国界
未定国界
地区界
军事分界线
特别行政区界
常年河
时令河
运河
珊瑚礁
6621 山峰及高程
省、自治区、直辖市界
切变线
海拔(m)
6000
5000
4000
降水(mm)
0.1～9.9
10～24.9
25～49.9
50～99.9
>100
0 250 500km
南海诸岛

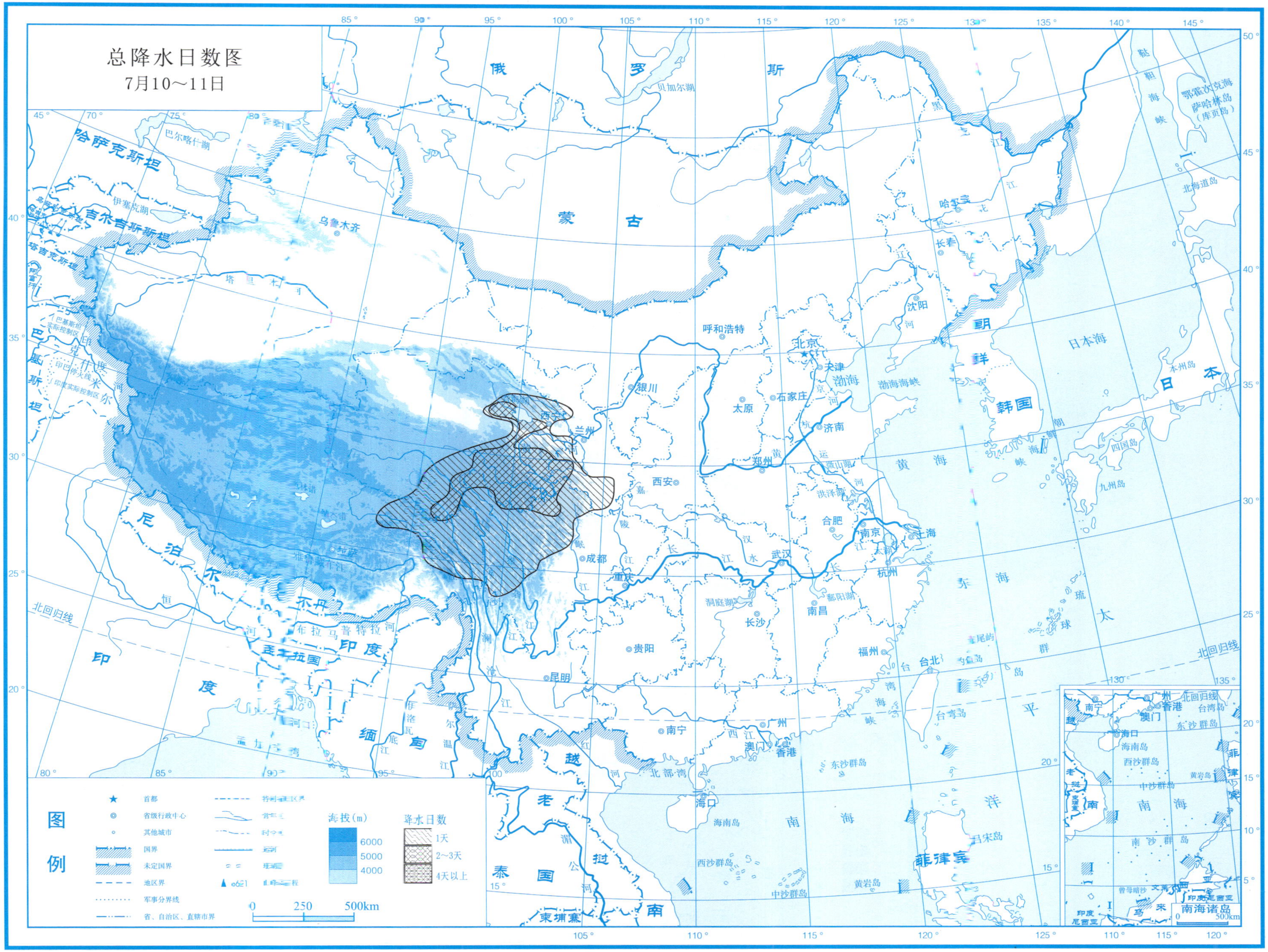
总降水日数图
7月10～11日
俄 罗 斯
贝加尔湖
哈萨克斯坦
巴尔喀什湖
伊塞克湖
吉尔吉斯斯坦
塔吉克斯坦
乌鲁木齐
蒙 古
呼和浩特
北京
天津
石家庄
太原
银川
兰州
西宁
济南
郑州
西安
合肥
南京
上海
杭州
武汉
成都
重庆
长沙
南昌
福州
台北
贵阳
昆明
南宁
广州
澳门
香港
海口
拉萨
哈尔滨
长春
沈阳
朝 鲜
韩 国
日 本
日本海
黄 海
渤海
东 海
南 海
台湾岛
海南岛
尼 泊 尔
不丹
孟加拉国
印 度
缅 甸
越 南
老 挝
泰 国
柬埔寨
菲律宾
北海道
本州岛
四国岛
九州岛
北回归线
东沙群岛
西沙群岛
中沙群岛
黄岩岛
南海诸岛
图例
首都
省级行政中心
其他城市
国界
未定国界
地区界
军事分界线
省、自治区、直辖市界
海拔(m)
6000
5000
4000
降水日数
1天
2~3天
4天以上
0 250 500km

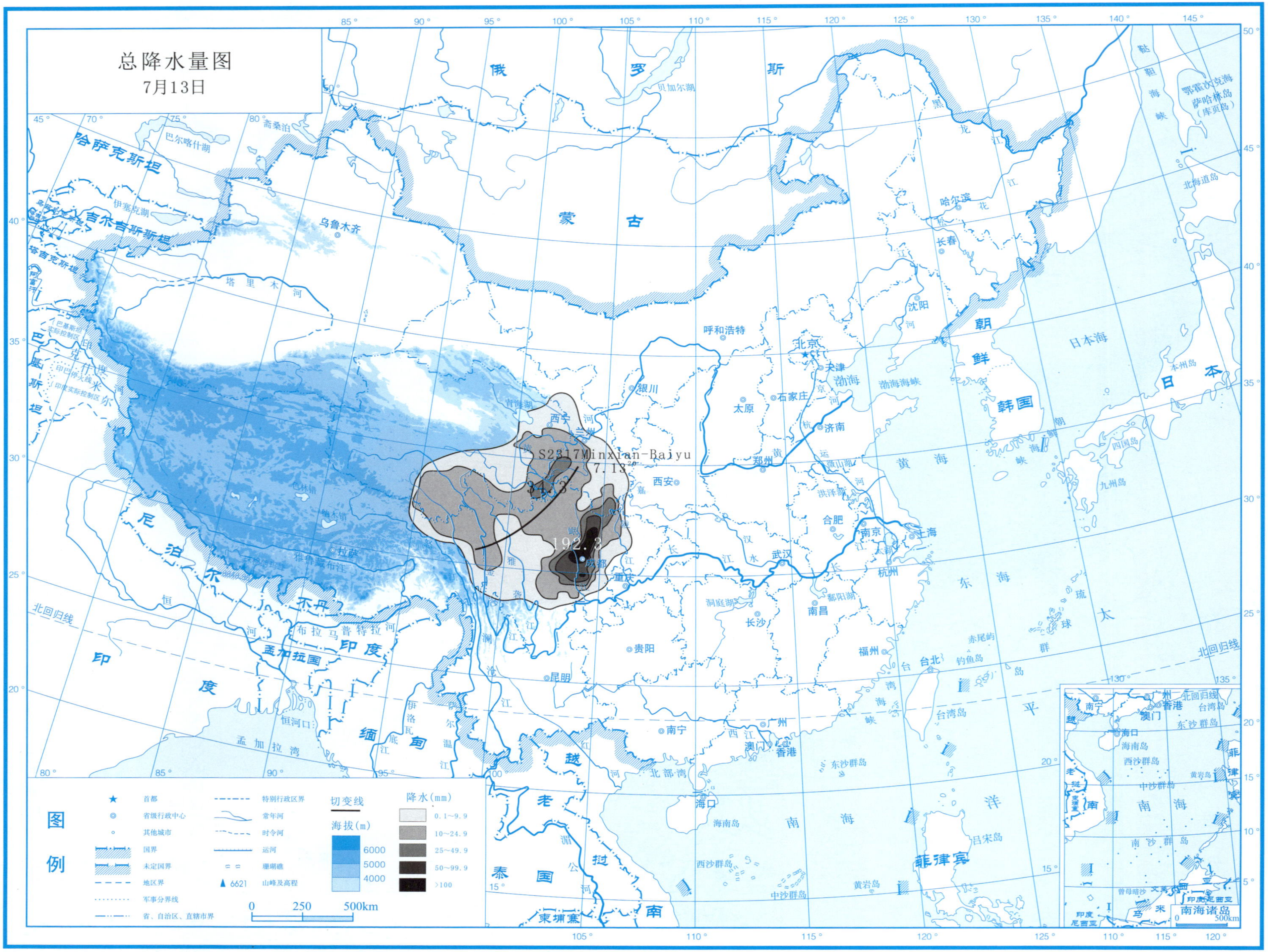
总降水量图
7月13日
S2317Minxian-Baiyu
7.13
34.3
192.3
图例
首都
省级行政中心
其他城市
国界
未定国界
地区界
军事分界线
省、自治区、直辖市界
特别行政区界
常年河
时令河
运河
珊瑚礁
6621 山峰及高程
切变线
海拔(m)
6000
5000
4000
降水(mm)
0.1~9.9
10~24.9
25~49.9
50~99.9
>100
0 250 500km
俄 罗 斯
蒙 古
哈萨克斯坦
吉尔吉斯斯坦
塔吉克斯坦
巴基斯坦
尼泊尔
不丹
孟加拉国
印度
缅甸
老挝
越南
泰国
柬埔寨
菲律宾
朝鲜
韩国
日本
乌鲁木齐
拉萨
西宁
兰州
银川
成都
重庆
西安
呼和浩特
北京
天津
石家庄
太原
济南
郑州
合肥
南京
上海
杭州
武汉
长沙
南昌
福州
台北
贵阳
昆明
南宁
广州
澳门
香港
海口
沈阳
长春
哈尔滨
南海诸岛

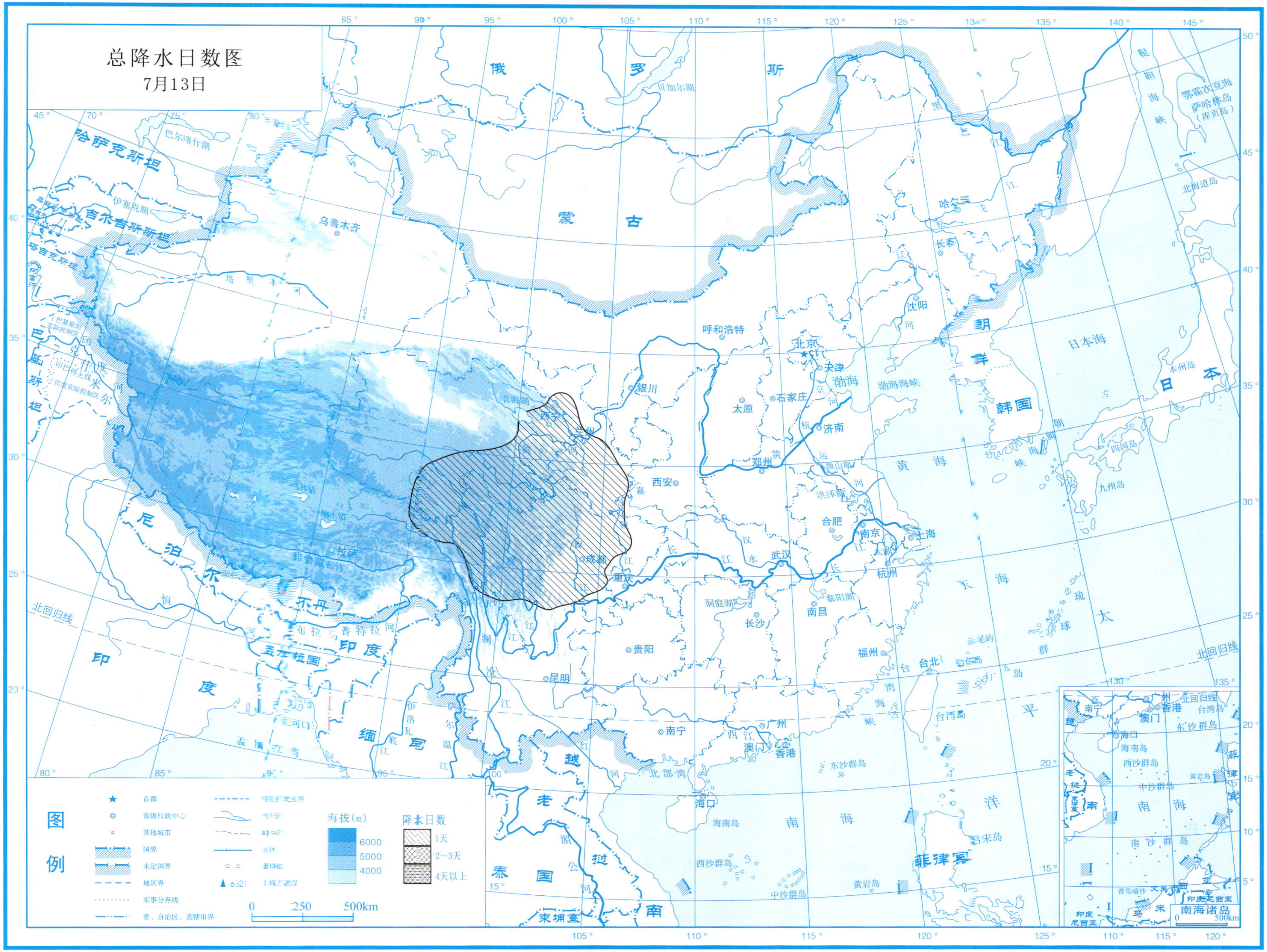
总降水日数图
7月13日
图例
首都
省级行政中心
其他城市
国界
未定国界
地区界
军事分界线
省、自治区、直辖市界
海拔(m)
6000
5000
4000
降水日数
1天
2~3天
4天以上
0 250 500km
南海诸岛

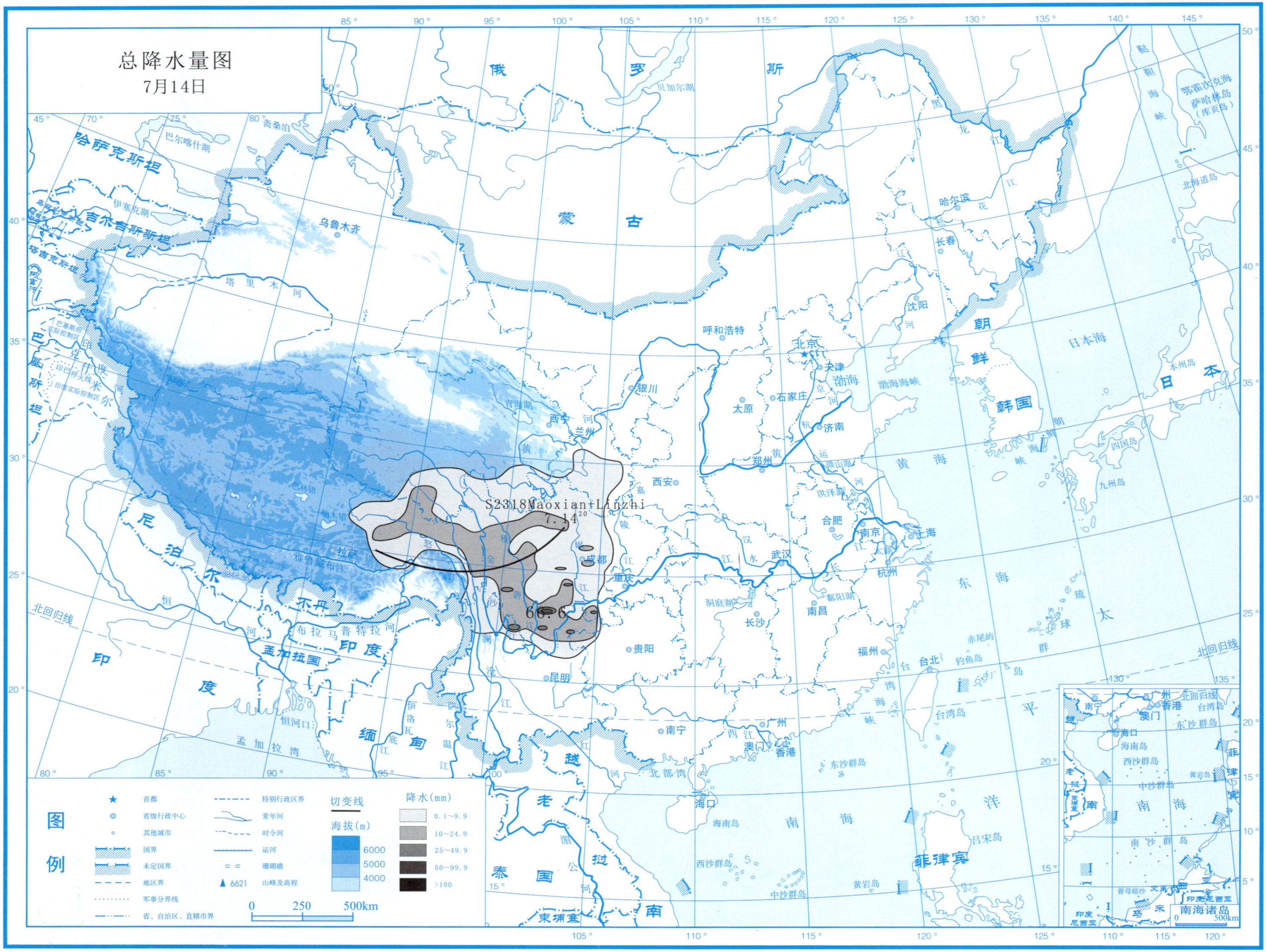
总降水量图
7月14日
S2318Maoxian-Linzhi
7.14[20]
66.6
图例
首都
省级行政中心
其他城市
国界
未定国界
地区界
军事分界线
省、自治区、直辖市界
特别行政区界
常年河
时令河
运河
珊瑚礁
6621 山峰及高程
切变线
海拔(m)
6000
5000
4000
降水(mm)
0.1~9.9
10~24.9
25~49.9
50~99.9
>100
0 250 500km
南海诸岛

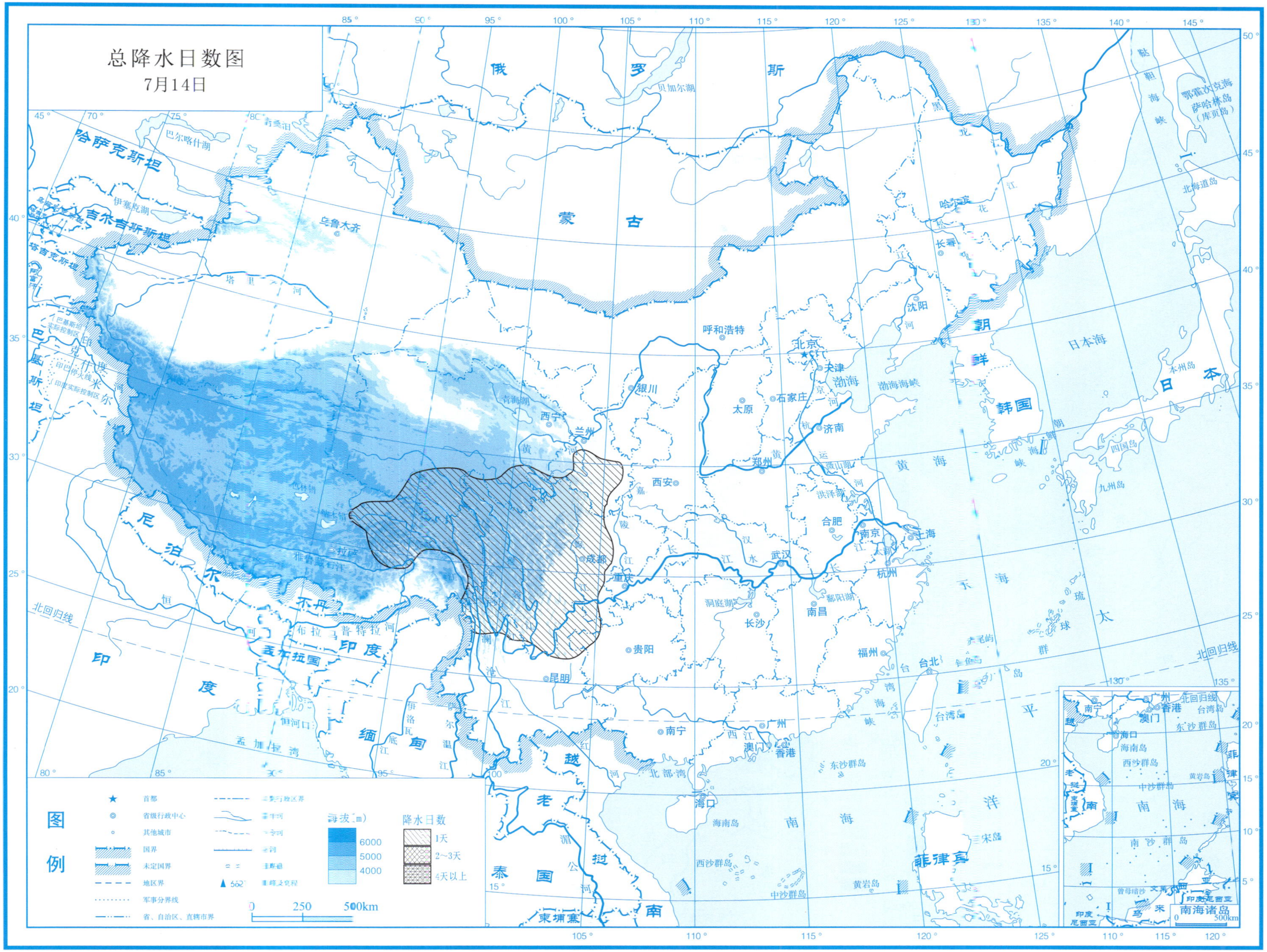
总降水日数图
7月14日
图例
首都
省级行政中心
其他城市
国界
未定国界
地区界
军事分界线
省、自治区、直辖市界
海拔(m)
6000
5000
4000
降水日数
1天
2~3天
4天以上
0 250 500km
北回归线
南海诸岛

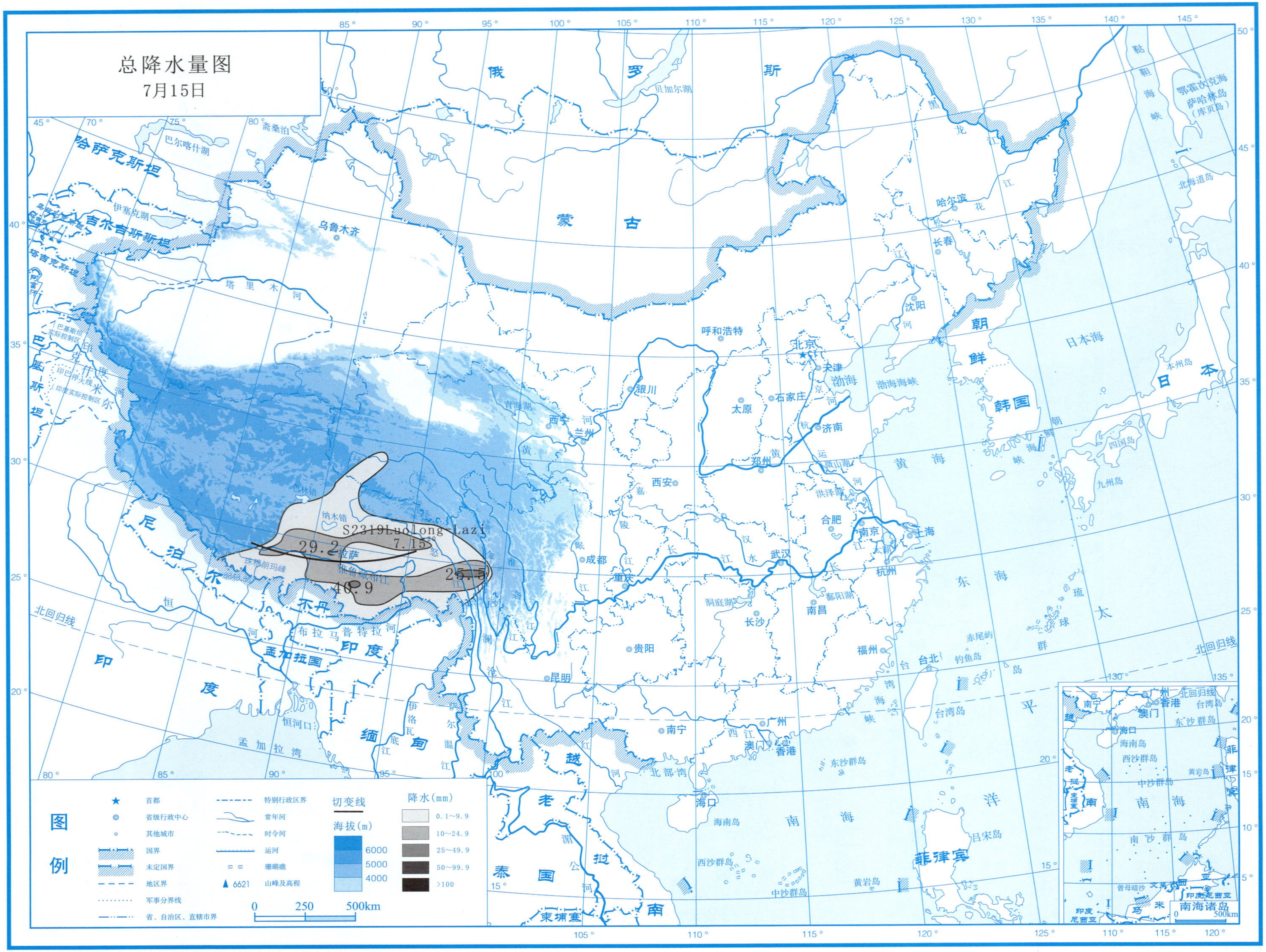
总降水量图
7月15日
S2319Luolong-Lazi
29.2
7.15
40.9
25.5
图例
首都
省级行政中心
其他城市
国界
未定国界
地区界
军事分界线
省、自治区、直辖市界
特别行政区界
常年河
时令河
运河
珊瑚礁
6621 山峰及高程
切变线
海拔(m)
6000
5000
4000
降水(mm)
0.1~9.9
10~24.9
25~49.9
50~99.9
>100
0 250 500km
俄 罗 斯
蒙 古
哈萨克斯坦
吉尔吉斯斯坦
塔吉克斯坦
巴基斯坦
尼 泊 尔
不丹
孟加拉国
印 度
缅 甸
泰 国
老 挝
越 南
柬埔寨
朝 鲜
韩国
日 本
菲律宾
南海诸岛

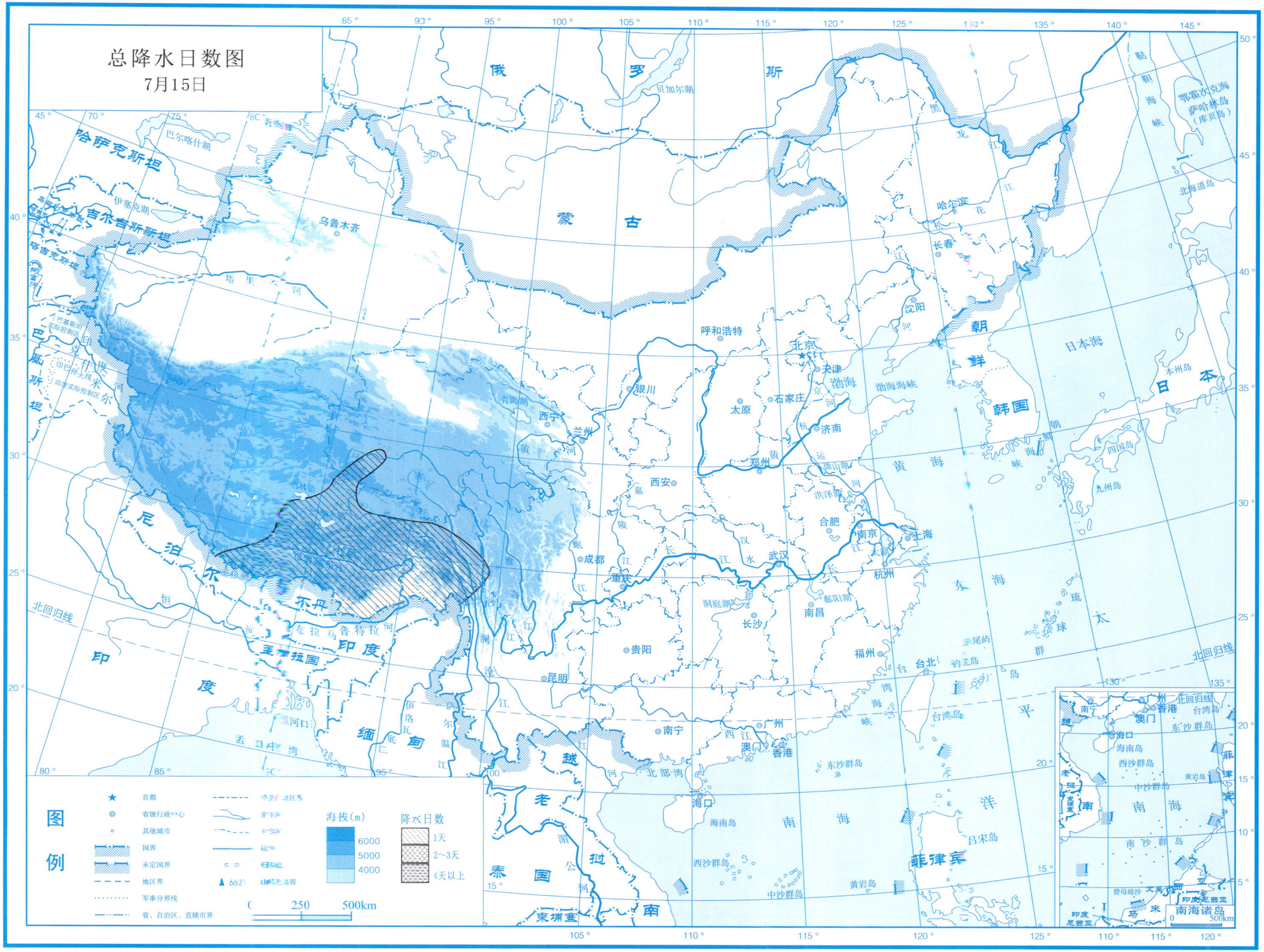
总降水日数图
7月15日
图例
首都
省级行政中心
其他城市
国界
未定国界
地区界
军事分界线
省、自治区、直辖市界
海拔(m)
6000
5000
4000
降水日数
1天
2~3天
4天以上
0 250 500km

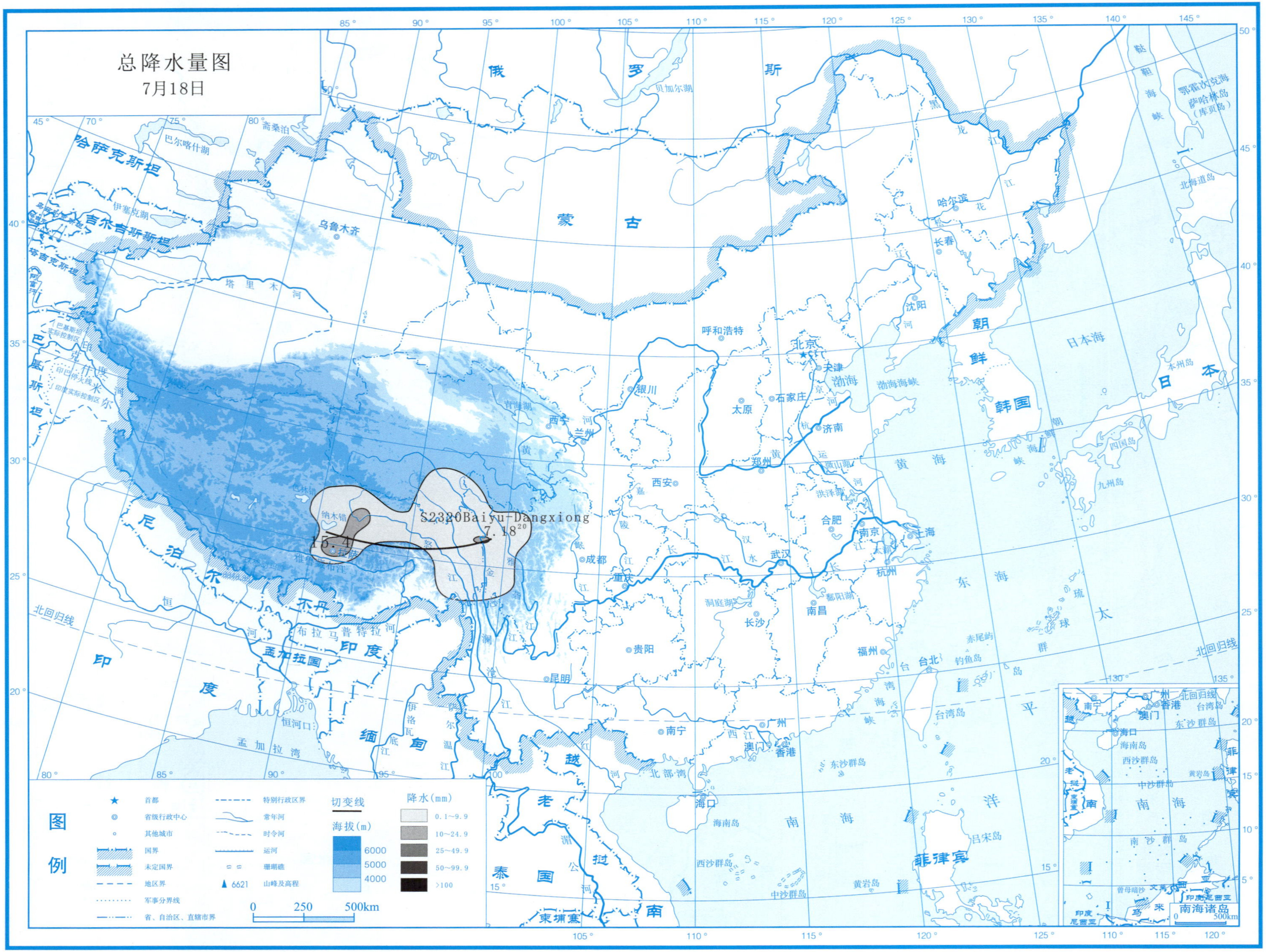
总降水量图
7月18日
S2320Baiyu-Dangxiong
7.18[20]
15.4
图例
首都
省级行政中心
其他城市
国界
未定国界
地区界
军事分界线
省、自治区、直辖市界
特别行政区界
常年河
时令河
运河
珊瑚礁
6621 山峰及高程
切变线
海拔(m)
6000
5000
4000
降水(mm)
0.1~9.9
10~24.9
25~49.9
50~99.9
>100
0 250 500km
南海诸岛

总降水日数图

7月18日

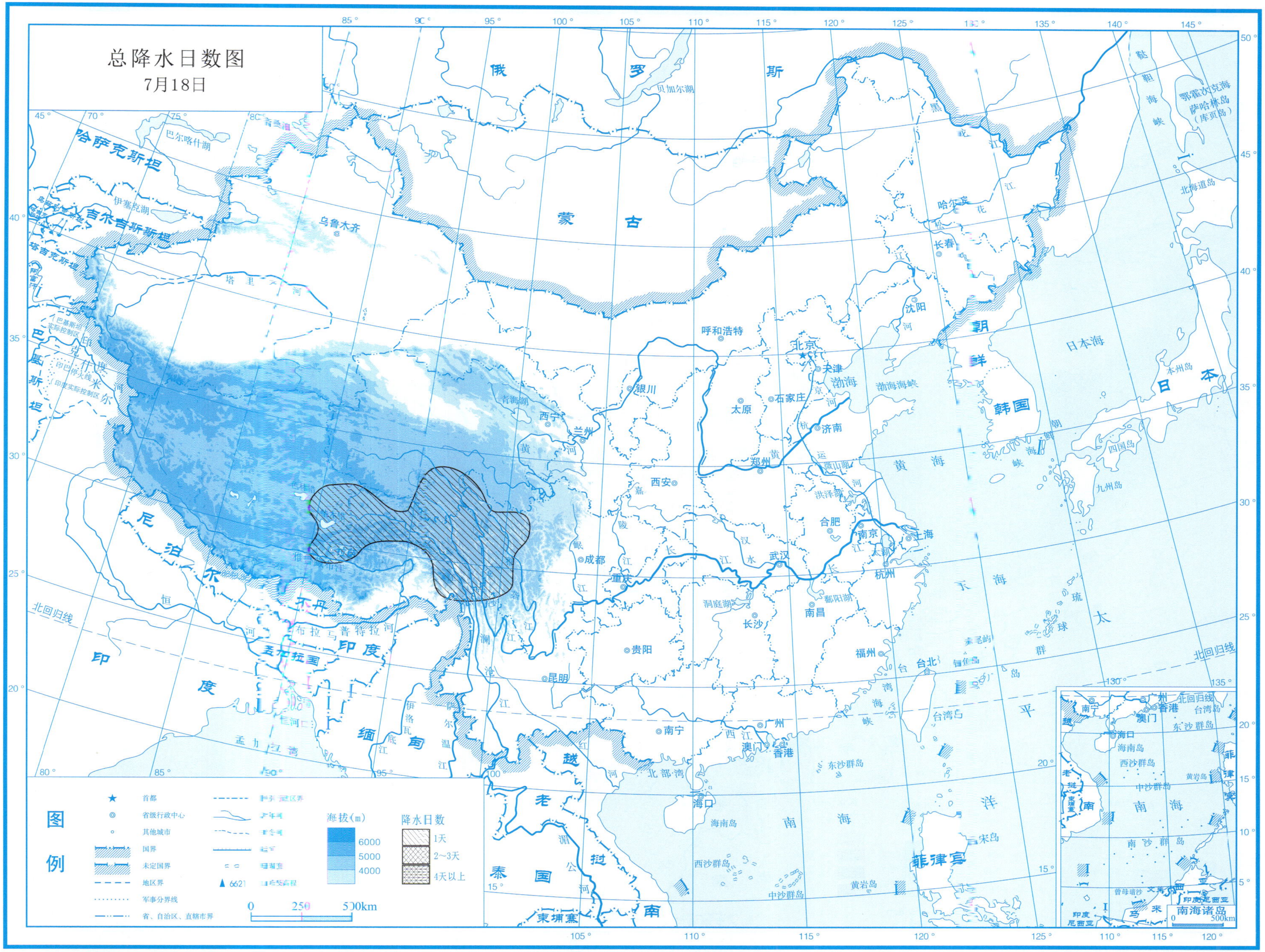

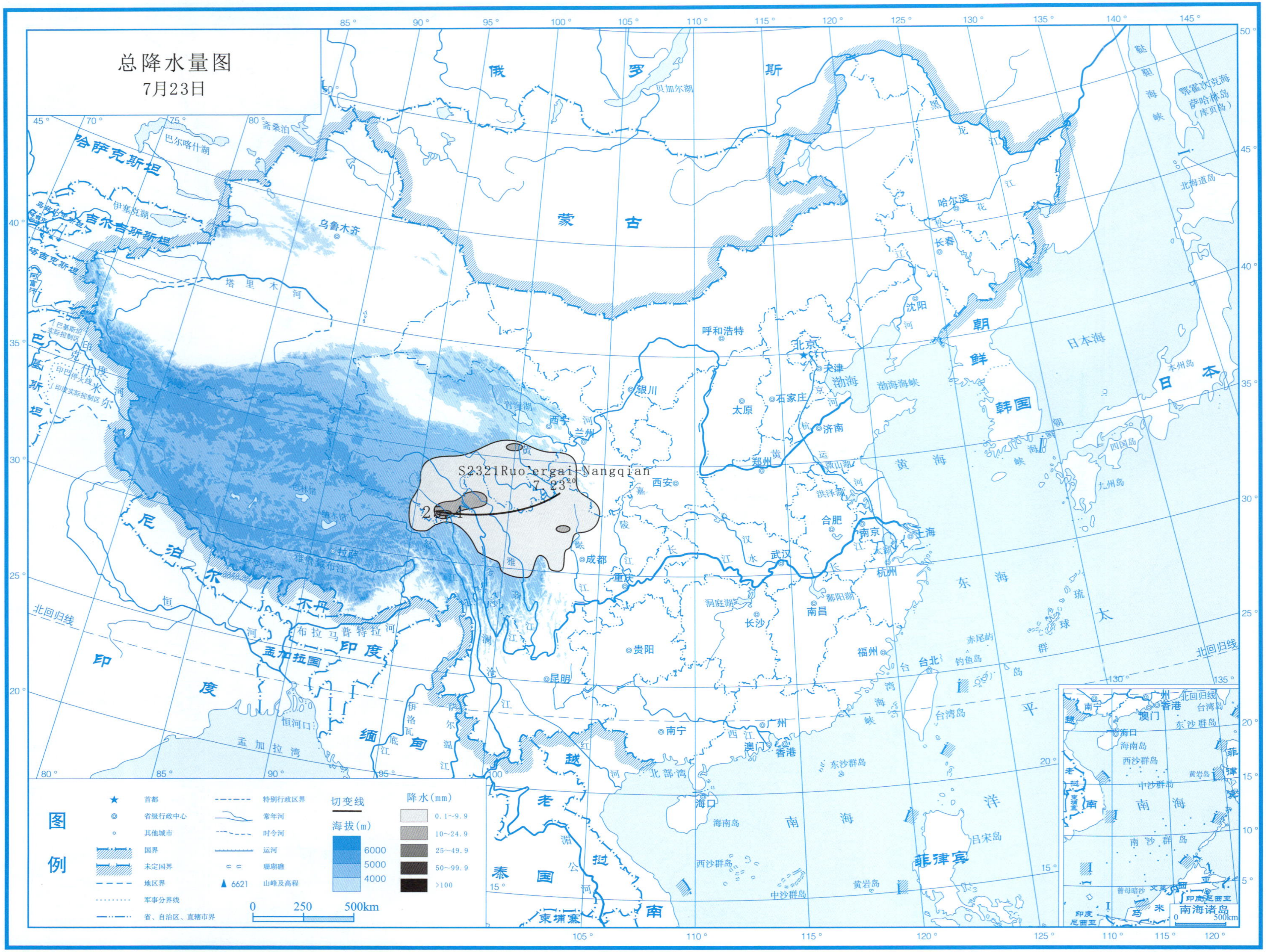
总降水量图
7月23日
S2321Ruo'ergai-Nangqian
图例
首都
省级行政中心
其他城市
国界
未定国界
地区界
军事分界线
省、自治区、直辖市界
特别行政区界
常年河
时令河
运河
珊瑚礁
6621 山峰及高程
切变线
海拔(m)
6000
5000
4000
降水(mm)
0.1~9.9
10~24.9
25~49.9
50~99.9
>100
0 250 500km
南海诸岛

总降水日数图
7月23日

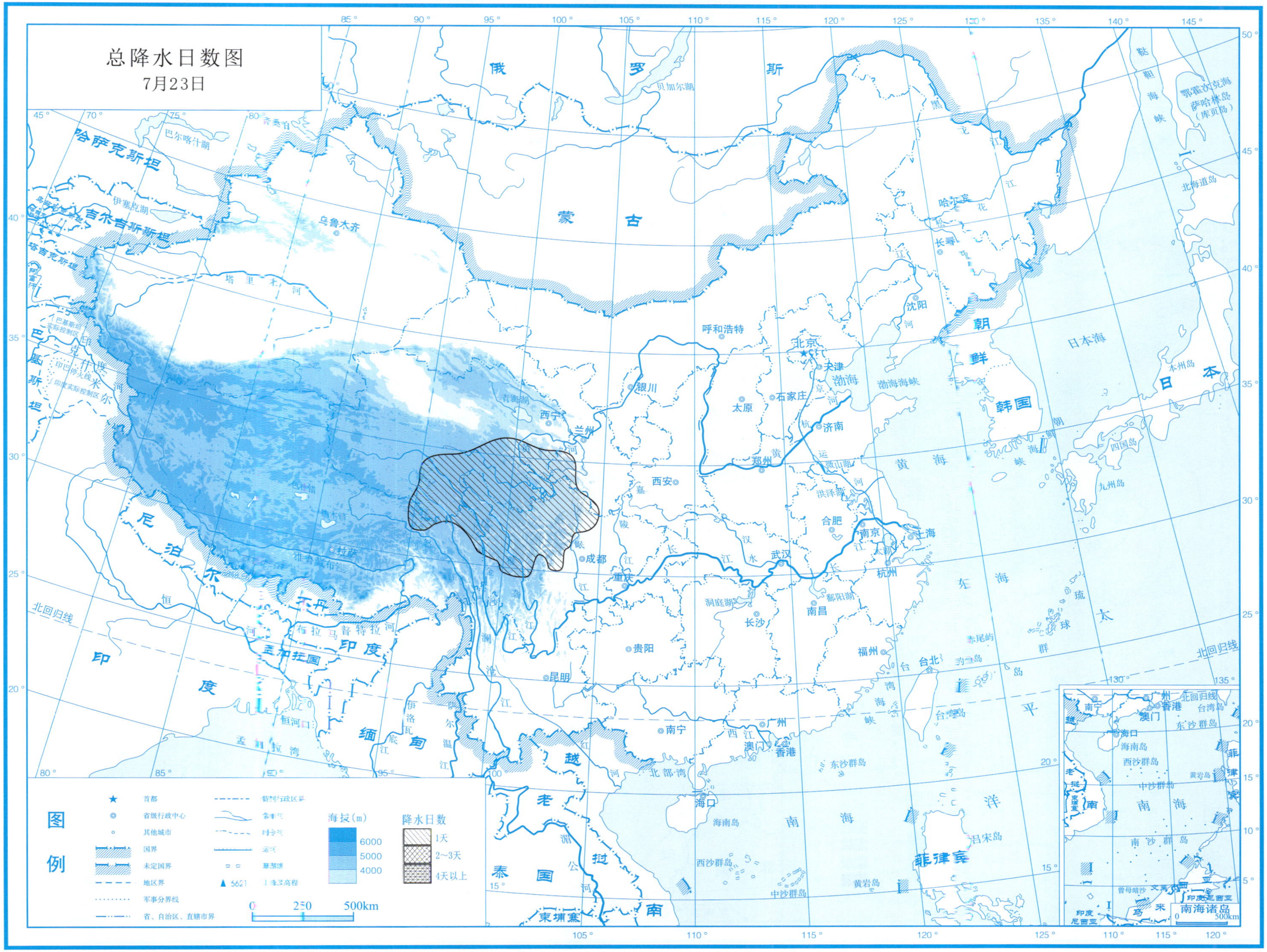

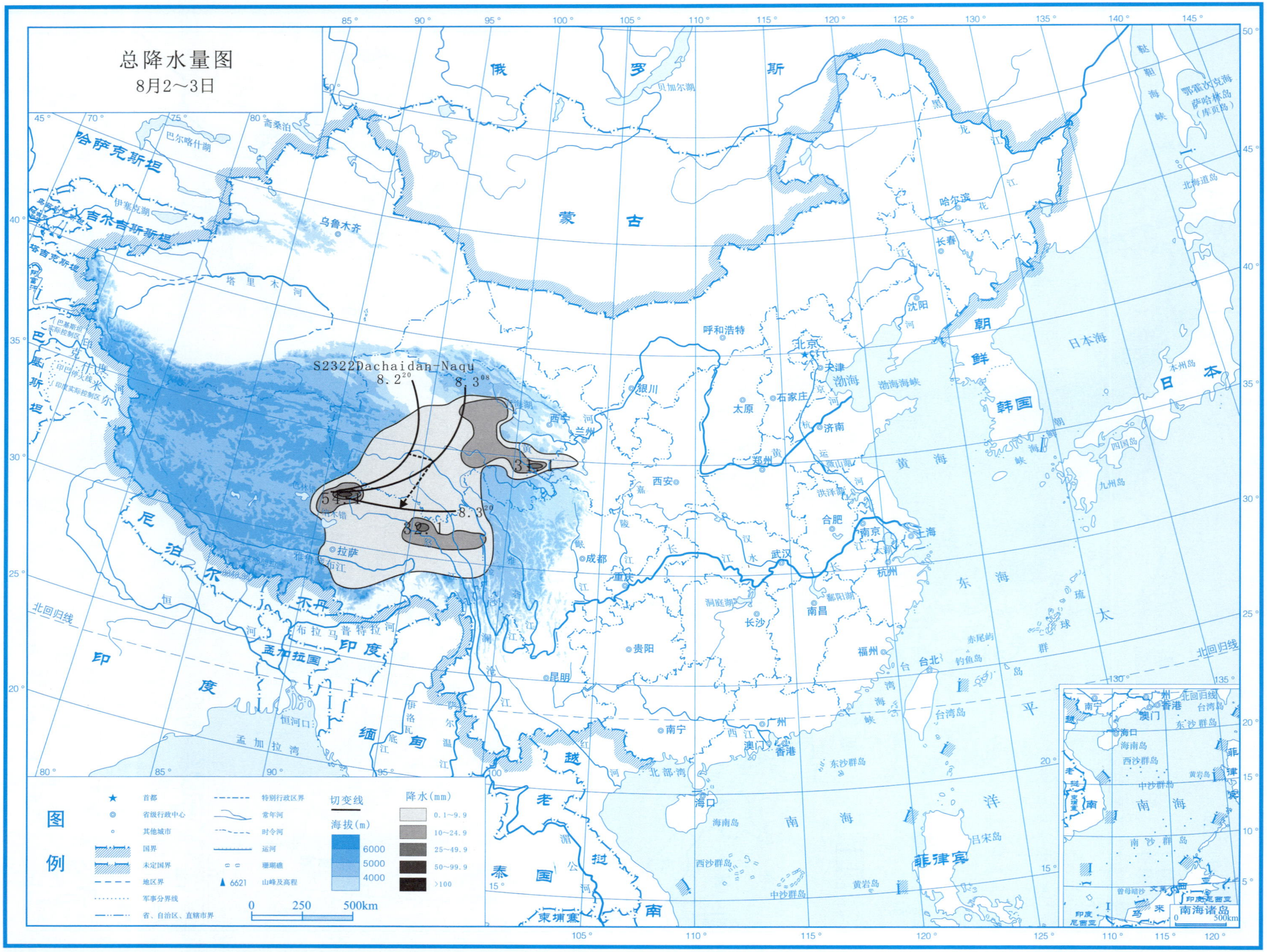
总降水量图
8月2～3日
S2322Dachaidan-Naqu
8.2²⁰
8.3⁰⁸
8.3²⁰
俄 罗 斯
蒙 古
哈萨克斯坦
吉尔吉斯斯坦
塔吉克斯坦
乌鲁木齐
塔 里 木 河
呼和浩特
北京
天津
银川
太原
石家庄
济南
西宁
兰州
郑州
西安
合肥
南京
上海
成都
重庆
武汉
杭州
拉萨
长沙
南昌
贵阳
福州
昆明
台北
南宁
广州
澳门
香港
海口
沈阳
长春
哈尔滨
朝 鲜
韩国
日本
日本海
黄 海
东 海
南 海
太 平 洋
印 度
尼 泊 尔
不丹
孟加拉国
缅 甸
老 挝
越 南
泰 国
柬埔寨
菲律宾
北回归线
南海诸岛
图例
首都
省级行政中心
其他城市
国界
未定国界
地区界
军事分界线
省、自治区、直辖市界
特别行政区界
常年河
时令河
运河
珊瑚礁
6621 山峰及高程
切变线
海拔(m)
6000
5000
4000
降水(mm)
0.1～9.9
10～24.9
25～49.9
50～99.9
>100
0 250 500km

总降水日数图

8月2～3日

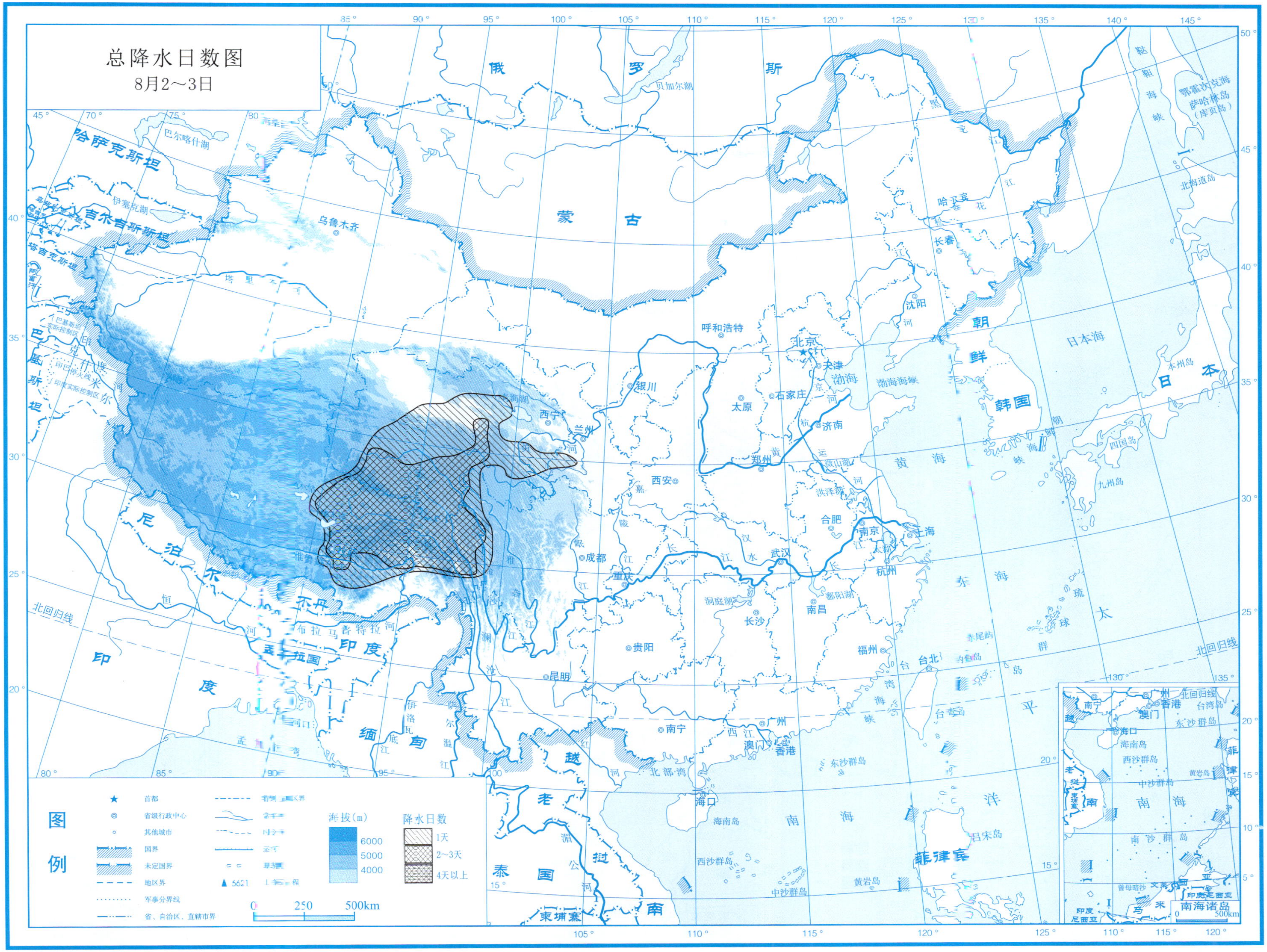

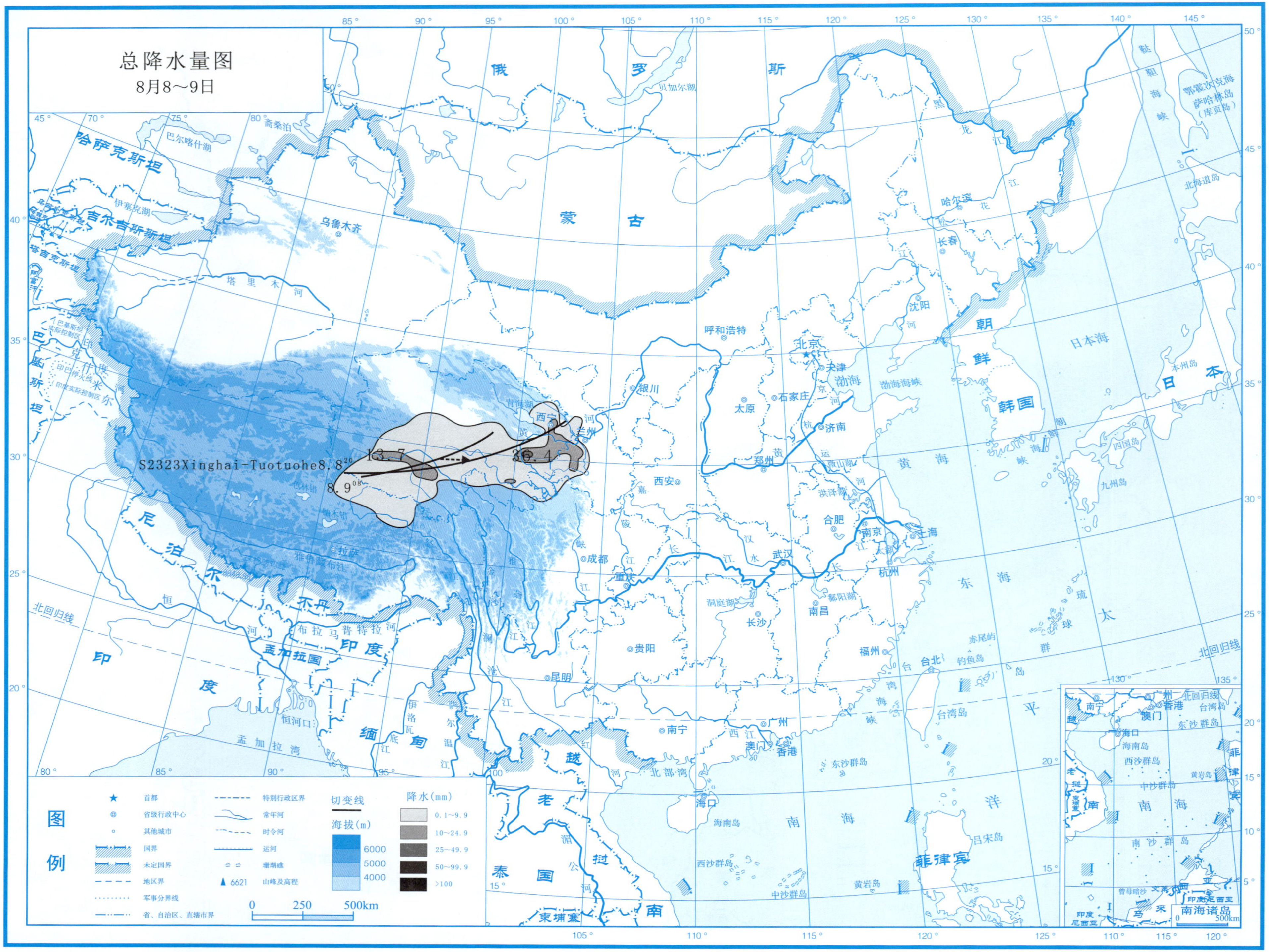
总降水量图
8月8～9日
S2323Xinghai-Tuotuohe8.8
13.7
36.4
8.9
图例
首都
省级行政中心
其他城市
国界
未定国界
地区界
军事分界线
省、自治区、直辖市界
特别行政区界
常年河
时令河
运河
珊瑚礁
6621 山峰及高程
切变线
海拔(m)
6000
5000
4000
降水(mm)
0.1～9.9
10～24.9
25～49.9
50～99.9
>100
0 250 500km
南海诸岛

总降水日数图

8月8～9日

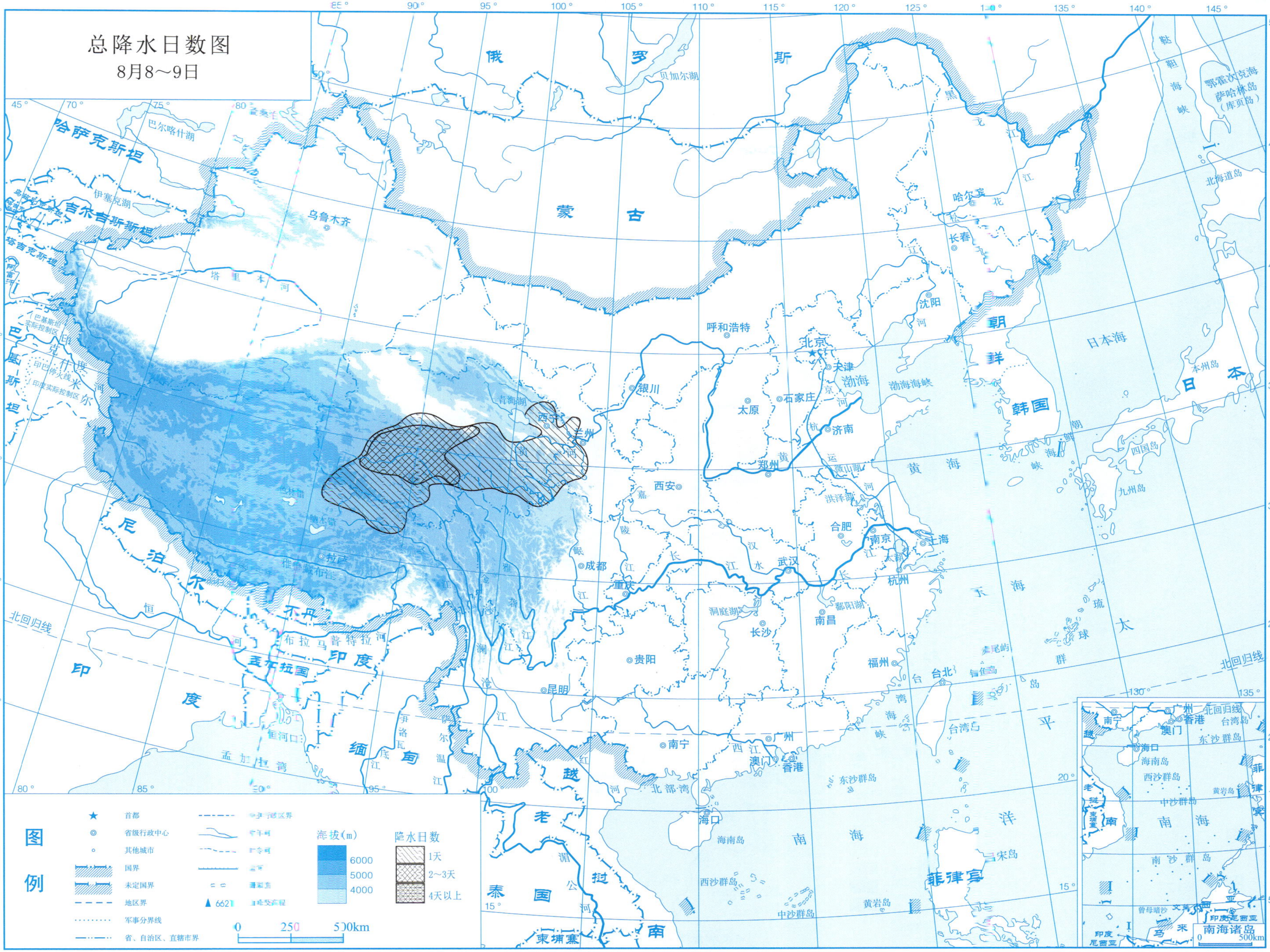

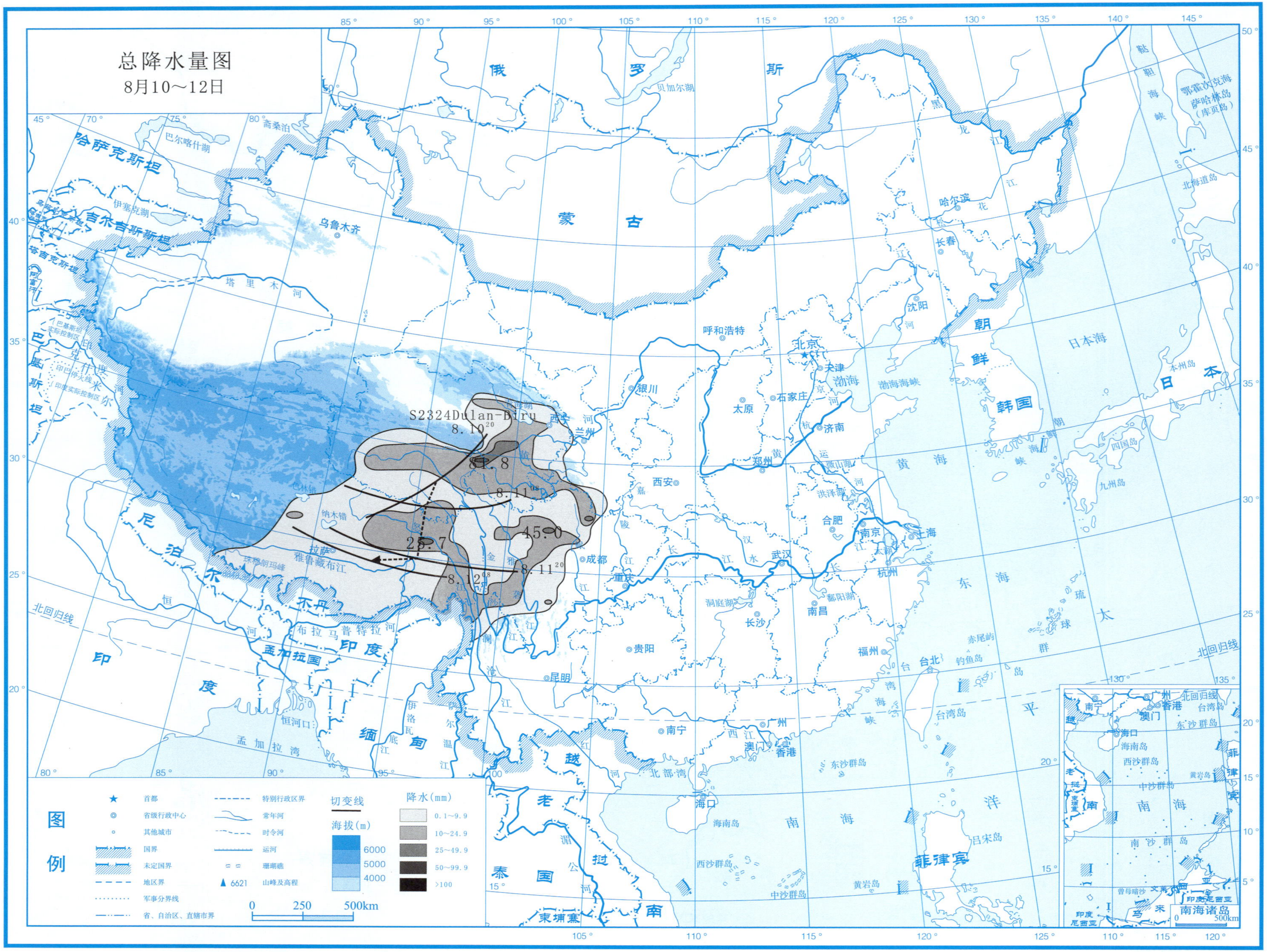
总降水量图
8月10～12日
S2324Dulan-Biru
8.10²⁰
8.11⁰⁸
8.11²⁰
8.12⁰⁸
81.8
45.0
25.7
图例
首都
省级行政中心
其他城市
国界
未定国界
地区界
军事分界线
省、自治区、直辖市界
特别行政区界
常年河
时令河
运河
珊瑚礁
6621 山峰及高程
切变线
海拔(m)
6000
5000
4000
降水(mm)
0.1～9.9
10～24.9
25～49.9
50～99.9
>100
0 250 500km
南海诸岛

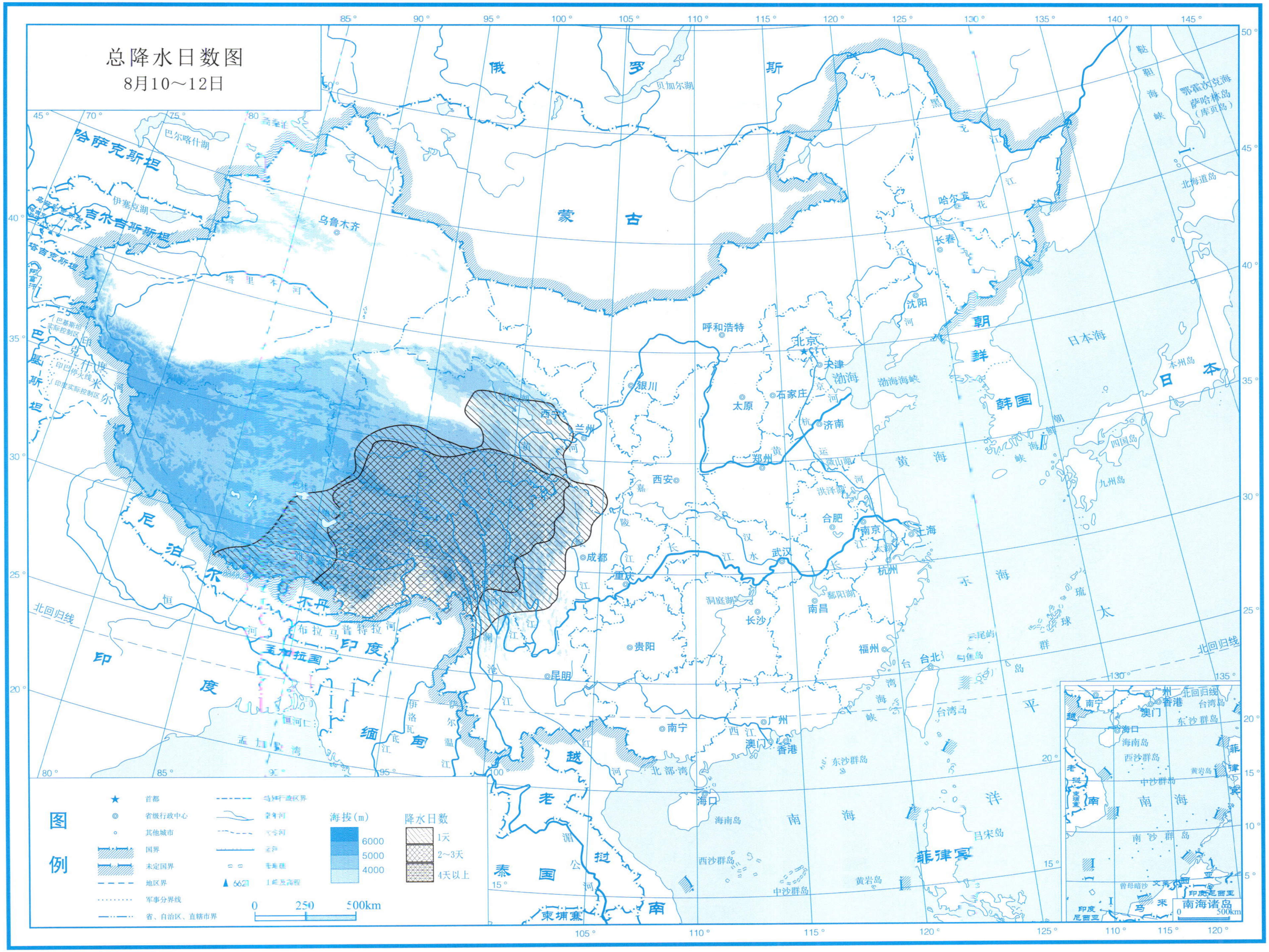

总降水日数图

8月10～12日

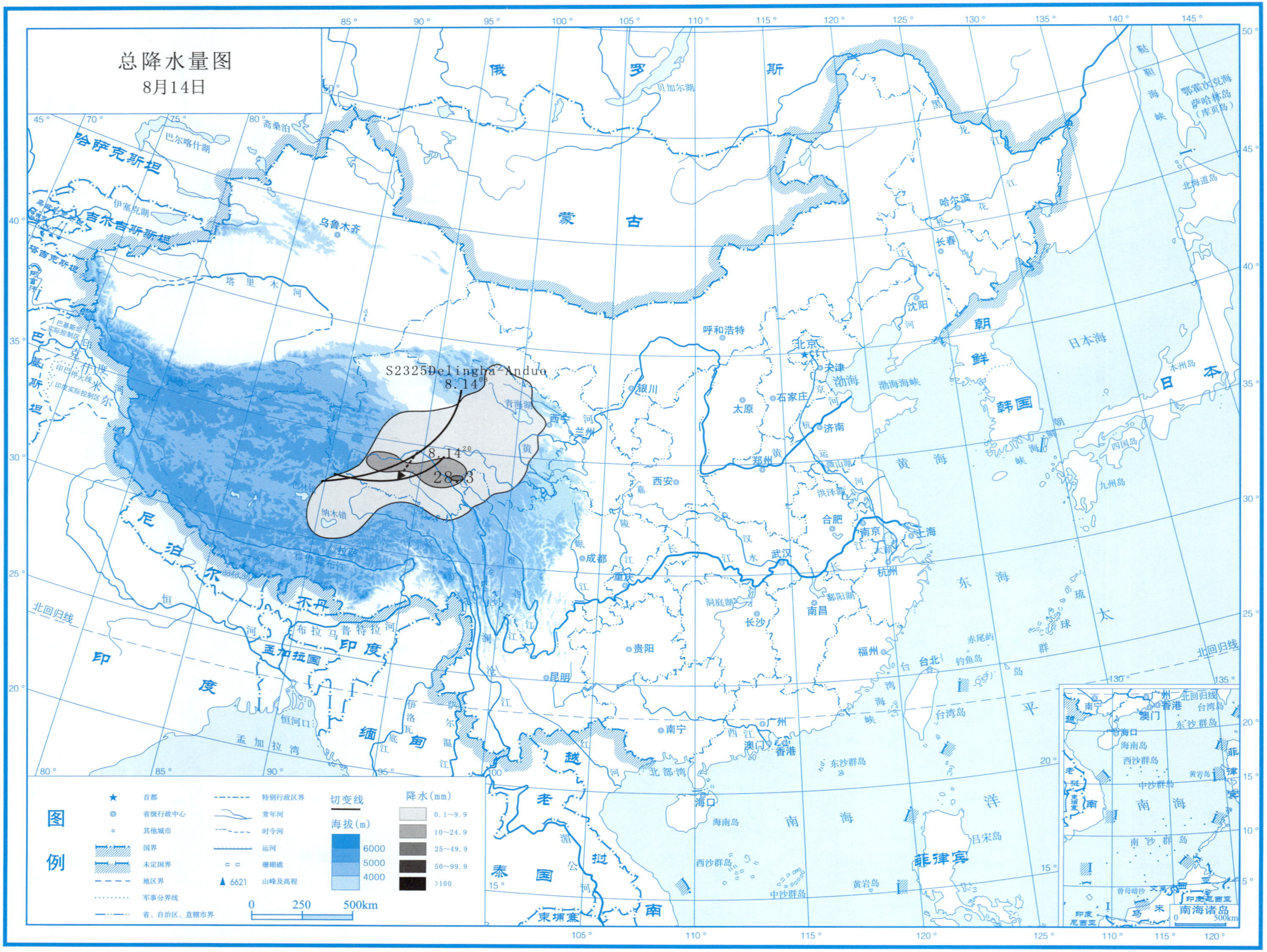
总降水量图
8月14日
S2325Delingha-Anduo
8.14
28.3
图例
首都
省级行政中心
其他城市
国界
未定国界
地区界
军事分界线
省、自治区、直辖市界
特别行政区界
常年河
时令河
运河
珊瑚礁
6621 山峰及高程
切变线
海拔(m)
6000
5000
4000
降水(mm)
0.1~9.9
10~24.9
25~49.9
50~99.9
>100
0 250 500km
南海诸岛

总降水日数图

8月14日

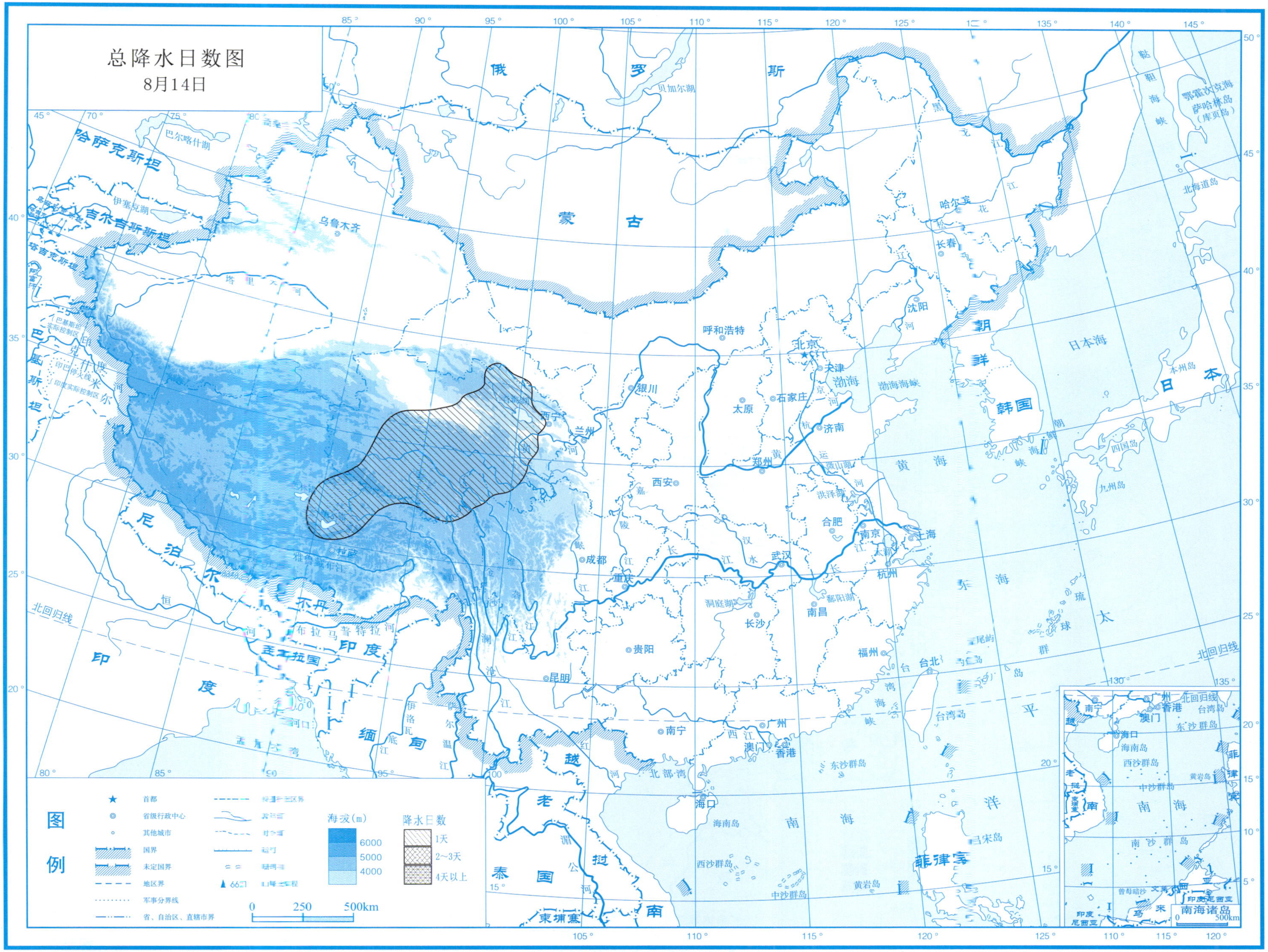

总降水量图

8月16～17日

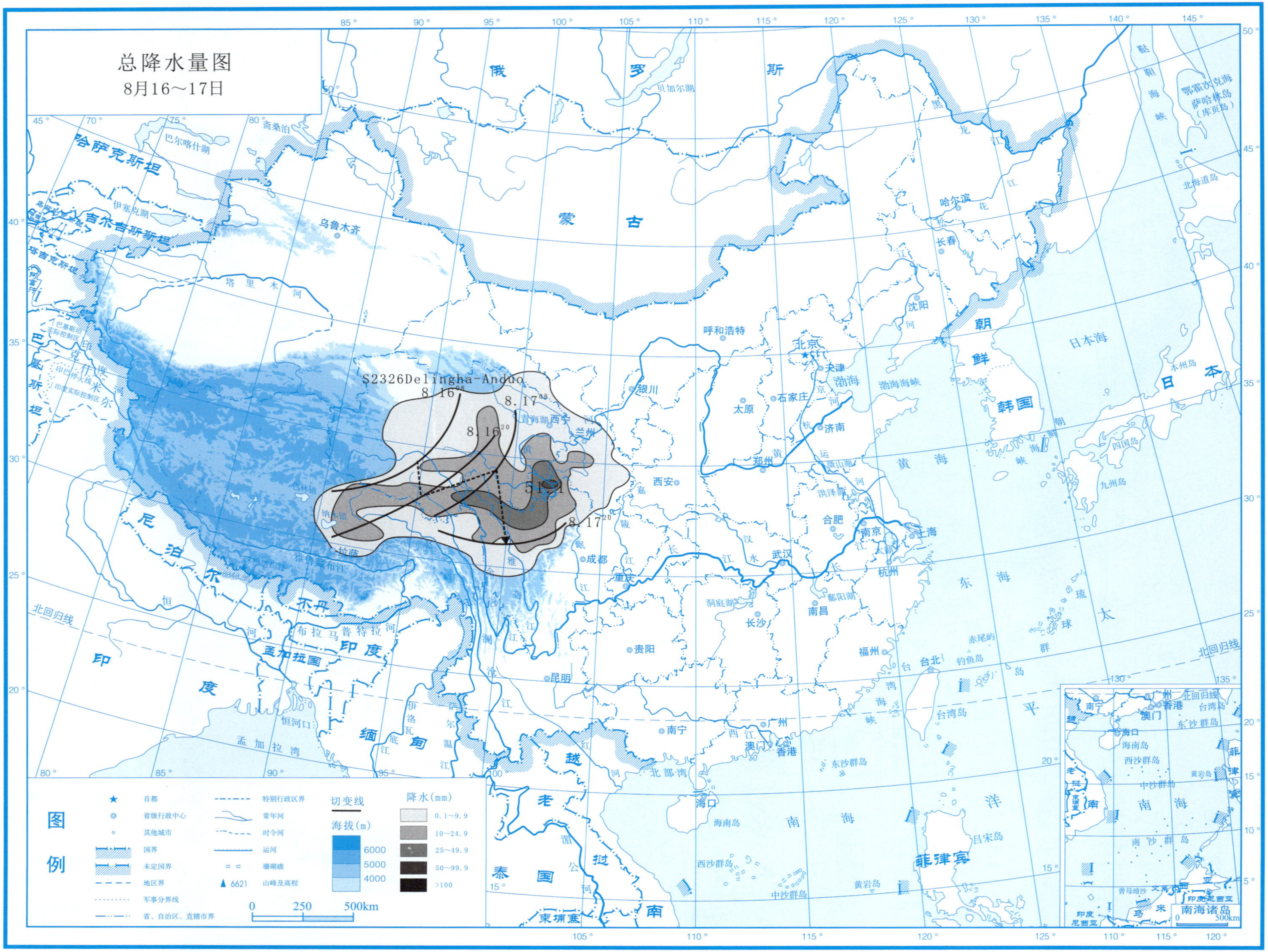

总降水日数图

8月16～17日

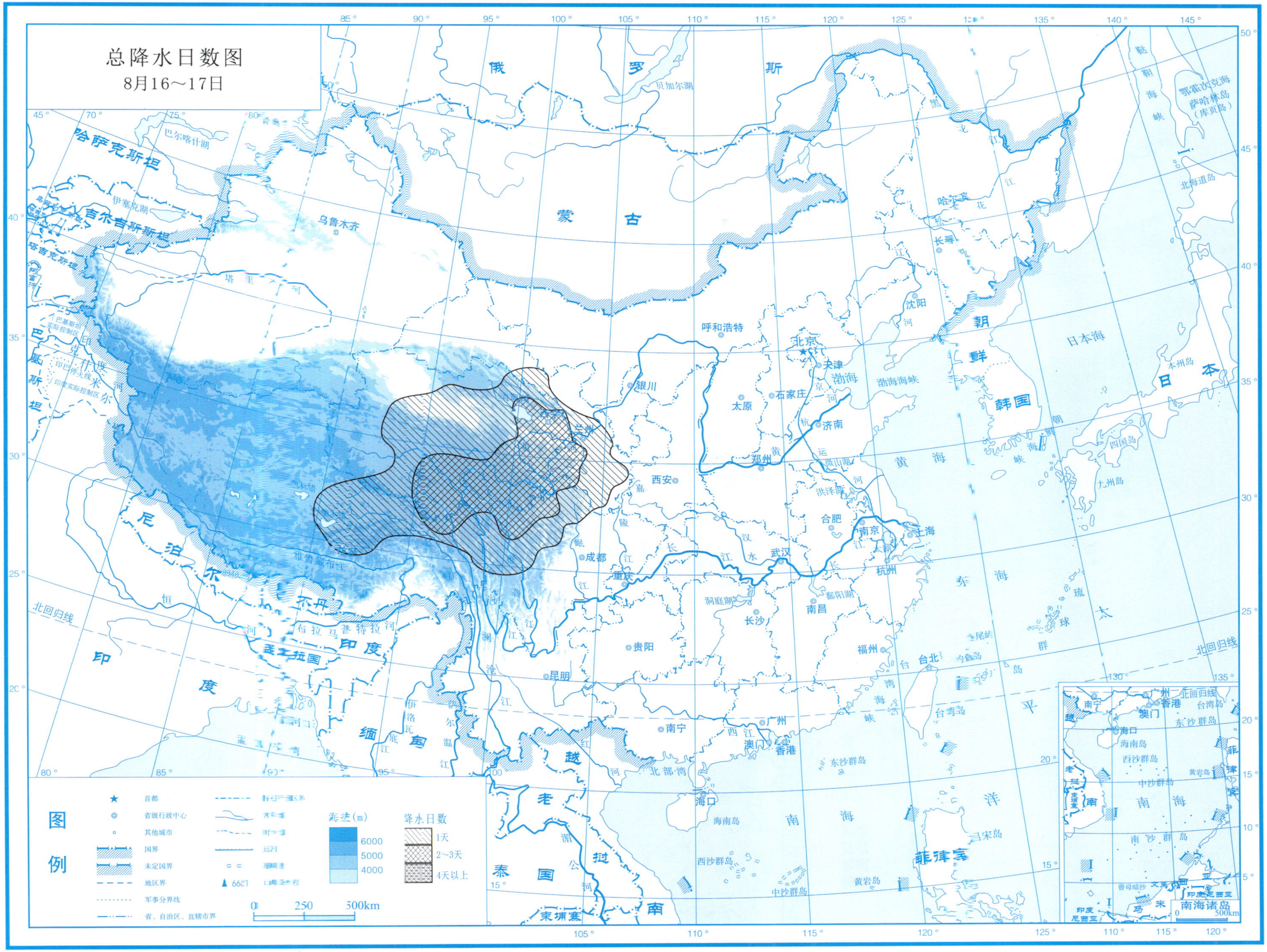

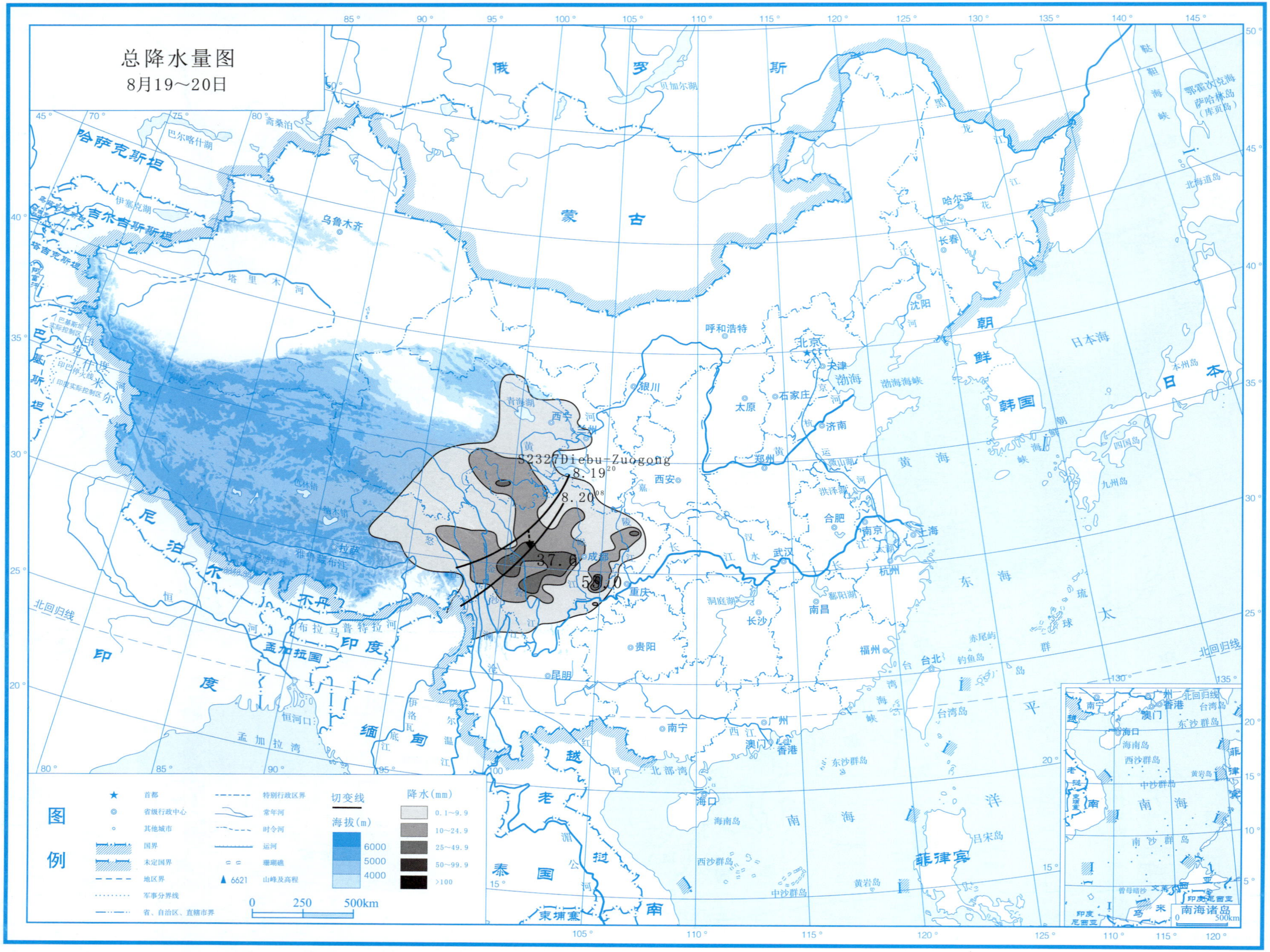
总降水量图
8月19～20日
S2327Diebu-Zuogong
8.19[20]
8.20[08]
37.6
58.0
图例
首都
省级行政中心
其他城市
国界
未定国界
地区界
军事分界线
特别行政区界
常年河
时令河
运河
珊瑚礁
6621 山峰及高程
省、自治区、直辖市界
切变线
海拔(m)
6000
5000
4000
降水(mm)
0.1～9.9
10～24.9
25～49.9
50～99.9
>100
0 250 500km
南海诸岛

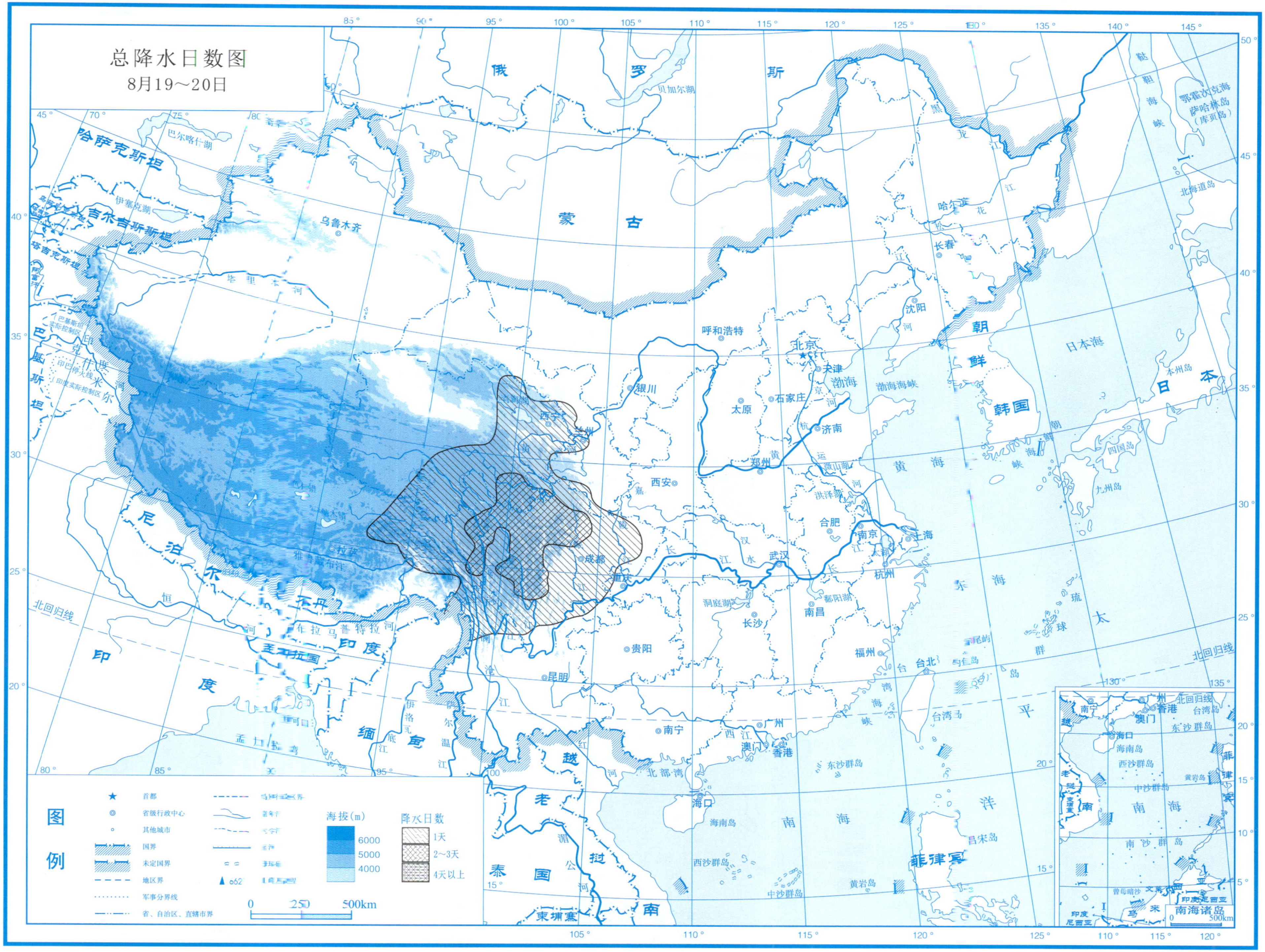

总降水日数图 8月19～20日

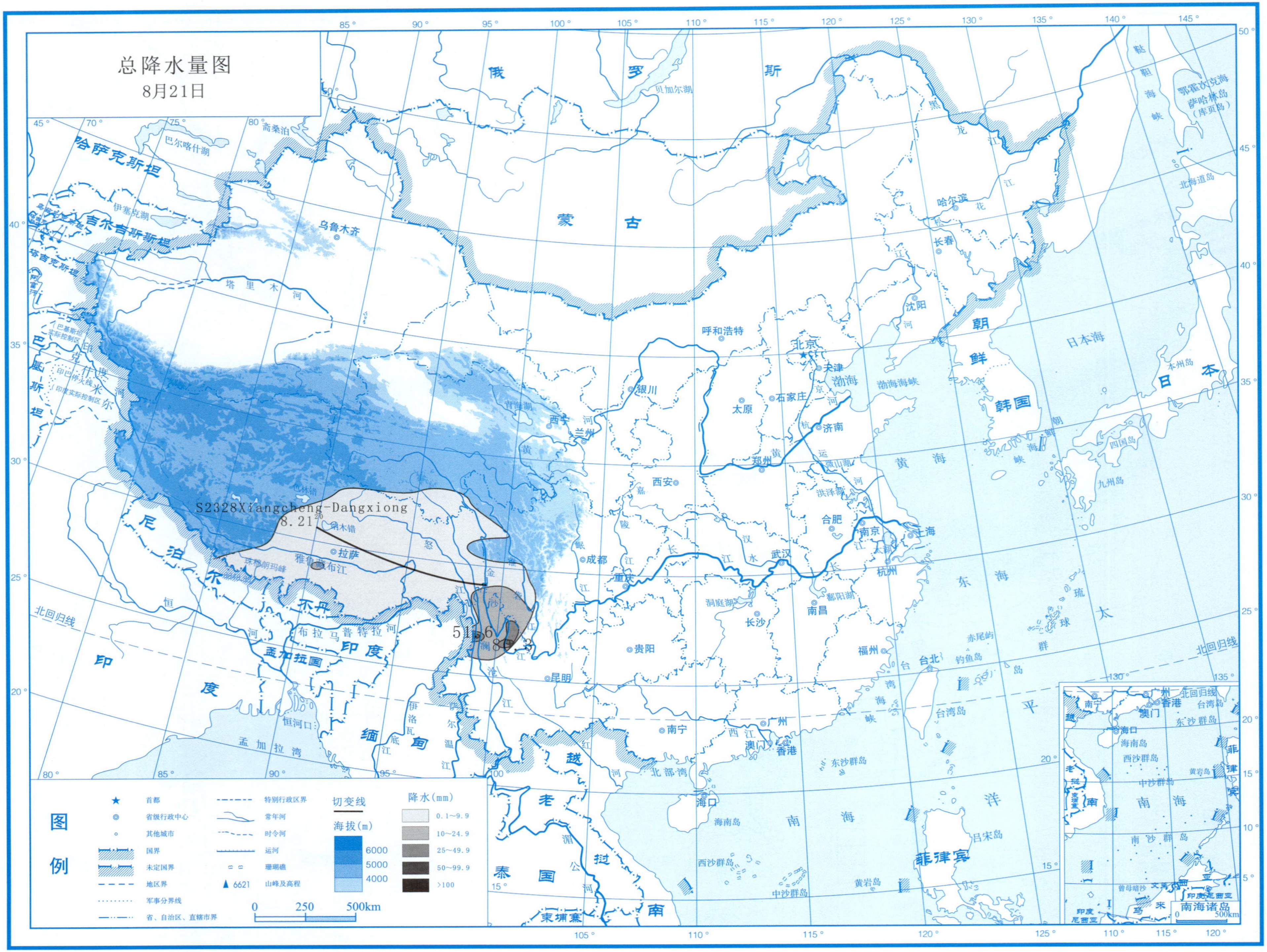
总降水量图
8月21日
S2328Xiangcheng-Dangxiong
8.21
51.6
80.3
图例
首都
省级行政中心
其他城市
国界
未定国界
地区界
军事分界线
省、自治区、直辖市界
特别行政区界
常年河
时令河
运河
珊瑚礁
6621 山峰及高程
切变线
海拔(m)
6000
5000
4000
降水(mm)
0.1~9.9
10~24.9
25~49.9
50~99.9
>100
0 250 500km
南海诸岛

总降水日数图

8月21日

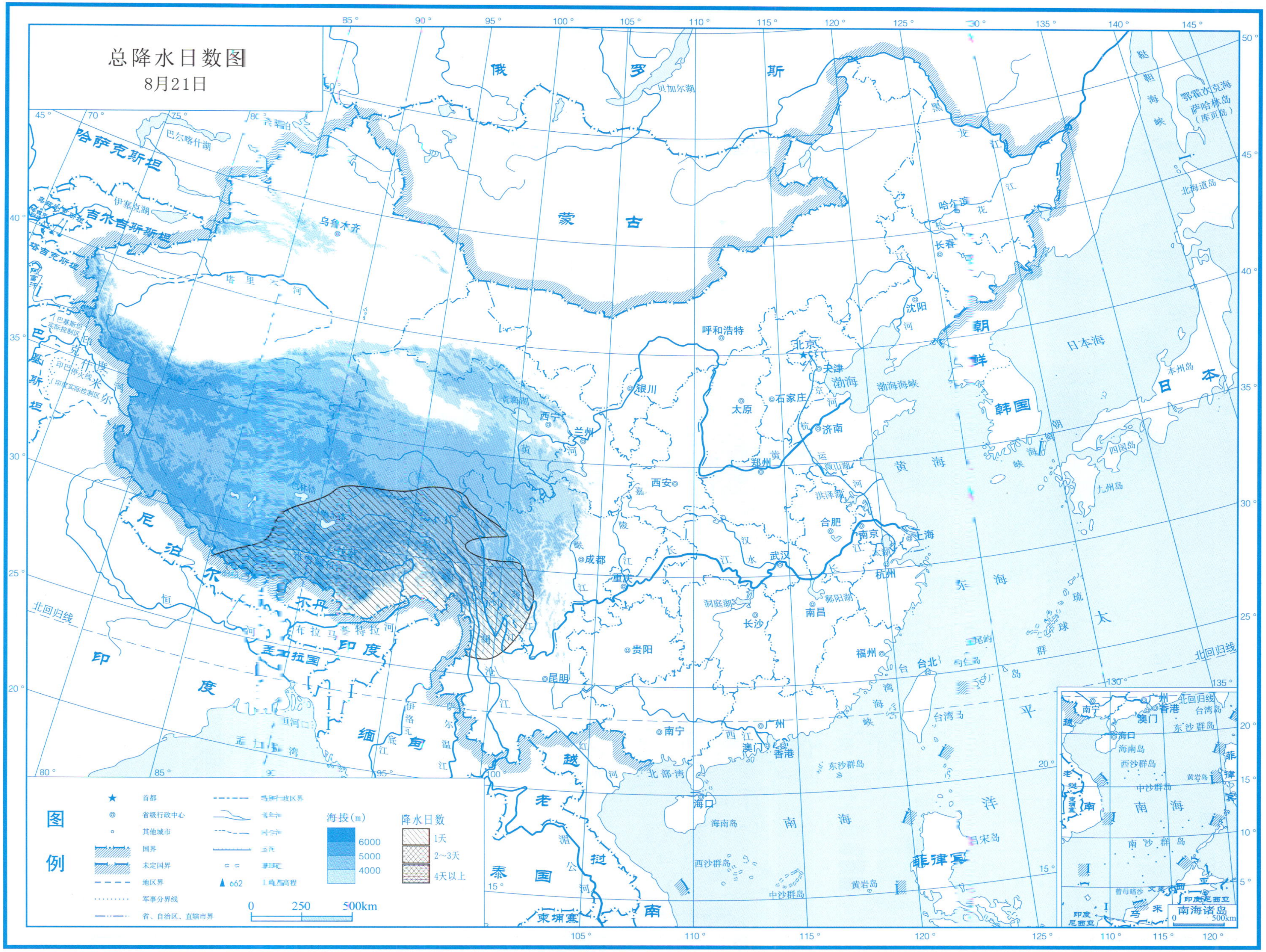

高原切变线 第2部分

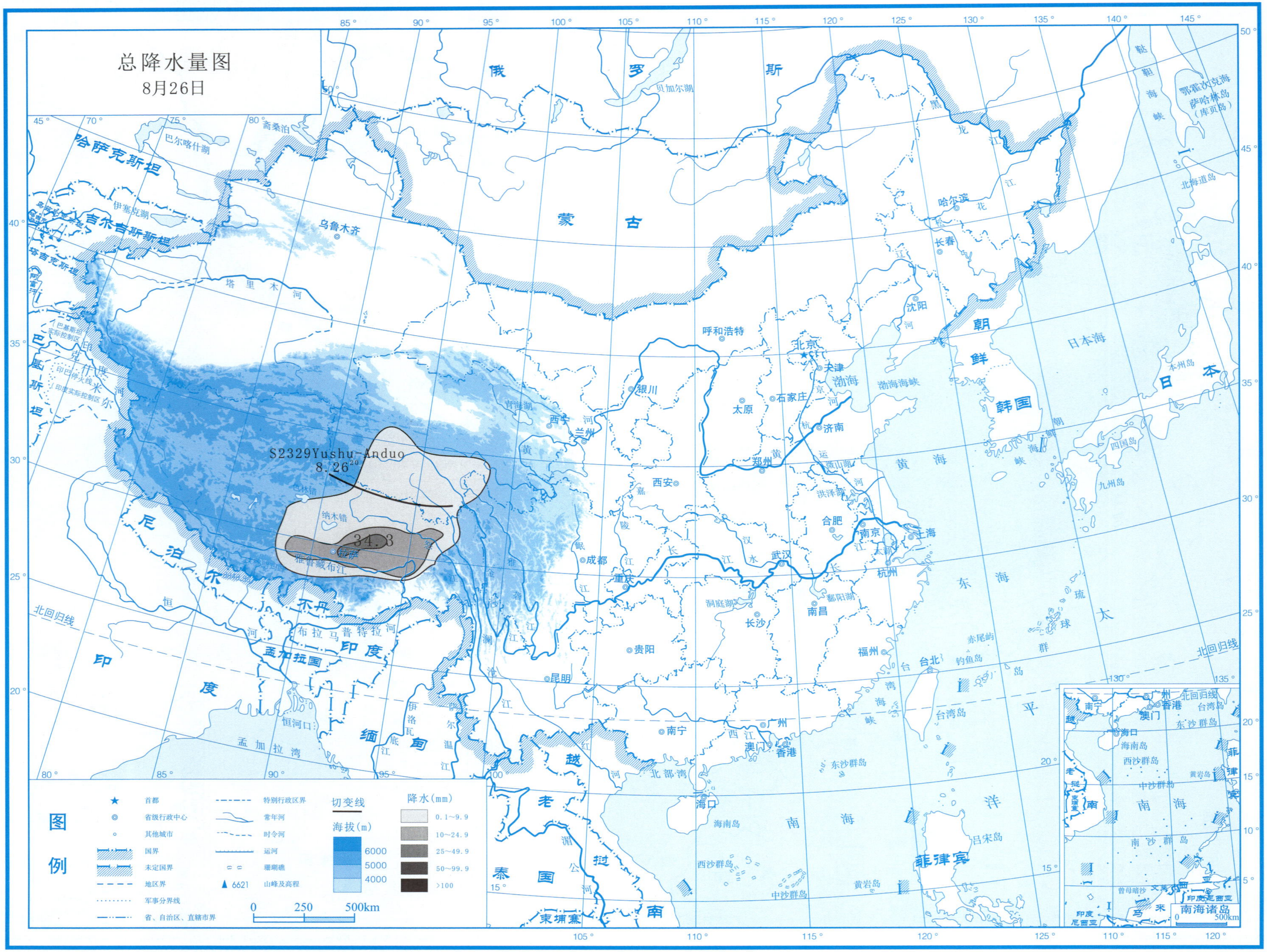
总降水量图
8月26日
S2329Yushu-Anduo
8.26 20
34.3
图例
首都
省级行政中心
其他城市
国界
未定国界
地区界
军事分界线
省、自治区、直辖市界
特别行政区界
常年河
时令河
运河
珊瑚礁
山峰及高程
切变线
海拔(m)
6000
5000
4000
降水(mm)
0.1~9.9
10~24.9
25~49.9
50~99.9
>100
0 250 500km
南海诸岛

总降水日数图

8月26日

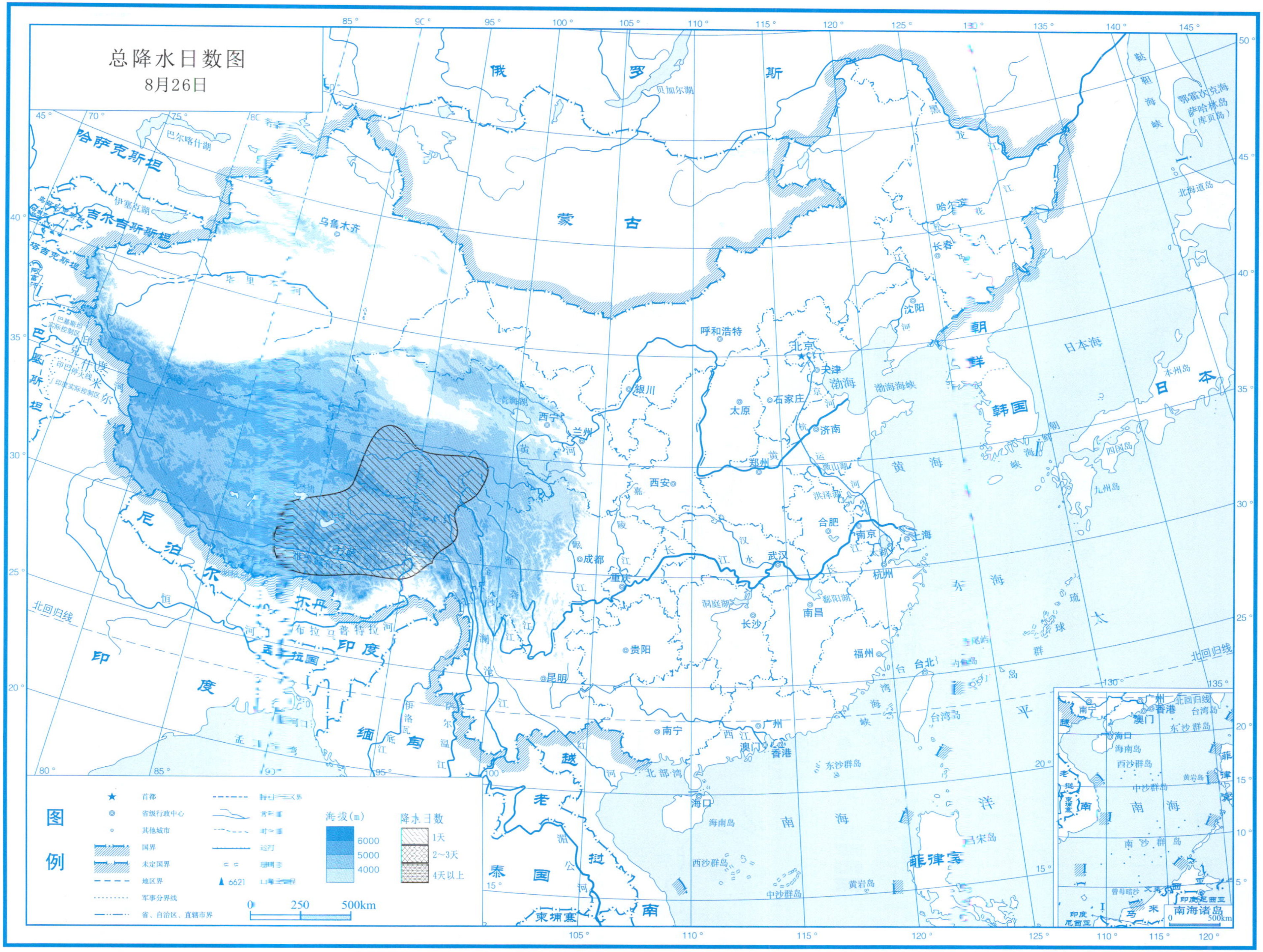

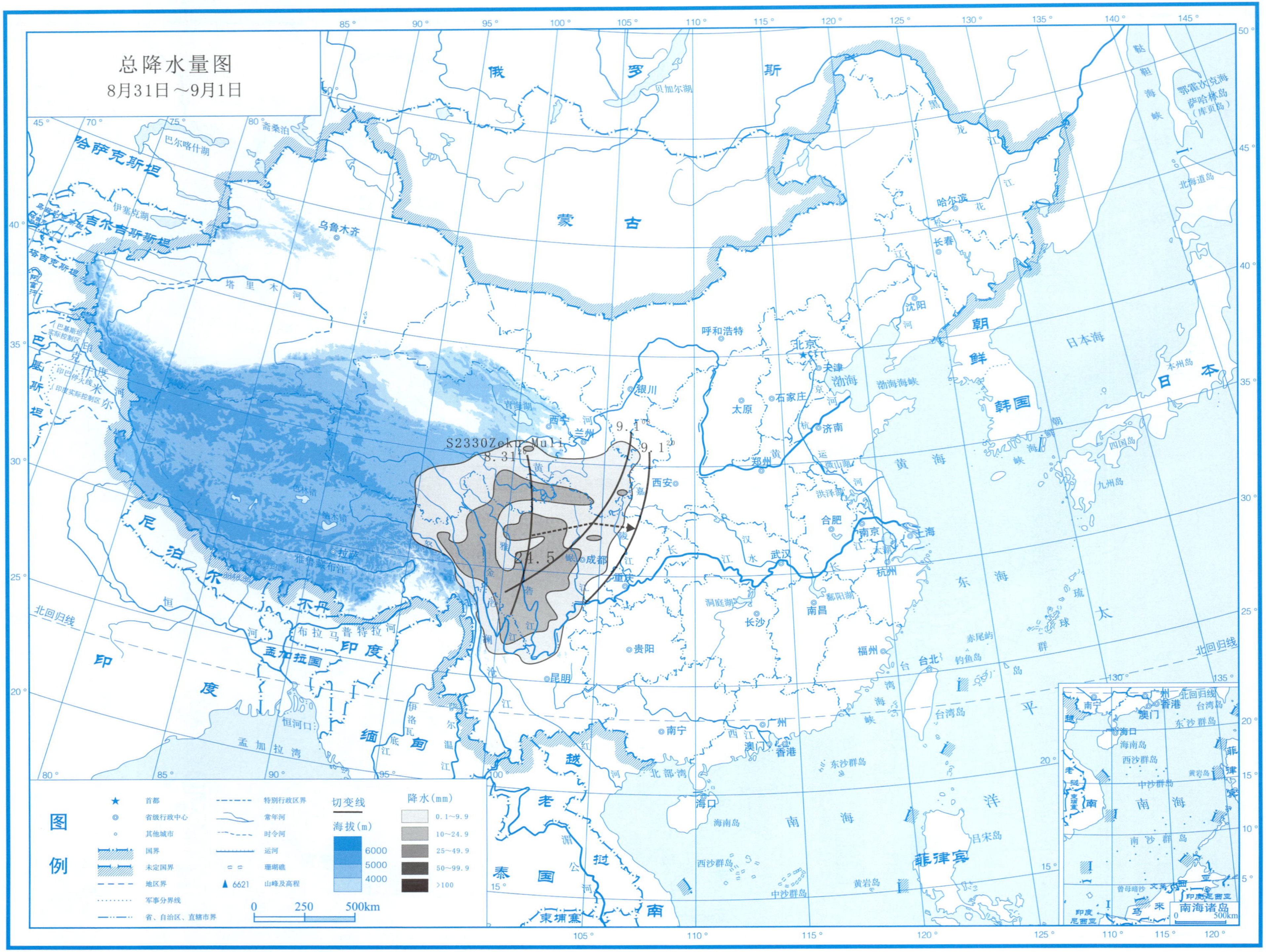
总降水量图
8月31日～9月1日
S2330Zeku-Muli
8.31
9.1
9.1
24.5
图例
首都
省级行政中心
其他城市
国界
未定国界
地区界
军事分界线
省、自治区、直辖市界
特别行政区界
常年河
时令河
运河
珊瑚礁
山峰及高程
切变线
海拔(m)
6000
5000
4000
降水(mm)
0.1~9.9
10~24.9
25~49.9
50~99.9
>100
0 250 500km
南海诸岛

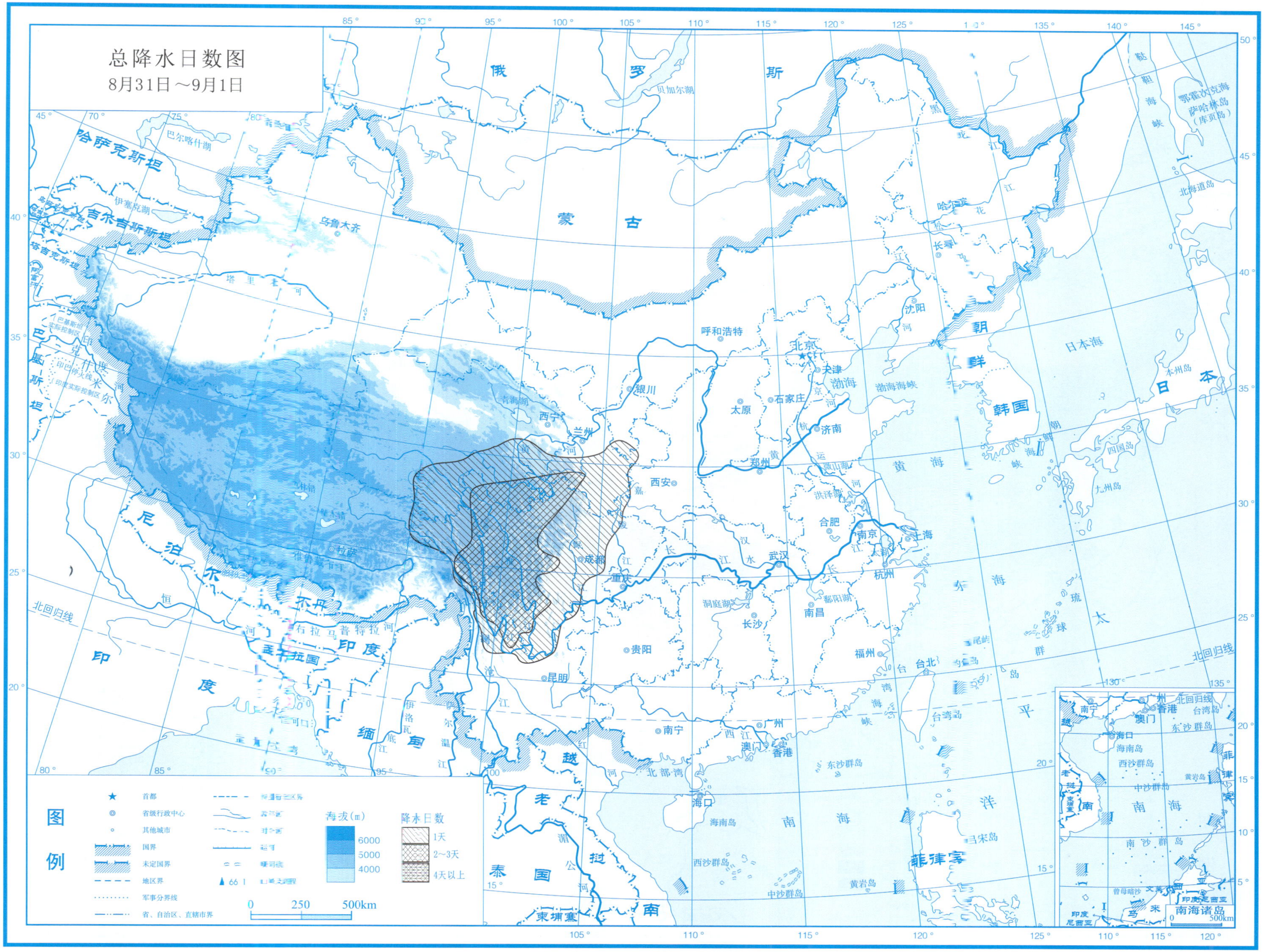
总降水日数图
8月31日～9月1日
图例
首都
省级行政中心
其他城市
国界
未定国界
地区界
军事分界线
省、自治区、直辖市界
海拔(m)
6000
5000
4000
降水日数
1天
2～3天
4天以上
0 250 500km
俄罗斯
蒙古
哈萨克斯坦
吉尔吉斯斯坦
塔吉克斯坦
巴基斯坦
尼泊尔
不丹
孟加拉国
印度
缅甸
老挝
泰国
柬埔寨
越南
朝鲜
韩国
日本
菲律宾
乌鲁木齐
拉萨
西宁
兰州
银川
呼和浩特
北京
天津
石家庄
太原
济南
郑州
西安
成都
重庆
武汉
合肥
南京
上海
杭州
南昌
长沙
贵阳
昆明
南宁
广州
福州
台北
海口
澳门
香港
沈阳
长春
哈尔滨
青海湖
贝加尔湖
巴尔喀什湖
伊塞克湖
洞庭湖
鄱阳湖
洪泽湖
渤海
黄海
东海
南海
日本海
太平洋
北回归线
南海诸岛

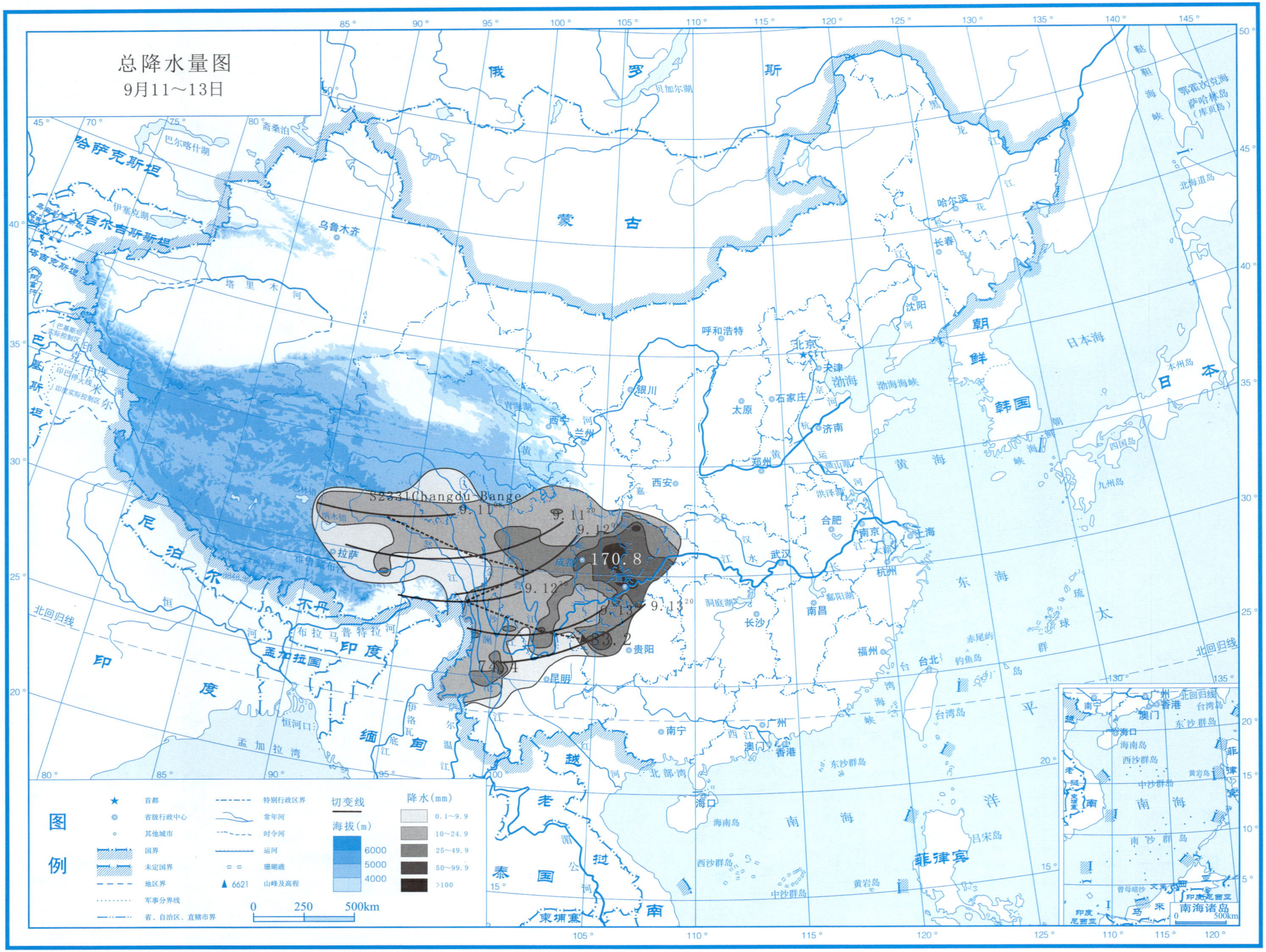
总降水量图
9月11～13日
S2331Changdu-Bange
170.8
83.2
74.4
图例
首都
省级行政中心
其他城市
国界
未定国界
地区界
军事分界线
省、自治区、直辖市界
特别行政区界
常年河
时令河
运河
珊瑚礁
6621 山峰及高程
切变线
海拔(m)
6000
5000
4000
降水(mm)
0.1～9.9
10～24.9
25～49.9
50～99.9
>100
0 250 500km
南海诸岛

总降水日数图

9月11～13日

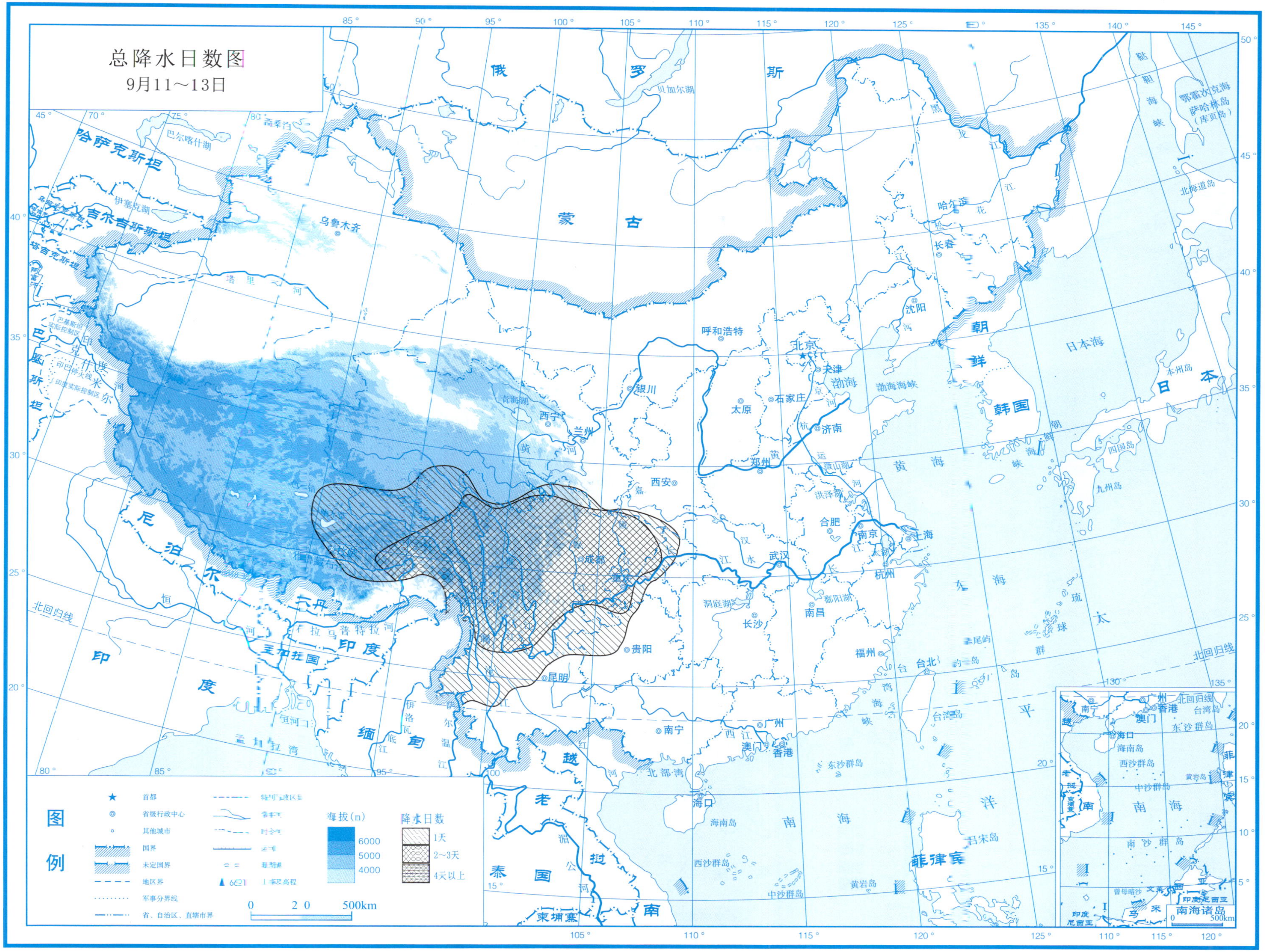

Page...241

高原切变线

第2部分

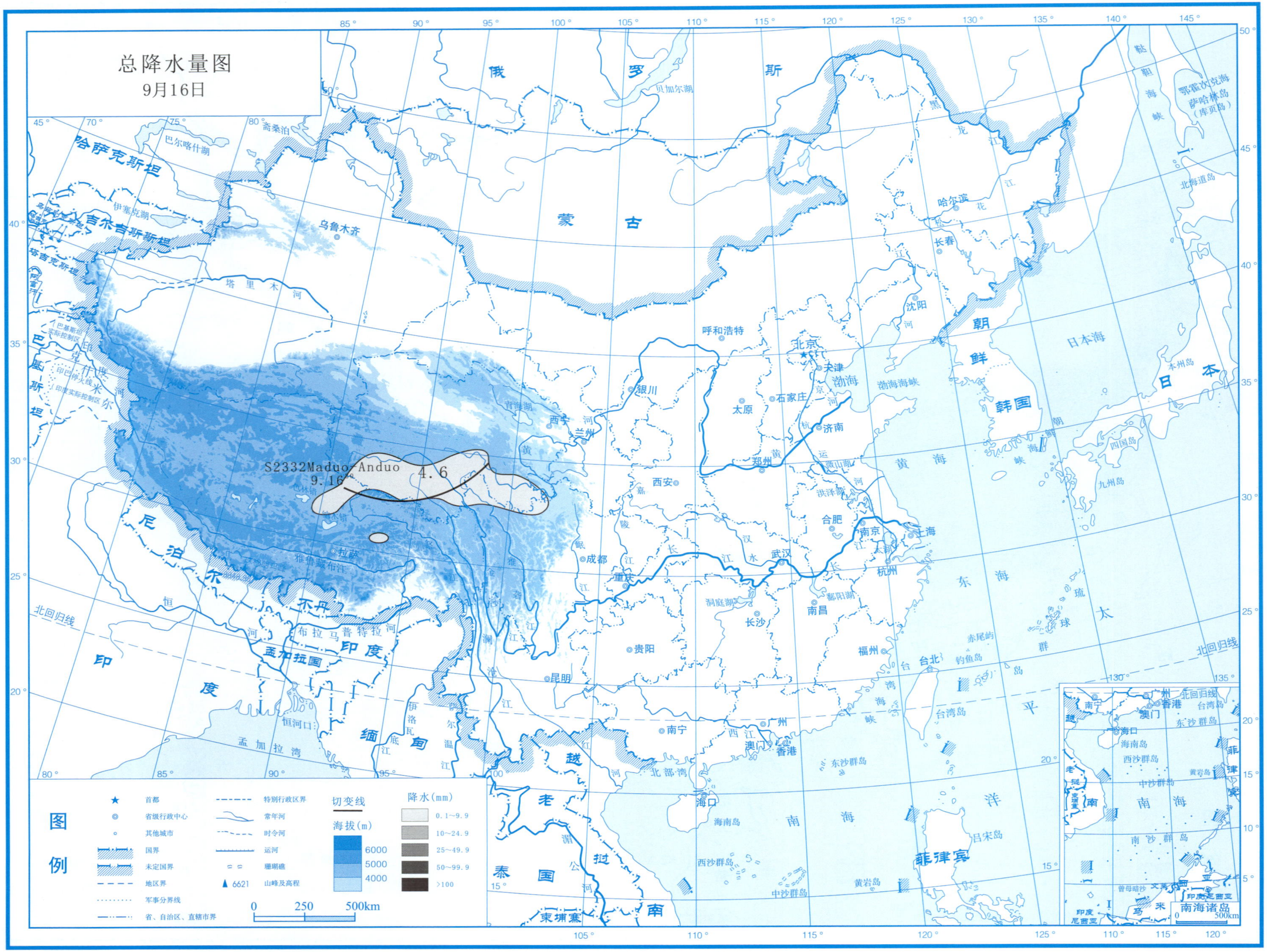
S2332Maduo-Anduo
9.16
4.6
图例
首都
省级行政中心
其他城市
国界
未定国界
地区界
军事分界线
省、自治区、直辖市界
特别行政区界
常年河
时令河
运河
珊瑚礁
山峰及高程
切变线
海拔(m)
6000
5000
4000
降水(mm)
0.1~9.9
10~24.9
25~49.9
50~99.9
>100
0 250 500km
南海诸岛

总降水量图

9月16日

总降水日数图

9月16日

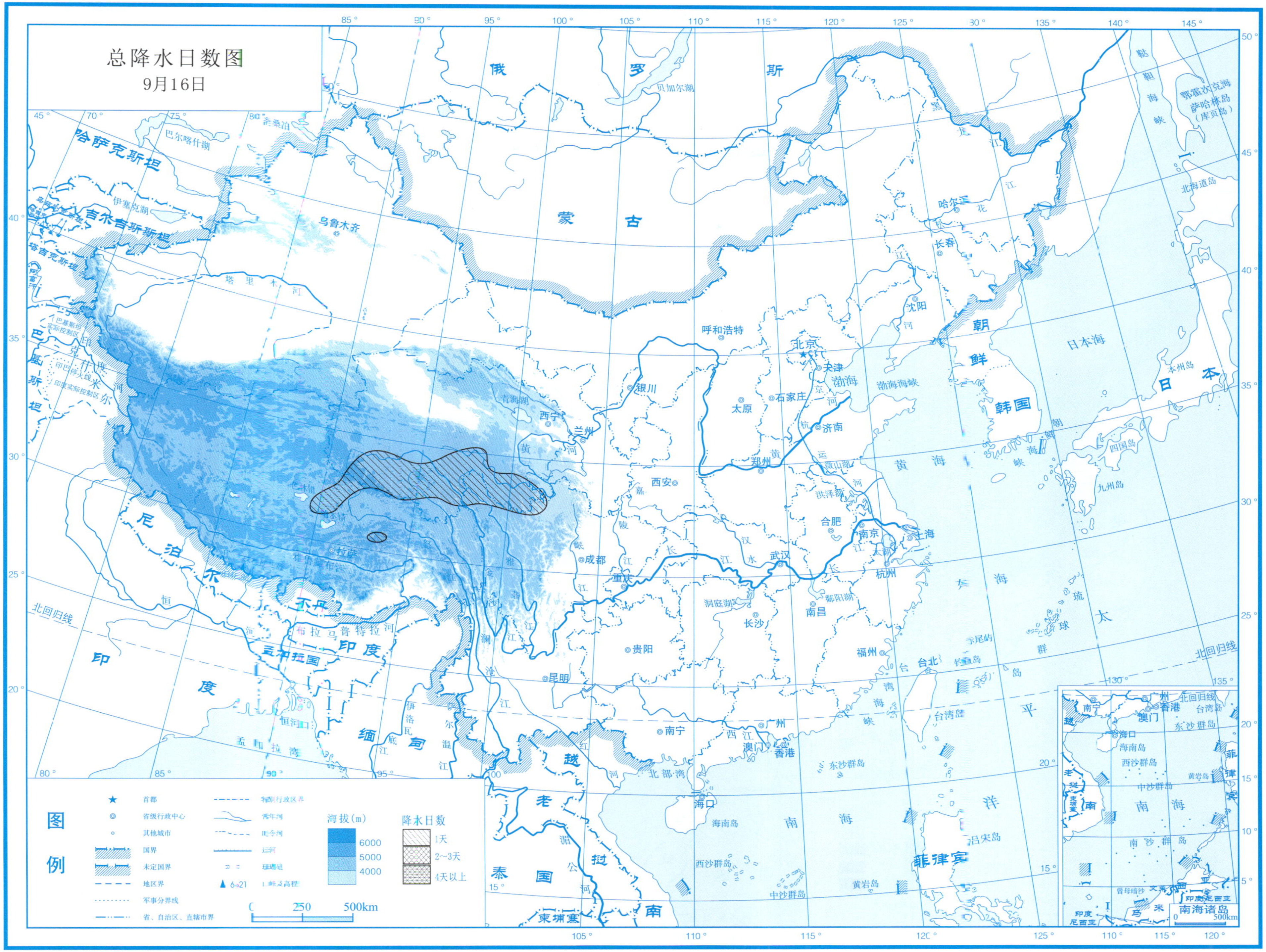

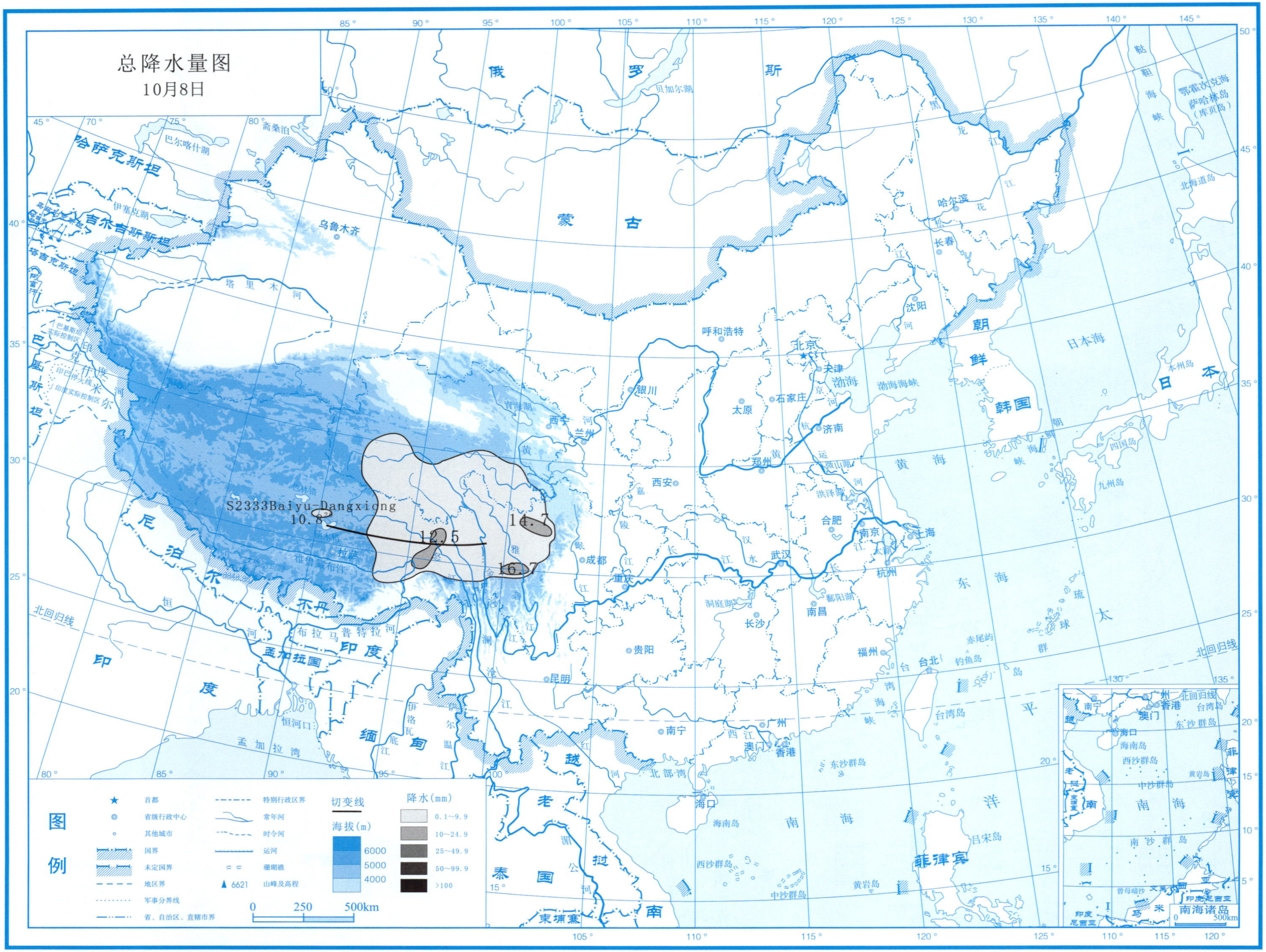
总降水量图
10月8日
S2333Baiyu-Dangxiong
10.8
12.5
14.7
16.7
图例
首都
省级行政中心
其他城市
国界
未定国界
地区界
军事分界线
省、自治区、直辖市界
特别行政区界
常年河
时令河
运河
珊瑚礁
6621 山峰及高程
切变线
海拔(m)
6000
5000
4000
降水(mm)
0.1~9.9
10~24.9
25~49.9
50~99.9
>100
0 250 500km
南海诸岛

总降水日数图

10月8日

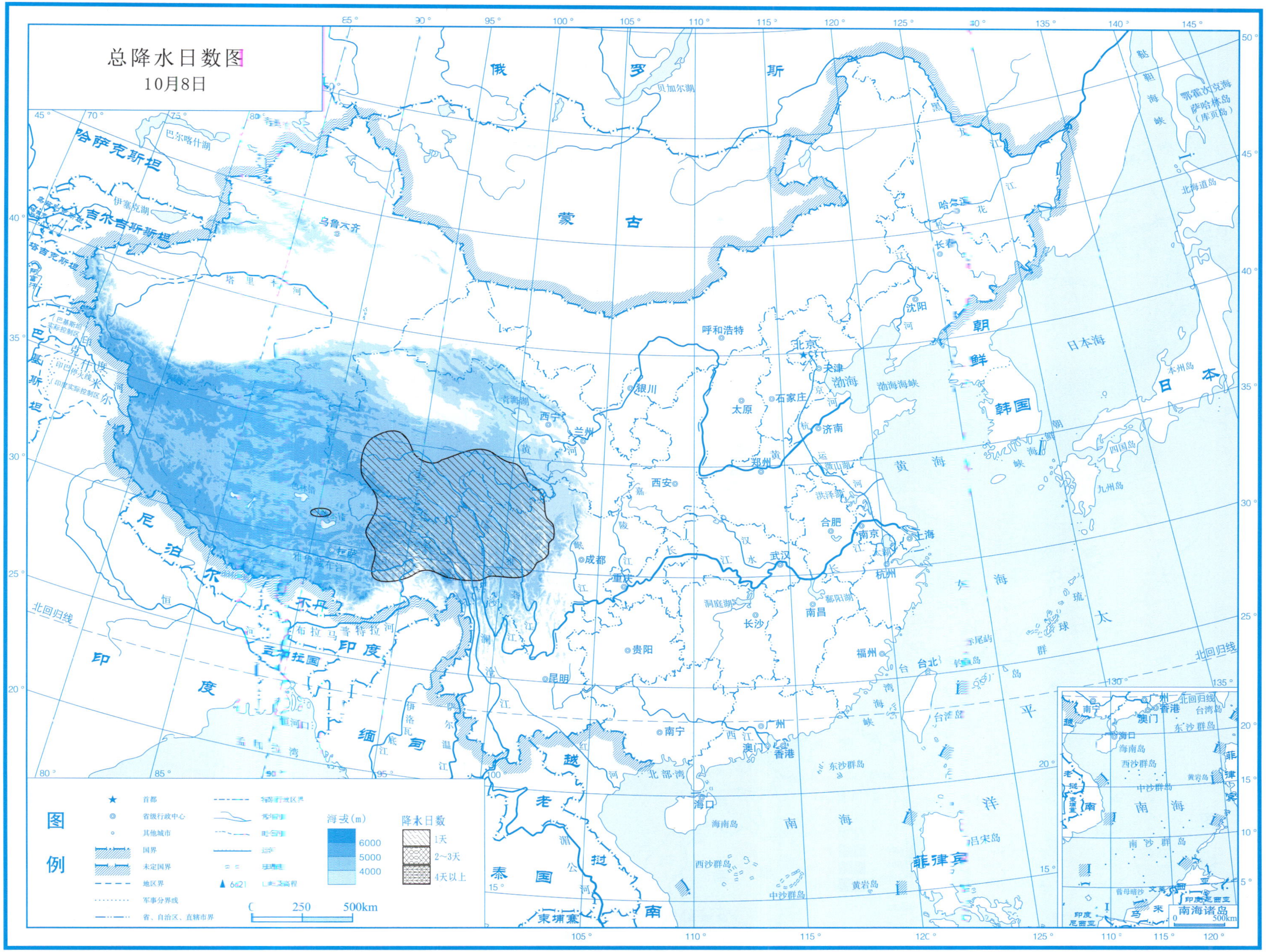

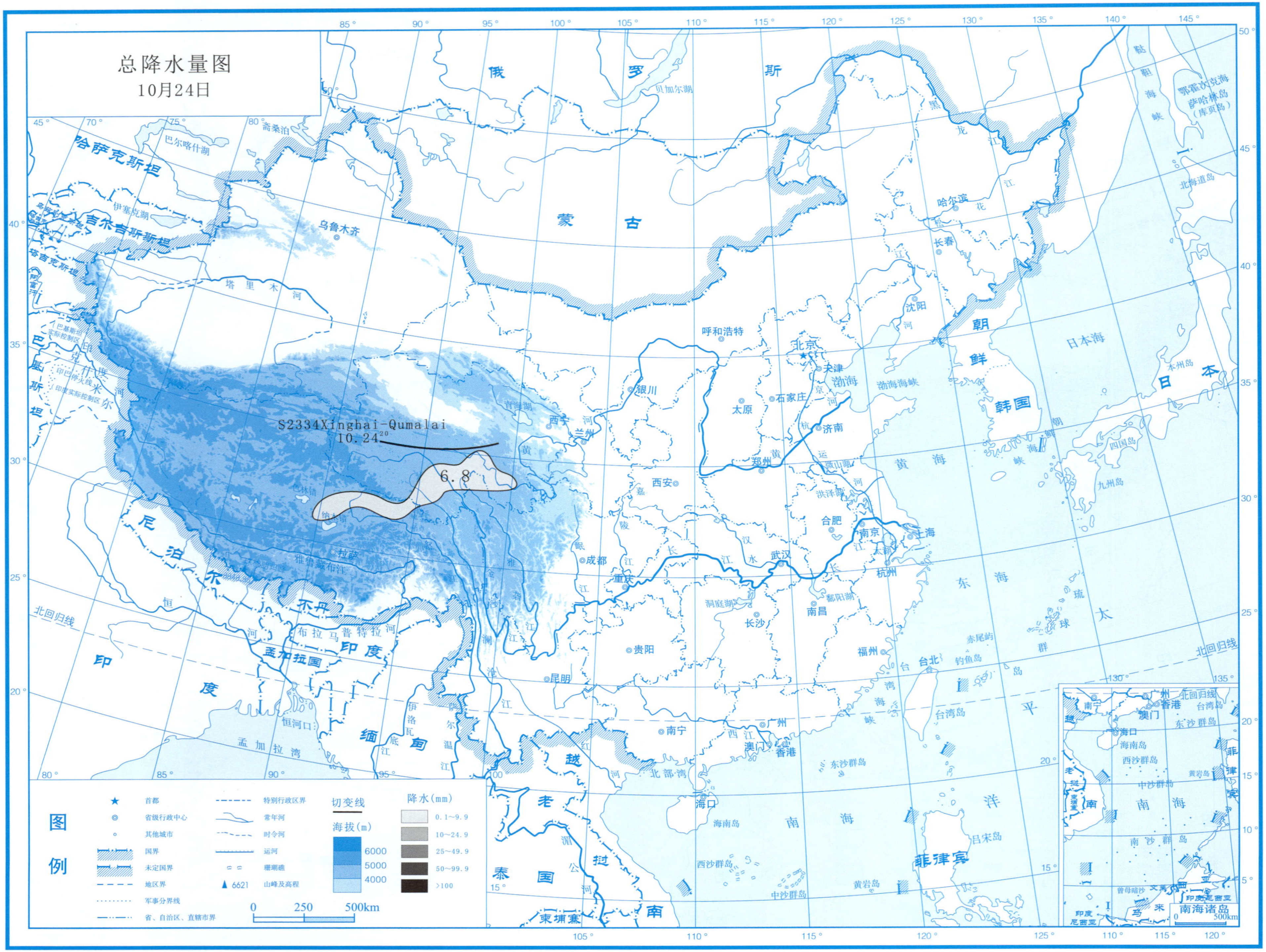
总降水量图
10月24日
S2334Xinghai-Qumalai
10.24[20]
6.8
图例
切变线
海拔(m)
6000
5000
4000
降水(mm)
0.1~9.9
10~24.9
25~49.9
50~99.9
>100
0 250 500km

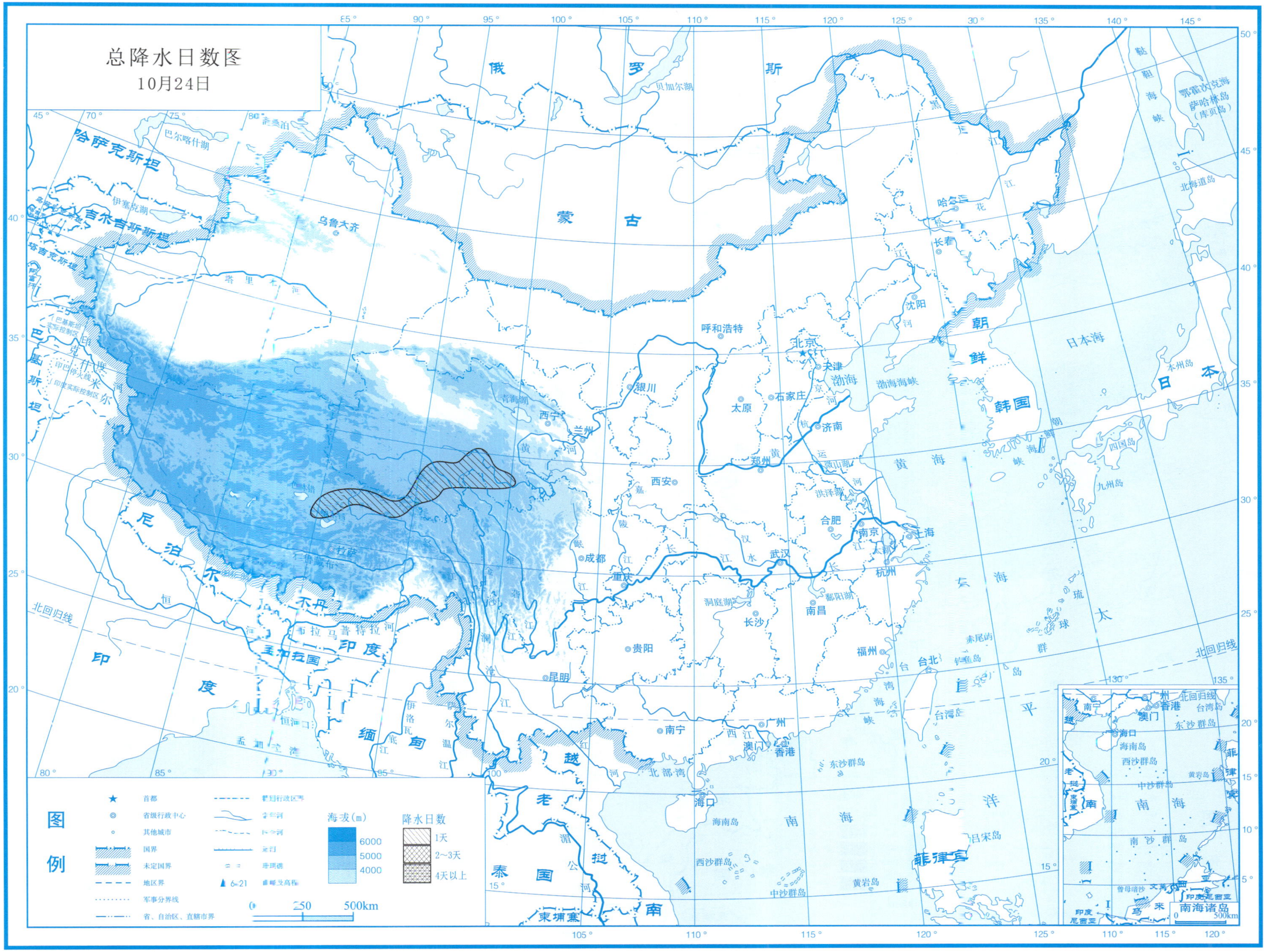

总降水日数图
10月24日

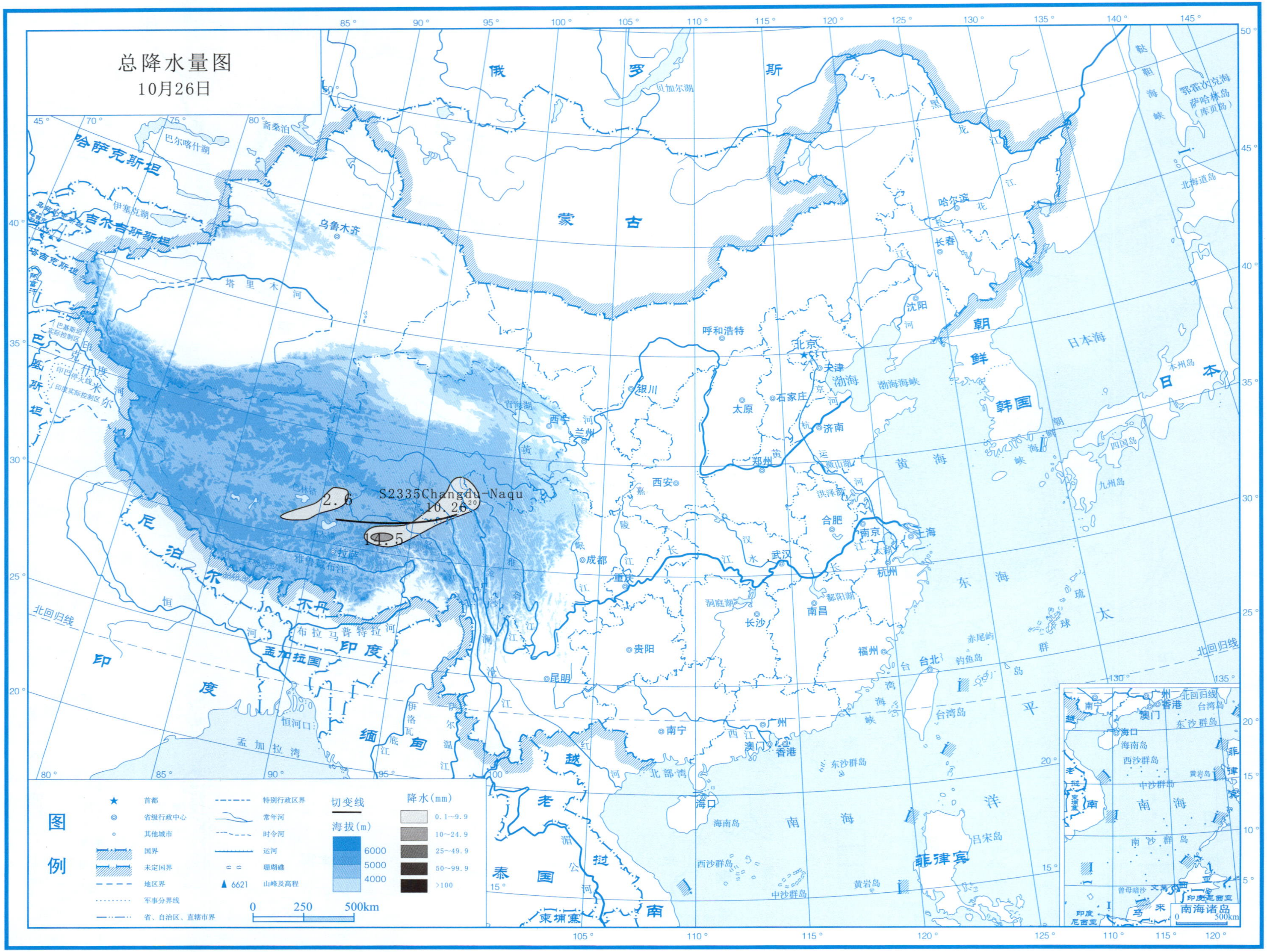
总降水量图
10月26日
S2335Changdu-Naqu
10.26[20]
2.6
14.5
图例
首都
省级行政中心
其他城市
国界
未定国界
地区界
军事分界线
省、自治区、直辖市界
特别行政区界
常年河
时令河
运河
珊瑚礁
6621 山峰及高程
切变线
海拔(m)
6000
5000
4000
降水(mm)
0.1~9.9
10~24.9
25~49.9
50~99.9
>100
0 250 500km

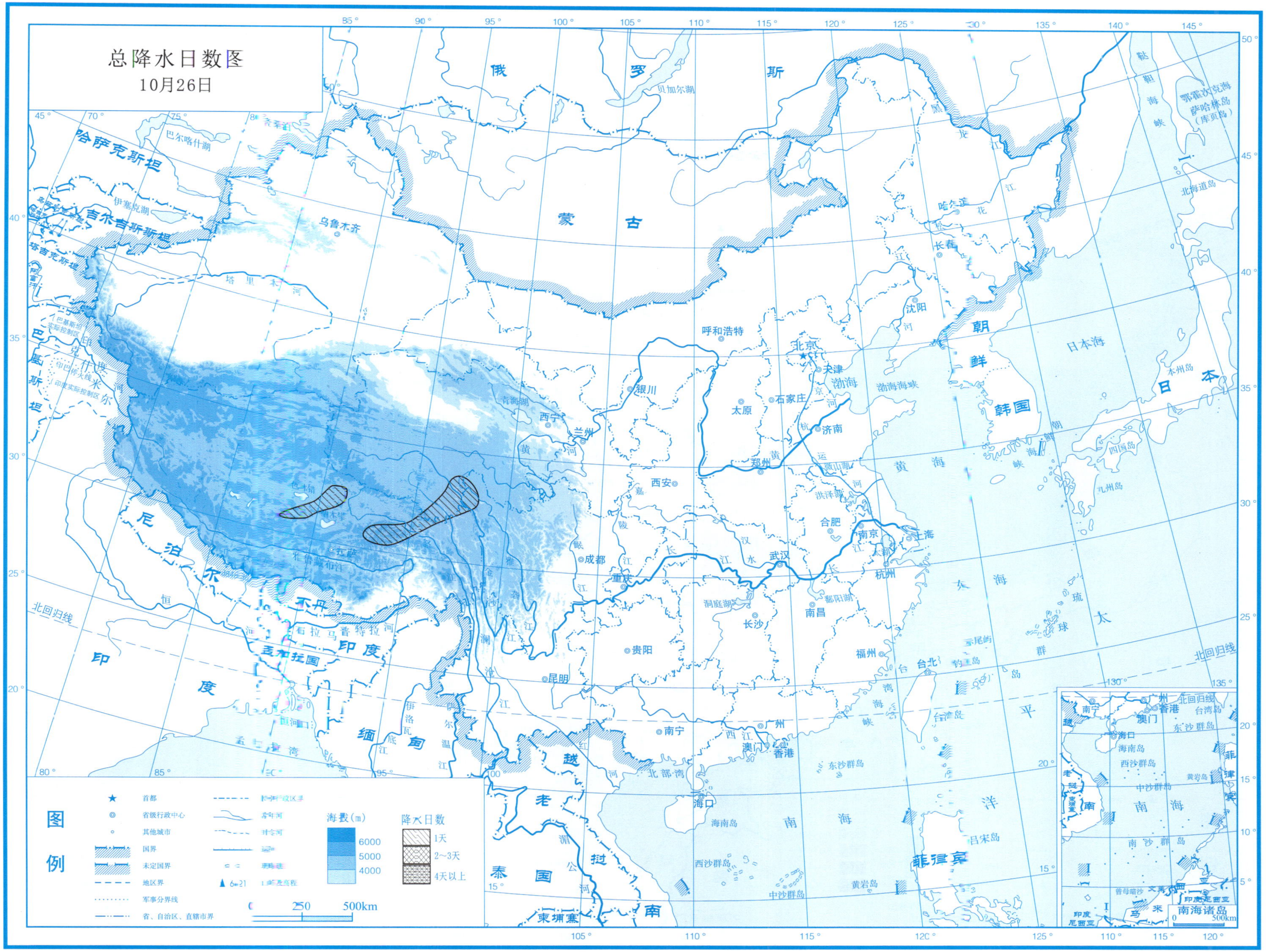
总降水日数图
10月26日
图例
首都
省级行政中心
其他城市
国界
未定国界
地区界
军事分界线
省、自治区、直辖市界
海拔(m)
6000
5000
4000
降水日数
1天
2~3天
4天以上
0 250 500km
俄 罗 斯
蒙 古
哈萨克斯坦
吉尔吉斯斯坦
塔吉克斯坦
巴基斯坦
阿富汗
尼 泊 尔
不丹
孟加拉国
印 度
缅 甸
老 挝
越 南
泰 国
柬埔寨
朝 鲜
韩国
日 本
菲律宾
北京
天津
石家庄
太原
呼和浩特
沈阳
长春
哈尔滨
济南
郑州
西安
银川
兰州
西宁
乌鲁木齐
成都
重庆
武汉
合肥
南京
上海
杭州
南昌
长沙
贵阳
昆明
南宁
广州
福州
台北
澳门
香港
海口
拉萨
渤海
黄 海
东 海
日本海
南 海
太 平 洋
南海诸岛
北回归线

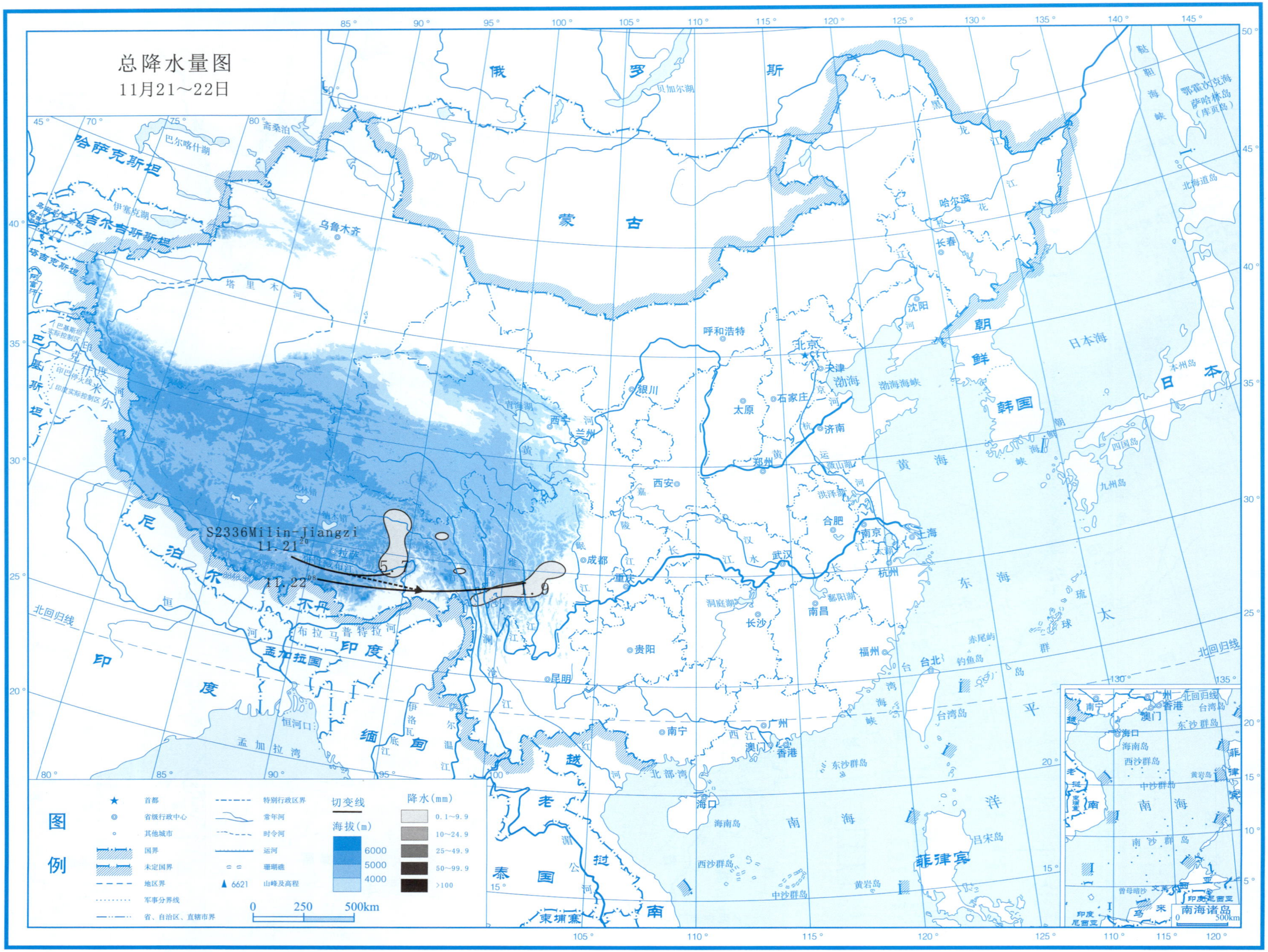
总降水量图
11月21～22日
S2336Milin-Jiangzi
11.21 20
11.22 08
图例
首都
省级行政中心
其他城市
国界
未定国界
地区界
军事分界线
省、自治区、直辖市界
特别行政区界
常年河
时令河
运河
珊瑚礁
6621 山峰及高程
切变线
海拔(m)
6000
5000
4000
降水(mm)
0.1～9.9
10～24.9
25～49.9
50～99.9
>100
0 250 500km
南海诸岛

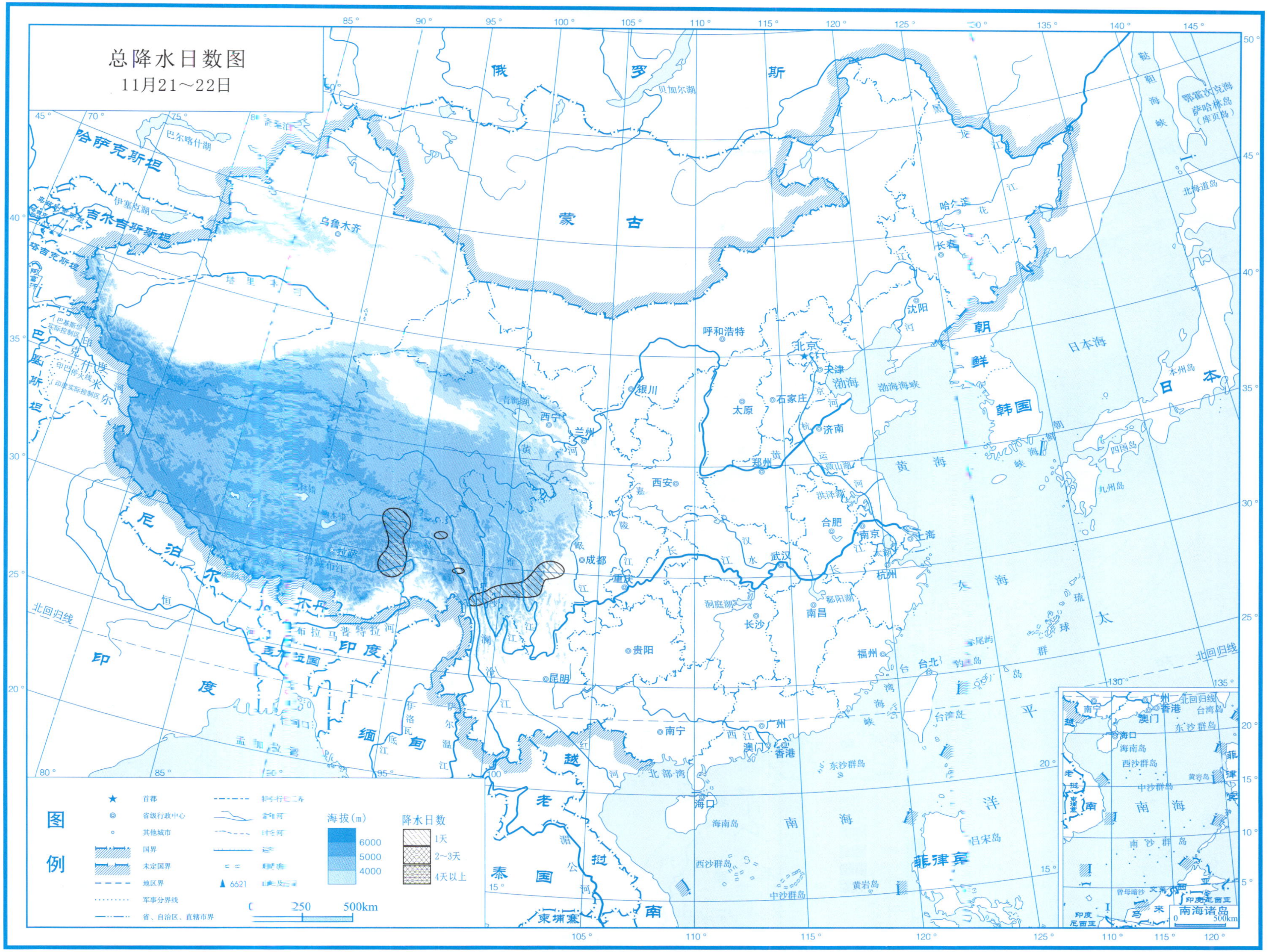
总降水日数图
11月21～22日
图例
首都
省级行政中心
其他城市
国界
未定国界
地区界
军事分界线
省、自治区、直辖市界
海拔(m)
6000
5000
4000
降水日数
1天
2～3天
4天以上
0 250 500km
北回归线
南海诸岛

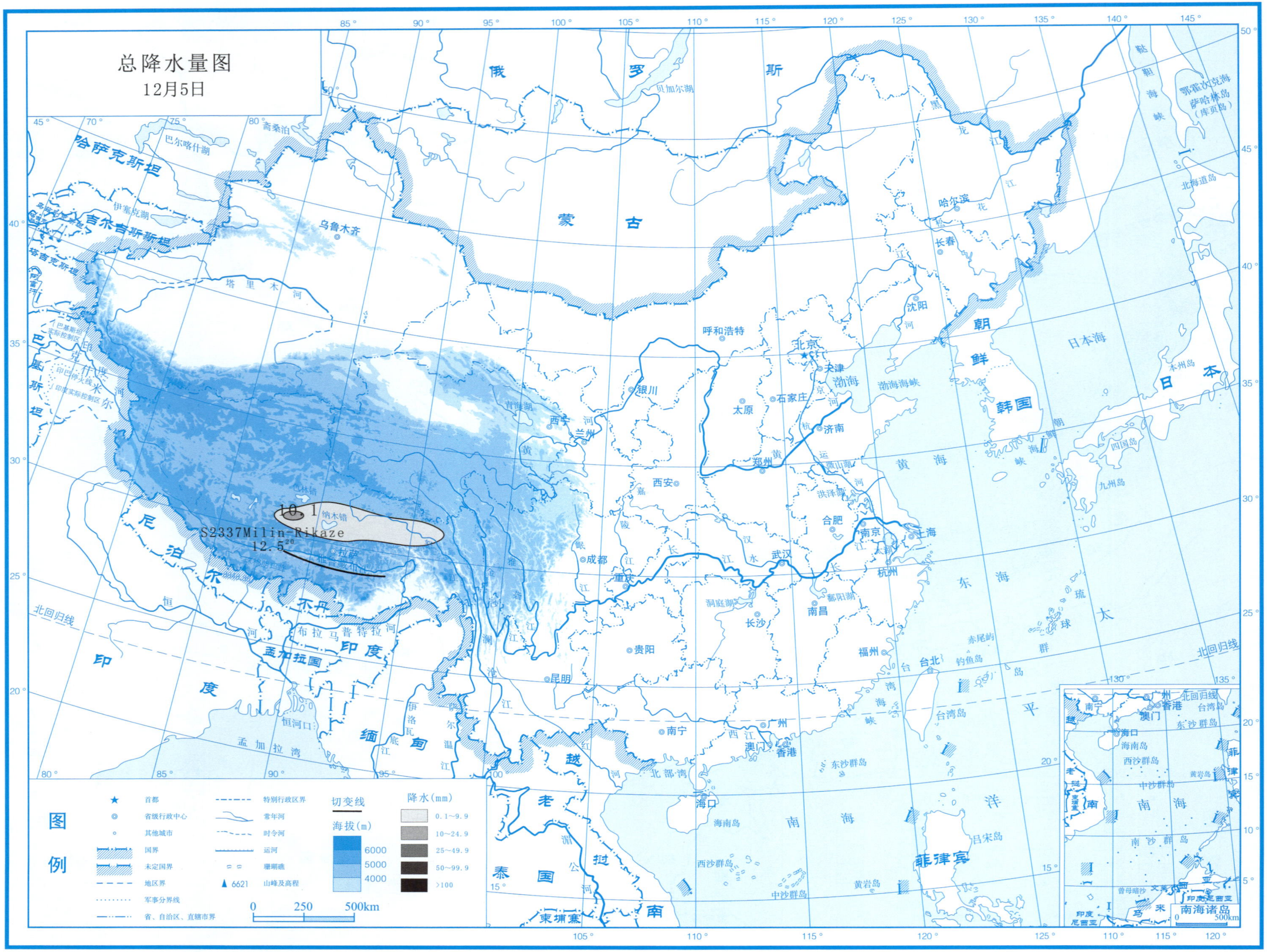
总降水量图
12月5日
10.1
S2337Milin-Rikaze
12.5
图例
首都
省级行政中心
其他城市
国界
未定国界
地区界
军事分界线
省、自治区、直辖市界
特别行政区界
常年河
时令河
运河
珊瑚礁
6621 山峰及高程
切变线
海拔(m)
6000
5000
4000
降水(mm)
0.1~9.9
10~24.9
25~49.9
50~99.9
>100
0 250 500km
南海诸岛

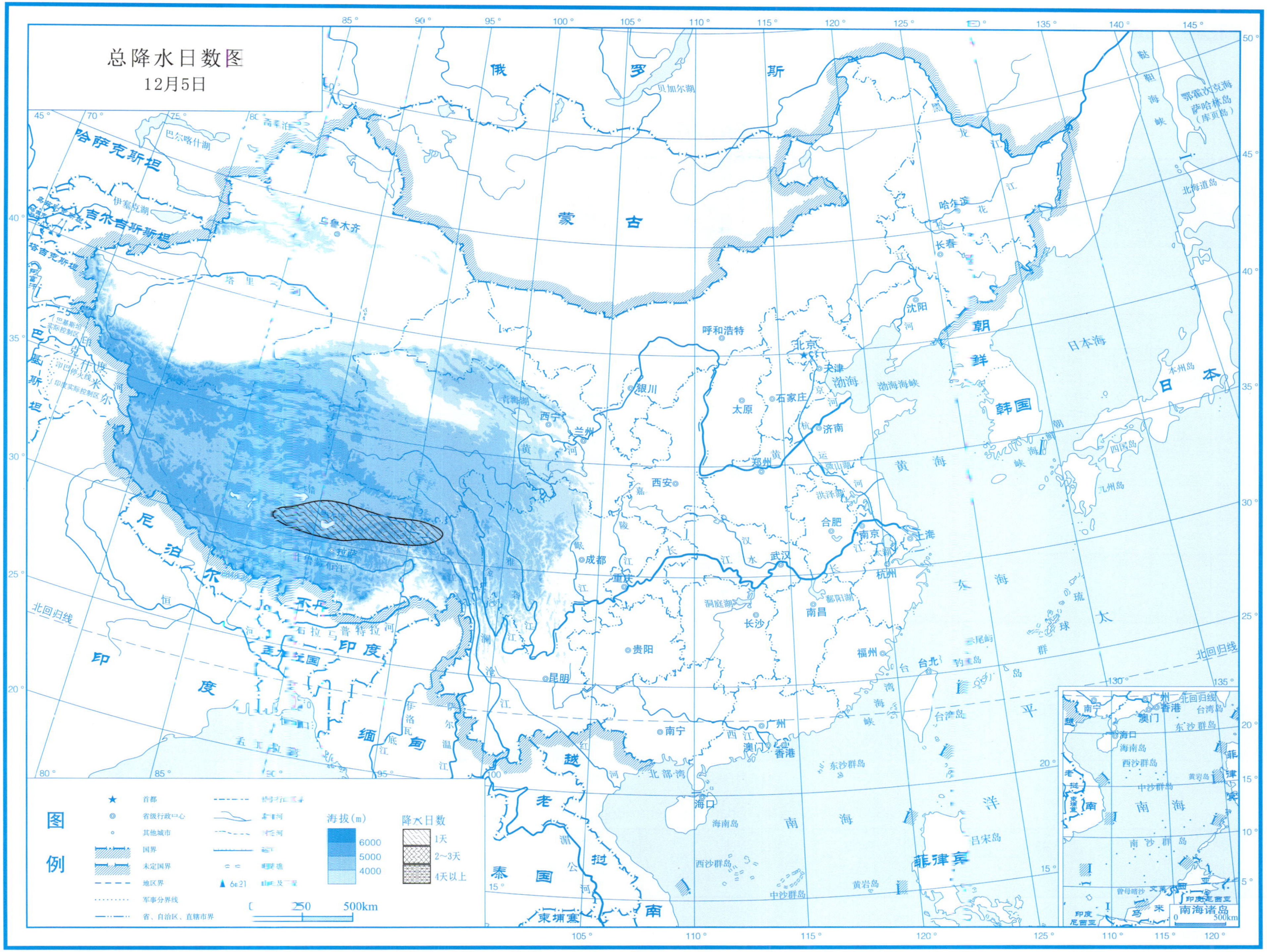
总降水日数图
12月5日
图例
首都
省级行政中心
其他城市
国界
未定国界
地区界
军事分界线
省、自治区、直辖市界
海拔(m)
6000
5000
4000
降水日数
1天
2~3天
4天以上
500km
南海诸岛
北回归线
拉萨
成都
重庆
西安
北京
天津
上海
南京
武汉
长沙
贵阳
昆明
广州
南宁
海口
福州
台北
杭州
南昌
合肥
济南
郑州
太原
石家庄
呼和浩特
银川
兰州
西宁
乌鲁木齐
哈尔滨
长春
沈阳
香港
澳门

高原切变线位置资料表

月	日	时	起点位置		中点位置		拐点位置		终点位置		切变线两侧最大风速	
			东经/(°)	北纬/(°)	东经/(°)	北纬/(°)	东经/(°)	北纬/(°)	东经/(°)	北纬/(°)	北侧/(m/s)	南侧/(m/s)
①1月4~6日 (S2301)石渠–班戈，Shiqu–Bange												
1	4	20	98.4	32.7	94.4	30.9			90.0	30.3	10	16
	5	08	97.6	30.6	93.9	29.0			90.0	28.4	6	16
	5	20	100.4	29.8	95.9	28.7			91.5	28.3	10	28
	6	08	101.0	31.0	96.8	30.2			92.8	30.2	6	4
消失												
②3月9日 (S2302)色达–安多，Seda–Anduo												
3	9	20	100.0	32.7	96.1	32.6			91.9	32.8	6	14
消失												
③3月28日 (S2303)黑水–囊谦，Heishui–Nangqian												
3	28	20	102.8	32.3	100.0	32.1			96.5	32.0	4	12
消失												
④4月9日 (S2304)昌都–当雄，Changdu–Dangxiong												
4	9	20	98.4	30.6	94.6	30.5			91.0	30.4	8	8
消失												

高原切变线位置资料表(续-1)

月	日	时	起点位置		中点位置		拐点位置		终点位置		切变线两侧最大风速	
			东经/(°)	北纬/(°)	东经/(°)	北纬/(°)	东经/(°)	北纬/(°)	东经/(°)	北纬/(°)	北侧/(m/s)	南侧/(m/s)
⑤4月13～14日 (S2305)米林-拉孜，Milin-Lazi												
4	13	20	93.4	28.9	91.2	29.1			88.0	29.0	8	10
	14	08	94.8	28.7	92.3	28.2			89.1	28.8	2	6
	14	20	94.0	27.8	91.4	28.3			88.4	29.0	6	8
消失												
⑥5月12～13日 (S2306)昌都-贡嘎，Changdu-Gongga												
5	12	08	98.6	30.8	95.1	30.1			91.2	29.3	4	8
	12	20	100.3	30.9	95.8	29.4			90.9	28.2	10	12
	13	08	101.1	29.3	96.6	28.4			91.6	28.0	8	12
消失												
⑦5月17～18日 (S2307)昌都-嘉黎，Changdu-Jiali												
5	17	20	98.8	30.7	95.8	30.4			92.7	30.3	8	8
	18	08	105.4	30.7	102.3	29.1			98.2	28.0	10	12
消失												
⑧5月21日 (S2308)玉树-安多，Yushu-Anduo												
5	21	08	97.2	32.4	94.3	32.4			91.2	32.4	4	8
消失												

高原切变线位置资料表(续-2)

月	日	时	起点位置		中点位置		拐点位置		终点位置		切变线两侧最大风速	
			东经/(°)	北纬/(°)	东经/(°)	北纬/(°)	东经/(°)	北纬/(°)	东经/(°)	北纬/(°)	北侧 / (m/s)	南侧 / (m/s)
⑨ 6月6日 (S2309)兴海–安多，Xinghai–Anduo												
6	6	08	99.4	35.7	95.7	34.1			92.0	32.7	8	12
	6	20	99.3	33.1	95.1	32.6			91.1	32.7	8	10
消失												
⑩ 6月7~10日 (S2310)昌都–安多，Changdu–Anduo												
6	7	20	97.3	31.7	94.6	32.6			91.1	32.8	4	6
	8	08	97.7	32.2	94.6	32.7			91.4	32.8	6	6
	8	20	99.8	32.3	95.5	32.9			91.4	33.1	10	8
	9	08	100.4	30.5	96.8	32.3			91.9	33.0	10	8
	9	20	97.6	32.0	94.5	32.7			91.2	32.9	10	6
	10	08	100.3	30.3	96.7	32.0			92.0	32.6	8	12
消失												
⑪ 6月11日 (S2311)新龙–当雄，Xinlong–Dangxiong												
6	11	08	100.5	31.0	96.1	30.5			91.6	30.4	6	10
	11	20	100.5	31.1	97.6	30.0			93.5	28.9	4	4
消失												

高原切变线位置资料表(续-3)

月	日	时	起点位置		中点位置		拐点位置		终点位置		切变线两侧最大风速	
			东经/(°)	北纬/(°)	东经/(°)	北纬/(°)	东经/(°)	北纬/(°)	东经/(°)	北纬/(°)	北侧/(m/s)	南侧/(m/s)
⑫6月15日												
(S2312)兴海-治多，Xinghai-Zhiduo												
6	15	08	99.[illegible]	35.5	97.6	34.8			94.9	34.5	4	2
	15	20	10[illegible]	35.3	96.9	34.2			92.0	33.5	6	12
消失												
⑬6月28日												
(S2313)尖扎-曲麻莱，Jianzha-Qumalai												
6	28	08	10[illegible].3	36.0	98.2	35.5			93.9	35.5	4	14
消失												
⑭7月3日												
(S2314)波密-申扎，Bomi-Shenzha												
7	3	20	96.0	30.2	92.2	30.3			88.6	30.5	4	4
消失												
⑮7月7日												
(S2315)青川-白玉，Qingchuan-Baiyu												
7	7	20	104.3	32.6	102.6	31.8			99.4	30.7	8	8
消失												

高原切变线位置资料表(续-4)

月	日	时	起点位置		中点位置		拐点位置		终点位置		切变线两侧最大风速	
			东经/(°)	北纬/(°)	东经/(°)	北纬/(°)	东经/(°)	北纬/(°)	东经/(°)	北纬/(°)	北侧 / (m/s)	南侧 / (m/s)
⑯ 7月10～11日 (S2316)刚察–囊谦，Gangcha–Nangqian												
7	10	20	99.9	37.1	99.2	34.5			96.6	31.9	6	8
	11	08	102.8	37.0	101.9	34.3			100.0	31.3	10	14
消失												
⑰ 7月13日 (S2317)岷县–白玉，Minxian–Baiyu												
7	13	20	104.1	34.6	101.8	32.4			99.0	30.8	6	14
消失												
⑱ 7月14日 (S2318)茂县–林芝，Maoxian–Linzhi												
7	14	20	103.5	32.0	99.2	29.8			93.8	30.1	8	12
消失												
⑲ 7月15日 (S2319)洛隆–拉孜，Luolong–Lazi												
7	15	20	95.8	30.4	91.6	29.4			87.4	29.4	2	2
消失												
⑳ 7月18日 (S2320)白玉–当雄，Baiyu–Dangxiong												
7	18	20	99.6	31.2	95.3	30.4			91.1	30.5	4	2
消失												

高原切变线位置资料表(续-5)

月	日	时	起点位置		中点位置		拐点位置		终点位置		切变线两侧最大风速	
			东经/(°)	北纬/(°)	东经/(°)	北纬/(°)	东经/(°)	北纬/(°)	东经/(°)	北纬/(°)	北侧/(m/s)	南侧/(m/s)
㉑7月23日												
(S2321)若尔盖–囊谦，Ruo'ergai–Nangqian												
7	23	20	103.2	33.6	100.3	32.4			96.7	32.2	8	12
消失												
㉒8月2～3日												
(S2322)大柴旦–那曲，Dachaidan–Naqu												
8	2	20	94.3	37.8	94.7	34.6			91.9	32.1	6	6
	3	08	97.3	37.9	96.1	34.4			91.0	32.4	4	10
	3	20	97.6	32.3	94.6	32.2			91.3	32.5	10	6
消失												
㉓8月8～9日												
(S2323)兴海–沱沱河，Xinghai–Tuotuohe												
8	8	20	99.3	36.0	96.3	34.6			92.3	33.2	4	6
	9	08	103.2	36.8	97.7	34.6			91.5	33.2	4	10
消失												

高原切变线位置资料表(续-6)

月	日	时	起点位置		中点位置		拐点位置		终点位置		切变线两侧最大风速	
			东经/(°)	北纬/(°)	东经/(°)	北纬/(°)	东经/(°)	北纬/(°)	东经/(°)	北纬/(°)	北侧 /(m/s)	南侧 /(m/s)
㉔ 8月10～12日												
(S2324)都兰–比如，Dulan–Biru												
8	10	20	99.0	35.9	96.4	33.6			93.2	31.5	6	4
	11	08	100.6	33.0	96.5	32.4			91.7	32.6	6	4
	11	20	101.4	29.8	96.0	30.0			91.2	30.7	4	4
	12	08	97.7	29.3	94.4	29.7			89.4	30.5	8	6
消失												
㉕ 8月14日												
(S2325)德令哈–安多，Delingha–Anduo												
8	14	08	97.0	37.8	95.2	34.6			90.6	32.7	4	12
	14	20	96.8	34.7	94.2	33.5			90.9	33.1	2	10
消失												
㉖ 8月16～17日												
(S2326)德令哈–安多，Delingha–Anduo												
8	16	08	97.1	37.6	95.3	34.3			91.1	32.5	6	10
	16	20	99.5	35.9	95.9	32.8			91.5	30.4	6	12
	17	08	100.3	37.1	99.7	34.4			96.6	32.0	4	10
	17	20	103.6	32.2	100.6	31.2			96.8	31.5	6	6
消失												

高原切变线位置资料表(续-7)

月	日	时	起点位置		中点位置		拐点位置		终点位置		切变线两侧最大风速	
			东经/(°)	北纬/(°)	东经/(°)	北纬/(°)	东经/(°)	北纬/(°)	东经/(°)	北纬/(°)	北侧/(m/s)	南侧/(m/s)
㉗8月19～20日												
(S2327)迭部-左贡，Diebu-Zuogong												
8	19	20	103.6	34.2	101.5	31.5			98.2	29.7	10	6
	20	08	103.1	33.0	101.2	30.2			98.5	28.0	8	10
消失												
㉘8月21日												
(S2328)乡城-当雄，Xiangcheng-Dangxiong												
8	21	20	99.7	29.3	95.6	29.8			90.7	30.7	6	4
消失												
㉙8月26日												
(S2329)玉树-安多，Yushu-Anduo												
8	26	20	97.3	32.5	94.0	32.6			90.7	33.1	4	10
消失												
㉚8月31日～9月1日												
(S2330)泽库-木里，Zeku-Muli												
8	31	20	101.2	35.2	101.5	31.6			101.0	28.0	10	6
9	1	08	107.0	36.6	104.9	32.1			100.6	29.0	8	8
	1	20	107.9	35.7	107.4	32.2			104.9	28.7	8	10
消失												

高原切变线位置资料表(续-8)

月	日	时	起点位置		中点位置		拐点位置		终点位置		切变线两侧最大风速	
			东经/(°)	北纬/(°)	东经/(°)	北纬/(°)	东经/(°)	北纬/(°)	东经/(°)	北纬/(°)	北侧 / (m/s)	南侧 / (m/s)
㉛ 9月11～13日 (S2331)昌都–班戈，Changdu–Bange												
9	11	08	97.7	32.2	94.1	31.8			90.4	31.8	6	10
	11	20	103.5	32.2	98.9	30.5			92.3	30.2	8	12
	12	08	104.2	31.8	101.9	30.0			98.2	28.6	8	8
	12	20	101.6	29.1	98.6	28.5			95.4	28.4	6	6
	13	08	105.5	28.3	102.9	27.2			99.1	27.2	6	6
	13	20	107.9	28.9	104.9	27.0			100.8	25.9	8	6
消失												
㉜ 9月16日 (S2332)玛多–安多，Maduo–Anduo												
9	16	20	99.1	34.6	96.1	32.9			91.5	32.6	12	14
消失												
㉝ 10月8日 (S2333)白玉–当雄，Baiyu–Dangxiong												
10	8	20	99.5	31.0	95.0	30.8			91.1	30.8	8	10
消失												
㉞ 10月24日 (S2334)兴海–曲麻莱，Xinghai–Qumalai												
10	24	20	99.6	35.6	96.5	35.1			93.2	35.0	2	12
消失												

高原切变线位置资料表(续-9)

月	日	时	起点位置		中点位置		拐点位置		终点位置		切变线两侧最大风速	
			东经/(°)	北纬/(°)	东经/(°)	北纬/(°)	东经/(°)	北纬/(°)	东经/(°)	北纬/(°)	北侧 / (m/s)	南侧 / (m/s)
㉟ 10月26日 (S2335)昌都–那曲，Changdu–Naqu												
10	26	20	97.7	32.2	94.7	31.5			91.5	31.1	6	8
消失												
㊱ 11月21～22日 (S2336)米林–江孜，Milin–Jiangzi												
11	21	20	94.7	29.1	92.3	28.9			89.5	29.0	2	8
	22	08	101.3	29.4	96.5	28.5			91.1	28.4	8	20
消失												
㊲ 12月5日 (S2337)米林–日喀则，Milin–Rikaze												
12	5	20	94.5	29.0	91.8	28.9			89.1	29.2	4	8
消失												